图 1.26　整机全三维数值仿真

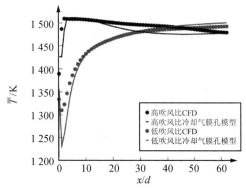

图 2.54　周向平均表面温度分布对比[128]

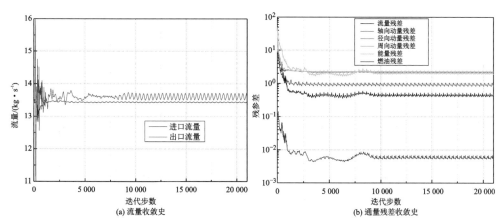

(a) 流量收敛史

(b) 通量残差收敛史

图 2.73　某涡喷发动机整机 100%转速设计点准三维计算收敛史

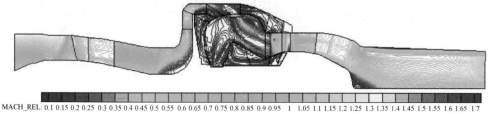

图 2.75　某涡喷发动机 100%转速设计点马赫数等值线图

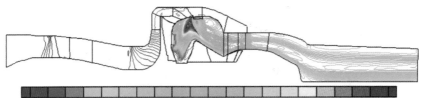

TT: 300 400 500 600 700 800 900 1000 1100 1200 1300 1400 1500 1600 1700 1800 1900 2000 2100 2200 2300

图 2.76 某涡喷发动机 100％转速设计点总温等值线图

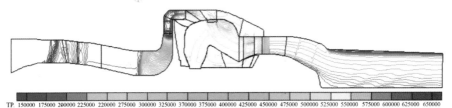

TP: 150000 175000 200000 225000 220000 275000 300000 325000 370000 375000 400000 425000 450000 475000 500000 525000 550000 575000 600000 625000 650000

图 2.77 某涡喷发动机 100％转速设计点总压等值线图

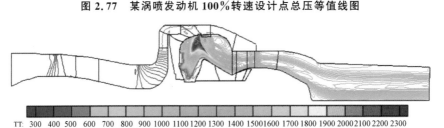

TT: 300 400 500 600 700 800 900 1000 1100 1200 1300 1400 15001600 1700 1800 1900 20002100 2200 2300

(a) 周向平均整机计算总温等值线图

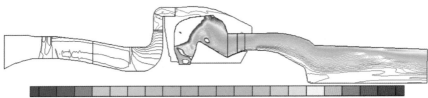

TT: 300 400 500 600 700 800 900 1000 1100 1200 1300 14001500 1600 17001800 1900 2000 2100 2200 2300

(b) 俄罗斯S2程序整机计算总温等值线图

图 2.78 某涡喷发动机 100％转速设计点总温等值线图对比

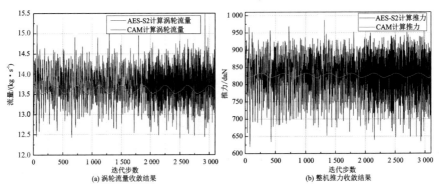

(a) 涡轮流量收敛结果

(b) 整机推力收敛结果

图 2.80 某涡喷发动机 100％转速设计点涡轮流量及整机推力收敛结果对比

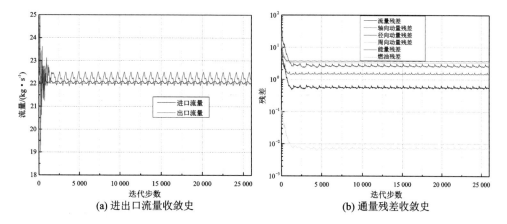

(a) 进出口流量收敛史　　　　　　　　(b) 通量残差收敛史

图 2.85　某涡扇发动机 100％转速设计点整机准三维计算收敛史

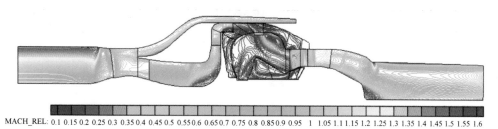

MACH_REL: 0.1 0.15 0.2 0.25 0.3 0.35 0.4 0.45 0.5 0.55 0.6 0.65 0.7 0.75 0.8 0.85 0.9 0.95 1 1.05 1.1 1.15 1.2 1.25 1.3 1.35 1.4 1.45 1.5 1.55 1.6

图 2.87　某涡扇发动机 100％转速设计点相对马赫数等值线图

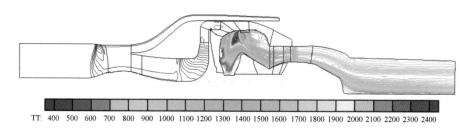

TT: 400 500 600 700 800 900 1000 1100 1200 1300 1400 1500 1600 1700 1800 1900 2000 2100 2200 2300 2400

图 2.88　某涡扇发动机 100％转速设计点总温等值线图

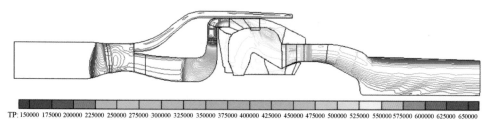

TP: 150000 175000 200000 225000 250000 275000 300000 325000 350000 375000 400000 425000 450000 475000 500000 525000 550000 575000 600000 625000 650000

图 2.89　某涡扇发动机 100％转速设计点总压等值线图

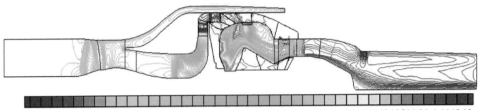

RHO: 0.3 0.4 0.5 0.6 0.7 0.8 0.9 1 1.1 1.2 1.3 1.4 1.5 1.6 1.7 1.8 1.9 2 2.1 2.2 2.3 2.4 2.5 2.6 2.7 2.8 2.9 3 3.1 3.2 3.3 3.4 3.5 3.6 3.7 3.8 3.9 4 4.1 4.2 4.3

图 2.90　某涡扇发动机 100％转速设计点密度等值线图

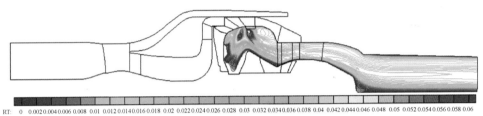

RT: 0 0.002 0.004 0.006 0.008 0.01 0.012 0.014 0.016 0.018 0.02 0.022 0.024 0.026 0.028 0.03 0.032 0.034 0.036 0.038 0.04 0.042 0.044 0.046 0.048 0.05 0.052 0.054 0.056 0.058 0.06

图 2.91　某涡扇发动机 100％转速设计点混合气分数等值线图

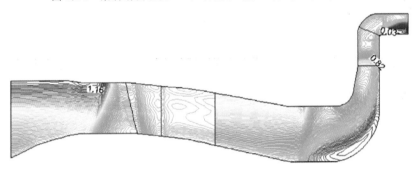

MACH_REL: 0 0.05 0.1 0.15 0.2 0.25 0.3 0.35 0.4 0.45 0.5 0.55 0.6 0.65 0.7 0.75 0.8 0.85 0.9 0.95 1 1.05 1.1 1.15 1.2

图 2.94　组合压气机马赫数等值线图

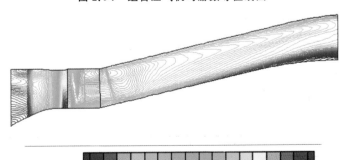

MACH_REL: 0 0.1 0.2 0.3 0.4 0.5 0.6 0.7 0.8 0.9 1 1.1 1.2 1.3 1.4 1.5 1.6

图 2.98　燃气涡轮马赫数等值线图

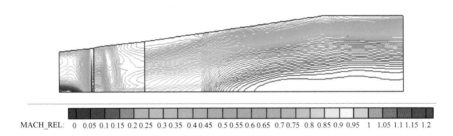

MACH_REL: 0 0.05 0.1 0.15 0.2 0.25 0.3 0.35 0.4 0.45 0.5 0.55 0.6 0.65 0.7 0.75 0.8 0.85 0.9 0.95 1 1.05 1.1 1.15 1.2

图 2.99　动力涡轮马赫数等值线图

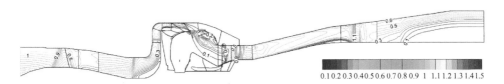

0.1 0.2 0.3 0.4 0.5 0.6 0.7 0.8 0.9 1 1.1 1.2 1.3 1.4 1.5

图 2.101　某型涡轴发动机子午面马赫数等值线图

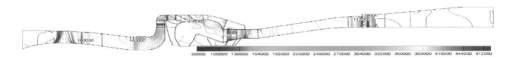

80000 108000 136000 164000 192000 220000 248000 276000 304000 332000 360000 388000 416000 444000 472000

图 2.102　某型涡轴发动机子午面静压等值线图(单位:Pa)

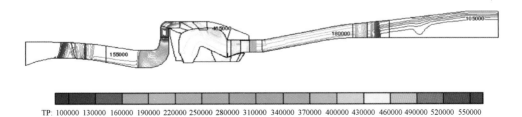

TP: 100000 130000 160000 190000 220000 250000 280000 310000 340000 370000 400000 430000 460000 490000 520000 550000

图 2.103　某型涡轴发动机子午面总压等值线图(单位:Pa)

RHD: 0.3 0.4 0.5 0.6 0.7 0.8 0.9 1 1.1 1.2 1.3 1.4 1.5 1.6 1.7 1.8 1.9 2 2.1 2.2 2.3 2.4 2.5 2.6 2.7 2.8 2.9 3 3.1 3.2 3.3 3.4 3.5 3.6 3.7

图 2.104　某型涡轴发动机子午面密度等值线图(单位:Pa)

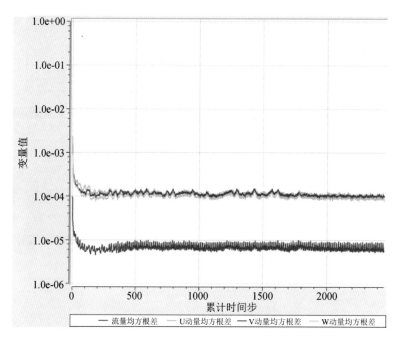

图 4.19　流量方程收敛曲线

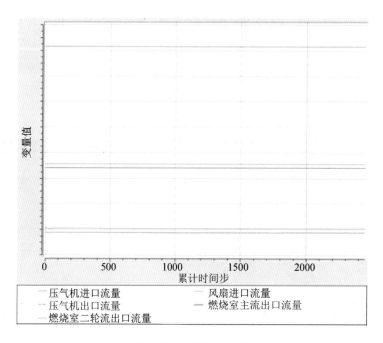

图 4.21　流量收敛曲线

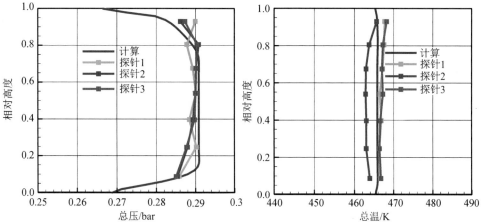

图 4.24　压气机进口总压相对值　　　　图 4.25　压气机进口总温相对值

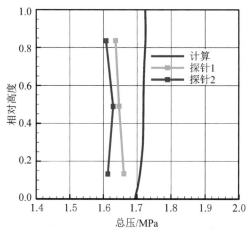

图 4.26　压气机出口总压相对值

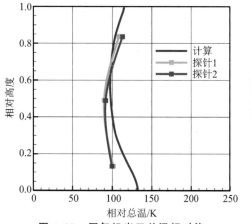

图 4.27　压气机出口总温相对值

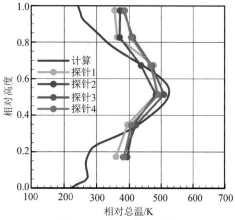

图 4.28　涡轮出口总温

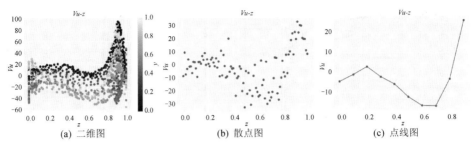

(a) 二维图   (b) 散点图   (c) 点线图

图 5.6   规律明显时三种图的对比

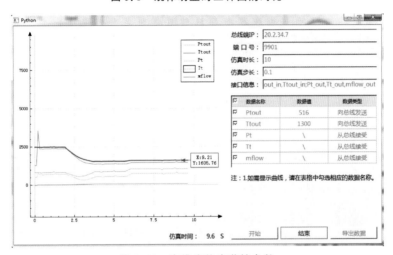

图 5.41   变维度仿真监控参数

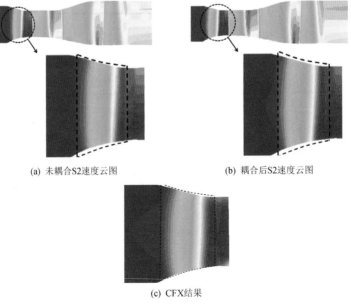

(a) 未耦合S2速度云图   (b) 耦合后S2速度云图

(c) CFX结果

图 5.63   子午流面速度云图

航空发动机新技术丛书

国家出版基金项目
NATIONAL PUBLICATION FOUNDATION

航空发动机整机 数值仿真技术

Numerical Simulation Technology for Full Aero-Engine

金东海　张　剑　张建超　张纪元　　著
程会川　温风波　桂幸民

北京航空航天大学出版社

内 容 简 介

本书从航空发动机整机数值仿真的工程需求、研究现状和发展趋势介绍了航空发动机整机数值仿真技术的基本情况并重点围绕整机稳态主流道周向平均数值仿真、整机稳态性能零维数值仿真、整机稳态三维数值仿真和整机稳态变维度数值仿真等典型整机数值仿真技术，系统地给出了相关方法的基本方程、简化模型、数据处理和求解算法等，并针对各种整机数值仿真方法给出了发动机整机仿真的案例分析。

本书的读者对象主要是航空动力、流体机械等专业的本科生和研究生，以及航空发动机及燃气轮机领域的科技工作人员。本书也可作为相关专业研究生的基础知识参考书，其原理性、逻辑性和工程性知识对航空发动机及燃气轮机整机数值仿真分析和设计研制人员具有重要的参考价值。

图书在版编目(CIP)数据

航空发动机整机数值仿真技术 / 金东海等著. -- 北京 : 北京航空航天大学出版社，2024.2

ISBN 978 - 7 - 5124 - 4337 - 2

Ⅰ. ①航… Ⅱ. ①金… Ⅲ. ①航空发动机－计算机仿真 Ⅳ. ①V233.7

中国国家版本馆 CIP 数据核字(2024)第 031760 号

航空发动机整机数值仿真技术

金东海　张　剑　张建超　张纪元
程会川　温凤波　桂幸民　　　　著

策划编辑　周世婷　蔡　喆　责任编辑　周世婷　董　瑞

*

北京航空航天大学出版社出版发行

北京市海淀区学院路 37 号(邮编 100191)　http://www.buaapress.com.cn

发行部电话:(010)82317024　传真:(010)82328026

读者信箱: goodtextbook@126.com　邮购电话:(010)82316936

保定市中画美凯印刷有限公司印装　各地书店经销

*

开本:710×1 000　1/16　印张:23.5　字数:501 千字

2024 年 3 月第 1 版　2024 年 3 月第 1 次印刷

ISBN 978 - 7 - 5124 - 4337 - 2　定价:169.00 元

《航空发动机新技术丛书》
编写委员会

前　言

　　航空发动机是不同专业高度耦合、各部件系统紧凑集成的机械产品，其设计研制难度大、周期长、费用高。现代数值仿真技术的快速发展和工程应用，有效提升了航空发动机性能特性和流动匹配分析的预测精度，可以大幅度减少传统"试错"设计中的大量物理试验，缩短研制周期，降低研制费用。在传统简化模型和单部件数值仿真技术日臻成熟的基础上，近年来发动机整机数值仿真技术也得到了快速发展，特别是在两机重大专项基础研究项目"航空发动机整机多/变维度稳态仿真方法与软件研究"的支持下，由北京航空航天大学、中国航空发动机研究院、哈尔滨工业大学、中国航发四川燃气涡轮研究院、中国航发沈阳发动机研究所等单位，联合组织开展了卓有成效的发动机整机数值仿真技术及软件的研究工作。本书为该项目相关成果凝练汇聚而成。

　　本书共 5 章。第 1 章为绪论，由北京航空航天大学金东海、桂幸民撰写，介绍了发动机整机数值仿真的工程需求、研究现状和发展趋势。第 2 章为整机稳态主流道周向平均数值仿真，由北京航空航天大学金东海、桂幸民撰写。第 3 章为整机稳态性能零维数值仿真，由北京航空航天大学张纪元、陈敏撰写。第 4 章为整机稳态三维数值仿真，由中国航发四川燃气涡轮研究院张剑、曾军、张衡撰写。第 5 章为整机稳态变维度数值仿真，由中国航空发动机研究院张建超、程会川、任浩亮、杨阳，哈尔滨工业大学温风波，北京航空航天大学陈敏、贾梓豪，中国航发沈阳发动机研究所陈仲光、石磊等撰写。

　　本书围绕典型航空发动机整机数值仿真技术，系统地给出了相关方法的基本方程、简化模型、数据处理和求解算法等内容，并针对各种整机数值仿真方法给出了实际发动机整机数值仿真的案例分析。本书可作为航空动力、流体机械等专业本科生

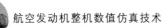

和研究生的专业参考书,也可作为航空发动机及燃气轮机领域的科技工作人员开展整机数值仿真分析的重要参考资料。

这里,特别感谢刘大响院士对发动机数值仿真技术发展的指导和建议,感谢李建榕、刘波、蔡元虎、葛宁、魏德明、凌文辉、冀国锋、顾春伟、乔渭阳、周超、金海良、王曼、谭智勇、刘启国、阙晓斌、王大磊、何皑、董学智、邱长波、范周琴等专家学者的指导和帮助。也藉此感谢北京航空航天大学宋满祥、赵洋老师、刘晓恒博士后和唐明智、梁栋、戴宇辰、王森、周成华、张健成、岳梓轩等博士、硕士研究生对本书撰写提供的支持和帮助。

由于水平有限,书中一定存在着尚未察觉的错误和不妥之处,请读者不吝批评指正。

于北京航空航天大学

2023 年 8 月

目　录

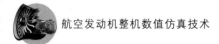

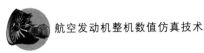

第 1 章

绪　论

近年来,航空发动机新技术的研究、开发和实施成本变得愈发高昂。为了降低研发费用、缩短研发时间,同时为了提高发动机的性能、效率和可靠性,各大航空发动机厂商都在积极推进发展更加先进的研发技术。较长的研发时间和较高的研发费用主要是由需要开展大量的大尺寸发动机整机和部件试验造成的,在当前产品发展过程中可以借助高精度、高耦合的航发动机系统仿真代替所需的大量试验。借助更加精确的航空发动机整机仿真工具,可以大量减少与测试直接相关的消耗,同时可在最终设计方案确定之前更细致地研究设计因素的改变对发动机整机的影响。因此,开展航空发动机整机数值仿真技术的研究对于航空发动机转向"预测设计"的研制具有重要意义。

| 1.1 整机仿真工程需求 |

航空发动机作为飞机的动力装置,长期以来其"心脏病"问题一直未得到有效解决,严重制约了航空武器装备的发展。航空发动机是当今世界上最复杂的多学科高度集成融合的工程系统之一,是一个由许多转动部件及固定部件组成的复杂热动力学系统,工作条件苛刻,结构、技术复杂,研制周期长、耗资多、风险高、难度大,需要大量的试验和反复地调整修改。它涉及热力学、气动力学、固体力学、燃烧学、传热学、机械科学、制造科学、控制理论等众多领域,需要在高温、高压、高转速和高载荷的严酷条件下工作,并满足推力/功率大、体积小、重量轻、油耗低、噪声小、排污少、安全可靠、寿命长等众多十分苛刻而且相互制约的要求,因此被称为"现代工业皇冠上的明珠"。正是因为航空发动机技术及产业已成为彰显国家综合科技水平、综合工业基础和综合经济实力的重要标志,欧洲各国及美、俄等始终将航空发动机技术列入国家高科技战略性领域,如美国长期将推进技术作为国家五大关键技术之一优先安排,在其《2020联合设想》中将喷气发动机列于九大优势技术的第二位。

航空发动机正向研发是一项复杂的系统工程。传统的航空发动机研制通常依靠实物试验暴露设计问题,采用"设计－试验验证－修改设计－再试验"反复迭代的串行研制模式,研制周期长、耗资大、风险高。未来航空发动机技术的复杂程度和性能指标要求越来越高,产品研发难度显著增大,研制进度愈加紧迫,传统的研发模式已难以满足发展需求,需要实现从"传统设计"到"预测设计"的模式变革,而仿真是助推航空发动机研发模式变革的重要手段。利用仿真技术可以极大节省经费、缩短周期、降低风险,对航空动力的研究和发展具有重要的意义。美国资料称,NASA 推进系统数值仿真计划(NPSS)的实现,将使发动机研制时间缩短和成本降低 $25\%\sim40\%$。

　　航空发动机是一种极其复杂的机械,每一个部件都紧密相关,并影响整个发动机的性能。目前,单个部件的先进数值仿真,甚至多级仿真都可能不足以捕捉到发动机部件之间的交互细节,仍然需要制造大量的硬件,进行大量的试验来测试不同工况下的发动机性能。高保真整机仿真能为部件交互提供有价值的深度研究,如发动机试验的虚拟风洞,可大大减少费时又昂贵的硬件制造,并缩短设计周期和降低成本。随着计算机和数值技术的发展,高保真整机仿真不再是难以企及的目标。

　　我国航空发动机行业经过几十年的发展,基本建成了涵盖了总体、压气机、燃烧室、涡轮、控制系统、机械系统等十余个专业的设计体系,基本支撑了三代机、四代机的研制。在航空发动机研制中,目前主要开展单部件、单学科的仿真。具体来说,主要表现在压缩部件、燃烧、涡轮等部件,主要开展一维、二维、准三维和三维的仿真设计;压缩部件和涡轮主要针对气体动力学的仿真,燃烧开展燃烧化学反应的仿真。多部件耦合、多学科交叉的仿真开展较少。对航空发动机进行单部件数值仿真存在边界条件不真实、相邻部件间匹配关系不紧密、无法反应整机内部多部件与多学科流动特征等问题,因此单部件计算需要结合数值传递等技术实现燃气轮机整机数值仿真。随着计算机集群和计算流体力学的发展,多场耦合的大型复杂区域流场数值仿真得以实现。进行整机耦合计算,可以求解得到不同部件之间的相互作用。

　　航空发动机整机仿真是指利用数学语言来描述发动机工作的物理过程,分建立性能模型和仿真计算两个步骤。整机仿真所描述的发动机既可以是概念设计阶段的"虚拟发动机",也可以是进入试验阶段或已经投入使用的"真实发动机"。作为一种复杂的机械产品,航空发动机的寿命周期包括市场调研、设计研发、制造、使用和报废回收等阶段,而整机仿真在航空发动机的寿命周期内都扮演着重要的角色。在市场调研阶段,利用整机仿真可以评估新设计方案或是改型方案对飞机带来的性能收益,为发动机研发策略的制定提供重要依据;在发动机设计、试验阶段,为了预计矛盾(例如,超声速民用客机设计时,涵道比的选取需要同时折中考虑地面噪声与超声速飞行性能的矛盾)、判断发动机是否满足设计要求,必须建立发动机的性能仿真模型,以得到不同给定飞行条件下的发动机性能。在发动机的使用和维修阶段,发动机性能仿真模型是发动机健康管理系统的重要组成部分,是现代发动机由定期维修转变为视情维修,降低直接使用成本,保证发动机安全、可靠运行的重要手段。

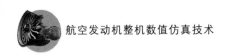

1.2 整机仿真研究现状

由于航空发动机的设计和制造领域往往涉及数百万美元甚至数亿美元的合同,因此这一领域的竞争日趋激烈。航空发动机是一个包含三维黏性和湍流流动、材料应力、热应力、控制规律、制造工艺等相互作用的复杂机械,航空发动机设计过程是一个多方往复协调、不断折衷平衡优化、直到满足给定条件的过程。在发动机设计、试验阶段,为了预计矛盾、判断发动机是否满足设计要求,必须建立发动机的性能仿真模型,以得到不同给定飞行条件下的发动机性能。发动机性能模型可以计算发动机的性能,可以给出关键的流路尺寸和结构强度分析要用到的温度、压力和转速。发动机的设计、改型、故障模拟、控制规律的研究、飞行仿真、飞机/发动机一体化设计、火控-飞行-推进综合控制系统的研究都需要发动机性能仿真模型[1]。

1.2.1 整机零维仿真

不同的应用场合和研究目的对发动机模型的要求不尽相同。根据航空工业发展的需要,国内外先后建立了一系列的发动机性能模型。

1. 国外发展状况

美国在航空发动机性能模型领域的研究工作起步早、研究全面深入。早在二十世纪四十年代,为了解决简单的涡喷和涡桨发动机的部件匹配问题,工程师们建立了早期的发动机性能算法。通过对部件特性图的换算和繁重的手工计算,可以确定发动机的共同工作点。但用这种方法对双轴发动机进行计算时,为了得到一条共同工作线,往往需要花费很长的时间并且很难保证计算的精度和可靠性。

从二十世纪六七十年代开始,随着航空工业发展的需要及电子计算机的发展,国外研制了一些利用计算机进行计算的发动机和发动机的性能模型。其中较为有影响的是 NASA Lewis 研究中心编制的 GENENG(1972 年公布)、DYNGEN(1975 年公布)、DIGTEM、NNEP 和 NPSS。

(1) GENENG[2,3]

GENENG 是部件级变比热发动机性能模型,可以计算 11 种结构形式的发动机的稳态性能。其特点是模型中已经输入了各部件特性,当用户选定发动机控制方案,给定飞行马赫数、飞行高度和非标准大气温度后,发动机的工作状态得以确定,模型按照各部件共同工作条件确定共同工作点并完成发动机的性能仿真计算,模型输出参数为共同工作点上的发动机工作过程参数和性能参数。由于发动机各部件之间相互制约关系比较复杂,故在求共同工作点时要对多个参数的数值进行反复试凑。GENENG 程序允许的燃烧室温度较低,控制规律简单,已不适用于现在的军用发动机。

(2) DYNGEN[4]

DYNGEN 也是部件级变比热发动机性能模型,其提供了一种计算发动机稳态和动态性能的算法。可计算的发动机性能包括加减速过程、接通和切断加力过程的动态性能,稳态输出数据同 GENENG,动态输出数据为发动机各主要截面的发动机工作过程参数及发动机性能参数随时间变化的数据。DYNGEN 是从发动机稳态性能计算程序 GENENG 发展而来的,它几乎保留了该模型的全部内容,只增加了反映发动机动态过程的三个微分方程以及求导子程序,这就使得该程序既可以计算发动机稳态,又可以计算动态性能。

(3) NNEP[5]

从 1973 年开始,随着超声巡航战斗机研究工作的开展及深入,NASA Lewis 研究中心开始着手进行变循环发动机的研制工作。该发动机部件几何可变,飞行时可以在涡扇发动机及涡喷发动机之间进行切换,以在超声速和亚声速飞行时都可得到良好的发动机性能。在起飞时,如果对喷管截面进行恰当的优化,还可以明显地降低喷流噪声。这是一种全新概念的发动机。对于这种发动机,显然 GENENG 和 DYNGEN 无法模拟。为了对这些发动机进行模拟,NASA 面临着两个选择:一是对每一种新型的发动机建立各自的模型;二是研制一个全新的通用发动机模型用来模拟任何可能会研制的发动机。出于长远打算,NASA 选择了后者。在得知 NADC (海军航空研制中心)已经有一个包含有部分类似功能的程序 NEPCOM 后,NASA Lewis 研究中心与 NADC 签订了合作合同,要求 NADC 在 NEPCOM 的基础上研制一种新的发动机性能模拟计算程序:该程序能模拟目前能够想到的燃气涡轮发动机、能模拟可变几何部件的性能、可以计算变循环发动机性能、可在油耗最小或推力最大的条件下调整发动机的可变几何。NNEP 完成于 1975 年,基本满足了预计的功能需求。

NNEP 几乎包含了 NEPCOM 的所有子程序并且采纳了 NEPCOM 的程序结构,与 NEPCOM 相比,NNEP 主要有以下几点改进:①具有性能寻优的功能;②能处理用于变循环发动机设计的成组部件特性图;③能进行多模式的流路切换;④根据用户的输入可绘制发动机配置的示意图;⑤可进行简单的发动机进气道与后体阻力的估算;⑥具有相对简单的输入格式。

在运行 NNEP 前,先配置发动机。通过定义发动机部件、变量控制部件和流站的各项参数可以得到该发动机各部件之间的机械和气动关联并得到程序运行的逻辑控制关系。最多可输入 15 个参数来描述各个部件,这 15 个参数主要是发动机的设计参数,如增压比或预先存储的部件特性图的号码。

NNEP 可以模拟以下各发动机部件:

① 流路部件:进气道、管路/燃烧室、风扇或压气机、涡轮、混合器、换热器、分流器、喷管、喷水器。

② 机械部件：轴、负载或螺旋桨。

NNEP 还具有程序控制变量：变量控制部件、变量优化部件、变量限制部件（在 NNEP89 中将描述这些部件的具体内容[7]）。

该版本 NNEP 程序允许加入最多 60 个部件（可以是流路、机械、控制及优化部件）。任何一种部件最多可以达到 24 个，变量控制部件和变量优化部件的总数不能超过 20 个。在用户配置完所有部件后，NNEP 通过判断联系部件的流站号码确定发动机的逻辑流路。NNEP 可以进行发动机设计点和非设计点的稳态性能计算。

（4）DIGTEM

在 GENENG、DYNGEN 和 NNEP 的使用过程中，工程师们发现 GENENG 和 NNEP 不能计算过渡过程，DYNGEN 能计算过渡过程但发动机配置有限，GENENG 和 DYNGEN 难以修改。因此，以上三个程序都难以实现经验修正以模拟实际发动机的性能。

HYDES 是在混合计算机上开发的一个通用的发动机动态仿真程序，它具有 DYNGEN 所拥有的功能。同时，借助模拟计算机和数字计算机，该程序能够使用高精度的模型和交互式图形界面。HYDES 程序的开发和使用者需要具有混合计算机操作和编程的经验。对计算机的依赖和程序难以修改使得建立发动机动态数字模型变得紧迫[8]。

DIGTEM 是在 HYDES 的基础上建立的，HYDES 模型的数字部分得到了保留，模拟部分的动态方程被改编成数字代码。与 DYNGEN 相比，DIGTEM 由于采用了结构化编程而更加灵活[9]。DIGTEM 是一个双轴涡扇发动机的动态模型，在发动机热力过程计算中，采用了简单的比热计算方法。

（5）NNEP89

二十世纪八十年代后期，由于在发动机材料方面取得了较大的提高以及对应用于高速飞机的吸气式发动机的研究，人们开始对一些发动机循环和工作状态产生了新的兴趣。而对于这些循环和工作状态，NNEP 也无法进行适当的处理。首先，这些发动机的循环温度非常高，在这一温度下，部分燃气会发生化学分解，NNEP 无法模拟这一过程。因此，在 NNEP 中需要增加一个化学分解模型，该模型还使得 NNEP 能够模拟使用任何燃料（包括低温和混合燃料）的循环[10]。其次，对于某些新型循环，NNEP 也需要添置新的部件模型，这些模型使得程序可以模拟一些新概念发动机，如吸气式涡轮喷气-火箭组合发动机。基于以上考虑，NNEP 发展了新的版本，这个新版本的 NNEP 称为 NNEPEQ。

在考虑了化学反应平衡后，NASA Lewis 中心又提出了其他的要求，但原来的程序结构使得实现这些要求变得非常困难。因此，NNEP 被按照标准的 FORTRAN77 以更清晰、更加结构化的方式重新编写，而且程序内还有详细的内部说明文档。这一版本的 NNEP 称为 NNEP89。与原来的版本相比，NNEP89 增加了许多新的功能，这些功能包括：①螺旋桨部件特性的使用；②可以绘制压气机、涡轮和螺旋桨的特性图并且可以在这些图上绘制发动机的工作点;③改进了的喷管特性模型;④新增了可以根据条件转换发动机工作模式的部件,能自动设置部分的程序流程控制参数;⑤可以选择计算发动机的涡轮冷却气量[11]。这些改进使得 NNEP89 更易于使用而且功能更加强大。NNEP89 可以继续使用老版本的 NNEP 或 NNEPEQ 的输入文件而无须对程序或输入文件做任何改动。

与老版本的 NNEP 相比,NNEP89 增加了以下部件:燃气发生器、引射器、变量规划部件。为了进一步了解 NNEP89 的功能,下面简单介绍该程序的程序控制部件。

NNEP89 具有以下几种程序控制部件:

◆ 变量控制部件:用于指定不同发动机模式下的流量连续和功平衡的关系(建立非线性方程组)以及指定独立变量(解非线性方程组所需的自变量)。

◆ 变量优化部件:允许用户指定需要优化的发动机某个(某些)性能参数或部件输出结果,最多可同时指定 10 个变量。

◆ 变量限制部件:允许用户对某些特定值进行限制。如果与变量优化部件共同作用,当受监控的变量超过限制值时,程序将对被优化的变量进行调整以使受监控的变量回到所需的限制范围内;如果优化选项没有被激活,则当受监控的变量超过限制值时,程序只在最后输出一些有关的警告信息。

◆ 变量规划部件:允许用户设定发动机的某个参数为其他参数(最多三个)的函数,这种函数关系以数表的形式存在。许多部件可以拥有类似于部件特性图的性能图表,这些图表按照部件特性图的格式存储起来。比如建立燃烧室的性能图表:可以设置燃烧室出口温度为转子转速、燃烧室进口燃油流量、压气机压比的函数,然后建立相应的性能图表。这种情况下,如果已知转子转速、燃烧室进口燃油流量和压气机压比,则通过查表就可以得到燃烧室的出口温度。

NNEP89 允许加入最多 200 个部件。任何一种部件最多可以有 50 个,每次最多能激活 10 个优化变量,可以容纳 70 张部件特性图(总数据量可以达到 20 000 个双精度数)。NNEP89 可以进行发动机设计点和非设计点的稳态性能计算。

尽管 NNEP89 在发动机的气动热力循环仿真方面相当不错,但作为航空工业所必须的全功能仿真系统还需要一些重要的内容:①过渡过程模型;②数据压缩功能;③扩展灵活的结构;④支持仿真算法的缩放,即从低精度模型(一维计算)过渡到高精度模型(二维或三维计算),然后再接到低精度模型。

(6) 发动机安装性能模型[12]

在 NNEP 中已经有计算进气道和喷管/后体的阻力的简化模型,但 NASA Lewis 认为应该采用一种更为复杂的方法来计算安装损失。因此,在 1978 年,NASA 与波音公司签署了合同,要求波音公司提供一个适用范围广的补充程序(INSTAL),该程序可以用来计算发动机的安装损失以及进气道或短舱的重量。该程序使用了一个进气道特性数据库和喷管/后体特性数据库。进气道数据库中存储了 19 种规格化了的已有进气道特性,还发展了进气道特性导出程序。在已有进气道的设计参数(飞行马赫数、侧板形状、唇口钝度、唇口外罩角等)改变后,可以使用该程序计算变化后的进气道特性。喷管/后体特性数据库收集了 9 种喷管/后体的设计和特性数据,也有喷管/后体导出算法来计算新设计喷管/后体的特性。设定了进气道和喷管数据之后,就可以在设计中综合考虑进气道、发动机、喷管/后体三者之间的相互影响,并求得推进系统性能。

(7) NPSS

二十世纪九十年代初,面对市场不断提出的缩短航空发动机设计周期、降低设计费用、提高性能的要求,NASA 联合航空工业界、大学及相关政府机构,提出建立推进系统数值仿真平台 NPSS。该平台将利用高性能计算技术及现代通信技术把推进系统在相关学科(包括流体力学、传热学、燃烧学、结构力学、材料科学等)的研究成果整合成一个复杂系统,采用能够自由缩放变维度仿真算法和学科耦合技术,深入揭示发动机内的复杂流动和各部件的相互关系,实现了整机详细仿真模拟[13-15]。图 1.1为基于 NPSS 框架的高精度部件级仿真流程图[16]。NPSS 平台的终极目标是打破传统航空发动机从概念设计、初步设计到详细设计漫长而反复的设计流程,在设计的初始阶段就能利用灵活的变维度算法对不同风险级别的技术进行分级验证,即对高风险的关键技术提供高精度的流固耦合分析,对风险难度较小的技术只须提供一般精度的仿真验证,以期在设计的初始阶段就能降低整机设计中不确定因素,尽可能减少重复设计工作,提高设计效率。

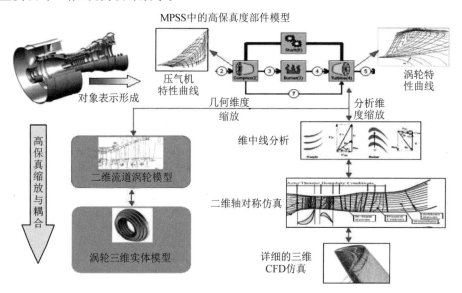

图 1.1　基于 NPSS 框架的高精度部件级仿真流程图

根据 2004 年公布的文献资料,经过十几年的发展,NPSS 系统仿真平台初步实现了 0 维、1 维、2 维、3 维设计的缩放功能。基于 NPSS 系统仿真平台的 GE90 - 94B

的全机数值模拟见图 1.2[17]。一方面,0 维模型主要部件的特性是利用一维平均技术对三维部件级仿真结果进行后处理的特性;另一方面,0 维模型进行部件匹配后的部件截面参数又成为进行三维部件设计的边界条件。

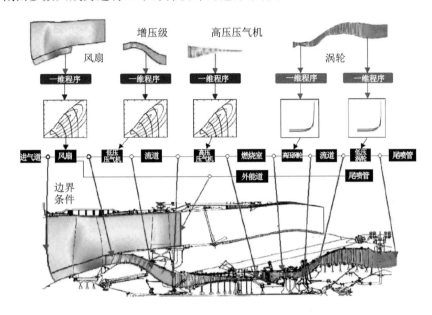

图 1.2　基于 NPSS 系统仿真平台的 GE90 - 94B 的全机数值模拟

(8) GasTurb(德国)

除了 NPSS 系统仿真平台外,GasTurb 也是目前常用的航空发动机整机性能仿真软件。GasTurb 软件由德国 MTU 航空发动机公司的 Joachim Kurzke 博士于 1995 年开发,是一款功能强大且灵活的商用航空发动机整机性能仿真软件[18]。其开发原则是在保障航空发动机总体性能分析评估功能完整性及计算准确性的基础上,尽量降低软件的使用难度。这使得该软件有良好的人机交互界面,可用于评估多种类型发动机的稳态性能及动态性能,既包括常规的涡轮喷气发动机、涡轮风扇发动机、涡轮螺旋桨发动机、涡轮轴发动机,还包括新颖构型发动机,例如变循环发动机(仿真模型见图 1.3)等。

除了提供基本的设计点/非设计点气动热力计算外,GasTurb 还提供了考虑不确定性的性能分析模块、结合具体飞行任务的性能评估模块、尺寸重量评估功能、性能衰退预测功能等;多样的输出功能,包括绘制部件特性图及工作线、绘制热力循环温-熵图、绘制 P - V 图等。GasTurb 即可以基于内置的通用部件特性进行发动机总体性能仿真计算,还可以基于用户给定的部件特性进行性能评估,支持用户自定义的经验模型,增加了软件对不同设计需求的适应性。除整机性能计算外,GasTurb 还提供了部件设计辅助功能,例如可以提供轮盘的应力分析与优化设计功能。

除集成于 GasTurb 平台的仿真功能外,GasTurb 还提供了可独立于仿真平台使

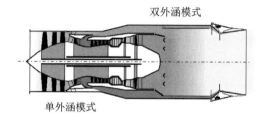

图 1.3 基于 GasTurb 的双外涵变循环发动机性能仿真模型[19]

用的叶轮机部件特性评估程序:Smooth C(针对压缩部件)[20]和 Smooth T(针对涡轮部件)[21]。Smooth C 和 Smooth T 可以根据已有的部件特性数据完成特性图的预测与评估,可以将部件特性图外插至低换算转速区,为发动机启动过程和风车状态的性能仿真提供基础。Smooth C 和 Smooth T 可嵌入其他航空发动机整机性能仿真程序使用,例如 NPSS 等。

继 1995 年开发出第一版 GasTurb 软件后,Joachim Kurzke 博士不断对软件进行改进与完善。2013 年,Joachim Kurzke 博士将 GasTurb 12 及其商标出售给了德国亚琛的 GasTurb GmbH 公司,并与该公司合作开发出了 GasTurb 13。GasTurb 13 在部件特性图选择、部件辅助设计功能、雷诺数修正、空气系统设计、飞行任务评估等方面进行了改进和完善,增添了齿轮风扇发动机的仿真(仿真模型见图 1.4)等新功能[22]。

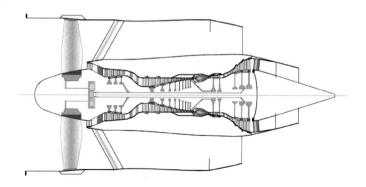

图 1.4 基于 GasTurb 的齿轮风扇发动机性能仿真模型[22]

完成了 GasTurb 13 的开发后,Joachim Kurzke 博士和 GasTurb GmbH 公司在 GasTurb 14 的开发过程中出现了意见分歧。最终,Joachim Kurzke 博士退出了 GasTurb 14 的开发工作。GasTurb 14 最显著的更新在于增加了混合电推进发动机和三轴涡轮螺旋桨发动机的性能仿真功能(仿真模型见图 1.5 和图 1.6)。除此之外,GasTurb 14 还增加了发动机启动与风车状态的性能仿真功能、加力燃烧室接通/断开的过渡态性能仿真功能[23]

GasTurb GmbH 公司为每个版本的 GasTurb 软件均配备了详细的使用手册,可以在其网站免费下载使用。更多关于航空发动机整机性能仿真建模方法、分析方

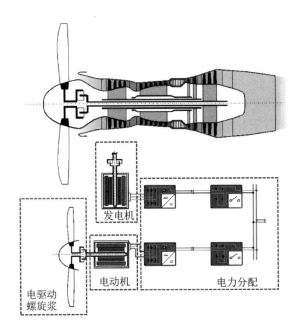

图 1.5　某基于 GasTurb 的混合电推进发动机性能仿真模型[23]

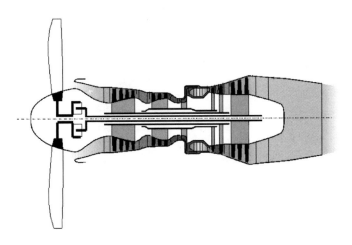

图 1.6　基于 GasTurb 的三轴涡轮螺旋桨发动机性能仿真模型[23]

法以及设计方法可以参考 Joachim Kurzke 博士等撰写的专著[24]。

（9）PROOSIS（欧盟）

PROOSIS 软件全称为 Propulsion Object – Oriented Simulation Software,是一款面向对象的航空发动机总体性能仿真程序。PROOSIS 软件起源于欧盟的"框架程序研究计划（Framework Programmes,FP）"。在 FP 计划的第六阶段（2002—2006 年）的 VIVACE（Value Improvement through a Virtual Aeronautical Collaborative Enterprise)项目中,为了满足工业界对于航空发动机性能仿真的需求而开发

了一款标准化软件,最终于2008年获得了PROOSIS软件的2.0版本,这也是第一款针对航发工业界的权威仿真软件[25]。

在FP计划的第七阶段(2007—2013年)的CRESCENDO(Collaborative and Robust Engineering using Simulation Capability Enabling Next Design Optimisation)项目中,PROOSIS软件得到了进一步的完善与优化,根据包括Airbus、Snecma等企业的需求,增添了优化、过渡态性能求解、飞发一体化设计等功能[25]。

近年来,PROOSIS软件依据工业界的需求进行不断改进与完善,已被诸多航空公司应用于推进系统的性能设计与评估。到2021年底,PROOSIS软件已更新至6.4版本,目前的PROOSIS软件具备如下特征:

1)多功能性

PROOSIS软件集成了多种性能仿真功能,包括:控制系统、热管理系统、液压系统、机械系统、电力系统、先进热力循环等。基于PROOSIS软件提供的多学科仿真平台,既可以单独进行发动机的性能仿真,也可以与其他子系统协同仿真,可集成的子系统包括控制系统、燃油系统、电力系统等,如图1.7所示。

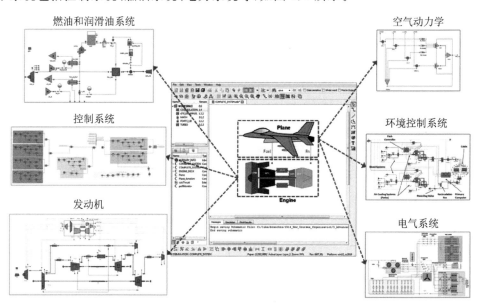

图1.7 基于PROOSIS的飞发一体化多学科仿真示意图[25]

2)灵活性与迁移性

PROOSIS软件采用面向对象的编程方法,具备良好的人机交互界面(见图1.8),可灵活搭建发动机性能模型。PROOSIS软件提供了多种通用的部件模型,用户也可根据设计需求自定义部件模块。PROOSIS软件提供基于部件模块的发动机模型搭建方法,用户可通过拖拽部件模块来快速搭建发动机性能仿真模型。搭建好的发动机性能模型具有良好的迁移性,PROOSIS软件可将搭建好的发动机模型便捷地导出计算模块,根据用户需求可以嵌入任何以 C/C++或 Fortran 语言编写的计算程序,实现快速迁移。PROOSIS 软件可与其他软件交互开展协同优化设计,例如 MATLAB/Simulink、MS－Excel、ISIGHT、MS－Visual Basic 等。

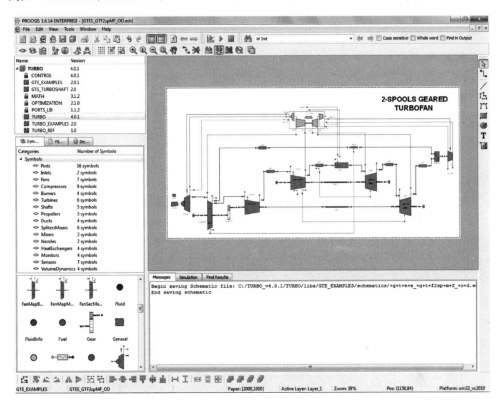

图 1.8　PROOSIS 软件的用户使用界面[25]

3) 强大的性能仿真功能

PROOSIS 软件提供了丰富且强大的性能仿真功能,包括设计点和非设计点性能仿真、稳态及过渡态性能仿真、多设计点设计优化、敏感性分析等。PROOSIS 软件提供了多种数学求解器,包括处理代数问题的方法(如改进 Powell 等)、处理刚性/非刚性微分方程组的方法(Adams－Moulton 方法、四阶龙格库塔法等)、处理含不等式约束的性能仿真计算以及用于求解参数优化/动态优化/模型辨识等的数学优化算法。针对计算量较大的仿真过程,例如智能优化算法等,PROOSIS 软件还提供了并行计算、分布式计算等功能以提高计算效率。

(10) GSP(荷兰)

GSP 软件全称为 Gas Turbine Simulation Program,是荷兰国家空间实验室(NLR)开发的一款面向对象的部件级整机性能仿真软件。GSP 软件是在 DYNGEN 软件的基础上开发得到的。针对 DYNGEN 软件计算稳定性不足、用户交互界面简单的缺点,代尔夫特理工大学在 1986 年对其进行改进开发,提高了数值仿真稳定性及计算效率,完善了用户交互界面,获得了第一代 GSP 软件。最初的 GSP 软件是在 Fortran 77 的基础上开发的。随着计算机技术的不断发展,1996 年基于 Borland® Delphi(TM)工具开发得到了第一款面向对象的 GSP 软件,大幅改善了软件的使用便捷性。自此之后,GSP 软件一直沿用面向对象的编程方法并不断改进完善,于 2022 年 4 月推出了最新版本——GSP 12[26]。

目前的 GSP 软件具备如下特征:

1) 灵活性

GSP 软件提供各种常见构型的航空发动机性能模型,除内置的部件模块外还可以根据用户需求自定义部件模块,具备设计点及非设计点计算功能,可以进行稳态性能及过渡态性能仿真,可以根据用户的需求以图线或表格的形式输出计算结果。

2) 用户友好性

GSP 软件在 Windows 系统下运行,为用户提供图形化的交互界面,用户可以利用拖拽部件模块的形式实现整机性能模型的快速搭建,如图 1.9 所示。除此之外,GSP 软件还为用户提供了在线帮助、使用手册、技术手册等辅助功能,帮助用户快速熟悉软件的使用,并解决使用过程中遇到的常见问题。

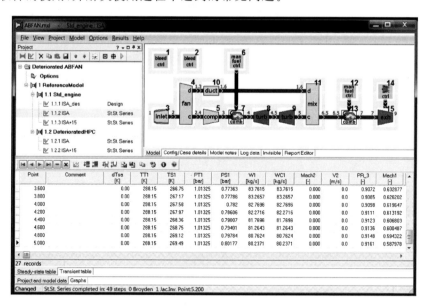

图 1.9 GSP 软件的用户使用界面[26]

3) 强大的性能计算功能

GSP 软件可以在常规的 PC 平台上实现高效率计算,可以为用户提供多种分析计算功能,包括外界大气环境变化对发动机性能的影响计算、发动机安装性能损失评估、发动机部件或控制系统的故障诊断、部件性能衰退的影响分析等。GSP 软件还可以同时进行多个发动机的性能仿真,例如分析双发直升机的推进系统性能。

关于 GSP 软件所采用的算法可以参考其开发人员公开发表的论文[27,28]及 GSP
软件公司在其网站上公布的设计文档[26]。

2. 国内发展状况

与国外相比,我国的航空发动机整机性能仿真技术起步较晚,经历了从"面向过
程"到"面向对象"的仿真方法发展过程。随着航空发动机技术的不断发展,发动机构
型逐步复杂化、工作包线逐步拓宽,给发动机性能仿真技术也带来了新的挑战。为了
应对这些难题,国内学者及研究人员近年来在提高模型求解收敛性及降低对部件特
性依赖性等方面开展了一系列研究,取得了相应的进展与突破。下面对国内航空发
动机整机零维仿真发展过程进行简要介绍。

二十世纪八十年代,中国航发沈阳发动机研究所开发出国内第一个发动机实时
仿真模型,并投入双转子涡喷发动机的半物理仿真模拟实验;到二十世纪九十年代,
获得了第一个涡扇发动机地面电调实时模型,并在近十年的深入研究后,实现了包线
内的稳定运行[29]。

从二十世纪九十年代开始,国内多所高校及研究院所在航空发动机整机性能仿
真模型层面开展了多项研究工作。童凯生等在 DYNGEN 基础上开发了发动机变比
热计算程序[30]。北京航空航天大学的陈大光、张津借鉴 GENENG、NNEP89 等程
序,在程序收敛性、使用灵活性、特性图修正等方面进行了改进,开发了国内第一款变
几何涡扇发动机的部件级整机性能仿真模型[31]。除此之外,还将发动机模型与进排
气系统、飞机模型相结合,建立了飞机发动机一体化性能仿真及优化模型[32]。

在二十世纪八十年代到二十世纪九十年代期间,我国发动机整机性能仿真均采
用的是结构化的、面向过程的编程方式。这种编程方式虽然可以将算法进行模块化处
理,但是没有对数据进行模块化,导致算法模块之间仍采用公共变量的方式进行数据传
递。这种处理方法会导致算法与数据之间产生分离。随着发动机仿真模型功能的不
断拓展,算法模块之间的数据传递更加复杂,彼此之间的耦合依赖关系越来越强。对
模型的改动仍需要从整体层面进行,限制了发动机整机模型的拓展性与维护性。

针对面向过程的编程方法在拓展性与维护性层面的不足,在二十世纪九十年代
中后期,我国部分研究学者开展了面向对象的航空发动机仿真模型研究。

面向对象的编程方法的核心思想是抽象数据类型。面向对象的方法把任何特定
对象都抽象为一个具有特定属性和行为方式的封装体,这一封装体被称为抽象数据
类型,也称为类,它描述了同一种事物的特征与行为。这一方法在编程中体现为将数
据与算法进行抽象,封装入不同的类之中;以面向对象方法编写的程序不再依靠公共
变量,而是通过直观清晰的数据流实现模块间的数据交换。这一机制依靠人的思维
方式对系统进行了设计分析,数据流的使用贴合了实际物理模型中事物之间的联系。

航空发动机的物理结构和工作原理都很容易被抽象为类。发动机相互作用的内
部结构,不论是部件层面的进气道、压气机、燃烧室、涡轮、尾喷管、转轴等部件,还是

更小层面上的单个叶片,抑或是更大层面上的核心机、低压转子等,都具有其特定的多维属性(如压比、效率等)和行为方式(如输出功、分流气体等);这些结构都可以被封装为彼此间归属关系清晰的类模块。此外,航空发动机中各部件依照单向的流路顺序完成特定的热力工作,因而在时间域上保持了部件性质的相对稳定;热力工作中的工质流和机械功流本身可以作为数据流实现模块间的信息交换,且这种数据交换的简单与清晰性显然不会受到部件增多和流路复杂度提高的影响。

我国基于面向对象编程建立的航空发动机整机模型出现于二十世纪九十年代末。北京航空航天大学的唐海龙首次将底层、中间层、应用层这种三层结构的软件组织开发方式引入航空发动机的性能仿真领域,基于 VC++语言,提出了一种建立具有强适用性和功能拓展性的航空发动机仿真模型的方法。通过建立一个面向对象的航空发动机基本类库(见图 1.10),能快速可靠地针对不同的发动机类型和功能需求构建出的适用的发动机性能仿真模型[33,34]。利用面向对象的编程方法,唐海龙等建立了国内第一款双外涵变循环航空发动机总体性能模型,并开展了控制规律的优化研究[28]。此模型还具备可视化界面,便于实现人机交互。

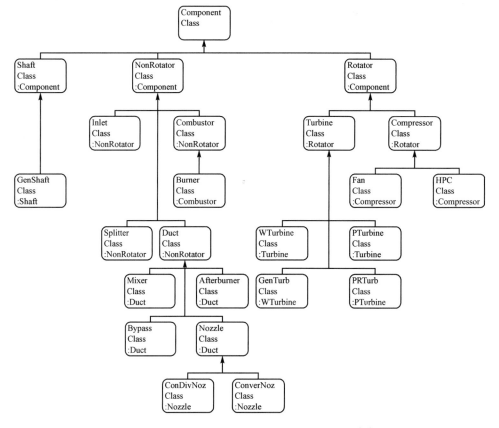

图 1.10 航空发动机的部件类构成及派生关系[33]

北京航空航天大学的丛靖梅等将面向对象的编程方法应用于航空发动机实时模型的搭建,基于采用框架灵活方便、具有可扩展性的 VC++语言,建立了一台双轴混排加力涡扇发动机的实时仿真模型,可准确模拟发动机及其部件的工作状况。该仿真模型计算效率高、建模方法通用性强,可适用于其他类型发动机的实时建模要求[35]。

南京航空航天大学的窦建平等运用面向对象技术,基于 UML 语言建立了仿真平台框架,采用 VC++语言编写了发动机部件类库、工具类库、算法类库、图形界面类库,建立了一个可重用和拓展性强的航空发动机通用仿真平台,可实现双轴涡扇发动机的稳态和动态性能仿真,此平台还提供了友好的交互式图形化仿真界面,如图 1.11 所示,可以通过拖拽部件模块的方式快速搭建航空发动机仿真模型[36]。利用此方法,窦建平等学者建立了一款双轴涡扇发动机模型,并对其稳态性能及过渡态性能进行了仿真计算,与地面台架试车数据相比稳态误差在 3%以内[37]。

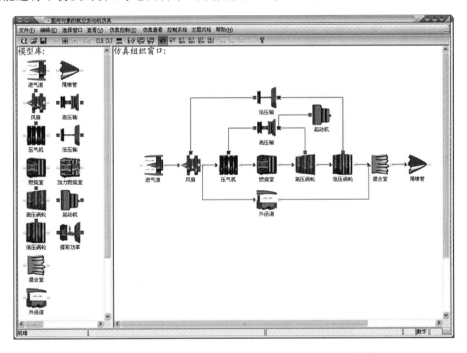

图 1.11 航空发动机性能的交互式图形化仿真界面[36]

南京航空航天大学的周文祥等对基于面向对象的编程方法建立的航空发动机模型进行了改进与拓展,通过特性图外推的方法补全了低转速状态下的部件特性,研究了燃烧效率修正、总压恢复系数修正、高温部件热传递、匹配初猜值选取等关键技术,使模型具备地面及高空启动性能计算的功能,最终建立起双转子涡扇发动机全状态、全包线部件级实时模型。除此之外,还将控制系统模型集成至航空发动机仿真平台,建立了一种基于新型免疫反馈算法的 PID 控制系统,改善了原有控制系统的性能,系统超调小、响应快、抗干扰性强，且具有较好的自适应性。针对控制系统同样建立了友好的交互式图形化仿真界面，如图 1.12 所示[38]。利用该平台能实现发动机从零加速到最大状态的动态实时仿真，与试验数据对比动态误差小于 8%[39]。

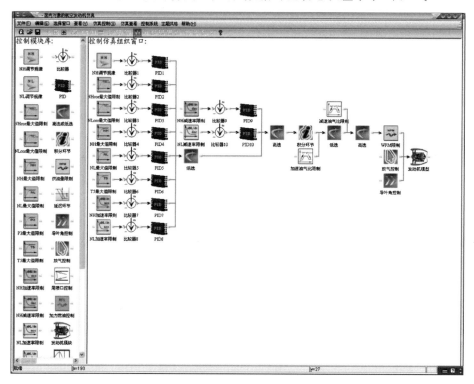

图 1.12　航空发动机控制系统的交互式图形化仿真界面

西北工业大学的徐鲁兵等利用面向对象的编程方法和分层设计的思想，设计并实现了具有通用性的航空发动机性能仿真框架，该框架中，利用面向对象技术形成了模型对象类属层次关系，并由下向上逐层完善，提高了仿真框架的适应性和可扩展性[40]。在此框架下分别建立了单轴涡喷、双轴涡喷、混排涡扇三种不同构型的发动机性能模型，并进行了稳态性能和过渡态性能的仿真，验证了仿真框架的灵活性和可拓展性。其中，结合试验数据对单轴涡喷发动机模型进行了精度校核。经验证，除个别点外，仿真计算误差不超过 3%，证明了该框架的有效性[41]。

西北工业大学的张晓博等基于面向对象的编程方法，建立了通用的航空发动机性能仿真环境；提供了交互式图形化仿真界面，可利用拖拽部件的形式快速搭建常规构型的航空发动机模型，改善了程序的操作性和交互性；计算结果保存于数据库，且可以图/表的形式直观展示，提高了数据的完整性、安全性[42]。

从上述文献调研结果来看，以面向对象方法建立的航空发动机数值仿真模型，具有良好的封装性、重用性、可拓展性和可维护性；此外，模型还提供了更加自然直观的仿真框架,信息交换更逼真,也更符合人类思维,拥有良好的人机交互性。随着图形界面与可视化技术的发展,拥有可视化图形仿真界面的发动机仿真模型将使用户的体验越来越好,设计效率进一步提高。因此,近年来此类仿真模型在航空发动机整机性能研究中得到了广泛应用,除应用于常规构型发动机外,也在涡轮冲压组合循环发动机[43]、自适应变循环发动机[44,45]上得到了应用。

然而,随着发动机构型逐渐复杂化,发动机工作包线的不断拓宽,此类仿真模型在应用过程中也暴露出了一些问题:①仿真模型求解收敛性:上述仿真模型是基于求解共同工作方程组的形式来求解部件工作点,进而获得整机性能,而共同工作方程组是一类强耦合、非线性的方程组,只能采用数值方法迭代求解,而初猜值的选取会显著影响共同工作方程求解的收敛性。在发动机工作包线拓宽后,各部件的匹配工作点也会远离设计点,这给初猜值的选取带来了困难,影响了共同工作方程求解的收敛性,进而影响了整机性能模型的求解。②对部件特性的依赖性过高:上述仿真模型的计算流程是建立在部件特性已知的条件下的,仿真计算结果显著依赖于部件特性的准确性。在设计初期评估发动机性能时,往往缺少部件的准确特性,因此常采用部件通用特性耦合的方法进行处理[46]。依据通用特性耦合所获得的部件性能需求与部件设计实际可达性能之间往往会存在偏差,会带来总体—部件之间多轮次的迭代设计。围绕这些问题,国内航发研究所和各高校的研究人员开展了一系列的改进研究,并取得了相应的进展。

(3) 发动机整机仿真的进展

1) 仿真模型求解收敛性的改进研究

上述面向对象的航空发动机整机仿真模型本质上属于部件级零维模型,此类模型的算法核心是求解可以反映部件共同工作关系的共同工作方程,具体方法为:给定一组反映部件工作点的匹配猜值,求解共同工作方程的残差,然后依据残差修正迭代匹配猜值,直至共同工作方程残差达到收敛精度[47]。共同工作方程是强线性方程组,而求解常见的迭代算法包括:牛顿法[48]、拟牛顿法[49,50]、罚函数法[51]以及全局优化类算法[52]。其中使用最为广泛的是牛顿法,因为该算法实现了收敛性和收敛速度的折中。牛顿法对初猜值较为敏感,若初猜值距离解较远,则迭代初期牛顿步长较大,容易导致迭代点超出可行域,最终导致迭代计算失败。目前有2种方法来改善牛顿算法的收敛性:

① 修正迭代步长。

西北工业大学的陈玉春等引入了一种修正矩阵来调节迭代步长,提出了变步长牛顿法求解共同工作方程[53],即在迭代初期,修正因子取值较小,相当于对牛顿步长添加阻尼项,减小步长;在迭代后期,修正因子逐渐增加到1,迭代步长恢复到牛顿步长,保障收敛速度。通过算例验证此方法相较于牛顿法的优势:在4组剧烈变化的工况条件下,牛顿法由于初猜值选取不当出现了计算终止或计算不收敛的情况;而引入修正矩阵调节迭代步长后,最终均获得了收敛的计算结果。除此之外,虽然引入修正矩阵在迭代初期损失了收敛速度,但是随着迭代步数的增加,变步长牛顿法会快速逼近并达到牛顿法的速度。因此,变步长牛顿法在提高收敛性的同时并未显著降低模型求解的收敛速度。

北京航空航天大学的郑俊超等在建立自适应循环发动机总体性能仿真模型的过程中,通过研究共同工作方程的残差收敛特征,提出了"小步逼近"和"逐步增速"相结合的补充修正方法。其中,"小步逼近"是指对解向量增量以修正系数进行整体缩小,此修正对非线性方程组迭代求解之初确定正确收敛方向有很大帮助。"逐步增速"是指解向量增量修正系数随迭代次数的增加而逐渐变大。"小步逼近"在确定正确收敛方向时效果显著,但是随着迭代推进,依然以小值修正解向量增量将会影响收敛速度。为此,可将解向量增量修正系数与迭代计步数关联,修正系数随着迭代步数增加而增大。"逐步增速"可使求解的速度不断提高。经仿真算例验证,"小步逼近"与"逐步增速"相结合的方法可以有效提高发动机模型的求解收敛速度[54]。

② 初猜值拟合优化。

陈玉春教授研究了初猜值取值拟合对于改善牛顿法迭代收敛性的作用,并与变步长牛顿法、初猜值限制法进行对比。其中,初猜值取值拟合是指,将计算收敛条件下的初猜值视作由飞行工况条件及发动机控制规律决定的。通过统计多组计算收敛条件下的匹配猜值,当作该工况条件和控制规律下的匹配初猜值,由此建立初猜值的拟合公式。在求解其他工况及控制规律下的发动机性能时,根据拟合公式插值计算初猜值。初猜值限制值法是指,通过预先设定的约束条件(如:部件转速不超转、部件不喘振等),限制初猜值的取值范围,保障牛顿法的第一步迭代能顺利进行。变步长牛顿法已在"修正步长"的方法中进行了介绍。在4组剧烈变化的工况条件下,对比了上述3种不同方法的迭代收敛性。研究表明,对初猜值进行拟合后可大幅改善迭代收敛性,效果优于其他两种方法[55]。

除了对牛顿法进行改进优化外,也有研究学者采用了不同于牛顿法的迭代求解方法。北京航空航天大学的刘煜东等将发动机过渡态性能仿真中采用的容积法[56,57]应用到了稳态性能求解过程中,以提高模型求解的收敛性。容积法建模的思路是将航空发动机视为由"叶轮机-容腔-叶轮机"组合模块构成的集合体。这种组合模块结构如图1.13所示。

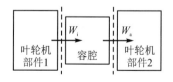

图1.13 容积法建模中的组合模块

在基于共同工作方程组的牛顿法稳态性能求解过程中,将容腔前后两个部件的流量差视作迭代误差,不考虑容腔内气体的惯性效应。在容积法建模过程中,则将流量差在容腔内对气体气动参数的作用考虑进来,将这一影响施加到容腔前后的部件上,影响部件的工作点,使部件工作点向减缓容腔内气体积聚效应的方向移动,最终达到共同工作的平衡状态。因此,与牛顿法在高维空间内寻找全局收敛点不同的是,容积法将迭代过程分解为在各个组合模块的低维空间寻找局部收敛点。因此,容积法对发动机自身的强非线性不敏感,对初猜值的依赖性较低,可以避免由于初猜值选取不当而带来的收敛性不足的问题。刘煜东等以一台自适应循环发动机的性能仿真模型为例,对比了不同初猜值选取下,容积法和牛顿法的迭代收敛性差异[58]。计算结果表明,在 4 个典型工作点下,牛顿法存在 32%~82%的不收敛情况,而容积法的迭代收敛性均可达到 99%以上,显著高于牛顿法。

2)对部件特性依赖性的改进研究

对于部件级零维整机仿真模型来说,发动机是有若干部件模块组成的,部件模块被视为"黑匣子",其特征通过部件特性描述,因此对部件特性的依赖性较高。这是由零维模型自身特征所决定的,只有引入高维仿真方法才能进行改进。然而,对于发动机进行整机高维仿真的计算量过大,在设计初期需要进行参数优化,涉及多轮次的整机性能计算,整机高维仿真所带来的计算量将是无法承受的。为了兼顾计算效率和仿真精度,变维度仿真开始逐渐引起国内研究人员的重视。利用变维度仿真方法,可以对发动机中的关键部件进行高维仿真以保障精度,而对发动机中的成熟部件采用低维仿真以保障计算效率。

北京航空航天大学的贾梓豪等将变维度仿真应用于一款涡喷发动机的改型设计,利用 CFD 评估改型风扇的性能并与其余部件的零维模型相结合,仿真精度不受限于风扇通用特性图的选择和经验修正,改善了整机模型的仿真精度[59]。北京航空航天大学的许哲文等将变维度仿真应用于一款自适应循环发动机的设计,对发动机的引射喷管[60]、涵道引射器[61]等关键部件采用高维仿真评估特性,弥补了相关部件缺少特性数据的不足,并建立了部件的高精度代理模型,与整机其余部件的零维模型相结合,提高了发动机整机性能评估的准确性,并且将计算成本控制在了可接受的范围内。

从二十世纪八十年代建立第一个发动机实时仿真模型开始,我国航空发动机整机仿真经历了四十多年的发展,整机仿真模型的计算效率和精度得到大幅提高,模型功能不断完善,人机交互性不断改进:从最开始结构化、面向过程的仿真程序,发展到图形化交互式、面向对象的仿真程序;建模的构型从常规涡喷发动机、涡扇发动机等发展到自适应循环发动机、涡轮冲压组合发动机等新;模型功能从单独的稳态性能计算发展到稳态性能、过渡态性能、安装性能、飞机发动机综合性能计算。我国各大航空发动机研究所和高校均开发出了各自的航空发动机性能仿真模型,但是各单位之间仍存在一定的技术壁垒。到目前为止,我国尚未开发出一款可与国外 NPSS、Gas-Turb 等成熟商用软件相媲美的航空发动机仿真软件,且仿真技术的发展水平与世界航空大国之间仍存在一定的差距,需要各大研究院所和航空高校紧密合作、集智攻关,将理论方法与试验验证相结合,不断改进并发展我国的航空发动机仿真技术。

1.2.2 整机准三维仿真

相较于零维和全三维整机数值仿真,准三维数值仿真有其独特优势。相较于零维仿真,准三维仿真可以提供更丰富的子午面流场信息。相较于全三维计算,准三维计算量小、易于实现,且对于特定案例,准三维仿真可以使用由试验数据提出的损失模型、落后角模型等对流场结果进行修正,规避由于湍流模型局限性造成的流场计算不准确性,以此将数值仿真与实验测量相结合,使发动机数值试车结果更加准确。

Stewart[62]最早利用 Euler 通流模型模拟某涡扇发动机,它需要利用流线曲率法从压气机、涡轮等部件计算中提取气流角来计算叶片力,这样是为了减少对经验公式的依赖。Stewart 认为在整机计算中随着经验公式的增加,数值稳定性将会降低。Adam 和 Leonard[63]发展了一种针对航空叶轮机的分析模型,这种方法只须给定流道和叶中截面几何角便可快速计算多级压气机或涡轮的性能特性。图 1.14 所示为借助某单级压气机几何计算得到的不同转速特性与试验数据的对比。俄罗斯中央航空发动机研究院(CIAM)制定了涡轮发动机计算机试验技术(CT3)计划,开发了燃气轮机计算机仿真系统 CGTES(Computer Gas Turbine Engine Simulator)。CGTES 是专为航空发动机开发的一个独立的计算体系,包含许多基于复杂的二维、准三维和三维的空气动力学、热传递和应力问题的数学模型。Nigmatullin 和 Ivanov 等[64-66]利用 CT3 中的多部件模型和简化假设建立了含黏性力项的准三维 Euler 通流模型,可以模拟发动机节流特性、喷口几何面积对发动机性能的影响,还可预测其他稳态条件下的各种特性。同时,该方法可应用于过渡态的模拟,对于建设发动机数值试车台具有重要的基础应用价值,图 1.15 为计算得到的某型涡扇发动机整机子午面静压等值线图。Petrovic 和 Riess[67,68]将基于流函数和有限元方法的通流计算

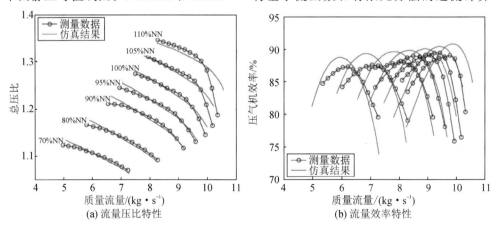

(a) 流量压比特性 (b) 流量效率特性

图 1.14 某单级压气机特性曲线[63]

程序应用于低负荷蒸汽涡轮的通流计算,对涡轮非设计点工况进行数值仿真,分析了风机状态流场及性能参数。另外,其对非设计点的损失模型及局部倒流计算进行了处理,利用其对轴流涡轮进行计算,在低负荷工况下计算结果同试验数据吻合良好。Petrovic 和 Wiedermann[69]将通流计算应用于空气冷却燃气涡轮数值仿真,建立的涡轮冷却模型包括气膜冷却、叶片尾缘冷却和轮盘根部冷却,他们认为冷气的作用有两种,即增加下游气体流量和降低燃气总温/总压。Petrovic 等[70]将通流计算应用于轴流压气机,采用了改进的损失和落后角模型,应用损失的展向分布模型及展向掺混模型模拟流动的三维流动效果,利用改进后的通流程序对 5 个实验装置进行数值仿真。Banjac 等[71]首先依据轴流压气机叶片几何和工作条件建立了损失和落后角模型,然后计入了由端壁黏性和尾迹涡引起的二次流损失,该模型是针对 NACA65翼型、NACA63 - A4K6 翼型及具有 NACA65 厚度分布的圆弧型中弧线叶型建立的。Banjac 等[72]对轴流压气机设计方法中的二次流、端壁效应及失速诊断进行了研究分析,对叶顶间隙、二次流的综合作用效果进行了建模,并将计算结果同试验数据进行对比。基于上述对涡轮及压气机的数值仿真及相关二次流模型的建模研究,Petrovic 等[73]完成了某型双轴燃气涡轮发动机的通流数值计算,其对压气机、涡轮采用独立的求解器进行计算,对燃烧室采用一维线性模型求解器,三个求解器相互迭代计算以满足各部件边界的连续边界条件。进而,Wiedermann 和 Petrovic[74]对压气机计算采用真实气体模型替换理想气体模型,外界大气条件可以考虑湿度等因素,同时提高了涡轮超声出口计算的稳定性。基于以上改进因素,完成了单轴和双轴燃气涡轮发动机全工况范围的数值仿真。双轴燃气涡轮发动机的压力场如图 1.16 所示。基于在全工况范围内对压气机和涡轮所做的通流计算,Petkovic 等[75]利用物理时间模型预测燃气涡轮发动机过渡态性能,该模型对发动机的启动过程和负荷变化过程的性能变化进行模拟,同时模拟了燃油增加过程中系统的反应过程。

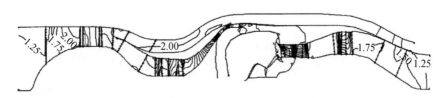

图 1.15　某型涡扇发动机整机子午面静压等值线图[66]

　　目前,国内接受程度最高、使用范围最广的整机准三维仿真软件是引进的俄罗斯整机 S2 程序。施发树等[76]以叶轮机械多部件模型为基础,完成了冷热部件数值模拟方法的统一,建立了适用于弹用小涡扇发动机的含黏性力项的准三维欧拉流动模型,对巡航条件下发动机节流特性、内涵喷口面积对发动机性能影响进行研究,仿真结果与其他支撑数据吻合。该模型可以对发动机其他稳态进行预测,可推广应用于过渡态的仿真,为准三维数值试验台建设奠定基础。黄家骅[77]和于龙江[78]分别利用该软件对两台涡扇发动机进行了整机 S2 流面流场模拟计算,将数值计算与工程应

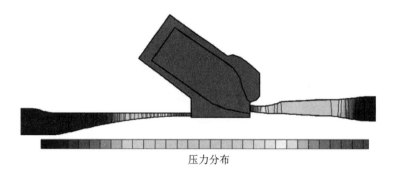

压力分布

图 1.16　某型双轴燃气涡轮发动机整机压力云图[74]

用经验、试验数据相结合,有效节约了计算资源。北京航空航天大学数值仿真中心与俄罗斯中央航空研究院(CIAM)合作,引进了整机准三维计算软件(AES-S2),形成了良好的仿真软硬件环境,完成了某小型涡喷发动机整机仿真[79],还对某涡扇发动机进行了考虑级间引气的整机数值仿真[80],并且对某涡轴发动机进行整机数值仿真[81]。图 1.17～图 1.19 分别为某涡喷、涡扇和涡轴发动机设计点子午面相对马赫数等值线图。此外,对其他型号发动机的风扇、压气机、涡轮部件进行二维仿真计算,全面考核了仿真计算精度。

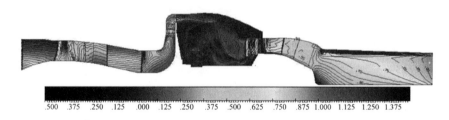

.500 .375 .250 .125 .000 .125 .250 .375 .500 .625 .750 .875 1.000 1.125 1.250 1.375

图 1.17　某型涡喷发动机设计点子午面相对马赫数等值线图[79]

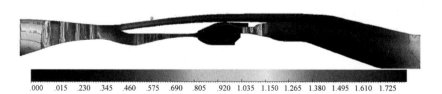

.000 .015 .230 .345 .460 .575 .690 .805 .920 1.035 1.150 1.265 1.380 1.495 1.610 1.725

图 1.18　某型涡扇发动机设计点子午面相对马赫数等值线图[80]

俄罗斯 S2 程序的通流模型采用高阶精度的有限差分 Godunov 格式和时间推进法,交替使用显/隐格式求解基于轴对称概念的 S2 流面 Euler 方程组。该程序可计算发动机稳态总体性能参数,对整机及部件主流道流动进行仿真,并考虑了黏性损失、泄漏、引气、抽气及间隙的影响。前期研究工作虽然奠定了良好的研究基础,但在应用过程中发现该软件存在如下问题:①程序的控制方程是依据轴对称假设建立的,

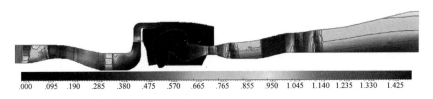

```
.000  .095  .190  .285  .380  .475  .570  .665  .765  .855  .950 1.045 1.140 1.235 1.330 1.425
```

图 1.19　某型涡轴发动机设计点子午面相对马赫数等值线图[81]

然后附加叶片力项来模拟叶片作用,其数学基础不够严谨、计算精度不够高;②程序控制方程为 Euler 方程,未能对环壁边界层的影响进行模拟;③对于整机计算,未建立压气机与涡轮功率平衡模型,不满足发动机工作的实际物理过程;④程序采用有限差分格式对控制方程进行数值离散求解,守恒性较差,发动机各部件出现流量不匹配现象;另外,造成程序收敛性较差,出现振荡收敛的情况。以某型涡喷发动机整机计算收敛结果为例,压气机/涡轮流量及整机推力的振荡收敛结果如图 1.20 所示。压气机流量振荡范围为 13.45～13.59 kg/s,同设计值相对误差为 0.37%～1.42%,振荡幅度较小;但涡轮流量的振荡范围达到 12.41～15.47 kg/s,同设计值相对误差为 −9.15%～13.25%,振荡幅度较高。涡轮计算振荡收敛导致发动机推力的振荡范围为 619.7～986.7 daN(1daN=10 N),同设计值相对误差为 −27.1%～16.1%。由此可知,俄罗斯整机 S2 程序对该型涡喷发动机的计算结果收敛性较差。

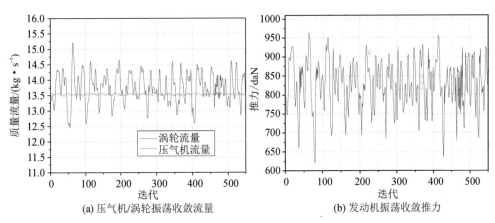

(a) 压气机/涡轮振荡收敛流量　　　　　　　(b) 发动机振荡收敛推力

图 1.20　某型涡喷发动机振荡收敛参数

为此,借鉴俄罗斯 S2 程序中的相关部件模型,北京航空航天大学刘晓恒[82]基于周向平均降维方法的 Navier-Stokes 方程建立了燃气轮机整机主流道通流仿真程序。该通流方法控制方程具有严谨的数学基础,由此可以模拟环壁边界层的影响;同时,采用时间推进有限体积方法对控制方程进行离散求解,保证了计算的守恒性,整机计算流量匹配特性得到满足,提高了程序计算收敛性。

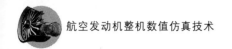

1.2.3 整机三维仿真

航空发动机是一种极其复杂的机械,每一个部件都紧密相关,并影响整个发动机的性能。目前,单个部件的先进数值仿真,甚至多级仿真都可能不足以捕捉到发动机部件之间的交互细节,仍然需要制造大量的硬件、进行大量的试验来测试不同工况下的发动机性能。高保真高维度整机仿真能为部件交互提供有价值的深度研究,就像是发动机试验的虚拟风洞,可以减少费时又昂贵的硬件制造,并缩短设计周期和降低成本。随着计算机和数值技术的发展,高保真整机仿真不再是难以企及的目标。

在现有发动机设计体系中,仿真技术研究与应用的广度和深度还不够,物理试验仍是主要的验证手段,导致高性能发动机研制周期较长、成本较高。在航空发动机总体性能仿真方面,目前主要停留在零维和一维仿真阶段。航空发动机总体性能仿真精度低,需要后期开展大量的部件和整机试验,并进行综合调试和改进,极大地制约了航空发动机的研制。零维模型和一维模型仅仅是各部件规律的匹配,无法反映部件内部的真实流动和流动细节对上下游的影响,对专家经验的依赖性较强。

航空发动机整机准三维仿真弥补了整机零维模型和一维模型的不足,可以依据通过经试验数据验证的损失模型,开展整机环境下部件之间的匹配设计及分析,获取发动机的性能参数。相较于整机零维模型和一维模型,整机准三维仿真可以获取部件参数径向分布及其规律,并可以查看子午面流动情况。但是,准三维仿真需要开发大量的、通过试验数据校核的经验损失模型,并且流场的细节仍然不足。

随着计算机硬件和数值模拟技术的快速发展,基于多部件匹配的发动机整机全三维仿真已经成为可能。自二十世纪三十年代计算机问世以来,计算流体力学(Computational Fluid Dynamics,CFD)这一建立在经典流体力学、数值计算方法和计算机技术的基础之上的新兴学科开始蓬勃发展,已经成为流体力学的三大分支学科之一。特别近二十年来,研究人员不仅建立了计算流体力学的基本理论、基本方法、基本逻辑,而且具备了对工程实际问题的研究、分析和设计能力。这些能力帮助人们在试验手段所不能企及的层次上深入研究各类复杂的流动现象,在一定程度上替代试验方法分析流动的物理机理和流体机械的工作性能,从多角度对流体机械提出设计和改进方案。对压气机、涡轮、燃烧、加力、喷管等内部流动的数值模拟成为设计和研制发动机部件不可或缺的重要研究手段。在这几十年里,CFD本身的主要环节,包括控制方程、数值方法、网格生成、湍流模型和数据处理等都取得了实质性进展,CFD已经进入流体力学的各个领域。就叶轮机械CFD技术本身的发展而言,经历了从简单到复杂、从近似到精确的发展过程。

二十世纪八十年代中期,计算流体力学(CFD)获得长足发展,突破了无旋、无黏等束缚,定常三维 Euler 和 Navier - Stokes 数值模拟技术逐渐成熟,完全三维定常黏性流动计算变得实用。这些都为改善叶轮机设计提供了一个机遇,而计算机技术的进步更是奠定了三维黏性流场分析在设计过程中的重要地位。无论是计算精度高、有明显针对性的专业软件,还是操作简单、使用方便的通用软件,都在工程设计的三维流场分析中起到举足轻重的作用。

整机全三维流场仿真是指在整机环境下,模拟发动机的盘腔流动、二股气流流动等细节,设计对发动机整机性能的影响,获取发动机内部的流场细节、流动迁移及对上下游的影响,评估各部件的性能匹配工作情况,解决现阶段中总体零维和一维仿真精度不够的问题,提升发动机总体性能设计水平,最终发展成为发动机整机性能数字样机和数值试车台,甚至具备直接开展飞机和发动机一体化仿真。

目前航空发动机设计已经向全三维发展,各个部件均建立起了三维设计体系,并通过部件试验得到了充分验证。随着计算机硬件和仿真技术的快速发展,在压缩部件、燃烧室及涡轮部件三维仿真的基础上,基于多部件匹配的发动机整机全三维流场仿真已经成为可能。在 2000 年左右,国外逐渐开展了基于发动机整机的全三维流场仿真,从定常到非定常,从主流道到主次流道耦合仿真,技术上取得了长足的进展。

在计算流体力学、计算结构力学、计算控制学、计算材料学及计算科学和技术发展的基础上,在十二世纪九十年代初期,NASA 刘易斯研究中心实施了推进系统数值仿真(NPSS)计划,通过发展、研制和验证新的仿真硬件和软件,供多学科设计、分析和优化使用。其长远目标是通过计算方法综合各学科和各部件的研究结果来确定推进系统的特性,如性能、可靠性、稳定性和寿命。

2003 年,美国在 NPSS 系统支持下完成了 GE90 航空发动机整机全三维数值模拟[83-86],实现了全三维发动机模型与零维模型的耦合(见图 1.21),分析了三维黏性情况下各个部件在整机环境下的性能及与设计要求的差异。

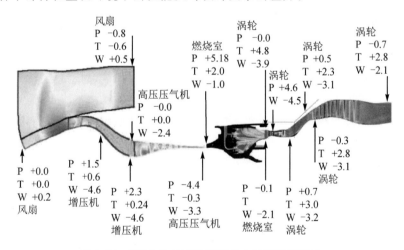

图 1.21 GE90 航空发动机整机全三维数值仿真

GE90-94B 是提供给波音 777-200ER 飞机的生产型发动机。发动机的推力为 41 823 daN(1 daN=10 N),涵道比为 8.4,风扇直径为 3 048 mm,装 22 片复合材料宽弦叶片。风扇出口导向叶片有不同弯度的几种形式,在仿真中只用正常形式。

增压级或低压压气机有 3 级,共 7 排叶片,与风扇和低压涡轮共轴。10 级高压压气机的压比为 23,并按三维气动技术重新设计。最初的 GE90 高压压气机是为 NASA/通用电气公司节能发动机(E3)计划发展的高压压气机的缩尺版本。

燃烧室是双环腔设计,NO_x、未燃碳氢化合物、一氧化碳和烟的排放水平低,有 30 对燃油喷嘴。

高压涡轮为 2 级,共 4 排,高、低压涡轮之间有涡轮中框架,通过直径逐渐增大的外机匣使气流扩张,同时改善低压涡轮的效率。低压涡轮为 6 级,共 12 排,其后为涡轮后框架。

仿真对象由 49 排的叶轮机和一个 24°的燃烧室扇形段组成。49 个叶片排包括风扇、外涵分流器、出口导向叶片(OGV)、3 级增压级(7 个叶片排)、风扇框架支板、10 级高压压气机(21 个叶片排)、2 级高压涡轮(4 个叶片排)、涡轮中框架支板、6 级低压涡轮(12 个叶片排)和涡轮后框架支板。虽然有 30 对燃油喷嘴,但几何的实际周期性只要求仿真 2 对喷嘴或一个 24°的扇形段。独特冷却结构使得一对燃油喷嘴为一个周期。

APNASA 和 NCC 之间的耦合发生在界面平面上。在耦合非常不同甚至具有不同性质的模型时,有许多问题需要解决。一些关键的量必须从一个程序保留到下一个程序。质量流量必须保持不变,而且也是最关键的。要保持的另一个最关键的量是质量平均总焓。既然质量流量得到保持,这就保证总焓通量也得保持。对于叶轮机而言,下一个要保持的量是角动量。在这之后,总压要保持,最后是这些量的分布。

在压气机和燃烧室的截面,压气机出口用结构网格,以消除分别为结构和非结构网格的 APNASA 和 NCC 之间的内插误差。该方法可提升周向质量平均的精度,在燃烧室和涡轮界面也采用类似的处理措施。在燃烧室和涡轮界面用一种类似的途径。发展了一种专门的建模技术,来处理在涡轮仿真中由于厚的涡轮导向器的潜在影响而造成的在叶片间平面的明显变化,并考虑涡轮进口的燃烧室反应。

图 1.22 所示为仿真的 5 个区。每个部件在靠近循环状态下运行,而且匹配得相当好。然后,首先是风扇仿真,接着是增压级、燃烧室和涡轮逐步仿真。用 NASA 艾姆斯中心的 ORIGIN3000 写成可读数据,这样,建立下游边界条件,并在当前区的解完成之后将下游部件自动提交到批处理序列。

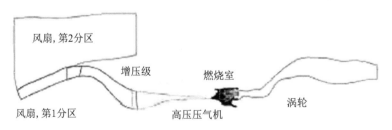

图 1.22　从进口到出口的 5 个区的仿真

2003 年,STANFORD 大学以 PW6000 发动机为例,选取了 1/3 扇形区域进行整机非定常模拟,研究各部件的耦合匹配关系[87-89],网格数为 30 亿,见图 1.23。在计算模型上结合了发动机部件模拟研究和数值格式开发经验,燃烧室采用 LES 模型,而压气机和涡轮采用 RANS 模型,显著提高了整机发动机模拟精度;同时,采用整机非定常模拟技术,流场细节和发动机总体参数评估更为准确;除了主流气动模拟之外,还进行了发动机主流二股流耦合模拟分析;另外,在整机仿真中,除了燃烧室运用非结构网格,其他主流通道和二股流模拟均采用结构化网格。

2000—2007 年,美国斯坦福大学湍流研究中心(CTR)在美国能源部先进仿真与计算倡议(ASCI)项目的支持下,集中对航空发动机跨部件三维数值方法开展了研究,重点解决了两部件不同程序之间的集成问题,并进行了测试和示范性的应用。例如,当燃烧室(NCC 程序)和高压涡轮(TFLO 程序)采用不同的仿真程序时,实现跨部件数值仿真需要解决这两个程序间交界面处理的问题。他们采用的是耦合多处理器求解器处理,即通过消息传递接口程序(MPI),建立多仿真程序并行同步通道,实现数据交换、时间同步及当网格相对位置变化时重新初始化通信数据等功能。在交界面两侧的仿真程序需要通过插值给定相互的流动条件,以达到交界面变量守恒。

2003 年,CTR 进一步开展研究,解决了交界面并行通信处理及大涡模拟(LES)和雷诺平均模拟之间联合仿真的交界面边界条件处理等关键技术,最后通过简单流动测试算例证明了基于交界面处理信息技术的可行性及跨部件耦合计算的优势。2005 年,CTR 将其耦合计算模块发展成为高性能集成多物理仿真耦合器(CHIMPS),基于脚本语言 PYTHON 编写,同时运用了 PYMPI 并行包,使之能够指定各仿真程序及 CHIMPS 之间的通信。PYTHON 函数形式的编码方式使得在执行程序时更加自由。此外,CHIMPS 还包括一组通用内插和通信库。为了验证软件的可行性,进行了简单算例的预处理求解和插值误差的确认,随后开展了两个应用研究。第一个应用是采用可压和不可压雷诺平均 N-S 方程耦合求解机翼流场;第二个应用是对涡扇发动机核心机进行气动仿真(见图 1.24),压气机和涡轮采用 RANS,而燃烧室采用低马赫数大涡模拟。

图 1.23 PW6000 发动机整机全三维　　图 1.24 普·惠公司核心机数值模拟
　　　　　CFD 非定常仿真结果

2006 年,CTR 对普·惠公司的核心机进行非定常 CFD 模拟,评估部件性能。首先对压气机燃烧室耦合,然后进行 20°扇区的涡轮、压气机、燃烧室独立模拟,最后对发动机的 20°扇区的核心机进行了模拟。核心机计算采用了 502 核 CPU,计算了 350 时间步长、花费了 48 小时,不同求解器的负载平衡是通过部件独立计算时确定,其中压气机在 250 核 CPU 运行,燃烧室采用了 96 核,涡轮采用了 156 核。每个求解器采用了中等数量 CPU,为了提高运行稳定性没有用到并行 I/O,而且求解器的 I/O 需要 30%~40%CPU 的时间。最终整个核心机流通仿真时间至少需要 14 天。

2007 年,CTR 进一步对整机进行了数值仿真,包括风扇、低/高压压气机、燃烧室、低/高压涡轮及喷管。整个风扇和压气机采用两套网格,网格数量分别为 800 万和 5 700 万。燃烧室采用 300 万网格,涡轮也采用两套网格,分别为 300 万和 1 500 万。时间步长的选择为最高转速下、最大数目叶片排中一个叶片通过一个叶栅距离的时间至少为 30 个时间步长,即转速慢的低压部件整圈大约 11 500 个时间步长,转速高的高压部件整圈大约需要 3 700 个时间步长。另外考虑通流时间,核心机大概需要 10 000 个时间步长,发动机整机大概需要 20 000 个时间步长。利用美国能源部的 XEON LINUX 集群进行计算,采用粗网格时 700 个处理器(CPU)24 小时内计算 1 500 个时间步长,而采用细网格需要 4 000 个 CPU,整机的通流仿真需要计算 14 天。据悉,每个单时间步长都保存时,保存数据时间就占了运行时间的 50%。图 1.25 所示为整机的轴向速度及中截面上轴向速度和燃烧室温度等值面。

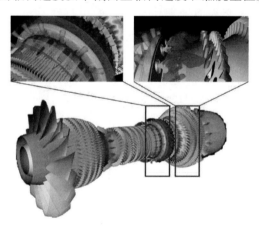

图 1.25　GE90 航空发动机整机全三维数值仿真

英国拉夫堡大学采用 CHIMPS 界面接口程序基于内存方法处理交界面[90],其中叶轮机械采用罗·罗公司的 HYDRA 软件、燃烧室采用罗·罗公司的 PRECISE - UNS 软件。采用不同边界条件方案进行泰勒涡(TAYLORVORTEX)、圆柱扰流、下游障碍流验证,然后对压气机和燃烧室进行耦合计算,再对燃烧室和涡轮进行耦合计算。

2016 年,英国伦敦帝国理工学院的卡尔内瓦莱等[91]运用内部程序对主流和空气系统联合仿真。主流仿真时综合采用了包括化学反应的可压求解器 VUTC 及不可压求解器 AU3X；空气系统根据发动机的模型进行了简化，增加了界面的复杂性。采用混合平面方法处理级间，主流道与空气系统二维/三维，空气系统二维与空气系统三维等界面模型，而三维腔室间的界面采用插值处理。

2017 年，奥尔洛夫等[92]运用商业软件 FLUENT 对一核心机进行了仿真。为了减少计算资源，模型中燃烧室选取了两个头部，并对压气机和涡轮叶片数进行了约化，采用非结构网格划分，包含多组分流体计算，部件间采用界面处理，压气机和涡轮的转速一致。

此外，流体传热分析软件 FLOEFD 也开发了整机仿真功能，并对 KJ-66 微型涡喷发动机进行了 CFD 分析，如图 1.26 所示。计算时，将整个涡喷发动机作为一个单元，其各部件之间不存在任何传递、对称和周期性的情况。模型采用在局部旋转区分析流体流动以模拟旋转部分，即每个旋转的实体部件周围都有一个轴对称的旋转区，该旋转区有自己的局部坐标系并与部件一起旋转。

图 1.26　整机全三维数值仿真

计算域内非旋转区的流体流动方程在非旋转的笛卡尔全局坐标系下求解。通过在旋转区的流体边界处自动设置特殊的内边界条件，将旋转区内的解与非旋转区内的解连接起来。流体域时间步长为 0.000 1 s，固体域时间步长为 0.01 s。与此同时，NUEMCA 软件在原有基础上开发了一种先进的、高度集成的方法工具 OPEN-LABS，能够对完整的航空发动机和燃气轮机系统进行稳态和时间精确的全耦合仿真。利用 NUMECA 同样对 KJ-66 微型涡喷发动机进行了 CFD 分析，叶轮机械采用高效非线性谐波(NLH)方法来捕获非定常效应，燃烧室采用高效可靠的火焰生成流形(FGM)，采用一种智能接口方法确保界面量一致，保证计算代价最小。

2020 年 7 月，法国图卢兹 CERFACS 实验室使用来自欧洲高级计算合作组织(PRACE)超级计算机，完成了整个飞机发动机的完整的、高保真仿真。该项目名为"FULLEST(Firstfull engine computation with Large Eddy Simulation Resources)"，即使用大型涡流模拟资源进行首个完整发动机计算。通过 FULLEST 项目，研究团队模拟了 DGEN380"涡扇"商用发动机(DGEN380 是由法国 Price Induction 公司为小型飞机所设计的大涵道比小型涡扇发动机)的三个关键部件：风扇、高压压气机和燃烧

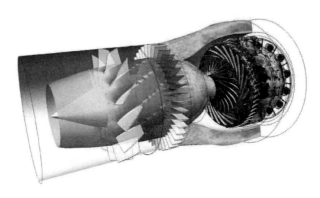

图 1.27 法国 DGEN380 涡扇发动机整机仿真

室。该团队由 CERFACS 与 PRACE 组织,赛峰公司和 Akira Technologies(建立发动机仿真模型的飞机发动机公司)合作,从单个发动机组件仿真开始,开发了用于多组件仿真的耦合方法,并最终完成了多组件仿真(见图 1.27)。与常规的仿真经常需要复制组件以减少成本相反,新的仿真方法需要进行 360°全环仿真。初步仿真结果表明,发动机多组件仿真是可行且有益的。通过运行整个发动机仿真,研究人员可以查看组件之间的相互作用,例如来自压气机的压力波对燃烧室的影响。总而言之,整个仿真最终以 20 亿个单元完成了对整台发动机的仿真。为了完成仿真计算,该项目(正在进行中)通过 PRACE 获得了法国国家高性能计算组织 GENCI 托管的 Joliot - Curie 超级计算机系统总计 3 160 万个核心小时。

综上所述,随着计算机硬件及数值求解方法的发展,整机全三维仿真也越来越引起各大研究机构的重视,并发挥着越来越重要的作用。

1.2.4 整机变维度仿真

变维度仿真技术为发动机设计和开发提供了更多的优势,使部件设计可以更完整快速地在发动机系统中得到评估,系统级仿真和优化更加高效,发动机模型的精度和分辨率更能满足分析需求,同时只针对感兴趣的部件做高分辨率仿真,降低了计算资源消耗,设计的效率也得到了提升。

首次系统地研究混合维度仿真技术的代表是美国 NPSS,变维度技术是其重要研究内容。NPSS 系统中允许用户在一个简单的仿真过程中,通过缩放技术获得发动机部件内部的物理过程。一方面允许设计人员快速高效地确定更改部件方案对部件的影响,另一方面也可以获得新的部件对推进系统整体的性能造成的变化。在前期 NPSS 技术基础上,NASA 和工业界开始定义对象的类结构,用于 NPSS 的零维和一、二、三维之间的维度缩放。普·惠公司以高压压气机为对象开展了缩维技术的应用尝试。使用 NPSS 的零维仿真和内部的一维代码联合进行升维,一维计算完成后将结果返回给零维模型,再次进行系统平衡迭代。G. Follen 认为,如果在 NPSS 中用一维模型直接替换零维模型,一方面将破坏 NPSS 的即插即用功能,同时又制约了更高分辨率方法的应用,在应用时应严格限制缩放的部件数,以免仿真过程变得笨重,在二维/三维缩放时更加明显,当然如果计算能力足够,这方面的限制将不再重要。

在欧洲,Julien 等研究了发动机性能仿真和部件高维度仿真全耦合的缩放技术。所谓全耦合的维度缩放,即不需要事先进行大量高维度仿真进而形成特性线并用于低维度仿真,而是随着低维度仿真的计算需要,向高维度传递边界条件并开展高维度计算,这种方式下,低维度每计算一步,都对应着一个高维度仿真任务。Julien 等选择总体性能软件作为低维度仿真工具,高维度(三维)用 CEDRE。与其他方法相似,边界条件处理和数据接口是技术难点。该技术体系下他们专门制作了一个接口元件,负责高维度和低维度之间的数据通信。计算顺序不再由人为控制,而是由总体性能程序管理,CEDRE 可以认为是低维度仿真中的一个元件。

在变维度技术发展早期,国外多采用基于内存的方法实现变维度功能,如 NPSS 通过软件开发,与高维度软件耦合后进行风扇部件变维度仿真。随着技术逐渐进步,不同维度仿真软件逐渐成熟化、模块化,变维度方法多通过软件间协作来实现,即基于文件的形式,如商用软件 ANSYS Workbench 的流体分析软件通过内部接口与低维仿真软件耦合实现变维度。两种方式各有优缺点,基于内存的形式传递数据准确,通信效率高,但需要掌握高、低维度仿真软件源代码或应用编程接口(Application Program Interface,API),技术难度大;相对而言,基于文件的形式在应用时开发工作量小,对工程人员而言技术门槛相对较低,是重要的发展方向。

目前在平台类软件中大量实现变维度仿真功能,如 AMEsim、Flowmaster、PROOSIS 等,适用于部件的低维特性不完备的设计场合,但由于数据积累相对不够丰富,且计算时与低维度仿真方法相比效率较低,在工程设计中未看到广泛使用的报道。

| 1.3 整机仿真发展趋势 |

对于航空发动机整机数值仿真,由于其机械结构的高度复杂性,为了全面考虑各机械结构的影响,需要同时考虑各部件间的相互影响,包括主流道、二次流道、滑油系统、空气系统等,实现发动机高度复杂气动热力学机械系统的气热、匹配和诊断分析。同时,为了模拟发动机的启动、加减速、停车等过程仿真,还需要实现发动机的过渡态仿真。与稳态仿真相比,由于容腔效应、转子惯性、发动机控制规律等众多因素的影响,过渡态仿真更加复杂。过渡态仿真工具能够帮助评估发动机在过渡态运行期间的安全性,确保发动机按照预期计划稳定运行,并且可以为后续控制系统的研发提供数值试验台,真正实现发动机数值试车。

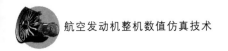

1.3.1　整机零维仿真发展趋势

更宽广的飞行包线和更高的能效是新一代飞行器追求的目标,这也给发动机的性能提出了更高的设计要求,牵引着整机性能仿真的发展趋势。一方面,发动机的设计参数水平不断提高,整机性能裕度进一步降低,整机性能仿真方法精细化程度需要相应地提高;另一方面,为了适应苛刻的性能需求,各大航空院所及高校针对新构型发动机开展了相关研究,整机性能仿真方法也需要进一步发展以适应新颖构型及部件的设计需求。整机性能仿真未来的发展趋势包括以下几个方面。

(1) 航空发动机精细化整机性能仿真方法

航空发动机精细化整机性能仿真方法是个体航空发动机设计性能偏差分析、全包线性能给定、验收指标确定、全寿命周期性能评估的重要依据。现有模型没有依据航空发动机全寿命周期综合性能要求统一规划,建模所需数据不完整,同时缺乏反映个体发动机性能偏差的规范化模型,可继承性和可发展性差,已成为影响航空发动机研发周期、生产效率和使用性能的重要难题。针对这一问题,需要分析航空发动机研制、生产和使用阶段对模型功能、精度和数据的需求,揭示整机工作环境下引起部件匹配性能变化的作用机制,提炼基于物理机理的参数化修正模型,研究所需的部件、核心机、整机性能模型及优化求解功能组件,发展国产自主的航空发动机精细化整机性能分析方法,实现与航空发动机各阶段需求的无缝衔接、全过程数据的高效利用,以及对个体发动机匹配工作状态的精细模拟,破解航空发动机精细化模拟的难题。

(2) 航空发动机飞发综合性能仿真方法

飞发综合性能仿真方法是以飞/发各自领域模型为基础,以全系统最优为目标,以联合分析为手段,理清交联关系和边界条件,兼顾飞机/发动机的各系统、各专业的潜力,实现飞发一体化设计的仿真方法。

传统的飞机与发动机之间设计方法是以安装边为界面,双方根据协调约定的指标参数分别设计。为保证飞/发相容性,双方在设计过程中要分别留出一定的调整空间,使得发动机和飞机均不能发挥最大设计潜能,也得不到最优的飞机和发动机匹配。使用飞发综合性能模型可开展一体化设计,将飞机和发动机作为一个整体看待,在飞机的战术技术指标要求与约束条件下,寻找最优的飞发整体布局、使用控制模态和能源利用方式,以便在整个飞行包线内获得高效的内外流气动特性以及良好的飞行性能和飞行品质,满足不同飞行阶段飞机推力及能源需求,尽可能发挥各自潜能、减少性能损失,获得最佳的推进系统效能。

飞发综合性能仿真中包括但不限于如下难点:

① 设计变量多且耦合关系复杂导致的计算与优化耗时巨多;

② 进气道和喷管与飞机前体和后体高度融合导致的内外流紧耦合;

③ 雷达/红外隐身与进/排气流道的总压损失的关系等。

可考虑的解决方案是:

通过开发代理模型技术,做好耦合量的传递关系,在精度允许的条件下,提高计算和优化效率。

围绕多范畴耦合流动机理、内外流多点匹配设计、高精准度气动预测等基础问题,开展高超声速复杂流动现象机理、气动布局与推进系统一体化、流动控制策略、可调进排气系统设计等研究,构建高精度数值模拟和试验预测方法,形成典型飞发一体数值模拟软件和气动特性数据库。

探索飞发隐身设计机理,构建飞发隐身仿真方法和仿真环境,完成典型进气道/发动机、后体/喷管等主被动一体化隐身方案设计和隐身性能测试试验验证,形成飞发隐身一体化设计方法和设计规范。

1.3.2　整机准三维仿真发展趋势

1. 整机稳态主流道-二次流道周向平均数值仿真

如图 1.28 所示,当压气机采用带罩静子结构时,静子根部存在腔体。在压差的驱动下,主流中的一小部分流体通过转子、静子之间的轴向间隙以及静子根部的篦齿封严腔,重新汇入主流,形成封严腔体泄漏流。泄漏流流经的流道即为这里讨论的二次流道。

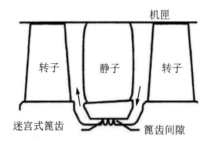

图 1.28　轴流压气机中带罩静子根部的封严腔体泄漏流

随着工作时长的增加,磨损、腐蚀、侵蚀等使航空发动机的部件几何发生改变,即逐渐偏离初始设计状态,导致发动机的性能降低,这一现象称为性能衰退(deterioration)。Reitz 等[93]的研究结果表明,性能衰退带来的叶尖间隙的变化会对压气机的性能产生不可忽略的影响。Wellborn 等[94]完成的关于某低速多级轴流压气机的研究结果表明,封严篦齿的齿尖间隙与叶片展高之比每增大 1%,压气机效率下降 1%。这一影响与叶片叶尖间隙对压气机性能带来的影响大小相当,不可忽略。因此要在航空发动机整机稳态主流道周向平均数值仿真的基础上进一步开展主流道-二次流道耦合仿真。研究工作将从以下四个方面展开。

(1) 前处理

为了在主流计算的基础上增加二次流道,需要做一些列的前处理,主要包括复杂保真网格生成、边条的处理和给定以及初场的设置。

网格质量是数值模拟好坏的关键之一。近年来,网格生成技术在CFD中的重要地位已被越来越多的人所认识并予以相应的重视。当网格不合理时,会造成数值解不精确,不易收敛,甚至会引起计算的不稳定。随着计算资源的快速发展,更多复杂的问题进入工程研究人员的视野,而这些问题中往往存在复杂的几何结构和复杂的流动结构,对这些流场进行高精度、高分辨率的数值模拟过程中,网格质量就更加重要。在叶轮机械流场计算中,流道形状比较复杂,且有各种复杂的流动现象,如激波、边界层分离、通道涡等,这就对生成的网格质量提出了更高的要求。通常对叶轮机通道进行网格划分,应尽量满足网格贴体、扩张适度、形状比(长宽比)合理、疏密合理、正交性良好、足够光滑、周期性匹配等。

二次流道网格块的划分比较繁琐,因为流道的几何结构通常比较复杂。图1.29是某多级压气机前三级的子午结构图,考虑静子S1根部用方框标出来的封严腔体。由图可知腔体结构复杂,圆角、小凸起等结构很多,在绘制网格时需要适当做一些简化。非结构网格处理这种复杂几何结构的能力更强,但非结构网格的编号、记数、边界的处理都更加复杂。考虑到后续的周向平均程序是基于单元中心结构网格存储数据的方法编写的程序代码,腔体的网格划分也选用了结构网格,因此要求把篦齿腔体的几何划分为一个个四边形网格块,再在各个网格块中进一步生成网格,如图1.30所示。至于三维计算,腔体的网格更加复杂,如图1.31所示。

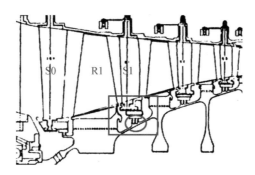

图1.29 某多级压气机前三级的子午结构图

在生成二次流道网格时,二次流道进出口,即与主流道的交界面的网格需要重点注意。为了尽可能提高二次流道与主流之间数据传递的准确性,应该尽可能在交界面处采用匹配连接,即网格点一一对应,这必定会改变主流网格点的流向(轴向)分布,如果是在三维计算中,还会改变主流网格点的周向分布。由于二次流道通常离叶片排的前缘尾、缘距离较近,有时这种匹配连接会使叶片前缘、尾缘区域的网格发生明显扭曲变形,极大影响主流叶片区域的网格质量,综合考虑只能放弃二次流道与主流的匹配连接以优先保证主流的网格质量。在二维计算中,二次流道对主流的网格影响没有那么大,只需要对主流网格做相应的流向(轴向)加密,就可以保证与二次流

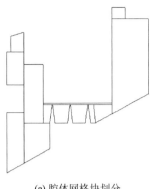
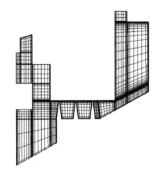

(a) 腔体网格块划分　　　　　　　　　　(b) 腔体网格

图 1.30　周向平均计算的腔体部分的拓扑结构和网格

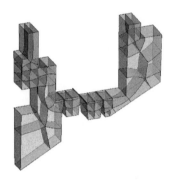

(a) 腔体网格块划分　　　　　　　　　　(b) 腔体网格

图 1.31　三维计算的腔体部分的拓扑结构和网格

道网格的匹配连接。将图 1.29 中的静子 S1 与腔体简化为带封严腔体的静子平面叶栅算例，其三维计算网格和周向平均二维计算网格如图 1.32 和图 1.33 所示，其中腔体与主流的连接处为匹配连接，主流网格做了相应的加密处理。

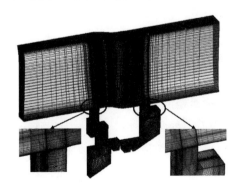

图 1.32　带封严篦齿腔体的带冠静子的三维计算网格

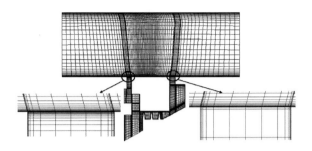

图1.33 静子带腔体算例周向平均计算所用网格

网格的绘制及边界条件的给定要求较高。腔体转子壁转动,静子壁静止,且与流向垂直,故原先转动块、静止块的区分不再适用,须变更网格块转动、静止的定义方式,将转动信息给到各个块的边界条件中。为了加强主流与叶根间隙泄漏流的耦合,主流与间隙交界面处的网格应尽量匹配,故划分网格时在主流区创建一个和轮缘间隙匹配的区域,然后确定分区界面,在其两侧生成完全匹配的计算网格。

(2)预处理模型

1)预处理的原理

在可压流动的数值模拟中,低马赫数条件是一种极限状态。当马赫数接近零时,基于密度的可压流动求解器在效率和精度上都存在严重缺陷[95]。此时流速的量级相对于声速来说变得很小,因此控制方程的对流项的刚性变得很大,可压缩方程的求解变得非常困难。可以用一个简单的例子来说明这个问题:在三维情况下,N-S方程有5个特征值:

$$(\lambda_c)_{1,2,3} = V \tag{1.1}$$

$$(\lambda_c)_{4,5} = V \pm c \tag{1.2}$$

其中,c表示声速。控制方程的刚性由对流项系数矩阵的特征条件数C_N(condition number)决定,它定义为对流项系数矩阵的特征值的模的最大值与最小值之比。当Ma趋于0时,C_N趋于无穷大:

$$\lim_{Ma \to 0^+} C_N = \lim_{Ma \to 0^+} \frac{|(\lambda_c)_{max}|}{|(\lambda_c)_{min}|} = \lim_{Ma \to 0^+} \frac{|V|+c}{|V|} = \lim_{Ma \to 0^+} \frac{Ma+1}{Ma} = 1 + \lim_{Ma \to 0^+} \frac{1}{Ma} = +\infty \tag{1.3}$$

大的条件数降低了传播最慢的波传播的效率,也就是降低了控制方程收敛的速度。对于显式格式,通过查看时间步长可以很容易看出这一点。为了稳定,时间步长必须与系统的最大特征值成反比,该特征值近似于低速流的声速c。然而,其他波以流体速度u对流,速度要慢得多。这些波在一个时间步长中变化不大,因此,需要数千个时间步才能达到稳定状态。即使尝试多重网格加速,也会发现相同的波速差减慢了多重网格加速。对于隐式格式,通常采用ADI分解,这样可以很容易地求出隐式因子。由于使用 ADI 引入了因式分解误差,故存在数量级差异太大的波速时,因式分解误差再次降低了收敛速度[96]。而且,文献[97]和文献[98]证明用于计算可压缩流的格式中的人工黏性在马赫数趋于 0 的时候不能正确地衡量流动。因此,在低飞行马赫数时,空间离散格式的精度也会受到影响[99]。

如果整个流场的流速很低($Ma<0.2$),可压缩效应就可以忽略,即可使用不可压方程进行求解。不可压缩 N - S 方程可以用基于压力的格式(pressure-based scheme)进行求解,也可应用人工可压缩方法进行求解。但是,考虑以下几种流动状况:①内含大部分低速区域的高速流动,例如强收敛喷管的上游亚声流动;②可压缩的低速流动,这种可压缩性是由热源导致的密度变化所引起的,这发生在表面传热或者有体积热源加入的情况下(燃烧模拟);③流动 Ma 数在很大范围内变化,可压缩与不可压缩流动同时存在——全速流动(all-speed flows)。这些流动不能应用不可压控制方程求解,必须应用可压缩的控制方程。低 Ma 数时要准确高效地求解可压缩方程,可以应用预处理方法,预处理方法的优点就是可以应用于各种不同的 Ma 数情况。

预处理方法通过在时间导数项前乘以一个矩阵来实现。预处理矩阵的目的就是使特征值在 Ma 数趋于 0 的时候尽量保持一致。通过这个方法,由条件数所表征的刚性就被减弱,时间推进或者迭代求解过程的收敛性就会大大增强。另一方面,当 Ma 数趋于 0 时,对数值黏性格式应用预处理矩阵可以获得精确的数值解。

文献[100]给出了直角坐标系下、经过预处理后、用原始变量 W_p 表示的 N - S 方程,本小节推导了其柱坐标系下的形式,表达式如下:

$$\boldsymbol{\Gamma} \cdot \frac{\partial}{\partial t} \int_V \boldsymbol{W}_p \mathrm{d}V + \oint_S \{\boldsymbol{F}_c n_x + (\boldsymbol{G}_c) n_u + \boldsymbol{H}_c n_r\} \mathrm{d}S$$

$$= \oint_S (\boldsymbol{F}_c n_x + \boldsymbol{G}_c n_u + \boldsymbol{H}_c n_r) \mathrm{d}S + \int_V \boldsymbol{Q} \mathrm{d}V \tag{1.4}$$

其中,$\boldsymbol{W}_p$ 为原始变量,$\boldsymbol{W}_p = \begin{bmatrix} p \\ v_x \\ v_u \\ v_r \\ T \end{bmatrix}$;对流项、黏性项和源项的表达式如前所述;$\boldsymbol{\Gamma}$ 为预处理矩阵。

本小节采用的是 Weiss 和 Smith 提出的预处理矩阵[101],推导了该矩阵在柱坐标系下表达式,即

$$\boldsymbol{\Gamma} = \begin{bmatrix} \theta & 0 & 0 & 0 & \rho_T \\ \theta v_x & \rho & 0 & 0 & \rho_T v_x \\ r\theta v_u & 0 & r\rho & 0 & r\rho_T v_u \\ \theta v_r & 0 & 0 & \rho & \rho_T v_r \\ \theta H - \delta & \rho v_x & \rho v_u & \rho v_r & \rho_T H + \rho c_p \end{bmatrix} \tag{1.5}$$

其中，$\rho_T = \dfrac{\partial \rho}{\partial T}\Big|_{p=\text{const}}$，对于理想气体，$\rho_T = -p/RT^2 = -\rho/T$；对于可压缩流体，参数 $\delta = 1$；对于不可压缩流体，$\delta = 0$。参数 $\theta = \dfrac{1}{u_r^2} - \dfrac{\rho_T}{\rho c_p}$，其中 u_r 为参考速度，定义式为

$$u_r = \min\left[c, \max\left(|\boldsymbol{v}|, k|v_\infty|, \frac{\upsilon}{\Delta x}, \varepsilon\sqrt{\frac{\Delta p}{\rho}}\right)\right] \tag{1.6}$$

其中，Δx 控制体的典型尺度；Δp 为相邻网格间的压力差；ε 为一个很小的常数（$\approx 10^{-3}$）。

从式(1.6)可以看出，对 u_r 的限制是使得 u_r 不能小于当地对流或者扩散速度。Δp 项是为了保证滞止点附近的格式稳定性。

经过预处理后的方程有如下对流特征值：

$$\boldsymbol{\lambda}_p = \boldsymbol{\Gamma}^{-1}\left(\frac{\partial \boldsymbol{F}^{(c)}}{\partial \boldsymbol{W}_p}\right) = [V, V, V, V' + c', V' - c'] \tag{1.7}$$

其中，

$$V = \boldsymbol{v} \cdot \boldsymbol{n}, V' = V(1-\alpha), c' = \sqrt{\alpha^2 V^2 + u_r^2}$$

$$\alpha = \frac{1 - \beta u_r^2}{2}, \beta = \left(\rho_p + \frac{\rho_T}{\rho c_p}\right), \rho_p = \frac{\partial \rho}{\partial p}\Big|_{T=\text{const}} \tag{1.8}$$

由式(1.4)可以看出，预处理后的 N-S 方程的求解变量变成了原始变量 $\boldsymbol{W}_p$。对于可压缩流动，通常是求解守恒变量 $\boldsymbol{W}$；对于不可压流动，虽然使用原始变量比较常见，但预处理后使用守恒变量也不会引起问题。考虑到原始程序求解的是守恒变量，为了不改变求解变量，减小对程序的改动程度，本小节对预处理后的 N-S 方程进行了变换，使之变换到守恒变量的形式下，文献[102]、[103]和[104]等也采用了基于守恒变量的预处理方法。基于守恒变量的 N-S 方程为：

$$\Gamma\frac{\partial}{\partial t}\int_V \boldsymbol{W}_p \mathrm{d}V + \oint_S |\boldsymbol{F} - \boldsymbol{G}| \cdot \mathrm{d}S = 0 \tag{1.9}$$

按照链式求导规则可得

$$\Gamma \cdot \boldsymbol{M}^{-1}\int_V \boldsymbol{W}\mathrm{d}V + \oint_S |\boldsymbol{F} - \boldsymbol{G}| \cdot \mathrm{d}S = 0 \tag{1.10}$$

其中，$\boldsymbol{M}^{-1}=\partial W_\rho/\partial W$ 为转换矩阵，根据前面的一系列推导，其表达式为

$$
\boldsymbol{M}^{-1} =
\begin{bmatrix}
q'^2 & (1-k)w_x & (1-k)w_r & (1-k)w_u & k-1 \\[2mm]
-\dfrac{w_x}{\rho} & \dfrac{1}{\rho} & 0 & 0 & 0 \\[2mm]
-\dfrac{w_r}{\rho} & 0 & \dfrac{1}{\rho} & 0 & 0 \\[2mm]
-\dfrac{w_u}{\rho} & 0 & 0 & \dfrac{1}{\rho} & 0 \\[2mm]
\dfrac{q'^2-RT}{\rho R} & \dfrac{(1-k)w_x}{\rho R} & \dfrac{(1-k)w_r}{\rho R} & \dfrac{(1-k)w_u}{\rho R} & \dfrac{k-1}{\rho R}
\end{bmatrix}
$$

$$\tag{1.11}$$

其中；$q^2=w_x^2+w_r^2+w_u^2$，$q'^2=\dfrac{(k-1)q^2}{2}$；R 为气体常数；k 为比热比。

需要注意的是，对于湍流模型方程而言，由于其对流通量 Jacobin 矩阵的特征值始终为 $\lambda_1=V$，在低速情况下不会出现像 N－S 方程那样的刚性问题，因此湍流模型方程不需要进行预处理。

2）预处理后人工黏性项的变化

对 N－S 方程进行预处理后，由于改变了方程的对流通量 Jacobin 矩阵及其特征值，因此在进行空间离散时，离散格式有所变化，如果对流通量的离散采用中心差分加二/四阶混合人工黏性，其人工黏性项要发生变化[105]。

没有进行预处理时，单元 (i,j) 与 $(i+1,j)$ 交界面上的人工黏性表达式为

$$
D_{i+\frac{1}{2},j}=\lambda_{i+\frac{1}{2},j}\left[\varepsilon^{(2)}_{i+\frac{1}{2},j}(U_{i+1,j}-U_{i,j})-\varepsilon^{(4)}_{i+\frac{1}{2},j}(U_{i+2,j}-3U_{i+1,j}+3U_{i,j}-U_{i-1,j})\right]
$$

$$\tag{1.12}$$

进行预处理后，人工黏性项变为

$$
D_{i+\frac{1}{2},j}=P_{i+\frac{1}{2},j}\lambda_{i+\frac{1}{2},j}\cdot d_{i+\frac{1}{2},j}
$$

$$
d_{i+\frac{1}{2},j}=\varepsilon^{(2)}_{i+\frac{1}{2},j}(U_{i+1,j}-U_{i,j})-\varepsilon^{(4)}_{i+\frac{1}{2},j}(U_{i+2,j}-3U_{i+1,j}+3U_{i,j}-U_{i-1,j})
$$

$$
\boldsymbol{P}=\boldsymbol{\Gamma M}^{-1}
$$

$$\tag{1.13}$$

可以求出

$$
D_{i+\frac{1}{2},j}=\lambda_{i+\frac{1}{2},j}\left[\varepsilon^{(2)}_{i+\frac{1}{2},j}(U_{i+1,j}-U_{i,j})-\varepsilon^{(4)}_{i+\frac{1}{2},j}(U_{i+2,j}-3U_{i+1,j}+3U_{i,j}-U_{i-1,j})\right]\tag{1.14}
$$

$$P^{-1} = M\Gamma^{-1} = \begin{bmatrix} \dfrac{\phi_4}{\phi_1} & \dfrac{\rho_T w_x(\rho_p-\theta)}{\phi_1} & \dfrac{\rho_T w_r(\rho_p-\theta)}{\phi_1} & \dfrac{\rho_T w_u(\rho_p-\theta)}{\phi_1} & -\dfrac{\rho_T(\rho_p-\theta)}{\phi_1} \\[2mm] \dfrac{\phi_4 w_x}{\phi_1}-w_x & \dfrac{\rho_T w_x^2(\rho_p-\theta)}{\phi_1}+1 & \dfrac{\rho_T w_x w_r(\rho_p-\theta)}{\phi_1} & \dfrac{\rho_T w_x w_u(\rho_p-\theta)}{\phi_1} & -\dfrac{\rho_T w_x(\rho_p-\theta)}{\phi_1} \\[2mm] \dfrac{\phi_4 w_r}{\phi_1}-w_r & \dfrac{\rho_T w_r w_x(\rho_p-\theta)}{\phi_1} & \dfrac{\rho_T w_r^2(\rho_p-\theta)}{\phi_1}+1 & \dfrac{\rho_T w_r w_u(\rho_p-\theta)}{\phi_1} & -\dfrac{\rho_T w_r(\rho_p-\theta)}{\phi_1} \\[2mm] \dfrac{\phi_4 w_u}{\phi_1}-w_u & \dfrac{\rho_T w_u w_x(\rho_p-\theta)}{\phi_1} & \dfrac{\rho_T w_u w_r(\rho_p-\theta)}{\phi_1} & \dfrac{\rho_T w_u^2(\rho_p-\theta)}{\phi_1}+1 & -\dfrac{\rho_T w_u(\rho_p-\theta)}{\phi_1} \\[2mm] \dfrac{\phi_4 H}{\phi_1}-H & \dfrac{\rho_T H w_x(\rho_p-\theta)}{\phi_1} & \dfrac{\rho_T H w_r(\rho_p-\theta)}{\phi_1} & \dfrac{\rho_T H w_u(\rho_p-\theta)}{\phi_1} & -\dfrac{\rho_T H(\rho_p-\theta)}{\phi_1}+1 \end{bmatrix}$$

$$(1.15)$$

其中，$\phi_1 = \rho c_p \theta + \rho_T$，$\phi_4 = \rho_T(H-q^2)(\rho_p-\theta)+\rho c_p \rho_p + \rho_T$，则

$$P = \Gamma M^{-1} = \begin{bmatrix} \dfrac{\phi_6}{\phi_5} & -\dfrac{\rho_T w_x(\rho_p-\theta)}{\phi_5} & -\dfrac{\rho_T w_r(\rho_p-\theta)}{\phi_5} & -\dfrac{\rho_T w_u(\rho_p-\theta)}{\phi_5} & \dfrac{\rho_T(\rho_p-\theta)}{\phi_5} \\[2mm] \dfrac{\phi_6 w_x}{\phi_5}-w_x & -\dfrac{\rho_T w_x^2(\rho_p-\theta)}{\phi_5}+1 & -\dfrac{\rho_T w_x w_r(\rho_p-\theta)}{\phi_5} & -\dfrac{\rho_T w_x w_u(\rho_p-\theta)}{\phi_5} & \dfrac{\rho_T w_x(\rho_p-\theta)}{\phi_5} \\[2mm] \dfrac{\phi_6 w_r}{\phi_5}-w_r & -\dfrac{\rho_T w_r w_x(\rho_p-\theta)}{\phi_5} & -\dfrac{\rho_T w_r^2(\rho_p-\theta)}{\phi_5}+1 & -\dfrac{\rho_T w_r w_u(\rho_p-\theta)}{\phi_5} & \dfrac{\rho_T w_r(\rho_p-\theta)}{\phi_5} \\[2mm] \dfrac{\phi_6 w_u}{\phi_5}-w_u & -\dfrac{\rho_T w_u w_x(\rho_p-\theta)}{\phi_5} & -\dfrac{\rho_T w_u w_r(\rho_p-\theta)}{\phi_5} & -\dfrac{\rho_T w_u^2(\rho_p-\theta)}{\phi_5}+1 & \dfrac{\rho_T w_u(\rho_p-\theta)}{\phi_5} \\[2mm] \dfrac{\phi_6 H}{\phi_5}-H & -\dfrac{\rho_T H w_x(\rho_p-\theta)}{\phi_5} & -\dfrac{\rho_T H w_r(\rho_p-\theta)}{\phi_5} & -\dfrac{\rho_T H w_u(\rho_p-\theta)}{\phi_5} & \dfrac{\rho_T H(\rho_p-\theta)}{\phi_5}+1 \end{bmatrix}$$

$$(1.16)$$

其中，$\phi_5 = \rho c_p \rho_p + \rho_T$，$\phi_6 = -\rho_T(H-q^2)(\rho_p-\theta)+\rho c_p \theta + \rho_T$。

注意公式(1.15)和公式(1.16)均是针对理想气体，即 $\delta=1$。

加入预处理后，对原程序的改动：

① 原程序中计算时间步长及残差光滑系数需要使用雅可比矩阵的特征值，即 $\lambda_c = [V, V, V, V+c, V-c]$。预处理后，雅可比矩阵的特征值发生变化，因此需要使用新的雅可比矩阵特征值，即 $\lambda_c = \Gamma^{-1}\left(\dfrac{\partial \boldsymbol{F}^{(c)}}{\partial \boldsymbol{W}_p}\right) = [V, V, V, V'+c', V'-c']$。

② 对流通量及黏性通量的求解方法不变，人工黏性项的求解则发生变化。预处理后，将对流通量、人工黏性项、黏性通量和源项相加得到残差 $\boldsymbol{R}$，然后乘以矩阵 $\boldsymbol{M\Gamma}^{-1}$，得到预处理后的残差。对此残差进行残差光滑和应用多重网格，然后更新守恒变量。

3）主流道-二次流道数值仿真方法

在主流道计算中引入二次流道的影响时主要有三种思路：一是建模，即将二次流道作为黑箱，建立二次流道的流量、损失等关于进出口二次流道与主流道交界面处流场参数以及腔体几何参数的模型；二是一维的节点法/管网法，在流道中设置多个节

点,参照一定的规则进行简化的一维计算;三是对二次流道划分网格,与主流网格一起进行耦合计算。学者们按照这三种思路进行了大量的研究。

第一种方法是建立一维模型,即依据篦齿封严腔体进出口的气动条件以及腔体的几何特征参数,通过经验关系式模拟泄漏流量的大小以及流经腔体后的气动参数变化。这种方法通常对控制方程的改动很小,只在主流与封严腔体泄漏流的交界面处通过边界条件修改流场变量即可,额外增加的计算量很小。对封严腔体泄漏流影响预测的准确性依赖于模型的精度。Demargne 和 Longley[106] 提出了一种基于动量厚度的理论来表述主流与泄漏流的相互作用,计算出的泄漏系数随腔体与轮毂平均压差的变化规律与试验数据具有很好的一致性。LeJambre 等[107] 计算了某 11 级高压压气机,并用简单一维模型模拟封严腔体泄漏流的影响。Wellborn、Toichinsky 和 Okiishi[108] 给出了一种一维模型,并应用于某 12 级轴流压气机的模拟计算中,在给定腔体几何参数和腔体与主流交界面处的气动参数的条件下,成功模拟了泄漏流的流量大小、温升以及角动量的增加。基于 Hunter 和 Manwaring[109] 的某二级轴流涡轮的试验数据,Huter 和 Orkwis[110] 提出了一种施加在封严腔体出口与主流交界面处的源项模型,该模型充分捕捉了端壁腔体效应,准确预测了随后一排转子中的二次流。Gier 等[111] 在基于 N‐S 方程的涡轮设计程序中引入了一种相对简单的封严泄漏模型,目的是在不需要预先给出封严腔体详细的几何结构的前提下仍能反映出泄漏流的主要影响。该模型包含了他们认为的所有封严腔体泄漏流与主流的相互作用相关的重要损失机制。与试验数据以及商业计算的对比表明,除了腔体‐主流通道连接区域的周向变化之外,低压涡轮中与泄漏流相关的所有其他的流动机制都被模型捕捉到了。Rosic 等[112] 对某三级涡轮做了三种不同设置条件下的数值模拟。三种情况下,涡轮主流均为三维计算,对于封严腔体的处理则分别是不考虑、用某源项形式的简单模型模拟、直接建立网格做三维模拟。对比试验结果,三种计算结果的准确度依次提高。因此他们认为,采用简单模型尚且不够,为了准确预测多级轴流涡轮的性能,封严腔体的全三维计算是必要的。

第二种方法其实更多地用在复杂空气系统的研究中,这里不做详细介绍。

第三种方法是对封严腔体泄漏流的流道划分计算网格,与主流一起进行耦合仿真计算。在这种情况下,前文提到的可压流与不可压流耦合仿真计算的处理手段是必须的。早期,由于计算能力的限制,在用三维网格计算封严腔体泄漏流动时,主流通常选为静子叶栅或单转子排[93,109,113,114];2005 年之后才逐渐有了主流与封严腔体均为三维计算的相关研究[109,110,115,116]。Gier 等[117] 以某三级测试涡轮为对象,完成了主流和封严腔体的全三维定常计算,并尝试对相关的损失进行分类。Kato 等[115] 对某高速六级先进轴流压气机做了全三维非定常计算,静子叶片下方带封严腔体的计算结果比不带腔体的结果在效率上降低了 1.7%。Kuerner 等[116] 用其内部的三

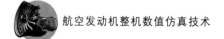

维代码对在相对较低雷诺数下的某二级低压涡轮做了全三维数值计算,与不带封严腔体泄漏的计算结果相比,带封严腔体泄漏计算出的效率更加接近试验结果,误差减小了 1.3%。Rosic 等[112]对某三级涡轮的主流与封严腔体泄漏流做了三维仿真计算,其结果比用模型代替封严腔体泄漏流的预测结果更加接近试验结果。

这三种方法各有优缺点。

建模的方式应用简便,额外消耗的计算资源最少,适用于只关心二次流道中的流动对主流产生的影响,并不关心二次流道本身流场的情形。这种方法的主要难点在于模型的建立。由于二次流道通常几何结构复杂,难以准确选取无量纲特征参数来表征其几何。以篦齿封严腔为例,篦齿本身是重复结构,有其设计标准和一些无量纲参数来表征其几何特征,但篦齿两侧与主流相连的腔体个体差异很大,难以选出统一的无量纲特征参数。如果对腔体做一定简化,重点对篦齿建模,则势必降低模型精度。

一维节点法/管网法用离散的节点温度和速度分布代替温度场和速度场。通过对管道流动单元控制方程(主要包括动量方程、能量方程、连续性方程)进行简化,转化为求解代数方程组进行求解,并综合考虑质量变化、截面积变化、热量交换、功交换、摩擦阻力对流动传热的影响。可以反映出二次流道内的一维流动特征,消耗的计算资源略多于建模法,在应用时需要人为设置节点。在实际使用中,建模法和节点法对封严腔体泄漏流的计算精度不及对二次流道直接划分网格计算,很大一部分原因在于建模法和一维节点法针对的都是一维平均参数,而实际二次流道中流动十分复杂,存在大量周向涡系结构,与主流连接处的流动受主流主导,因而二次流道中的流动十分不均匀,基于一维均匀边条计算或试验建立的模型或一维节点法在应用于实际非常不均匀的二次流道主流道交界面处流场参数流场时就会产生较大的偏差。

直接对二次流道划分网格计算的方法可以直观反应二次流道中的流场细节,对二次流道中的流动施加给主流的影响评估得也更加准确。这种方法在算法本身上没有什么困难,只要可控方程做了预处理,可压流控制方程就能够用于二次流道中可压流与不可压流的混合计算。其难点在于网格的绘制、网格块的划分、边条的处理和给定以及初场的设置。这些在前文都做了详细介绍。

2. 整机过渡态周向平均数值仿真

为了缩短设计周期,降低开发成本,性能仿真在现代燃气轮机设计中得到了广泛的应用。根据燃气轮机的实际运行状态,性能仿真可以分为设计点稳态仿真、非设计点稳态仿真和过渡态性能仿真。燃气轮机过渡态性能仿真用于估计发动机从一种稳定状态到另一种稳定状态的动态行为,例如启动过程、加减速过程等。燃气轮机过渡态性能仿真在设计初始阶段非常有用,它能够评估新发动机在加减速等过渡状态下的安全性,并为控制系统设计提供详细的数值结果。

对燃气轮机过渡态性能仿真的研究早在二十世纪五十年代就已经开始,Otto[119]等将发动机的过渡态行为描述为一个具有时间常数的一阶滞后系统,将实际的非线性加减速过程简化为一个关于燃油流量和转速的线性方程组,并利用该方法对一个单轴涡喷发动机进行了加减速分析。结果表明,这种由简单时间常数和偏微分方程描述的线性系统模型仅仅在稳态工作点附近的小扰动是准确的。为了更好地描述发动机在过渡态下的非线性行为,需要建立一种非线性仿真方法。质量流动连续(MFC)[120]方法和组分间体积(ICV)[121]方法被相继提出。质量流动连续法假设工质在整个燃气轮机系统内是连续的,并在一开始给定部分迭代参数,例如压气机压比、涡轮进口无量纲质量流量等。随后根据流量平衡、压力平衡、转速平衡等迭代更新燃气轮机关键截面气动热力参数,使得燃气轮机直接从一个工作点跳到另一个工作点。在组分间体积方法中,假定在相邻部件之间存在一个虚拟的容积,用于储存或释放部件进出口流量不平衡所产生的额外空气流量。利用 ICV 方法建立的过渡态模型可以估计极短时间内的燃气轮机动态响应。

目前,针对整机的过渡态性能评估更多的是零维计算,即利用发动机各部件共同工作关系与部件特性来求解过渡态特性。但零维计算的精度依赖于大量部件及整机试验所获取的工程经验模型,同时燃气轮机主流道的几何特征也无法被考量。以吴仲华先生 1952 年提出的两族流面理论为主的各种准三维简化方法依然在大量使用,是国内外叶轮机工程设计技术的核心。这类方法具有以下特点:①简化的计算方法计算量小,速度快;②直接引入各种试验数据和经验模型,能够满足燃气轮机部件设计中的计算精度要求。因此,自主发展准三维整机仿真技术可有效缩短研制周期,节省研发费用,实现我国航空发动机及燃气轮机研制从"传统设计"到"预测设计"的战略转变。

本小节将从控制方程、转/静边界条件处理、数值算法以及初步仿真结果等方面介绍整机过渡态周向平均数值仿真方法。

(1) 变转速周向平均非定常基本方程组

由于叶轮机转动部分(包括叶片通道和盘)是以某一转速绕某一固定轴旋转,一般需要采用相对坐标系对转子叶片通道内的相对流动以及相应的绝对流动进行分析[122]。

相较于绝对坐标系下的连续方程,相对坐标系下的连续方程的形式并未发生变化。需要注意,当控制体随旋转坐标系旋转时,通过控制体的运动是相对运动,运动速度以相对速度 w 表示。因此,相对运动的连续方程为

$$\frac{\partial \rho}{\partial t} + \nabla \cdot (\rho w) = 0 \tag{1.17}$$

为了将动量守恒定律应用于非惯性系的旋转系统，必须考虑额外的加速度，包括科氏加速度和离心加速度。同时针对本研究中的过渡态问题，即角速度随时间变化的问题，还需要引入角加速度。

动量方程需要考虑相对速度和绝对速度之间的关系。由于叶轮机相对坐标系和绝对坐标系之间不存在坐标原点的平动，故有如下合成速度的关系式：

$$\boldsymbol{v} = \boldsymbol{w} + (\boldsymbol{\omega} \times \boldsymbol{r}) \tag{1.18}$$

其中，$\boldsymbol{\omega}$ 为旋转系统的角速度；$\boldsymbol{r}$ 为旋转原点到目标点的矢径。公式（1.18）是旋转坐标系和静止坐标系之间向量导数的一般变换形式。对于任意向量 $\boldsymbol{b}$，有

$$\frac{d_a \boldsymbol{b}}{\mathrm{d}t} = \frac{d_r \boldsymbol{b}}{\mathrm{d}t} + \boldsymbol{\omega} \times \boldsymbol{b} \tag{1.19}$$

式（1.19）等号左边第一项表示绝对导数，右边第一项表示相对导数。对于流体微团中的物质导数，式（1.19）可以改写为

$$\frac{D_a \boldsymbol{b}}{\mathrm{d}t} = \frac{D_r \boldsymbol{b}}{\mathrm{d}t} + \boldsymbol{\omega} \times \boldsymbol{b} \tag{1.20}$$

为了将绝对加速度与相对加速度联系起来，将式（1.18）中的速度关系式代入式（1.20），有

$$\frac{d\boldsymbol{v}}{\mathrm{d}t} = \frac{d\boldsymbol{w}}{\mathrm{d}t} + \frac{\mathrm{d}\boldsymbol{\omega}}{\mathrm{d}t} \times \boldsymbol{r} + 2\boldsymbol{\omega} \times \boldsymbol{w} + \boldsymbol{\omega} \times (\boldsymbol{\omega} \times \boldsymbol{r}) \tag{1.21}$$

式（1.21）表明，在一个旋转坐标系中，微元体质点的绝对加速度矢量可以分解成四部分：相对加速度矢量、离心加速度矢量、科氏加速度矢量以及角加速度矢量。离心力和科氏力均可以迫使流动发生变化，前者是半径方向且与半径大小相关，后者始终垂直于相对运动方向，与半径无直接关系。因此，当角速度、切线速度足够大时，这两项力均不能轻易忽略。而角加速度矢量则是由于角速度变化所产生的作用力，在研究过渡态流场性能变化时，它反映了轴惯性对流场变化所产生的影响。

已知绝对加速度和相对加速度之间的关系，可将式（1.21）直接代入绝对坐标系下的运动方程，得到相对坐标系下的运动方程，即

$$\frac{\partial (\rho \boldsymbol{w})}{\partial t} + \nabla \cdot (\rho \boldsymbol{w} \boldsymbol{w}) + \rho \left[\frac{\mathrm{d}\boldsymbol{\omega}}{\mathrm{d}t} \times \boldsymbol{r} + 2\boldsymbol{\omega} \times \boldsymbol{w} + \boldsymbol{\omega} \times (\boldsymbol{\omega} \times \boldsymbol{r}) \right] = \rho \boldsymbol{f}_v - \nabla p + \nabla \cdot \boldsymbol{\tau}_{ij} \tag{1.22}$$

在绝对坐标系中，外界对微元体的做功包括表面应力和彻体力的做功，而在相对坐标系中，由动量方程可知，作用于微元体的做功还应该包括离心力和哥氏力以及角加速度。进一步分析可知科氏力垂直作用于流体微团，对流体微团的能量变化没有贡献。离心力所做功为

$$\boldsymbol{w} \cdot [\boldsymbol{\omega} \times (\boldsymbol{\omega} \times \boldsymbol{r})] = -\omega^2 r w_r \tag{1.23}$$

角加速度做功为

$$\boldsymbol{w} \cdot \left(\frac{\mathrm{d}\boldsymbol{\omega}}{\mathrm{d}t} \times \boldsymbol{r} \right) = w_{\varphi} r \, \frac{\mathrm{d}\omega}{\mathrm{d}t} \tag{1.24}$$

因此,相对坐标系下的能量方程为

$$\frac{\partial(\rho E)}{\partial t} + \nabla \cdot (\rho H \boldsymbol{w}) = \nabla \cdot (\boldsymbol{\tau}_{ij} \cdot \boldsymbol{w}) - \rho \boldsymbol{w} \cdot \boldsymbol{f}_v +$$

$$\boldsymbol{w} \cdot [\boldsymbol{\omega} \times (\boldsymbol{\omega} \times \boldsymbol{r})] + \boldsymbol{w} \cdot \left(\frac{\mathrm{d}\boldsymbol{\omega}}{\mathrm{d}t} \times \boldsymbol{r} \right) + \rho q_R + \nabla \cdot \boldsymbol{q}_{\lambda} \tag{1.25}$$

将方程(1.20)、方程(1.22)和方程(1.25)这三大守恒方程写成相对柱坐标系下的分量形式为

$$\frac{\partial \boldsymbol{U}}{\partial t} + \frac{\partial [r(\boldsymbol{F} - \boldsymbol{F}_v)]}{r \partial x} + \frac{\partial [r(\boldsymbol{G} - \boldsymbol{G}_v)]}{r \partial r} + \frac{\partial [r(\boldsymbol{H} - \boldsymbol{H}_v)]}{r \partial \varphi} = \boldsymbol{S} \tag{1.26}$$

其中

$$\boldsymbol{U} = \begin{bmatrix} \rho \\ \rho w_x \\ \rho w_r \\ \rho w_{\varphi} \\ \rho E \end{bmatrix}, \boldsymbol{F} = \begin{bmatrix} \rho w_x \\ \rho w_x w_x + p \\ \rho w_x w_r \\ \rho w_x w_{\varphi} \\ \rho w_x H \end{bmatrix}, \boldsymbol{G} = \begin{bmatrix} \rho w_r \\ \rho w_r w_x \\ \rho w_r w_r + p \\ \rho w_r w_{\varphi} \\ \rho w_r H \end{bmatrix}, \boldsymbol{H} = \begin{bmatrix} \rho w_{\varphi} \\ \rho w_{\varphi} w_x \\ \rho w_{\varphi} w_r \\ \rho w_{\varphi} w_{\varphi} + p \\ \rho w_{\varphi} H \end{bmatrix}$$

$$\boldsymbol{F}_v = \begin{bmatrix} 0 \\ \tau_{xx} \\ \tau_{xr} \\ \tau_{x\varphi} \\ \tau_{xx} w_x + \tau_{xr} w_r + \tau_{x\varphi} w_{\varphi} - q_x \end{bmatrix}, \boldsymbol{G}_v = \begin{bmatrix} 0 \\ \tau_{rx} \\ \tau_{rr} \\ \tau_{r\varphi} \\ \tau_{rx} w_x + \tau_{rr} w_r + \tau_{r\varphi} w_{\varphi} - q_r \end{bmatrix}$$

$$\boldsymbol{H}_v = \begin{bmatrix} 0 \\ \tau_{\varphi x} \\ \tau_{\varphi r} \\ \tau_{\varphi\varphi} \\ \tau_{\varphi x} w_x + \tau_{\varphi r} w_r + \tau_{\varphi\varphi} w_{\varphi} - q_{\varphi} \end{bmatrix}, \boldsymbol{S} = \begin{bmatrix} 0 \\ 0 \\ \dfrac{\rho (w_{\varphi} + \omega r)^2 + p - \tau_{\varphi\varphi}}{r} \\ \dfrac{\rho w_r (w_{\varphi} + 2\omega r) + \tau_{r\varphi} - r^2 \rho \dfrac{\mathrm{d}\omega}{\mathrm{d}t}}{r} \\ \rho w_r \omega^2 r - \rho w_{\varphi} r \dfrac{\mathrm{d}\omega}{\mathrm{d}t} \end{bmatrix}$$

对上述相对柱坐标系下的三维 Navier - Stokes 方程(1.26)运用周向平均算子,即可得到适用于过渡态仿真的周向平均准三维控制方程组。具体推导过程请参见后文,这里仅给出最终结果:

$$\frac{\partial \bar{U}}{\partial t} + \frac{1}{br}\frac{\partial}{\partial x}\left[br(\bar{F}-\bar{F}_v)\right] + \frac{1}{br}\frac{\partial}{\partial r}\left[br(\bar{G}-\bar{G}_v)\right] = \bar{S} + F_B + F_F$$

$$(1.27)$$

$$\bar{U} = \begin{bmatrix} \bar{\rho} \\ \overline{\rho w_x} \\ \overline{\rho w_r} \\ \overline{\rho w_\varphi} \\ \overline{\rho E} \end{bmatrix}, \bar{F} = \begin{bmatrix} \overline{\rho w_x} \\ \overline{\rho w_x w_x} + \bar{p} + \overline{\rho w_x'' w_x''} \\ \overline{\rho w_r w_x} + \overline{\rho w_r'' w_x''} \\ \overline{\rho w_x w_\varphi} + \overline{\rho w_x'' w_\varphi''} \\ \overline{\rho H w_x} + \overline{\rho H'' w_x''} \end{bmatrix}, \bar{G} = \begin{bmatrix} \overline{\rho w_r} \\ \overline{\rho w_x w_r} + \overline{\rho w_x'' w_r''} \\ \overline{\rho w_r w_r} + \bar{p} + \overline{\rho w_r'' w_r''} \\ \overline{\rho w_\varphi w_r} + \overline{\rho w_\varphi'' w_r''} \\ \overline{\rho H w_r} + \overline{\rho H'' w_r''} \end{bmatrix}$$

$$\bar{F}_v = \begin{bmatrix} 0 \\ \overline{\tau_{xx}} \\ \overline{\tau_{xr}} \\ \overline{\tau_{\varphi x}} \\ \overline{\tau_{xx} w_x + \tau_{xr} w_r + \tau_{\varphi x} w_\varphi - q_x} \end{bmatrix}, \bar{G}_v = \begin{bmatrix} 0 \\ \overline{\tau_{xr}} \\ \overline{\tau_{rr}} \\ \overline{\tau_{r\varphi}} \\ \overline{\tau_{xr} w_x + \tau_{rr} w_r + \tau_{r\varphi} w_\varphi - q_r} \end{bmatrix}$$

$$\bar{S} = \begin{bmatrix} 0 \\ 0 \\ \dfrac{\bar{\rho}\overline{(w_\varphi + \omega r)^2} + \bar{p} + \overline{\rho w_\varphi'' w_\varphi''} - \overline{\tau_{\varphi\varphi}}}{r} \\ \dfrac{-\overline{\rho w_r}\overline{(w_\varphi + 2\omega r)} + \overline{\rho w_r'' w_\varphi''} + \overline{\tau_{r\varphi}} - r^2\rho\dfrac{\mathrm{d}\omega}{\mathrm{d}t}}{r} \\ \overline{\rho w_r}\omega^2 r - \rho\omega_\varphi r\dfrac{\mathrm{d}\omega}{\mathrm{d}t} \end{bmatrix}$$

(2) 确定应力转静边界条件处理

燃气轮机过渡态运行过程属于变转速强非定常问题,因此叶轮机的非定常效应需要被考虑。叶轮机中的非定常流动主要包含两类,第一类是确定性的非定常流动,也即由转静相对运动所带来的非定常流,如果考虑气固耦合问题,则强迫响应下的流动也可归为这一类;第二类则是非确定性的非定常流动,主要包含旋转失速、非定常分离及漩涡脱落以及气固耦合下的颤振等,其非定常脉动频率与转速没有直接的关系。对于后者,大多数是出现在叶轮机非正常工作状态,对这些流动现象的模拟也只能采用时间推进的非定常模拟方法,而且往往还需要全环模拟,否则周期性条件就有可能会破坏流动自身的频率信息,甚至获得的解是非物理的。而对于前者,利用掺混面方法可以将其简化为定常问题求解,但这样会抹掉转静子之间的非定常干涉效应,当叶轮机负荷较高时,这种简化会带来较大的计算误差。

考虑叶轮机的非定常效应最基本也是最准确的方法自然是时间推进的非定常方法,但其也是十分耗时和耗财的。这为发展在计算精度可以接受的前提下,减小计算网格规模或计算量的非定常建模方法提出了迫切的需求。

1985 年,美国 NASA 刘易斯研究中心的 Adamczyk[123]通过引入系综平均、时间平均以及通道平均三个平均算子,建立了描述叶轮机内确定性非定常流动的通道平均方程。系综平均是对空间点的流场变量做采样平均,把湍流脉动通过雷诺应力项体现,这也是研究统计定常湍流的基本方法。时间平均是针对由于转静子相对运动所致的流场参数周期性变化,从而得到时均分量和确定性的非定常脉动分量,其时间尺度远远大于湍流脉动的时间尺度,得到的时均方程相比系综平均方程增加了一些相关项,其在动量方程中称为确定性应力项,其在能量方程中称为确定性能量项,它们代表了确定性的周期性非定常脉动对时均流场的作用。多级叶轮中的时序效应是通过通道平均模型计入的。在多级叶轮中,由于时序效应,同一叶片排不同叶片通道内的时均流场是有差别的。因此,对各个叶片通道内的时均流场做平均,即通道平均,所得的新方程相比时间平均方程又多了一些相关项,它们反映了时序效应对通道平均流动的影响。这样,通过雷诺平均算子、时间平均算子、通道平均算子的引入,便可把湍流随机脉动引出的雷诺应力,确定性的非定常脉动引出的确定应力以及叶片排时序效应引出的通道非均匀脉动应力体现在最终的通道平均方程中。

Adamczyk 在 APNASA 程序中加入了确定性应力模型,在 4.5 级低速研究性压气机、10 级高速压气机、3.5 级高速压气机、高速高压涡轮、低压涡轮的计算校验中表现较好,对设计工况和非设计工况的性能都给出了较准确的预估。Rhie[124]等在三维 RANS 方程中利用体积力来考虑叶片排之间的势扰动,利用确定性应力来考虑尾迹的轴向和径向的堵塞和掺混效应,基于此建模思路编写了程序 NASTAR-Ⅱ,并利用单级压气机进行校核,与采用传统掺混面的计算结果相比,其计算的总特性和出口总温/总压分布与实验吻合得更好。

(3) 变转速数值算法

燃气轮机变转速数值算法是建立在原有整机定转速数值算法的基础上,加入转子动力学方程,通过时间推进获取每个时刻燃气轮机内部流动状态。具体来说就是先设定整机计算边界条件:进口给定总温、总压、气流方向,出口给定尾喷管面积及出口背压。燃油流量和转速也一并作为边界条件,但是这两个边界条件会随时间推进得到更新。加减速起始阶段的稳定流场作为变转速起算的初场。在设定完所有初场和边界条件之后,采用四步 Runge-Kutta 方法进行虚拟时间推进,直到获得当前时刻下的稳定流场。随后根据流场计算结果计算压气机和涡轮部件的功率差,并结合转子动力学方程更新出下个时刻的转子速度,燃油流量也一并更新,并将上个时刻新计算出的流场结果作为新时刻流场迭代的初场。程序输入的燃油流量是根据地面台架试验确定的,并以固定值的形式输入程序中。时间推进算法的时间间隔取 80 ms,这是根据试验采样频率确定的。

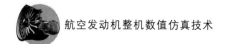

（4）发动机启动过程仿真问题

燃气轮机从零转速过渡到慢车转速的过程称为启动过程。燃气涡轮发动机在地面启动时必须依靠外界动力源,因为这时没有空气流过发动机,如果向燃烧室喷油点火只会将发动机烧伤而转子不会转起来。只有达到一定的转速后,燃烧室内的气流才能建立起稳定燃烧所需的气流压力和温度。当开始向燃烧室供油点火时,涡轮开始产生功率,但是在当前较低转速下,压气机增压比很低,压气机和涡轮效率也很低,即使涡轮前温度达到了最大允许值,涡轮产生的功率也小于压气机所需要的功率。在最大涡轮前温度下,涡轮功率等于压气机功率的最小转速称为最小稳定工作转速,这个转速一般大于发动机最大转速的10%。在最小稳定工作转速下,涡轮前总温已经达到了最大值,因此发动机本身不具备加速的潜力。只有发动机转速超过最小稳定工作转速后,涡轮功率超过压气机功率,才可能依靠涡轮的剩余功率使发动机加速。因此,发动机地面启动过程必须借助于外界动力源,即启动机将发动机从零转速带动到最小稳定工作转速以上。在双轴燃气涡轮发动机和双轴涡扇发动机中,通常是启动机带动高压转子旋转[125]。

大气条件的改变会对发动机启动过程产生影响,大气温度的降低对启动过程不利,在同样的发动机转速下,通过发动机的空气质量流量近似与大气温度成正比,故大气温度下降压气机扭矩增加;大气温度下降,滑油黏性增加,机械效率降低;另一方面,燃油黏性增加,雾化不良,燃烧效率降低。因此在寒冷的条件下启动时必须适当的增加供油量,否则会造成涡轮剩余扭矩不足,在启动过程中转速增加非常缓慢,甚至出现热悬挂。相反,在炎热的条件下启动容易超温,因此必须适当地减小供油量,否则会因为超温引起压气机气流分离,使转速不能增加,即热悬挂。

一般来说,对燃气轮机的启动状态模拟是相当困难的,因为燃气轮机部件在启动状态的特性很难获取,有时候通过对低转速状态下的压气机和涡轮特性图进行适度的外推来获取极低转速时的部件特性。显然,这种方法并不可靠,并且在迭代过程中可能会出现收敛问题。截至目前,公开发表的文献中还没有商业仿真程序能够对燃气轮机的启动全过程进行仿真。

1.3.3　整机全三维仿真发展趋势

由于整机全三维仿真具有高精度的优势,世界航空强国越来越重视航空发动机整机仿真方法的研究及应用。

整机全三维仿真的趋势一为:越来越多的国内外发动机研制单位正在探索整机全三维定常仿真方法。

2020年2月20日,GE公司宣布已经获得了美国橡树岭国家实验室(ORNL,OAK RIDGE NATIONAL LABORATORY)的世界顶级超级计算机的访问权,共计获得了59万个节点/小时来使用ORNL的SUMMIT超级计算机,以支持航空发动机和燃气轮机的优化。GE公司工程师计划利用大涡模拟(LES,LARGE EDDY

SIMULATIONS)分析完整的 3D 发动机部件,以便更好地理解影响航空发动机性能的复杂流动物理原理。该团队将分析多种因素,包括主次流、边界层转捩、分离流、多尺度流结构及部件之间的耦合。

另外,美国 UTC 公司开发了商用飞机发动机仿真系统 ITAPS(Integrated Total Aircraft Power Systems),其目标是根据市场要求分解并分析航空动力与推进系统。通过建立一个系统规范及接口,提出一种可以把各学科专门技术知识综合到一个共同的仿真环境下进行协同开发的框架。

Onyx 是由美国 Toledo 大学与 NASA Lewis 研究中心的推进系统数值仿真项目组合作开发的航空发动机仿真系统。该系统是基于 Java 的面向对象航空推进系统仿真软件。Onyx 集成了先进的数值方法,能够在不同精度层次上对一个完整的发动机进行跨学科分析,并支持 0～3 维的变维仿真。Onyx 仿真系统采用分布式仿真环境,该环境灵活、用户化、可扩展和易使用。

整机全三维仿真的趋势二为:整机全三维仿真方法由定常仿真逐渐过渡到非定常仿真。

随着三维非定常技术的发展,非定常仿真逐渐应用于航空发动机整机全三维仿真。2020 年,法国图卢兹的欧洲科学计算研究中心(CERFACS)的研究团队借助欧洲高级计算合作伙伴计划(PRACE)的 3000 多万核时的超算资源完成了飞机发动机整机的高保真度模拟,通过超过 20 亿网格单元的空间分辨率,高精度解析了航空发动机内部燃烧过程。该项目名为 FULLEST(First Full engine computation with Large Eddy Simulation),意为"首台使用大涡模拟的发动机整机仿真"。通过 FULLEST,研究团队模拟了 DGEN380 商用飞机涡扇发动机的风扇、压气机和燃烧室三个关键部件。DGEN380 是法国 Price Induction 公司为小型飞机所设计制造的大涵道比小型涡扇发动机,因此在项目进行中,CERFACS 与 PRACE 组织,赛峰公司和 Akira Technology(建立发动机仿真模型的飞机发动机公司)合作。此项研究首次耦合不同的发动机部件,进行了飞机发动机整机的全三维仿真,是该研究领域新的突破,引起了国内外业界的广泛关注。

| 参考文献 |

[1] 唐海龙. 面向对象的航空发动机性能仿真系统及其应用[D]. 北京:北京航空航天大学,2000.

[2] Koenig R W, Fishbach L H. GENENG- A Program for Calculating Design and off-Design Performance for Turbojet and Turbofan Engines[R]. NASA,1972.

[3] Fishbach L H, Koenig R W. GENENG II- A Program for Calculating Design and off-Design Performance of Two and Three Spool Turbofan with as Many as

Three Nozzles[R]. NASA，1972.

[4] Sellers J F，Daniele C J. DYNGEN- A Program for Calculating Steady State and Transient Performance of Turbojet and Turbofan Engines [R]. NASA，1975.

[5] Corban R R. Interactive-Graphic Flowpath Plotting for Turbine Engines[R]. NASA，1981.

[6] Plencner R M. Plotting Component Maps in the Navy/NASA Engine Program (NNEP)- A Method and Its Usage[R]. NASA，1989.

[7] Plencner R M，Snyder C A. The Navy/NASA Engine Program (NNEP89)- A user's Manual[R]. NASA，1991.

[8] Szuch J R. HYDES-A Generalized Hybrid Computer Program for Studying Turbojet or Turbofan Engine Dynamics[R]. NASA，1974.

[9] Daniele C J,Krosel S M，Szuch J R，et al. Digital Computer Program for Generating Dynamic Turbofan Engine Models(DIGTEM)[R]. NASA，1983.

[10] Gordon S，McBride B J. Computer Program for Caculation of Complex Chemical Equilibrium Compositions and Applications[R]. NASA，1994.

[11] Gauntner J W. Algorithm for Caculating Turbine Cooling Flow and the Resulting Decreasing in Turbine Efficiency[R]. NASA，1980.

[12] Curlett B P，Ryall K. A graphical user-interface for Propulsion System Analysis[R]. NASA，1993.

[13] Curlett B P，Felder J L. Object-Oriented Approach for Gas Turbine Engine Simulation[R]. NASA，1995.

[14] Reed J，Afjeh A. An Interactive Graphical System for Engine Component Zooming in a Numerical Propulsion System Simulation[A]. 33rd Aerospace Sciences Meeting and Exhibit[C]. New York：AIAA，1995：1-8.

[15] Petters D P，Felder J L. Engine System Performance of Pulse Detonation Concepts Using the NPSS Program[A]. New York：AIAA，2002：1-8.

[16] Sampath R，Irani R，Balasubramaniam M，et al. High Fidelity System Simulation of Aerospace Vehicles Using NPSS[A]. New York：AIAA，2004：1-10.

[17] Turner M G，Reed J A，Ryder R，et al. Multi-Fidelity Simulation of a Turbofan Engine with Results Zoomed into Mini-Maps for a Zero-D Cycle Simulation[A]. New York：ASME，2004：219-230.

[18] Kurzke J. Advanced User-Friendly Gas Turbine Performance Calculations on a Personal Computer[A]. New York：ASME，1995：1-8.

[19] Kurzke J. GasTurb 13[M]. Aachen：GasTurb GmbH，2017.

[20] Kurzke J. Generating Compressor Maps to Simulate Starting and Windmilling [R]. Canberra：ISABE，2019.

[21] Kurzke J. Turbine Map Extension- Theoretical Considerations and Practical Advice[J]. Journal of the Global Power & Propulsion Society，2020，4：176-189.

[22] GasTurb GmbH. New in GasTurb 13[R]. Aachen：GasTurb GmbH，2017.

[23] GasTurb GmbH. New in GasTurb 14[R]. Aachen：GasTurb GmbH，2021.

[24] Kurzke J，Halliwell I. Propulsion and Power[M]. New York：Springer-Verlag，2004.

[25] EcosimPro. PROOSIS-Propulsion Object-Oriented Simulation Software[EB/OL]. （2021-12-30）[2022-05-18]. https://www.ecosimpro.com/products/proosis.

[26] GSP Team. Gas Turbine SimulationProgram[EB/OL]. （2022-04-19）[2022-06-01]. https://www.gspteam.com/index.html.

[27] Visser W P J，Kogenhop O，Oostveen M. A Generic Approach for Gas Turbine Adaptive Modeling[A]. New York：ASME，2004：201-208.

[28] Visser W P J，Broomhead M J. GSP，a Generic Object-Oriented Gas Turbine Simulation Environment[A]. New York：ASME，2000：1-8.

[29] 华清. 某型涡扇发动机全包线实时仿真模型[J]. 航空发动机，2002，(1)：47-52.

[30] 童凯生. 航空涡轮发动机变比热性能计算方法[M]. 北京：航空工业出版社，1991.

[31] 吕忠，张津. 变几何涡扇发动机性能[J]. 航空发动机，1995，(3)：1-8.

[32] 陈大光，张津. 飞机发动机性能匹配与优化[M]. 北京：北京航空航天大学出版社，1990.

[33] 唐海龙，张津. 面向对象的航空发动机性能仿真程序设计方法研究[J]. 航空动力学报，1999，14(4)：421-424.

[34] 唐海龙，张津. 数据通信模式及其在面向对象的航空发动机性能仿真系统中的应用[J]. 航空动力学报，2000，15(3)：298-302.

[35] 丛靖梅，唐海龙，张津. 面向对象的双轴混排加力涡扇发动机详细非线性实时仿真模型研究[J]. 航空动力学报，2002，17(1)：65-68.

[36] 窦建平. 面向对象的航空发动机建模与仿真[D]. 南京：南京航空航天大学，2005.

[37] 窦建平，黄金泉，周文祥. 基于 UML 的航空发动机仿真建模研究[J]. 航空动力学报，2005，20(4)：684-688.

[38] 周文祥. 航空发动机及控制系统建模与面向对象的仿真研究[D]. 南京：南京

航空航天大学，2006.

[39] 周文祥，黄金泉，窦建平，等. 面向对象的航空发动机及控制系统仿真平台[J]. 航空动力学报，2007，22(1)：119-125.

[40] 徐鲁兵，潘宏亮，周鹏. 基于面向对象技术的航空发动机性能仿真框架设计[J]. 测控技术，2007，(04)：83-85.

[41] 徐鲁兵. 面向对象的航空发动机性能仿真系统设计与实现[D]. 西安：西北工业大学，2007.

[42] 张晓博，王占学，蔡元虎. 面向对象的航空发动机性能仿真系统研究[J]. 机械设计与制造，2010(11)：133-135.

[43] 陈敏. 高超声速涡轮/冲压组合动力装置串联方案研究[D]. 北京：北京航空航天大学，2007.

[44] Xu Y H，Tang H L，ChenM. Design Method of Optimal Control Schedule for the Adaptive Cycle Engine Steady-State Performance[J]. Chinese Journal of Aeronautics，2022，35(4)：148-164.

[45] 周红. 变循环发动机特性分析及其与飞机一体化设计研究[D]. 西安：西北工业大学，2016.

[46] 骆广琦，桑增产，王如根，等. 航空燃气涡轮发动机数值仿真[M]. 北京：国防工业出版社，2007.

[47] Walsh P P，Fletcher P. Gas Turbine Performance[M]. 2nd ed. Oxford：Blackwell Science Ltd，2004.

[48] Chen M，Tang H L，Zhang K，et al. Turbine-based Combined Cycle Propulsion System Integration Concept Design[J]. Journal of Aerospace Engineering，2012，227(7)：1068-1089.

[49] 陆军，郭迎清，张书刚. 航空发动机非线性模型实时计算的迭代方法研究[J]. 航空动力学报，2010，25(3)：681-686.

[50] 黄旭，王占学，张晓博. 基于 Broyden 改进算法的航空发动机性能模拟研究[J]. 科学技术与工程，2012，(21)：103-106，124.

[51] 施洋，杨锟，屠秋野，等. 罚函数法在求解航空发动机非线性方程组中的应用[J]. 航空计算技术，2016(6)：35-37，42.

[52] 王军，隋岩峰. 求解航空发动机数学模型的迭代算法及其改进算法的收敛性研究[J]. 系统仿真学报，2014，26(2)：310-314.

[53] 陈玉春，徐思远，屠秋野，等. 求解航空发动机非线性方程组的变步长牛顿法[J]. 航空计算技术，2009，(1)：1-4.

[54] 郑俊超. 自适应循环发动机过渡过程控制规律优化方法研究[D]. 北京：北京航空航天大学，2019.

[55] 陈玉春，徐思远，杨云铠，等. 改善航空发动机特性计算收敛性的方法[J]. 航

空动力学报，2008，(12)：96-102.

[56] Schobeiri T，Abouelkheir M，Lippke C. GETRAN：A Generic，Modularly Structured Computer Code for Simulation of Dynamic Behavior of Aero- and Power Generation Gas Turbine Engines [A]. ASME，1993.

[57] 陈敏，唐海龙，朱之丽. 基于冷效的涡扇发动机过渡过程仿真模型 [A]. 中国航空学会，2005.

[58] Liu Y D，Chen M，Tang H L. A Versatile Volume-Based Modeling Technique of Distributed Local Quadratic Convergence for Aeroengines[J]. Propulsion and Power Research，2022.

[59] Jia Z H，Tang H L，Jin D. H，et al. Research on the volume-based fully coupled method of the multi-fidelity engine simulation[J]. Aerospace Science and Technology，2022 (123)：1-17.

[60] Xu Z W，Li M，Tang H L，et al. A multi-fidelity Simulation Method Research on front Variable Area bypass Injector of an Adaptive Cycle Engine[J]. Chinese Journal of Aeronautics，2022，35(4)：202-219.

[61] Xu Z W，Tang H L，Cong J M，et al. An Efficient multi-fidelity Simulation Method for Adaptive Cycle Cngine Ejector Nozzle Performance Evaluation[J]. Aerospace Science and Technology，2022 (124) 1-16.

[62] Stewart M E. Axisymmetric Aerodynamic Numerical Analysis of a Turbofan Engine[R]. ASME Paper，95-GT-338，1995.

[63] Adam O，Leonard O. A Quasi-One Dimensional Model for Axial Compressor [R]. ISABE 2005-1011，2005.

[64] Ivanov M J，Nigmatullin R Z，Tchaston A P. Simulation of Working Processes and Performance for Turbojet Engines Using 3D Mathematical Model[R]. ISABE Paper，95-7125，1995.

[65] Abzalilov A I，Ivanov M J，Nigmatullin R Z. Steady and Transient Working Mode Simulation for Turbojet Bypass Engines Based on Meridional Axisymmetric Approach[R]. ISABE Paper，2005-1083，2005.

[66] Nigmatullin R Z. Application of Multicomponent Models to Flow Passage Simulation in Multistage Turbomachines and Whole Gas Turbine Engines [R]. AGARD-LS-198，1994.

[67] Petrovic M V，Riess W. Off-design Flow Analysis of Low-pressure Steam Turbines[J]. Proceedings of the Institution of Mechanical Engineers Part A Journal of Power and Energy，1997，211(3)：215-224.

[68] Petrovic M V，Riess W. Off-Design Flow Analysis and Performance Prediction of Axial Turbines[R]. ASME Paper，97-GT-55，1997.

[69] Petrovic M V，Wiedermann A. Through-Flow Analysis of Air-cooled Gas Turbines[J]. Journal of Turbomachinery，2013，135(6)：061019.

[70] Petrovic M V，Wiedermann A，Banjac M B. Development and Validation of a New Universal Through Flow Method for Axial Compressors[R]. ASME Paper，GT 2009-59938，2009.

[71] Banjac M，Petrovic M V，Wiedermann A. A New Loss and Deviation Model for Axial Compressor Inlet Guide Vanes[R]. ASME Paper，GT 2013-95020，2013.

[72] Banjac M，Petrovic M V，Wiedermann A. Secondary Flows，Endwall Effects and Stall Detection in Axial Compressor Design[R]. ASME Paper No. GT 2014-25115，2014.

[73] Petrovic M V，Wiedermann A. Fully Coupled Through-Flow Method for Industrial Gas Turbine Analysis[R]. ASME Paper，GT 2015-42111，2015.

[74] Wiedermann A，Petrovic M V. Through-Flow Modeling of Single- and Two-Shaft Gas Turbines at Wide Operating Range[R]. ASME Paper，GT 2018-75394，2018.

[75] Petkovic D，Banjac M，Milic S，et al. Modelling the Transient Behaviour of Gas Turbines[R]. ASME Paper，GT 2019-91008，2019.

[76] 施发树，刘兴洲. 一体化小涡扇发动机系统的气动热力数值模拟[J]. 推进技术，2000，21(2)：8-11.

[77] 黄家骅，于廷臣，冯国泰. 某小型涡扇发动机全流道准三维数值解法[J]. 航空发动机，2005，31(2)：42-45.

[78] 于龙江，陈美宁，朴英. 航空发动机整机准三维流场仿真[J]. 航空动力学报，2008，23(6)：1008-1013.

[79] 曹志鹏，刘大响，桂幸民，等. 某小型涡喷发动机二维数值仿真[J]. 航空动力学报，2009，24(2)：439-444.

[80] 金东海，桂幸民. 某涡扇发动机考虑级间引气的二维数值模拟[J]. 航空动力学报，2011，26(6)：1346-1351.

[81] 刘晓恒，赵洋，桂幸民，等. 某型发动机整机匹配数值仿真试验研究报告[R]. 2016.

[82] 刘晓恒. 周向平均方法在燃气轮机燃烧室及整机数值仿真中的应用研究[D]. 北京：北京航空航天大学，2021.

[83] Mark G T，Andrew N，Joseph P V. High-fidelity Three-dimensional Simulation of the GE90[R]. AIAA 2003.

[84] Mark G T. Full 3D Analysis of the GE90 Turbofan Primary Flow Path[R]. NASA/CR-2000-209951，2000.

[85] Mark G T, John A R, Robert R, Joseph P V. Multi-Fidelity Simulation of a Turbofan Engine with Results Zoomed into Mini-Maps for a Zero-D Cycle Simulation [R]. ASME GT2004-53956,2004.

[86] Lytle. J K Dr, Multi-fidelity Simulations of Air Breathing Propulsion Systems, [R] AIAA 2006-4967,2006.

[87] Computer Systems Laboratory. Center for Integrated Turbulence Simulations in Collaboration with the Computer Systems Laboratory——2003 Annual Technical Report[R]. USA:Stanford University,2004.

[88] Computer Systems Laboratory. Center for Integrated Turbulence Simulations in Collaboration with the Computer Systems Laboratory——2002 Annual Technical Report[R]. USA:Stanford University,2003.

[89] Jameson A,Fatica M. Using computational fluid dynamics for aerodynamics [R]. Stanford University,2003.

[90] Legrenzi P, Kannany K V, Paggz G J. Simple and robust framework for coupled aerothermal gas turbine simulation using low-mach and compressible industrial CFD solvers[C]// 54th AIAA Aerospace Sciences Meeting. Virginia: AIAA, 2016.

[91] Wang F. Whole Aero-engine Meshing and CFDsimulation[D]. London:Imperial College, 2013.

[92] Orlov M Y, Lukachey S V, Anisimov V M. Investigation of the Effect of the Non-uniform Flow Distribution after Compressor of Gas Turbine Engine on Inlet Parameters of the Turbine[C]// IOP conference Series: materials science and engineering. Bristol: iop publishing ltd, 2018.

[93] Reitz G,Kellersmann A, Friedrichs J. Full High Pressure Compressor Investigations to Determine Aerodynamic Changes due to Deterioration[A]. Oslo: Norway, 2018. .

[94] Wellborn S R. Effects of Shrouded Stator Cavity Flows on Multistage Axial Compressor Aerodynamic Performance [D]. Ames: Iowa State University, 1996.

[95] Keshtiban I J, Belblidia F, Webster M F. Compressible Flow Solvers for Low Mach Number Flows-A Review [J]. International Journal for Numerical Methods in Fluids, 2004 (23): 77-103.

[96] Steger J L,Kutler P. Implicit Finite-Difference Procedures for the Computation of Vortex Wakes[J]. AIAA Journal, 1977, 15(4): 581-590.

[97] Lee W T. Local Preconditioning of the Euler Equations[D]. Michigan: University of Michigan, 1992.

［98］ Lee D. Local Preconditioning of the Euler and Navier-Stokes Equations［D］. Michigan：University of Michigan，1996.

［99］ Guillard H，Viozat C. On the Behaviour of Upwind Schemes in the Low Mach Number Limit［J］. Computers & Fluids，1999，28(1)：63-86.

［100］ Blazek J. Computational Fluid Dynamics Principles and Applications ［M］. Oxford：Elsevier Science Ltd，2001.

［101］ Weiss J M，Smith W A. Preconditioning Applied to Variable and Constant Density Flows［J］. AIAA Journal，1995，33(11)：2050-2057.

［102］ 李雪松，徐建中. 低耗散 TVD 格式及叶轮机内低马赫数流动模拟［J］. 航空动力学报，2006，21(3)：442-447.

［103］ Zhang S J，Meganathan A. Preconditioning Method in CFD-FASTRAN［A］. Reno，2008：07-10.

［104］ Alkishriwi N，Meinke M，Schroder W. A Large-Eddy Simulation Method for Low Mach Number Flows Using Preconditioning and Multigrid［J］. Computers and Fluids，2006，35：1126-1136.

［105］ Turkel E，Vatsa V N，Radespiel R. Preconditioning Methods for Low-Speed Flows［A］. AIAA-96-2460，1996.

［106］ Demargne A A J，Longley J P. The Aerodynamic Interaction of Stator Shroud Leakage and Mainstream Flows in Compressors［A］. ASME，2000.

［107］ LeJambre C R，Zacharias R M，Biederman B. P，et al. Development and Application of a Multistage Navier-Stokes Flow Solver：Part II——Application to a High Pressure Compressor Design［A］. Houston，1995.

［108］ Wellborn S R，Tolchinsky I，Okiishi T H. Modeling Shrouded Stator Cavity Flows in Axial-Flow Compressors［J］. Journal of Turbomachinery，2000，122(1)：55-61.

［109］ Hunter S D，Manwaring S R. Endwall Cavity Flow Effects on Gaspath Aerodynamics in an Axial Flow Turbine：Part I——Experimental and Numerical Investigation［A］. Munich，2000.

［110］ Hunter S D，Orkwis P O. Endwall Cavity Flow Effects on Gaspath Aerodynamics in an Axial Flow Turbine：Part II——Source Term Model Development［A］. Munich，2000.

［111］ Gier J，Engel K，Stubert B，et al. Modeling and Analysis of Main Flow-Shroud Leakage Flow Interaction in LP Turbines［A］. Barcelona，2006.

［112］ Rosic B，Denton J D，Pullan G. The Importance of Shroud Leakage Modeling in Multistage Turbine Flow Calculations［J］. Journal of Turbomachinery，2006，128(4)：699-707.

[113] Wellborn S R, Okiishi T H. The Influence of Shrouded Stator Cavity Flows on Multistage Compressor. Performance[J]. Journal of Turbomachinery, 1999, 121(3): 486-497.

[114] Shabbir A, Celestina M L, Adamczyk J J, et al. The Effect of Hub Leakage Flow on Two High Speed Axial Flow Compressor Rotors// International Gas Turbine and Aeroengine Congress and Exhibition[C]. Orlando, 1997.

[115] Kato D, Yamagami M, Tsuchiya, et al. The Influence of Shrouded Stator Cavity Flows on the Aerodynamic Performance of a High-Speed Multistage Axial-Flow Compressor// Turbo Expo: Turbine Technical Conference and Exposition[C]. Vancouver, 2011: 297-307.

[116] Kuerner M, Reichstein G A, Schrack D, et al. Low Pressure Turbine Secondary Vortices: Reynolds Lapse[J]. Journal of Turbomachinery, 2012, 134(6): 061022.

[117] Gier J, Stubert B, Brouillet B, et al. Interaction of Shroud Leakage Flow and Main Flow in a Three-Stage LP Turbine[J]. Journal of Turbomachinery, 2005, 127(4): 649-658.

[118] 马文生, 禄堃, 顾春伟. 压气机静叶气封几何优化与流动分析[J]. 工程热物理学报, 2009, 30(08): 1288-1290.

[119] Otto E W, Taylor III B L. Dynamics of a Turbojet Engine Considered as a Quasi-Static System [R], 1951.

[120] Fawke A, Saravanamuttoo H J S T. Digital Computer Methods for Prediction of Gas Turbine dynamic Response [J]. [s. n], 1971: 1805-13.

[121] Fawke A, Saravanamuttoo H. Experimental Investigation of Methods for Improving the Dynamic Response of a Twin-Spool Turbojet Engine [J]. [s. n]. 1971.

[122] 桂幸民, 腾金芳, 刘宝杰, 等. 航空压气机气动热力学理论与应用[M]. 上海: 上海交通大学出版社, 2014.

[123] Adamczyk J J. Aerodynamic Analysis of Multistage Turbomachinery Flows in Support of Aerodynamic Design[J]. Journal of Turbomachinery, 2000, 122(2): 129-189.

[124] Rhie C M, Gleixner A J, Spear D A, et al. Development and Application of a Multistage Navier-Stokes Solver——Part I: Multistage Modeling Using Bodyforces and Deterministic Stresses[J]. Journal of Turbomachinery, 2000 (122): 62-67.

[125] 廉筱纯. 航空发动机原理[M]. 西安: 西北工业大学出版社, 2005.

第 2 章
整机稳态主流道周向平均数值仿真

相较于零维气动热力学仿真和全三维整机数值仿真,准三维数值仿真有其独特优势。准三维仿真可以提供更丰富的子午面流场信息,且摆脱了零维仿真对部件特性图的依赖。与全三维仿真计算相比,准三维仿真计算量小、易于实现,且对于特定案例,准三维仿真可以使用由实验数据提出的损失模型、落后角模型等对流场结果进行修正,规避由湍流模型局限造成的流场计算不准确性,可提供具有流场特征的发动机整机性能预测和流动匹配分析能力。

| 2.1 气动热力学基本方程及其应用 |

2.1.1 相对坐标系下的气动热力学基本方程组

在相对柱坐标系下。对于空气,在忽略与外界的热传递、重力等体积力的影响及化学反应后,将质量守恒、动量守恒和能量守恒三大定律用于气体微团,可以得到可压缩牛顿流体的控制方程——Navier - Stokes 方程组。在相对柱坐标系下的形式为

$$\frac{\partial U}{\partial t} + \frac{\partial \left[r \left(F - F_v \right) \right]}{r \partial x} + \frac{\partial \left[r \left(G - G_v \right) \right]}{r \partial r} + \frac{\partial \left(H - H_v \right)}{r \partial \varphi} = S \qquad (2.1)$$

方程(2.1)中的各项定义如下:

$$
U = \begin{bmatrix} \rho \\ \rho w_x \\ \rho w_r \\ \rho w_\varphi \\ \rho E \end{bmatrix}, \quad
F = \begin{bmatrix} \rho w_x \\ \rho w_x w_x + p \\ \rho w_x w_r \\ \rho w_x w_\varphi \\ \rho w_x H \end{bmatrix}, \quad
G = \begin{bmatrix} \rho w_r \\ \rho w_r w_x \\ \rho w_r w_r + p \\ \rho w_r w_\varphi \\ \rho w_r H \end{bmatrix}, \quad
H = \begin{bmatrix} \rho w_\varphi \\ \rho w_\varphi w_x \\ \rho w_\varphi w_r \\ \rho w_\varphi w_\varphi + p \\ \rho w_\varphi H \end{bmatrix},
$$

$$\boldsymbol{F}_v = \begin{Bmatrix} 0 \\ \tau_{xx} \\ \tau_{xr} \\ \tau_{x\varphi} \\ \tau_{xx}w_x + \tau_{xr}w_r + \tau_{x\varphi}w_\varphi - q_x \end{Bmatrix}, \boldsymbol{G}_v = \begin{Bmatrix} 0 \\ \tau_{rx} \\ \tau_{rr} \\ \tau_{r\varphi} \\ \tau_{rx}w_x + \tau_{rr}w_r + \tau_{r\varphi}w_\varphi - q_r \end{Bmatrix},$$

$$\boldsymbol{H}_v = \begin{Bmatrix} 0 \\ \tau_{\varphi x} \\ \tau_{\varphi r} \\ \tau_{\varphi\varphi} \\ \tau_{\varphi x}w_x + \tau_{\varphi r}w_r + \tau_{\varphi\varphi}w_\varphi - q_\varphi \end{Bmatrix}, \boldsymbol{S} = \begin{Bmatrix} 0 \\ 0 \\ \dfrac{\rho(w_\varphi + \omega r)^2 + p - \tau_{\varphi\varphi}}{r} \\ \dfrac{-\rho w_r(w_\varphi + 2\omega r) + \tau_{r\varphi}}{r} \\ \rho w_r \omega^2 r \end{Bmatrix}$$

其中，$\boldsymbol{U}$ 为守恒量；$\boldsymbol{F}$、$\boldsymbol{G}$ 和 $\boldsymbol{H}$ 为对流（无黏）通量；$\boldsymbol{F}_v$、$\boldsymbol{G}_v$ 和 $\boldsymbol{H}_v$ 为扩散（黏性）通量；$\boldsymbol{S}$ 为 Navier-Stokes 方程组在相对柱坐标下导出的源项。

在式（2.1）中，ρ 为密度，p 为压力；w_x、w_r 和 w_φ 分别为相对速度矢量在 x、r 和 φ 坐标方向的分量；E 和 H 分别为单位质量的相对总能和相对总焓，其定义分别为

$$E = e + \frac{1}{2}(w_x^2 + w_r^2 + w_\varphi^2) \tag{2.2}$$

其中，e 为单位质量的内能。

$$H = E + \frac{p}{\rho} \tag{2.3}$$

另外，ω 为转子旋转速度，其符号采用右手法则来定义；τ_{ij} 为表面应力张量，对于牛顿流体，根据 Stokes 假设可得

$$\boldsymbol{\tau}_{ij} = \mu\left(2\boldsymbol{S}_{ij} - \frac{2}{3}\boldsymbol{\delta}_{ij}\frac{\partial u_k}{\partial x_k}\right) - \overline{\rho u_i' u_j'} \tag{2.4}$$

其中，$-\overline{\rho u_i' u_j'}$ 为雷诺应力张量；$\boldsymbol{\delta}_{ij}$ 和 $\boldsymbol{S}_{ij}$ 分别为 Kronecker 算子和应变率张量，其定义分别为

$$\boldsymbol{\delta}_{ij} = \begin{cases} 1, & i = j \\ 0, & i \neq j \end{cases}, \quad \boldsymbol{S}_{ij} = \frac{1}{2}\left(\frac{\partial u_i}{\partial x_j} + \frac{\partial u_j}{\partial x_i}\right) \tag{2.5}$$

μ 为层流黏性系数，可以采用 Sutherland 公式求解：

$$\mu = \mu_0\left(\frac{T}{T_0}\right)^{1.5}\frac{T_0 + T_s}{T + T_s} \tag{2.6}$$

对于空气介质，通常取 $T_s = 110.4$ K，当 $T_0 = 273.16$ K 时，$\mu_0 = 1.711 \times 10^{-5}$ kg/(m·s)。

式（2.1）中，q_i 为热流量，由傅里叶定律可得

$$q_i = -\kappa\frac{\partial T}{\partial x_i} \tag{2.7}$$

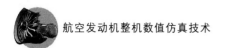

在柱坐标系中,具体可表示为

$$q_x = -\kappa \frac{\partial T}{\partial x} \tag{2.8}$$

$$q_r = -\kappa \frac{\partial T}{\partial r} \tag{2.9}$$

$$q_\varphi = -\kappa \frac{\partial T}{r \partial \varphi} \tag{2.10}$$

其中,κ 为热传导系数,在后面对湍流模型的介绍中将讨论它们的求解方法。

为了使方程组封闭,还需要引入热力学关系。对于理想气体,有状态方程

$$p = \rho R T \tag{2.11}$$

此时,相对总能的表达式为

$$E = \frac{p}{\rho(\gamma - 1)} + \frac{1}{2}(w_x{}^2 + w_r{}^2 + w_\varphi{}^2) \tag{2.12}$$

其中,γ 为比热比,R 为气体常数。

对于上述有量纲的 Navier–Stokes 方程组,通常需要对其进行无量纲化处理,可以选取参考密度 ρ_{ref}、参考温度 T_{ref}、参考长度 L_{ref} 作为基本的无量纲化参考量。一般可取来流条件下未受扰动的密度和温度作为参考密度和温度,取流场中几何结构的特征尺度(如进口机匣半径)作为参考长度。根据这三个基本参考量,可以得到其他所需的参考量,如参考速度、参考压力、参考时间和参考黏性系数:

$$a_{ref} = \sqrt{\gamma R T_{ref}}, \quad p_{ref} = \rho_{ref} a_{ref}^2, \quad t_{ref} = L_{ref}/a_{ref}, \quad \mu_{ref} = \rho_{ref} a_{ref} L_{ref} \tag{2.13}$$

根据这些参考量,对方程(2.1)中各变量进行无量纲化,可得

$$x_i^* = \frac{x_i}{L_{ref}}, \quad t^* = \frac{t}{t_{ref}}, \quad u_i^* = \frac{u_i}{a_{ref}}, \quad \rho^* = \frac{\rho}{\rho_{ref}},$$

$$T^* = \frac{T}{T_{ref}}, \quad p^* = \frac{p}{p_{ref}}, \quad \mu^* = \frac{\mu}{\mu_{ref}} \tag{2.14}$$

最终得到无量纲形式的控制方程组,如果略去上标"$*$",则方程组形式不变

$$\frac{\partial U}{\partial t} + \frac{\partial(F - F_v)}{\partial x} + \frac{\partial[r(G - G_v)]}{r \partial r} + \frac{\partial(H - H_v)}{r \partial \varphi} = S \tag{2.15}$$

无量纲化后的状态方程和 Sutherland 公式分别为

$$\gamma p = \rho T \tag{2.16}$$

$$\mu = \frac{\mu_0}{\mu_{ref}} \left(\frac{T}{T_0}\right)^{1.5} \frac{T_0 + T_S}{T + T_S} \tag{2.17}$$

2.1.2　两族流面基本方程组及其应用

二十世纪五十年代,由于计算能力的限制,无法开展全三维数值计算,吴仲华提出了两簇流面(S1/S2)的概念,在此基础上建立了叶轮机相对坐标系下理想气体工

质的定常三维流动通用理论[1,2]。两簇流面的概念提出的相当长一段时间内,学术界进行了对此理论的完善。

叶片子午流动分析/设计的降维方法主要有 3 种:轴对称方法、周向平均方法和中心流面(S2m)方法。轴对称方法的降维是直接认为存在无限多基元,并采取无限薄叶片假设,直接略去流体动量方程的所有周向偏导数来简化主控方程,即

$$\frac{\partial q}{\partial \varphi} = 0 \tag{2.18}$$

Novak 的流线曲率法程序就是一个代表。但是由于此方法的简化较多,因此流动过程也被大大简化[3];后来 Wennerstrom、Hearsey 等引入了叶片力模型,可以反映出一定的三维流动特征[4,5]。周向平均方法通过对三维方程组采用通道平均和密流加权平均得到主控方程。降维过程中导出了周向的应力附加项,对这些力进行建模可以作为周向作用对子午流场的影响。中心流面法是假定存在一个相邻叶片中间处的 S2m 流面,此流面上的参数近似代表叶栅通道周向的平均,这种方法计算过程中自身就含有以压力梯度项表现出的叶片力项,可以结合 S1 流面进行两簇流面迭代计算,也可以通过模型计入叶片力对子午面流动的影响,这些工作大部分源自吴仲华的理论。

在对二维流场求解过程中,也发展出了流线曲率法和通流矩阵法。通流矩阵法由吴仲华首先提出,将流函数作为未知函数,由拟线性的流函数方程结合边界条件,以有限差分的形式进行迭代求解流函数,进而得到流场的气动参数。但是流函数概念的引入导致其方程中各项物理意义分析的难度加大。March、朱荣国认为这种方法计算速度快,精度高,但是所需的内存较大[6,7],而且这种方法在处理 S2 流面分速度超声时,会出现密度双值的问题。

时间推进法是目前发展比较成熟的一类方法,是通过时间空间离散求解有限面积或通过有限差分求解的定常/非定常流场的方法。与流线曲率法相比,此方法可以预测堵点流量,并且三维数值模拟中已经具有的成熟方法可以移植应用,采用时间推进方法可以避免超声带来的双值解。并且可以更加明确地反映环壁边界层的发展,而非以给定输入的方式体现环壁边界层带来的堵塞。

流线曲率法是在计算中引入流线曲率的概念,在初始流线分布下开始计算迭代展向平衡方程和流量守恒方程,从而将偏微分形式的欧拉方程组转化为常微分方程组求解。通过在计算中引入的流线斜率和曲率,每次计算调节流线位置以满足上述方程,逐次迭代直至流线位置确定,从而得到最终的流线形状和速度分布。此方法物理概念明确清晰,计算量小,软件编制简洁,程序发展较为成熟。但是在流场较差的情况,如存在分离导致的流管大幅扩张、倒流导致子午速度反向的情况时,处理能力有限,计算结果不易收敛。

本小节给出流线曲率法的基本方程。

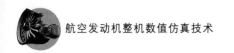

1. 径向平衡方程

考虑引入 S2 流面的概念,设定 S2 流面可以在柱坐标系下用如下方程表示:

$$S_2(x,r,\varphi)=0 \tag{2.19}$$

或者显式表示为

$$\varphi=\varphi(x,r) \tag{2.20}$$

此处用坐标 x 表示坐标系的轴向。同时以 $\boldsymbol{n}=(n_x,n_r,n_u)$ 表示 S2 流面上任意一点的单位法向量,存在如下微分关系:

$$n_x\mathrm{d}x+n_r\mathrm{d}r+n_u r\mathrm{d}\varphi=0 \tag{2.21}$$

对于定常流动,空间中某位置的物理参数 q 可以表示为三个空间坐标的函数,即

$$q=q(x,r,\varphi) \tag{2.22}$$

对于 S2 流面上的任意一点气动参数 q ,由流面假设在 S2 流面内运动,受到方程(2.20)的约束,此流面内的参数 q 仅为 x 和 r 的参数,即

$$q=q\left[x,r,\varphi(x,r)\right] \tag{2.23}$$

引入 S2 面内的轴向偏导数 $\dfrac{\bar{\partial}}{\partial x}$ 和径向偏导数 $\dfrac{\bar{\partial}}{\partial r}$,这二者与物理量的空间导数存在如下关系:

$$\frac{\bar{\partial}q}{\partial x}=\frac{\partial q}{\partial x}+\frac{\partial q}{\partial \varphi}\frac{\partial \varphi}{\partial x} \tag{2.24}$$

$$\frac{\bar{\partial}q}{\partial r}=\frac{\partial q}{\partial r}+\frac{\partial q}{\partial \varphi}\frac{\partial \varphi}{\partial r} \tag{2.25}$$

式(2.24)表示在 S2 流面内的某点处,物理参数 q 沿 S2 流面对 x 坐标的导数。此参数的物理意义为:在 r 为常数的柱面上,某一物理参数沿 S2 流面与此柱面交线上的物理量轴向变化率,故在这个柱面内存在 S2 流面法向量与微元的关系:

$$n_x\mathrm{d}x+n_u r\mathrm{d}\varphi=0 \tag{2.26}$$

写作微分形式为

$$\frac{\partial \varphi}{\partial x}=-\frac{n_x}{n_u r} \tag{2.27}$$

同理,对于式(2.25),有 x 为常数的平面,因此有

$$\frac{\partial \varphi}{\partial r}=-\frac{n_r}{n_u r} \tag{2.28}$$

将式(2.27)和(2.28)代入式(2.24)和式(2.25)后,可得

$$\begin{cases}\dfrac{\bar{\partial}q}{\partial x}=\dfrac{\partial q}{\partial x}-\dfrac{n_x}{n_u r}\dfrac{\partial \varphi}{\partial x}\\[3mm]\dfrac{\bar{\partial}q}{\partial r}=\dfrac{\partial q}{\partial r}-\dfrac{n_r}{n_u r}\dfrac{\partial \varphi}{\partial r}\end{cases} \tag{2.29}$$

通过上述推导,可以将物理量 q 相对 φ 坐标的偏导数化作流面法向量相关参数,S2 流面作为空间曲面,此处引入流面角概念:轴向流面角定义为 λ 为 S2 流面与 r 为常数的柱面的交线与轴向坐标轴 x 之间的夹角;类似地,径向流面角 γ 定义为 S2 流面和 x 为常数的平面的交线与径向坐标轴 r 之间的夹角,两流面角的关系如图 2.1 所示。

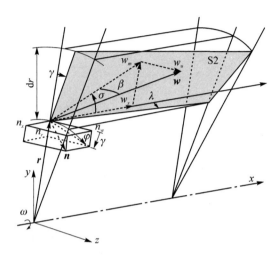

图 2.1　S2m 流面参数说明

这两个流面角满足如下关系:

$$\begin{cases} \tan \lambda = \dfrac{r\partial \varphi}{\partial x} = -\dfrac{n_x}{n_u} \\[2mm] \tan \gamma = \dfrac{r\partial \varphi}{\partial r} = -\dfrac{n_r}{n_u} \end{cases} \tag{2.30}$$

结合 S2 流面的定义,可得流面内流体的速度 w 与流面法向量 n 的垂直关系,即

$$\boldsymbol{n} \cdot \boldsymbol{w} = n_x w_x + n_r w_r + n_u w_u = 0 \tag{2.31}$$

此即为 S2 流面上存在一点的流面方程。

由图 2.2 可知,S2 流面上某一点的三维相对速度关系有如下分量关系:

$$\begin{cases} w_x = w\cos\beta\cos\sigma = w_m \cos \sigma \\ w_r = w\cos\beta\sin\sigma = w_m \sin \sigma \\ w_u = w\sin\beta = w_m \tan\beta \end{cases} \tag{2.32}$$

本坐标系的定义中,以 ω 旋转通向为正,在 $x-r\varphi$ 柱面或 $x-z$ 平面内,与转子旋转方向的同向为正,反向为负,因此通常转子通道的相对气流角 β 为负值,绝对气流角 α 为正值。在转子进口无预旋或负预旋时,绝对气流角 α 的值也可能为 0 或负值。静子的相对气流角就是绝对气流角,往往是正数。

根据相对速度 w 和角度的关系,式(2.31)可以用速度相关角度形式表达 S2 流面的方程:

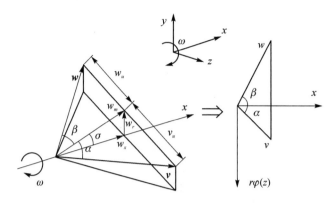

图 2.2　S2 流面上一点的速度矢量与其分量关系

$$\tan\lambda\cos\sigma + \tan\gamma\sin\sigma - \tan\beta = 0 \tag{2.33}$$

根据流体的动力方程组，即牛顿第二运动定律，在相对柱坐标系下，忽略彻体力的作用时，有如下动量方程：

$$\frac{\partial \boldsymbol{w}}{\partial t} + (\boldsymbol{w} \cdot \nabla)\boldsymbol{w} + 2\boldsymbol{\omega} \times \boldsymbol{w} - \omega^2 \boldsymbol{r} = -\frac{1}{\rho}\nabla p + \frac{1}{\rho}\nabla \cdot \boldsymbol{\tau} \tag{2.34}$$

式(2.34)等号左边 4 项依次为时间偏导项、迁移加速度项、科里奥利力项和离心力项，等号右边 2 项为压力梯度源项和黏性应力源项。其中 $\boldsymbol{\tau}$ 为黏性应力张量，令施加于流体微元的黏性力矢量 $\boldsymbol{f}$ 为

$$\boldsymbol{f} = \frac{1}{\rho}\nabla \cdot \boldsymbol{\tau} \tag{2.35}$$

由此可以得到定常假设下的分量形式展开式：

$$\begin{cases} w_r \dfrac{\partial w_x}{\partial r} + w_u \dfrac{\partial w_x}{r\partial \varphi} + w_x \dfrac{\partial w_x}{\partial x} = -\dfrac{1}{\rho}\dfrac{\partial p}{\partial x} + f_x \\[2mm] w_r \dfrac{\partial w_r}{\partial r} + w_u \dfrac{\partial w_r}{r\partial \varphi} + w_x \dfrac{\partial w_r}{\partial x} - \dfrac{(w_u + \omega r)^2}{r} = -\dfrac{1}{\rho}\dfrac{\partial p}{\partial r} + f_r \\[2mm] w_r \dfrac{\partial w_u}{\partial r} + w_u \dfrac{\partial w_u}{r\partial \varphi} + w_x \dfrac{\partial w_u}{\partial x} + \dfrac{w_u w_r}{r} + 2\omega w_r = -\dfrac{1}{\rho}\dfrac{\partial p}{r\partial \varphi} + f_u \end{cases}$$
$$\tag{2.36}$$

将式(2.29)代入式(2.36)，将左边迁移加速度项化作 S2 流面内偏导数，并将式(2.30)代入化简，可以得到 S2 流面的动量方程：

$$\begin{cases} w_r \dfrac{\bar{\partial} w_x}{\partial r} + w_x \dfrac{\bar{\partial} w_x}{\partial x} = F_x - \dfrac{1}{\rho}\dfrac{\bar{\partial} p}{\partial x} + f_x \\[2mm] w_r \dfrac{\bar{\partial} w_r}{\partial r} + w_x \dfrac{\bar{\partial} w_r}{\partial x} - \dfrac{(w_u + \omega r)^2}{r} = F_r - \dfrac{1}{\rho}\dfrac{\bar{\partial} p}{\partial r} + f_r \\[2mm] w_r \dfrac{\bar{\partial} w_u}{\partial r} + w_x \dfrac{\bar{\partial} w_u}{\partial x} + \dfrac{w_u w_r}{r} + 2\omega w_r = F_u + f_u \end{cases} \tag{2.37}$$

式中，$\boldsymbol{F}=(F_x,F_r,F_u)$ 是叶片通道的周向压力梯度施加于 S2 流面的力，Wennerstrom 称为轴对称体力场（axiaymmetric body force field[8]）。其定义为

$$\boldsymbol{F}=-\frac{1}{n_u}\left(\frac{1}{\rho}\frac{\partial p}{r\partial\varphi}\right)\boldsymbol{n} \tag{2.38}$$

展开后的分量形式为

$$\begin{cases} F_x=-\dfrac{n_x}{n_u}\dfrac{1}{\rho}\dfrac{\partial p}{r\partial\varphi}=\dfrac{1}{\rho}\dfrac{\partial p}{r\partial\varphi}\tan\lambda \\[3mm] F_r=-\dfrac{n_r}{n_u}\dfrac{1}{\rho}\dfrac{\partial p}{r\partial\varphi}=\dfrac{1}{\rho}\dfrac{\partial p}{r\partial\varphi}\tan\gamma \\[3mm] F_u=-\dfrac{1}{\rho}\dfrac{\partial p}{r\partial\varphi} \end{cases} \tag{2.39}$$

也可看出其分量存在如下关系：

$$\begin{cases} F_x=-F_u\tan\lambda \\ F_r=-F_u\tan\gamma \end{cases} \tag{2.40}$$

此处有一假设，将 S2 流面简化为 S2m 时，采用叶片中弧线金属角加上一定的气流落后角来模拟 S2 流面。

在 S2 流面内，任意物理参数 q 的随流导数有如下关系：

$$\frac{\bar{\mathrm{d}}q}{\mathrm{d}t}=\frac{\bar\partial q}{\partial t}+w_m\frac{\bar\partial q}{\partial m}=\frac{\bar\partial q}{\partial t}+w_r\frac{\bar\partial q}{\partial r}+w_x\frac{\bar\partial q}{\partial x} \tag{2.41}$$

对于定常流动，其时间偏导项为 0，将式（2.41）代入式（2.37），S2 流面的动量方程可以进一步简化，采用子午流面速度表示：

$$\begin{cases} w_m\dfrac{\bar\partial w_x}{\partial m}=-\dfrac{1}{\rho}\dfrac{\bar\partial p}{\partial x}+F_x+f_x \\[3mm] w_m\dfrac{\bar\partial w_r}{\partial m}-\dfrac{v_u^2}{r}=-\dfrac{1}{\rho}\dfrac{\bar\partial p}{\partial r}+F_r+f_r \\[3mm] \dfrac{w_m}{r}\dfrac{\bar\partial(v_ur)}{\partial m}=F_u+f_u \end{cases} \tag{2.42}$$

式（2.42）的第三个式子为周向分式，表明周向压力梯度产生的周向力矩和黏性力的周向力矩对气流的速度矩变化率产生作用。可以看出黏性力对气流的做功有影响，特别是在环壁区域，其黏性影响比主流区域更加明显，即明显改变端区流动形式，从而改变无黏力的分布。后续会继续讨论无黏力和黏性力的处理方式。

流线的曲率半径 r_m 有如下定义式：

$$\frac{\mathrm{d}\sigma}{\mathrm{d}m}=-\frac{1}{r_m} \tag{2.43}$$

结合速度关系式（2.32），将式（2.43）代入式（2.42）的径向分式，可以得到常见的子午面内的径向平衡方程：

$$\frac{1}{\rho}\frac{\bar{\partial}p}{\partial r} = \frac{v_u^2}{r} + \frac{w_m^2}{r_m}\cos\sigma - w_m\frac{\bar{\partial}w_m}{\partial m}\sin\sigma + F_r + f_r \qquad (2.44)$$

式(2.44)称为 S2 流面径向平衡方程,等号右边五项为产生等号左边径向压力梯度的原因。下面介绍等号右边五项的物理意义:$\frac{v_u^2}{r}$ 为轴向速度带来的离心力作用,$+\frac{w_m^2}{r_m}\cos\sigma$ 为子午面内曲线运动产生离心加速度带来的径向分量,$-w_m\frac{\bar{\partial}w_m}{\partial m}\sin\sigma$ 为子午面内曲线的速度方向加速度带来的径向分量,$+F_r$ 为叶片静压周向不均匀带来的压力梯度产生的径向分量,f_r 为黏性作用力的径向分量。

图 2.3 显示了子午面内微元体的受力分析,可以发现 S2 流面的径向平衡方程与轴对称的假设下的径向平衡方程存在以下区别:① 轴对称径向平衡没有流面假设;② 在轴对称假设下,叶片通道从压力面到吸力面的压力梯度对径向平衡方程的影响没有计入。

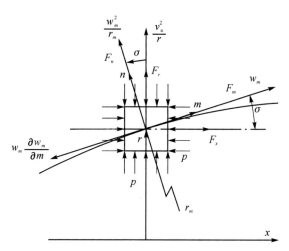

图 2.3 径向平衡受力分析

Wennerstrom 指出采用子午流线坐标 m,与子午流面法向坐标 n 作为自变量后,避免采用轴向坐标 x 与径向坐标 r 后,其流动也可适用于斜流和离心流动。因此式(2.42)可以改为 (m,n,u) 三个方向的形式:

$$\begin{cases} w_m\dfrac{\bar{\partial}w_m}{\partial m} - \dfrac{v_u^2}{r}\sin\sigma = -\dfrac{1}{\rho}\dfrac{\bar{\partial}p}{\partial m} + F_m + f_m \\[3mm] -\dfrac{w_m^2}{r_m} - \dfrac{v_u^2}{r}\cos\sigma = -\dfrac{1}{\rho}\dfrac{\bar{\partial}p}{\partial n} + F_n + f_n \\[3mm] \dfrac{w_m}{r}\dfrac{\bar{\partial}(v_u r)}{\partial m} = F_u + f_u \end{cases} \qquad (2.45)$$

其中,源项用坐标旋转雅各比矩阵相乘即可得到

$$\begin{cases} F_m = F_r \sin\sigma + F_x \cos\sigma \\ F_n = F_r \cos\sigma - F_x \sin\sigma \end{cases}$$

$$\begin{cases} f_m = f_r \sin\sigma + f_x \cos\sigma \\ f_n = f_r \cos\sigma - f_x \sin\sigma \end{cases} \tag{2.46}$$

2. 展向平衡方程

通过推导可以得到式(2.44)的径向平衡方程,其自变量为半径。通常应用中,常常指定叶片的计算站位置,需要以任意展向方向 l 为自变量,如图 2.4 所示。而 S2 曲面上的一任意点的物理参数 q 对展向坐标的导数为

$$\frac{\bar\partial q}{\partial l} = \frac{\bar\partial q}{\partial m}\frac{\mathrm{d}m}{\mathrm{d}l} + \frac{\bar\partial q}{\partial n}\frac{\mathrm{d}n}{\mathrm{d}l} = \frac{\bar\partial q}{\partial m}\cos(\theta-\sigma) + \frac{\bar\partial q}{\partial n}\sin(\theta-\sigma) \tag{2.47}$$

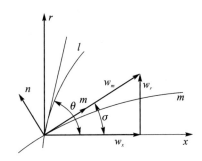

图 2.4　展向计算站 l 与流线 m

将式(2.45)的轴向和径向分式代入式(2.47),可以得到展向平衡方程:

$$w_m \frac{\bar\partial w_m}{\partial m}\cos(\theta-\sigma) - \frac{w_m^2}{r_m}\sin(\theta-\sigma) - \frac{v_u^2}{r}\sin\theta =$$

$$-\frac{1}{\rho}\frac{\bar\partial p}{\partial l} + (F_m + f_m)\cos(\theta-\sigma) + (F_n + f_n)\sin(\theta-\sigma) \tag{2.48}$$

可以发现方程(2.48)等号右边还有静压梯度项作为因变量。其计算过程往往还需要给定某参考半径的静压、速度相关分布以及相关参数,通过连续方程校核流量。而试验参数往往没有这么全的数据去获得速度型。方程(2.48)在设计中可用度较高,但是作为试验数据处理程序是不合适的。因此,需要不显含压力项的以子午速度迭代的主控方程。

由热力学定律有

$$\frac{1}{\rho}\mathrm{d}p = -T\mathrm{d}s + \mathrm{d}h \tag{2.49}$$

由转焓定义式有

$$i = h + \frac{1}{2}w^2 - \frac{1}{2}\omega^2 r^2 = h^* - \omega(v_u r) = h + \frac{1}{2}v^2 - \omega(v_u r) \quad (2.50)$$

综合式(2.49)和式(2.50)可得到

$$\frac{1}{\rho}\frac{\bar{\partial}p}{\partial l} = \left(\frac{\bar{\partial}i}{\partial l} - T\frac{\bar{\partial}s}{\partial l}\right) - w_m\frac{\bar{\partial}w_m}{\partial l} - v_u\frac{\bar{\partial}v_u}{\partial l} + \omega\frac{\bar{\partial}(v_u r)}{\partial l} \quad (2.51)$$

将式(2.51)带入式(2.48)可以得到以转焓 i 和熵 s 的微分形式表达的不显含压力项的展向平衡方程：

$$w_m\frac{\bar{\partial}w_m}{\partial l} = w_m\frac{\bar{\partial}w_m}{\partial m}\cos(\theta-\sigma) - \frac{w_m^2}{r_m}\sin(\theta-\sigma) - \frac{w_u}{r}\frac{\bar{\partial}(v_u r)}{\partial l} +$$

$$\frac{\bar{\partial}i}{\partial l} - T\frac{\bar{\partial}s}{\partial l} - (F_m + f_m)\cos(\theta-\sigma) - (F_n + f_n)\sin(\theta-\sigma)$$

$$(2.52)$$

这样的处理方式中,压力梯度分布力 F 和黏性作用力 f 的相关项仍旧显式地含于公式中。因此还需要进行下一步处理。

在处理黏性力的过程中,也有两种方式可选。一是以"当地黏性"的角度考虑,从流体微元的角度出发,考虑流体微元的物性、物理量变化、应变与应力等关系,并引入湍流模型进行修正,从而求得计算结果。目前许多 3 维商业 CFD 软件的求解方式就是基于此方式。此方法受湍流模型精准度、网格质量等因素影响,因而在复杂边界条件下的计算会存在不稳定性。在多级压气机的定常计算中,由于多个掺混面的引入,往往还会带来计算结果的大偏差。在降维计算中,通常使用"迁移黏性"的角度替代,以熵增的方式表达剪切功的耗散。

根据式(2.35),将施加于流体微团的剪切黏性应力记作 f,其所做的功都用于耗散,用以替代基于湍流模型的"当地黏性"对微团的影响,其常见形式如下：

$$f \cdot w = -T(w \cdot \nabla)s \quad (2.53)$$

通常认为的黏性力始终与相对/绝对速度方向相反,不需要忽略周向熵增,因此对于 S2 流面内的定常流动,式(2.54)的展开形式为

$$\frac{f_u}{\sin\beta}\frac{w_m}{\cos\beta} = -w_m T\frac{\bar{\partial}s}{\partial m} \quad (2.54)$$

根据子午面内的流向坐标系对应关系(2.46)可以得到

$$\begin{cases} f_m = -T\frac{\bar{\partial}s}{\partial m}\cos^2\beta \\ f_n = 0 \\ f_u = -T\frac{\bar{\partial}s}{\partial m}\sin\beta\cos\beta \end{cases} \quad (2.55)$$

对于通道内压力面到吸力面的压力梯度带来的分布力 F,由 F_u 定义式(2.39)以及 S2 流面的动量方程(2.45)的周向分量和式(2.55)计算的结果,可以得到

$$F_u = -\frac{1}{\rho}\frac{\partial p}{r\partial \varphi} = \frac{w_m}{r}\frac{\bar{\partial}(v_u r)}{\partial m} + T\frac{\bar{\partial}s}{\partial m}\sin\beta\cos\beta \tag{2.56}$$

由式(2.56)可以知道叶轮机的二次流产生原因。因为环壁边界的作用,环壁处的流体速度会降低,但是其周向压力梯度大致与主流一致,这会导致气流在环壁边界处的流动方向与主流不一致。为了维持方程的平衡,往往需要加大等号右边的两项,通常在压气机中两者同时存在,即①端区存在更大的周向速度;②端区存在更高的损失。

3. S2 流面能量方程

热力学第一定律的相对柱坐标系下,有如下流体能量方程:

$$\frac{\mathrm{d}i}{\mathrm{d}t} = \frac{\partial i}{\partial t} + (\boldsymbol{w}\cdot\nabla)i = \frac{1}{\rho}\frac{\partial p}{\partial t} + \frac{1}{\rho}\nabla\cdot\boldsymbol{\tau}\cdot\boldsymbol{w} + \boldsymbol{w}\cdot\boldsymbol{f}_V + q_R + \frac{1}{\rho}\nabla\cdot\boldsymbol{q}_\lambda \tag{2.57}$$

其中,q_R 为单位时间外界对流体微元的热辐射量(J·kg^{-1}·s^{-1});$\boldsymbol{q}_\lambda$ 为单位时间通过体系表面的热传导量(J·m^{-2}·s^{-1}),后者通过傅里叶公式可得

$$\boldsymbol{q}_\lambda = -\lambda\nabla T = -\frac{c_p\mu}{\mathrm{Pr}}\nabla T \tag{2.58}$$

根据转焓的定义 $i = h^* - \omega(v_u r)$,在定常、无黏、绝热、不计彻体力、轴对称、变比热的条件下,与试验测得的级间参数关联得到

$$\frac{\bar{\partial}h^*}{\partial m} = \omega\frac{\bar{\partial}(v_u r)}{\partial m} = \frac{\bar{\partial}h(T^*)}{\partial m} \tag{2.59}$$

也可以表达为沿流线,转焓不变 $i_2 = i_1$ 或 $h_2^* - h_1^* = \omega(v_{u2}r_2 - v_{u1}r_1)$。

在能量方程中,$\frac{1}{\rho}\nabla\cdot\boldsymbol{\tau}\cdot\boldsymbol{w}$ 表示外界通过表面对微元体黏性力做的功,在"当地黏性"的视角下,是通过耗散的方式产生不可再利用的热,使得总焓减小。在计入"迁移黏性"时,关注的就是黏性带来的沿流线产生的熵增,因而能量方程可以表示为

$$\frac{\bar{\partial}h^*}{\partial m} = \omega\frac{\bar{\partial}(v_u r)}{\partial m} - T\frac{\bar{\partial}s}{\partial m} \tag{2.60}$$

在假设进、出口截面黏性应力做功为零的前提下,推导得到 $l_u + q_e = h_2^* - h_1^*$。即绝热假设下,不论控制体内部是否存在无黏假设,轮缘功均等于进出口流体的总焓差 $l_u = h_2^* - h_1^*$,这表明经过叶片转子的总焓增即为轮缘功。对于静子而言,没有功输入,$l_u = 0$,于是 $h_2^* = h_1^*$。对于黏性流动而言,由式(2.60)可知 $h_2^* \neq h_1^*$。这一矛盾源自于一维管道假设:内部流动均一化,剪切功不起作用。如果将管道内部以多个流管进行表述,那么流管之间因黏性而产生的剪切功做功率 $\frac{1}{\rho}\nabla\cdot\boldsymbol{\tau}\cdot\boldsymbol{w}\neq 0$,于是,黏性的熵增作用将使流管进出口总焓发生变化,出口总焓将低于进口总焓。如果轮缘

功为零,则总焓差即剪切功所引起的熵增量;如果轮缘功不为零,则转焓差即剪切功所引起的熵增量。由此可见,一维管道流动和一维流管流动是存在差异的,同时,实际的黏性流动不可能是一维管道流动,不能完全以一维管道流动的某些概念直接移植到对子午流动、基元流动或三维流动的流场分析中。由于目前程序中关于倒流出现时的相关模型的性能尚无法考核,因此当前程序处理中,仍旧认为静子的总温守恒。

4. S2 流面连续方程

在相对运动坐标系下的定常流动连续方程为

$$\nabla \cdot (\rho \boldsymbol{w}) = 0 \tag{2.61}$$

在柱坐标系下的分量可以表示为

$$\frac{\partial (r\rho w_r)}{r \partial r} + \frac{1}{r} \frac{\partial (\rho w_u)}{\partial \varphi} + \frac{\partial (\rho w_x)}{\partial x} = 0 \tag{2.62}$$

结合式(2.29)表述的 S2 流面内物理量微分与空间微分的关系,可以获得 S2 流面连续方程:

$$\frac{\bar{\partial}(r\rho w_r)}{\partial r} + \frac{\bar{\partial}(r\rho w_x)}{\partial x} = -\frac{\rho}{n_u}\left(n_r \frac{\partial w_r}{\partial \varphi} + n_u \frac{\partial w_u}{\partial \varphi} + n_x \frac{\partial w_x}{\partial \varphi}\right) \tag{2.63}$$

令 $\dfrac{\mathrm{dln}B}{\mathrm{d}t} = \dfrac{1}{n_u}\left(n_r \dfrac{\partial w_r}{r\partial \varphi} + n_u \dfrac{\partial w_u}{r\partial \varphi} + n_x \dfrac{\partial w_x}{r\partial \varphi}\right)$,则式(2.63)可以表示为

$$\frac{\bar{\partial}(rB\rho w_r)}{\partial r} + \frac{\bar{\partial}(rB\rho w_x)}{\partial x} = 0 \tag{2.64}$$

其中,B 为与 S2 流面角厚度正相关的量;rB 为 S2 流面具有的周向厚度。

根据吴仲华的理论,S2 流面的厚度需要在进行 S1 流面的计算后得到,进行两簇流面交替迭代。为了避免计算的复杂性,通常采用 S2m 流面代表两叶片间参数的周向平均值。此情况下,B 的计算采用如下方式:

$$B = 1 - \frac{Nt_B}{2\pi r} = \frac{N}{2\pi}(\varphi_{\mathrm{suc}} - \varphi_{\mathrm{pre}}) \tag{2.65}$$

其中,t_b 为叶片的周向厚度;N 为叶片数目。流线曲率法中,往往采用连续方程的积分形式表达各流管总质量的守恒,其具体表达形式为

$$G = 2\pi(1 - k_G)\int_{\eta_{\mathrm{hub}}}^{\eta_{\mathrm{tip}}} rB\rho w_m \sin(\theta - \sigma)\mathrm{d}\eta \tag{2.66}$$

2.1.3 周向平均基本方程组及其应用

周向平均通流模型的控制方程是将周向平均降维方法应用到相对柱坐标系 Navier-Stokes 方程组得到的。下面详细介绍周向平均方法和其在叶轮机中对 N-S 方程组的降维简化过程及最终形式的控制方程组。

1. 周向平均算子

在叶轮机三维流动降维过程中,周向平均算子是在叶片通道内,从一个叶片的压力面 φ_p 向其相邻叶片的吸力面 φ_s 定义的平均,如图 2.5 所示,对于流场中任意一个变量 q,其周向平均可以定义为

$$\bar{q}(x,r,t)=\frac{1}{\varphi_s-\varphi_p}\int_{\varphi_p}^{\varphi_s}q(x,r,\varphi,t)\,\mathrm{d}\varphi \tag{2.67}$$

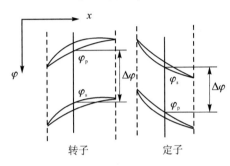

图 2.5　叶片通道周向平均示意图

根据周向平均的定义,流动参数都可以分解为一个轴对称值(周向平均值)和一个周向脉动值即

$$q(x,r,\varphi,t)=\bar{q}(x,r,t)+q'(x,r,\varphi,t) \tag{2.68}$$

针对可压流动,定义密度加权的周向平均为

$$\bar{q}=\frac{\overline{\rho q}}{\bar{\rho}} \tag{2.69}$$

可压流动参数也能够分解成一个周向平均值和一个周向脉动值:

$$q(x,r,\varphi,t)=\bar{\bar{q}}(x,r,t)+q''(x,r,\varphi,t) \tag{2.70}$$

依据周向平均的定义式(2.1)和式(2.2),可得 $\overline{q'}=0$,从而有

$$\overline{q_1 q_2}=\overline{(\bar{q}_1+q'_1)(\bar{q}_2+q'_2)}=\overline{q_1 q_2}+\overline{q'_1 q'_2} \tag{2.71}$$

同样地,对可压流动有

$$\overline{\rho q_1 q_2}=\overline{\bar{\rho}\bar{\bar{q}}_1\bar{\bar{q}}_2}+\overline{\bar{\rho}q''_1 q''_2} \tag{2.72}$$

式(2.5)和式(2.6)中产生了类似于雷诺应力项的不均匀项 $\overline{q'_1 q'_2}$ 和 $\overline{q''_1 q''_2}$,即流场参数的周向不均匀项,这些项是在周向平均过程中由方程本身非线性产生的,在叶轮机流场中的流动参数沿周向一般是不均匀分布的,因而这些项是不为 0 的。

在使用周向平均方法对 Navier-Stokes 方程组降维的过程中,需要对控制方程中时间和空间偏导数项做周向平均处理。

对于时间偏导项,由于 φ_p 和 φ_s 只是轴向坐标 x 和径向坐标 r 的函数,因而有

$$\overline{\left(\frac{\partial q}{\partial t}\right)} = \frac{1}{\varphi_s - \varphi_p} \int_{\varphi_p}^{\varphi_s} \frac{\partial q}{\partial t} \mathrm{d}\varphi = \frac{\partial}{\partial t} \left(\frac{1}{\varphi_s - \varphi_p} \int_{\varphi_p}^{\varphi_s} q \mathrm{d}\varphi\right) = \frac{\partial \bar{q}}{\partial t} \quad (2.73)$$

对于空间偏导项,以轴向坐标 x 的偏导数项为例,由 Leibniz 积分定理可得

$$\frac{\partial}{\partial x} \left(\int_{\varphi_p(x,r)}^{\varphi_s(x,r)} q \mathrm{d}\varphi\right) = q_s \frac{\partial \varphi_s(x,r)}{\partial x} - q_p \frac{\partial \varphi_p(x,r)}{\partial x} + \int_{\varphi_p(x,r)}^{\varphi_s(x,r)} \frac{\partial q}{\partial x} \mathrm{d}\varphi \quad (2.74)$$

定义一个由叶片周向厚度带来的堵塞系数:

$$b = 1 - \frac{\psi}{2\pi/N} = \frac{\varphi_s - \varphi_p}{2\pi/N} \quad (2.75)$$

其中,N 为叶片数;ψ 是叶片的周向厚度,堵塞系数 b 在叶片区是小于 1 的,在非叶区(管道区)等于 1。

因此任一流场参数 q 关于轴向坐标 x 的偏导数的周向平均公式为

$$\overline{\left(\frac{\partial q}{\partial x}\right)} = \frac{1}{\varphi_s - \varphi_p} \int_{\varphi_p}^{\varphi_s} \frac{\partial q}{\partial x} \mathrm{d}\varphi =$$

$$\frac{1}{\varphi_s - \varphi_p} \left\{\frac{\partial}{\partial x} \left[\bar{q}(\varphi_s - \varphi_p)\right] + \left(q \frac{\partial \varphi}{\partial x}\right)_{p-s}\right\} =$$

$$\frac{1}{b} \frac{\partial}{\partial x} (b\bar{q}) + \frac{N}{2\pi b} \left(q \frac{\partial \varphi}{\partial x}\right)_{p-s} \quad (2.76)$$

类似地,关于径向坐标 r 的偏导数的周向平均公式为

$$\overline{\left(\frac{\partial q}{\partial r}\right)} = \frac{1}{\Delta \varphi} \int_{\varphi_p}^{\varphi_s} \frac{\partial q}{\partial r} \mathrm{d}\varphi = \frac{1}{b} \frac{\partial}{\partial r} (b\bar{q}) + \frac{N}{2\pi b} \left(q \frac{\partial \varphi}{\partial r}\right)_{p-s} \quad (2.77)$$

与轴向 x 和径向方向 r 不同,关于周向坐标 φ 的偏导数的周向平均公式为

$$\overline{\left(\frac{\partial q}{\partial \varphi}\right)} = \frac{1}{\varphi_s - \varphi_p} \int_{\varphi_p}^{\varphi_s} \frac{\partial q}{\partial \varphi} \mathrm{d}\varphi = \frac{1}{\varphi_s - \varphi_p} (q_s - q_p) = \frac{N}{2\pi b} (q)_{s-p} \quad (2.78)$$

2. 周向平均 Navier-Stokes 方程组

前面介绍了周向平均算子的定义及其主要运算法则,将其用于三维 Navier-Stokes 方程组后可以得到周向平均通流模型的控制方程。下面给出周向平均后的相对柱坐标系下的 Navier-Stokes 方程组。

周向平均连续方程如下:

$$\frac{\partial \bar{\rho}}{\partial t} + \frac{1}{br} \left[\frac{\partial}{\partial x} (br\overline{\overline{\rho w_x}}) + \frac{\partial}{\partial r} (br\overline{\overline{\rho w_r}})\right] +$$

$$\frac{N}{2\pi br} \left(r\rho w_x \frac{\partial \varphi}{\partial x} + r\rho w_r \frac{\partial \varphi}{\partial x} - \rho w_u\right)_{p-s} = 0 \quad (2.79)$$

周向平均动量方程如下:

$$\frac{\partial \overline{\overline{\rho w_x}}}{\partial t} + \frac{1}{br}\frac{\partial}{\partial x}\left[br\left(\overline{\overline{\rho w_x w_x}} + \overline{\rho w''_x w''_x} + \bar{p} - \overline{\tau_{xx}}\right)\right]$$

$$+ \frac{1}{br}\frac{\partial}{\partial r}\left[br\left(\overline{\overline{\rho w_x w_r}} + \overline{\rho w''_x w''_r} - \overline{\tau_{xr}}\right)\right]$$

$$+ \frac{N}{2\pi br}\left(r\rho w_x w_x \frac{\partial \varphi}{\partial x} + r\rho w_x w_r \frac{\partial \varphi}{\partial r} - \rho w_x w_u\right)_{p-s}$$

$$= \frac{N}{2\pi b}\left(p \frac{\partial \varphi}{\partial x}\right)_{s-p} + \frac{N}{2\pi br}\left(r\tau_{xx}\frac{\partial \varphi}{\partial x} + r\tau_{xr}\frac{\partial \varphi}{\partial r} - \tau_{ux}\right)_{p-s} \tag{2.80}$$

$$\frac{\partial \overline{\overline{\rho w_r}}}{\partial t} + \frac{1}{br}\left\{\begin{array}{l}\dfrac{\partial}{\partial x}\left[br\left(\overline{\overline{\rho w_x w_r}} + \overline{\rho w''_x w''_r} - \overline{\tau_{xr}}\right)\right] \\[2mm] + \dfrac{\partial}{\partial r}\left[br\left(\overline{\overline{\rho w_r w_r}} + \overline{\rho w''_r w''_r} + \bar{p} - \overline{\tau_{rr}}\right)\right]\end{array}\right\} +$$

$$\frac{N}{2\pi br}\left(r\rho w_r w_x \frac{\partial \varphi}{\partial x} + r\rho w_r w_r \frac{\partial \varphi}{\partial r} - \rho w_r w_u\right)_{p-s} =$$

$$\frac{\overline{\rho(\overline{w_u} + \omega r)^2} + \bar{p} + \overline{\rho w''_u w''_u} - \overline{\tau_{uu}}}{r} +$$

$$\frac{N}{2\pi b}\left(p\frac{\partial \varphi}{\partial r}\right)_{s-p} + \frac{N}{2\pi br}\left(r\tau_{xr}\frac{\partial \varphi}{\partial x} + r\tau_{rr}\frac{\partial \varphi}{\partial r} - \tau_{ru}\right)_{p-s} \tag{2.81}$$

$$\frac{\partial \overline{\overline{\rho w_u}}}{\partial t} + \frac{1}{br}\left\{\frac{\partial}{\partial x}\left[br\left(\overline{\overline{\rho w_x w_u}} + \overline{\rho w''_x w''_u} - \overline{\tau_{ux}}\right)\right] + \right.$$

$$\left.\frac{\partial}{\partial r}\left[br\left(\overline{\overline{\rho w_r w_u}} + \overline{\rho w''_r w''_u} - \overline{\tau_{ru}}\right)\right]\right\} +$$

$$\frac{N}{2\pi br}\left(r\rho w_u w_x \frac{\partial \varphi}{\partial x} + r\rho w_u w_r \frac{\partial \varphi}{\partial r} - \rho w_u w_u\right)_{p-s} =$$

$$-\frac{\overline{\overline{\rho w_r w_u}} + \overline{\rho w''_r w''_u} + 2\omega r \overline{\overline{\rho w_r}} - \overline{\tau_{ru}}}{r} + \frac{N}{2\pi br}(p)_{p-s} +$$

$$\frac{N}{2\pi br}\left(r\tau_{ru}\frac{\partial \varphi}{\partial r} + r\tau_{ux}\frac{\partial \varphi}{\partial x} - \tau_{uu}\right)_{p-s} \tag{2.82}$$

周向平均能量方程如下：

$$\frac{\partial \overline{\overline{\rho e}}}{\partial t} + \frac{1}{br}\frac{\partial}{\partial x}\left[br\left(\overline{\overline{\rho i\, w_x}} + \overline{\rho i'' w''_x} - \overline{\tau_{xx} w_x} - \overline{\tau_{xr} w_r} - \overline{\tau_{ux} w_u} + \bar{q}_x\right)\right] +$$

$$\frac{1}{br}\frac{\partial}{\partial r}\left[br\left(\overline{\overline{\rho i\, w_r}} + \overline{\rho i'' w''_r} - \overline{\tau_{xr} w_x} - \overline{\tau_{rr} w_r} - \overline{\tau_{ru} w_u} + \bar{q}_r\right)\right] +$$

$$\frac{N}{2\pi br}\left(r\rho i w_x \frac{\partial \varphi}{\partial x} + r\rho i w_r \frac{\partial \varphi}{\partial r} - \rho i w_u\right)_{p-s} =$$

$$\bar{\bar{\rho}}\overline{\bar{\bar{w}}}_r\omega^2 r - \frac{N}{2\pi br}\left(rq_x\frac{\partial\varphi}{\partial x} + rq_r\frac{\partial\varphi}{\partial r} - q_u\right)_{p-s} +$$

$$\frac{N}{2\pi br}\left[r\left(\tau_{xx}w_x + \tau_{xr}w_r + \tau_{ux}w_u\right)\frac{\partial\varphi}{\partial x} + \right.$$

$$\left. r\left(\tau_{xr}w_x + \tau_{rr}w_r + \tau_{ru}w_u\right)\frac{\partial\varphi}{\partial r} - \left(\tau_{ux}w_x + \tau_{ru}w_r + \tau_{uu}w_u\right)\right]_{p-s} \qquad (2.83)$$

上述推导的相对柱坐标系周向平均 Navier‑Stokes 方程组仅使用了周向平均的定义,各方程未进行任何化简。根据叶轮机三维内部流动的特征,可以对周向平均的 Navier‑Stokes 方程组进行一定简化。

叶轮机的叶片表面是黏性壁面,因而叶片表面的气流应满足无滑移条件,也就是说气流在叶片吸压力面处的相对速度均为 0,从而有

$$(\boldsymbol{w})_s = 0, (\boldsymbol{w})_p = 0 \qquad (2.84)$$

同时在无换热情况下,叶轮机叶片表面应满足绝热条件,即叶片吸压力面处的热流量均为 0,从而有

$$(\boldsymbol{q})_s = 0, \quad (\boldsymbol{q})_p = 0 \qquad (2.85)$$

将上述简化条件式(2.84)和(2.85)代入周向平均通流模型的控制方程组中,可以得到一定简化后的控制方程组

$$\frac{\partial \bar{U}}{\partial t} + \frac{1}{br}\frac{\partial}{\partial x}\left[br(\bar{F} - \bar{F}_v)\right] + \frac{1}{br}\frac{\partial}{\partial r}\left[br(\bar{G} - \bar{G}_v)\right] = \bar{S} + F_B + F_F$$

$$(2.86)$$

方程(2.86)的各项表达式为

$$\bar{U} = \begin{bmatrix} \bar{\rho} \\ \overline{\bar{\rho}\bar{w}_x} \\ \overline{\bar{\rho}\bar{w}_r} \\ \overline{\bar{\rho}\bar{w}_u} \\ \bar{\rho}\bar{\bar{e}} \end{bmatrix}, \quad \bar{F} = \begin{bmatrix} \overline{\bar{\rho}\bar{w}_x} \\ \overline{\bar{\rho}\bar{w}_x w_x} + \bar{p} \\ \overline{\bar{\rho}\bar{w}_r w_x} \\ \overline{\bar{\rho}\bar{w}_x w_u} \\ \bar{\rho}\bar{i}\overline{\bar{w}_x} \end{bmatrix}, \quad \bar{G} = \begin{bmatrix} \overline{\bar{\rho}\bar{w}_r} \\ \overline{\bar{\rho}\bar{w}_x w_r} \\ \overline{\bar{\rho}\bar{w}_r w_r} + \bar{p} \\ \overline{\bar{\rho}\bar{w}_u w_r} \\ \bar{\rho}\bar{i}\overline{\bar{w}_r} \end{bmatrix},$$

$$\bar{F} = \begin{bmatrix} 0 \\ \overline{\tau_{xx}} \\ \overline{\tau_{xr}} \\ \overline{\tau_{ux}} \\ \overline{\tau_{xx}w_x + \tau_{xr}w_r + \tau_{ux}w_u - \bar{q}_x} \end{bmatrix}, \quad \bar{G} = \begin{bmatrix} 0 \\ \overline{\tau_{xr}} \\ \overline{\tau_{rr}} \\ \overline{\tau_{ru}} \\ \overline{\tau_{xr}w_x + \tau_{rr}w_r + \tau_{ru}w_u - \bar{q}_r} \end{bmatrix},$$

$$\bar{S} = \begin{bmatrix} 0 \\ 0 \\ \dfrac{\bar{\rho}\,\overline{(\overline{w_u} + \omega r)^2} + \bar{p} - \overline{\overline{\tau_{uu}}}}{r} \\ -\dfrac{\overline{\overline{\rho w_r}}\,\overline{(\overline{w_u} + 2\omega r)} + \overline{\overline{\tau_{ru}}}}{r} \\ \overline{\overline{\rho w_r}}\,\omega^2 r \end{bmatrix},$$

$$F_B = \frac{N}{2\pi b} \begin{bmatrix} 0 \\ \left(p_s\,\dfrac{\partial \varphi_s}{\partial x} - p_p\,\dfrac{\partial \varphi_p}{\partial x} \right) \\ \left(p_s\,\dfrac{\partial \varphi_s}{\partial r} - p_p\,\dfrac{\partial \varphi_p}{\partial r} \right) \\ \dfrac{(p_p - p_s)}{r} \\ 0 \end{bmatrix}, \quad F_F = \frac{N}{2\pi b r} \begin{bmatrix} 0 \\ (\tau_{bwx})_p + (\tau_{bwx})_s \\ (\tau_{bwr})_p + (\tau_{bwr})_s \\ (\tau_{bwu})_p + (\tau_{bwu})_s \\ 0 \end{bmatrix},$$

$$P = - \begin{bmatrix} 0 \\ \dfrac{\partial}{br\partial x}(br\overline{\rho}\,\overline{\overline{w_x'' w_x''}}) + \dfrac{\partial}{br\partial r}(br\overline{\rho}\,\overline{\overline{w_x'' w_r''}}) \\ \dfrac{\partial}{br\partial x}(br\overline{\rho}\,\overline{\overline{w_r'' w_x''}}) + \dfrac{\partial}{br\partial r}(br\overline{\rho}\,\overline{\overline{w_r'' w_r''}}) - \dfrac{\overline{\rho}\,\overline{\overline{w_u'' w_u''}}}{r} \\ \dfrac{\partial}{br\partial x}(br\overline{\rho}\,\overline{\overline{w_u'' w_x''}}) + \dfrac{\partial}{br\partial r}(br\overline{\rho}\,\overline{\overline{w_u'' w_r''}}) + \dfrac{\overline{\rho}\,\overline{\overline{w_r'' w_u''}}}{r} \\ \dfrac{\partial}{br\partial x}(br\overline{\rho}\,\overline{\overline{i'' w_x''}}) + \dfrac{\partial}{br\partial r}(br\overline{\rho}\,\overline{\overline{i'' w_r''}}) \end{bmatrix}$$

其中,

$$(\tau_{bwx})_p = \left(r\,\frac{\partial \varphi}{\partial x}\tau_{xx} + r\,\frac{\partial \varphi}{\partial r}\tau_{xr} - \tau_{ux} \right)_p, \quad (\tau_{bwx})_s = -\left(r\,\frac{\partial \varphi}{\partial x}\tau_{xx} + r\,\frac{\partial \varphi}{\partial r}\tau_{xr} - \tau_{ux} \right)_s,$$

$$(\tau_{bwr})_p = \left(r\,\frac{\partial \varphi}{\partial x}\tau_{xr} + r\,\frac{\partial \varphi}{\partial r}\tau_{rr} - \tau_{ru} \right)_p, \quad (\tau_{bwr})_s = -\left(r\,\frac{\partial \varphi}{\partial x}\tau_{xr} + r\,\frac{\partial \varphi}{\partial r}\tau_{rr} - \tau_{ru} \right)_s,$$

$$(\tau_{bwu})_p = \left(r\,\frac{\partial \varphi}{\partial x}\tau_{ux} + r\,\frac{\partial \varphi}{\partial r}\tau_{ru} - \tau_{uu} \right)_p, \quad (\tau_{bwu})_s = -\left(r\,\frac{\partial \varphi}{\partial x}\tau_{ux} + r\,\frac{\partial \varphi}{\partial r}\tau_{ru} - \tau_{uu} \right)_s$$

控制方程组(2.86)是用简洁直观的通量形式给出的,其中 $\bar{U}$ 是守恒量, $\bar{F}$、$\bar{G}$ 是无黏(对流)通量, $\bar{F}_v$、$\bar{G}_v$ 为黏性(扩散)通量, $\bar{S}$ 为在相对柱坐标系下 Navier-Stokes 方程组导出的源项, F_B、F_F 分别是在周向平均降维过程中周向压力梯度产生的无黏叶片力项和黏性应力项产生的黏性叶片力项。

方程(2.86)的各项表达式中，p 是方程组的非线性性产生的周向不均匀源项；$\bar{\rho}$ 是密度，$\bar{p}$ 是压力；$\overline{\overline{w_x}}$、$\overline{\overline{w_r}}$ 和 $\overline{\overline{w_u}}$ 分别是相对速度矢量在轴向坐标 x、径向坐标 r 及周向坐标 φ 三个方向的分量；ω 是转子的转速；$\overline{\overline{e}}$ 和 $\overline{\overline{i}}$ 分别是单位质量的流体的相对总能与相对总焓，其定义分别为

$$\overline{\overline{e}} = c_v \overline{\overline{T}} + \frac{1}{2}(\overline{\overline{w_x}^2} + \overline{\overline{w_r}^2} + \overline{\overline{w_u}^2}), \quad \overline{\overline{i}} = \overline{\overline{e}} + \frac{\bar{p}}{\bar{\rho}} \tag{2.87}$$

周向平均的状态方程为

$$\bar{p} = (\gamma - 1)\left[\overline{\rho \overline{\overline{e}}} - \frac{1}{2}\bar{\rho}(\overline{\overline{w_x}^2} + \overline{\overline{w_r}^2} + \overline{\overline{w_u}^2}) - \frac{1}{2}\bar{\rho}(\overline{\overline{w_x''w_x''}} + \overline{\overline{w_r''w_r''}} + \overline{\overline{w_u''w_u''}}) - \bar{\rho}\overline{\overline{k}}\right] \tag{2.88}$$

为了推导黏性应力的周向平均的表达式，下面以轴向坐标 x 方向为例给出速度梯度及散度的周向平均公式：

$$\overline{\frac{\partial w_x}{\partial x}} = \frac{1}{b}\frac{\partial}{\partial x}(b\overline{w_x}) + \frac{N}{2\pi b}\left(w_x\frac{\partial \varphi}{\partial x}\right)_{\text{p-s}} = \frac{1}{b}\frac{\partial}{\partial x}(b\overline{w_x}) \tag{2.89}$$

$$\overline{\nabla \cdot \boldsymbol{w}} = \frac{1}{br}\frac{\partial}{\partial x}(br\overline{w_x}) + \frac{1}{br}\frac{\partial}{\partial r}(br\overline{w_r}) + \frac{N}{2\pi br}\left(rw_x\frac{\partial \varphi}{\partial x} + rw_r\frac{\partial \varphi}{\partial r} - w_u\right)_{\text{p-s}}$$
$$= \frac{1}{br}\left[\frac{\partial}{\partial x}(br\overline{w_x}) + \frac{\partial}{\partial r}(br\overline{w_r})\right] \tag{2.90}$$

将式(2.23)和式(2.24)代入黏性应力的公式，可得到黏性应力的周向平均表达式：

$$\begin{cases}
\overline{\tau_{xx}} = (\mu + \mu_T)\left\{2\frac{1}{b}\frac{\partial}{\partial x}(b\overline{w_x}) - \frac{2}{3}\frac{1}{br}\left[\frac{\partial}{\partial x}(br\overline{w_x}) + \frac{\partial}{\partial r}(br\overline{w_r})\right]\right\} - \frac{2}{3}\bar{\rho}\overline{\overline{k}} \\[2mm]
\overline{\tau_{rr}} = (\mu + \mu_T)\left\{2\frac{1}{b}\frac{\partial}{\partial r}(b\overline{w_r}) - \frac{2}{3}\frac{1}{br}\left[\frac{\partial}{\partial x}(br\overline{w_x}) + \frac{\partial}{\partial r}(br\overline{w_r})\right]\right\} - \frac{2}{3}\bar{\rho}\overline{\overline{k}} \\[2mm]
\overline{\tau_{uu}} = (\mu + \mu_T)\left\{2\frac{\overline{w_r}}{r} - \frac{2}{3}\frac{1}{br}\left[\frac{\partial}{\partial x}(br\overline{w_x}) + \frac{\partial}{\partial r}(br\overline{w_r})\right]\right\} - \frac{2}{3}\bar{\rho}\overline{\overline{k}} \\[2mm]
\overline{\tau_{xr}} = (\mu + \mu_T)\left[\frac{1}{b}\frac{\partial}{\partial x}(b\overline{w_r}) + \frac{1}{b}\frac{\partial}{\partial r}(b\overline{w_x})\right] \\[2mm]
\overline{\tau_{ru}} = (\mu + \mu_T)\left[\frac{1}{b}\frac{\partial}{\partial r}(b\overline{w_u}) - \frac{\overline{w_u}}{r}\right] \\[2mm]
\overline{\tau_{ux}} = (\mu + \mu_T)\frac{1}{b}\frac{\partial}{\partial x}(b\overline{w_u})
\end{cases} \tag{2.91}$$

类似地，周向平均的热流量的表达式为

$$\overline{q_x} = -(\kappa + \kappa_T)\overline{\frac{\partial T}{\partial x}} = -(\kappa + \kappa_T)\left[\frac{1}{b}\frac{\partial}{\partial x}(b\bar{T}) + \frac{N}{2\pi b}(T)_{\text{p-s}}\right]$$

$$= -(\kappa + \kappa_T)\frac{1}{b}\frac{\partial}{\partial x}(b\bar{T})$$

$$\bar{q}_r = -(\kappa + \kappa_T)\overline{\frac{\partial T}{\partial r}} = -(\kappa + \kappa_T)\left[\frac{1}{b}\frac{\partial}{\partial r}(b\bar{T}) + \frac{N}{2\pi b}(T)_{p-s}\right] \quad (2.92)$$

$$= -(\kappa + \kappa_T)\frac{1}{b}\frac{\partial}{\partial r}(b\bar{T})$$

在无换热的叶轮机叶片吸压力面上,认为其温度相同,即$(T)_s = (T)_p$。

F_B、F_F 和 P 三个项是方程组周向平均降维过程中产生的附加项,要使方程组封闭必须模化这些附加项。与周向压力梯度有关的附加项 F_B 的作用是使气流折转,一般被模化为无黏叶片力项;与黏性应力项有关的附加项 F_F 是叶片表面摩擦力,其一般被模化为黏性叶片力项。关于无黏叶片力和黏性叶片力的详细模化过程可见下文,周向不均匀项通常影响气流的折转、二次流和损失等[9],在通流计算中一般以损失和落后角的形式予以计入。

2.2　叶轮机主流道周向平均数值仿真基本模型

2.2.1　周向平均数值仿真基本算法

周向平均通流模型的控制方程是将周向平均降维方法应用到相对柱坐标系 Navier - Stokes 方程组简称 N - S 方程组得到的,下文将详细介绍周向平均方法和其在叶轮机中对 N - S 方程组的降维简化过程及最终形式的控制方程组。

1. 定解条件

(1) 初始条件

控制方程加上初始条件和边界条件,才构成一个完整的定解问题。由于采用时间推进法求解非定常控制方程来获得定常解,因而必须给出各流场参数迭代的初始值。一般说来,初始条件都给得比较简单,只要保证迭代能够顺利进行下去即可。但经验表明,初始条件的设定需要注意两个原则:一是各参数之间的关系要符合物理定律,例如气体的压力、密度和温度的初始值应满足气体状态方程;二是尽量使初始条件与真实的物理情况接近,如果偏差太大则可能导致迭代不收敛。

本小节采用给定均匀初场的办法,即由给定的进口边界条件计算得到进口处各参数,然后将进口参数赋给整个流场。

(2) 边界条件

1) 进口边界条件

在可压流计算中,通常的进口边界条件提法是首先给定进口总温 、总压以及气流方向。如果法向 Ma 数大于 1.0，则从特征理论可知，所有波特征（$u+c$、u 和 $u-c$）都是从外部向计算域内传播，因此还要给定速度大小或静压，由此可以确定边界处的所有流场变量。如果法向 Ma 数小于 1.0，则有一簇波特征（$u-c$）从计算域内部向外传播，因此必须要有一个变量从计算域内部插值得到。

如果采用 S-A 湍流模型计算涡黏性，则还要给定模型方程的因变量 $\tilde{v}$ 的进口边界条件。如果进口位置没有壁面，则一般可以将 $\tilde{v}$ 定义为 0.01 倍分子黏性系数。

2）出口边界条件

与进口边界条件的提法一样，从特征理论可知，当出口法向 Ma 数大于 1.0 时，所有波特征都是从计算域内部向外部传播，所以要外推所有流场变量；当出口法向 Ma 数小于 1.0 时，有一簇波特征 $u-c$ 是从计算域外部向内传播，所以要在出口指定一个流场变量，一般可以给定静压，其他流场变量可以直接外推得到。

在叶轮机械流场计算中，在转子/静子出口处给定静压时，常常只在沿叶高某一点处指定一个静压（一般在轮毂或机匣上），然后使用如下简化的径向平衡方程，求出沿叶高的出口静压分布：

$$\mathrm{d}p = \frac{\rho V_u^2}{r}\mathrm{d}r \tag{2.93}$$

当采用 S-A 模型计算涡黏性时，出口边界处的模型方程因变量 $\tilde{v}$ 可以外推得到。

3）壁面边界条件

对于无黏流场计算，可以定义无渗透滑移条件，即令沿壁面法向的速度分量为 0，而切向速度分量从计算域内部外推得到。对于黏性流场计算，可以定义无滑移条件，即令壁面上的速度等于壁面的运动速度。

当壁面（如转子轮毂）以转速 ω 转动时，以相对速度定义的无滑移条件如下：

$$w_x = 0, \quad w_r = 0, \quad w_\varphi = 0$$

当壁面（如转子机匣）保持静止时，以相对速度定义的无滑移条件如下：

$$w_x = 0, \quad w_r = 0, \quad w_\varphi = -\omega r$$

由以上定义的无滑移边界条件可知，采用基于周向平均 Navier-Stokes 方程的通流模型计算转子叶尖区域的流场时会造成一定误差。这是因为在转子机匣处给定绝对速度为零的无滑移边界条件，而转子尖部区域的绝对速度并不为零。采用三维数值模拟计算转子叶尖区域的流场时，由于计算域中存在间隙区域，因而能够模拟间隙区的强剪切流动。然而，在目前的 N-S 通流模型中不具备类似的间隙模型，这使得采用该通流模型预测转子叶尖区域的流场时会产生一定的误差。Euler 通流模型中，由于切向速度是外推得到的，因此并不存在该问题。在以后 N-S 通流模型的进一步改进过程中应补充合适的间隙模型。

另外，壁面处的压力可以采用外推，也可以采用法向动量方程得到。密度可以根据等温壁面条件：

$$T = T_w$$

或者壁面的导热条件：

$$q_n = \kappa \frac{\partial T}{\partial n}$$

以及状态方程求得。对于第二种情形，当壁面处的法向热流量 q_n 为 0 时，即成为绝热壁面条件。

当采用 S – A 模型时，壁面上的模型方程因变量 $\tilde{v}$ 定义为 0。

4）对接边界条件

区域对接边界是在计算域中子区的数目大于 1 时出现的子区之间的交界面。如果网格是连续的，则利用虚网格方法可以很容易地给出交界面处的边界条件，只须把相邻块的两层控制体的原始变量赋值给本块的两层虚拟单元即可；如果交界面处的网格是不连续的，则须用插值方法。

5）其他边界条件

对称边界条件：若某边界两侧的流动是对称的，则此边界称为对称边界，边界处的法向速度为 0。当采用虚网格方法时，虚网格单元中心的法向速度与对面实网格单元中心的法向速度大小相同、方向相反，其他流场变量则与对面实网格单元中心的值相等。采用两层虚网格单元，可以保证边界处也有与内点同样高的空间精度。

2. 数值离散方法

(1) 控制方程的空间离散

在获得基于周向平均 N – S 方程组的通流模型的控制方程后，本小节对该控制方程组的数值求解进行介绍，主要包括：数值方法的选取、控制方程组的空间离散和时间离散。

有限体积法源于对积分型控制方程组的直接离散，其最大优点在于离散过程中自动保证了通量的守恒性，该方法对复杂计算域有很强的处理能力，但相比有限差分法，有限体积法很难获得高阶的计算精度。对微分形式的控制方程在控制单元上进行积分可得

$$\frac{\partial}{\partial t} \int_{Vol} \boldsymbol{U} \mathrm{d}V + \int_{Vol} \left\{ \frac{1}{br} \frac{\partial \left[br \left(\boldsymbol{F} - \boldsymbol{F}_v \right) \right]}{\partial x} + \frac{1}{br} \frac{\partial \left[br \left(\boldsymbol{G} - \boldsymbol{G}_v \right) \right]}{\partial r} \right\} \mathrm{d}V = \int_{Vol} \left(\boldsymbol{S} + \boldsymbol{F}_B + \boldsymbol{F}_F \right) \mathrm{d}V$$

$$(2.94)$$

应用高斯定理得到方程（2.94）的半离散方程：

$$\frac{\partial}{\partial t} (\boldsymbol{U} \cdot Vol) + \sum_{k=1}^{4} (\widetilde{\boldsymbol{F}} - \widetilde{\boldsymbol{F}}_v)_k = \widetilde{\boldsymbol{S}} \cdot Vol \qquad (2.95)$$

其中，Vol 为控制体的体积；$\widetilde{\boldsymbol{S}}$ 为控制方程的源项，$\widetilde{\boldsymbol{S}} = \boldsymbol{S} + \boldsymbol{F}_B + \boldsymbol{F}_F + \boldsymbol{P}$；$\widetilde{\boldsymbol{F}}$ 和 $\widetilde{\boldsymbol{F}}_v$ 分别为单元界面处的无黏通量和黏性通量，定义如下：

$$\widetilde{\boldsymbol{F}} = (\boldsymbol{F} \cdot \boldsymbol{n}_x + \boldsymbol{G} \cdot \boldsymbol{n}_r) \Delta S, \qquad \widetilde{\boldsymbol{F}}_v = (\boldsymbol{F}_v \cdot \boldsymbol{n}_x + \boldsymbol{G}_v \cdot \boldsymbol{n}_r) \Delta S \qquad (2.96)$$

其中，$\boldsymbol{n}_x$ 和 $\boldsymbol{n}_r$ 为控制单元界面的法向量；ΔS 为单元界面的面积。

控制单元的体积和单元界面的面积定义如下：

$$Vol_{i,j} = (brA)_{i,j} \tag{2.97}$$

$$\Delta S_{i+\frac{1}{2},j} = (brl)_{i+\frac{1}{2},j} \tag{2.98}$$

其中，A 为控制单元的面积，l 为控制单元的边长。

1) 无黏通量的计算

本小节对无黏通量的计算采用了 Edwards 提出的低耗散通量分裂格式（LDF-SS）[10]，其基本思想是，认为对流波与声波是物理上的不同过程，因此将无黏通量分裂为速度通量项及压力通量项分别进行处理，具有数值耗散小等优势，同时相比 Jameson 格式[11] 计算量增加很少，可采用 LDFSS(2) 格式，其无黏通量包含对流项通量 $\boldsymbol{F}_{1/2}^{c}$ 和压力项通量 $\boldsymbol{F}_{1/2}^{p}$：

$$\widetilde{\boldsymbol{F}}_c = \boldsymbol{F}_{1/2}^{c} + \boldsymbol{F}_{1/2}^{p} \tag{2.99}$$

其中，

$$\boldsymbol{F}_{1/2}^{c} = a_{1/2} \left[\rho_L C^+ \widetilde{\boldsymbol{F}}_L^{c} + \rho_R C^- \widetilde{\boldsymbol{F}}_R^{c} \right], \quad \boldsymbol{F}_{1/2}^{p} = \widetilde{\boldsymbol{F}}^{p} \left[D_L^+ p_L + D_R^- p_R \right] \tag{2.100}$$

$$\widetilde{\boldsymbol{F}}_L^{c} = \begin{bmatrix} 1 \\ u \\ v \\ w \\ i \end{bmatrix}, \quad \widetilde{\boldsymbol{F}}^{p} = \begin{bmatrix} 0 \\ n_x \\ n_r \\ n_u \\ 0 \end{bmatrix} \tag{2.101}$$

界面声速定义为

$$a_{1/2} = \frac{1}{2}(a_L + a_R) \tag{2.102}$$

分裂函数 $C^{\pm}$ 分别为

$$\left.\begin{array}{l} C^+ = \alpha_L^+ (1.0 + \beta_L) M_L - \beta_L M_L^+ - M_{1/2}^+ \\ C^- = \alpha_R^- (1.0 + \beta_R) M_R - \beta_R M_R^- + M_{1/2}^- \end{array}\right\} \tag{2.103}$$

界面左右马赫数和分裂马赫数分别为

$$M_{L,R} = \frac{U_{L,R}}{a_{1/2}} \tag{2.104}$$

$$M_L^+ = \frac{1}{4}(M_L + 1.0)^2, \quad M_R^- = -\frac{1}{4}(M_R - 1.0)^2 \tag{2.105}$$

$\alpha_{L,R}^{\pm}$ 和 β 函数保证声速点附近具有正确的解：

$$\alpha_{L,R}^{\pm} = \frac{1}{2} \left[1.0 \pm \text{sign}(M_{L,R}) \right] \tag{2.106}$$

$$\beta_{L,R} = \max \left[0.0, 1.0 - \text{int}(|M_{L,R}|) \right] \tag{2.107}$$

界面马赫数 $M_{1/2}$ 及分裂形式为

$$M_{1/2} = \frac{1}{4}\beta_L\beta_R \left[\sqrt{\frac{1}{2}(M_L^2 + M_R^2)} - 1.0\right]^2 \tag{2.108}$$

$$\left.\begin{array}{l} M_{1/2}^+ = M_{1/2}\left[\dfrac{2p_R}{p_L + p_R} - \delta\dfrac{|p_L - p_R|}{p_L}\right] \\[4mm] M_{1/2}^- = M_{1/2}\left[\dfrac{2p_L}{p_L + p_R} - \delta\dfrac{|p_L - p_R|}{p_R}\right] \end{array}\right\} \tag{2.109}$$

其中,参数 δ 一般取 1.0。界面压力求解过程如下:

$$F_{1/2}^{\mathrm{p}} = \widetilde{\boldsymbol{F}}^{\mathrm{p}} \left[D_L^+ p_L + D_R^- p_R\right] \tag{2.110}$$

$$D_{L,R}^{\pm} = \alpha_{L,R}^{\pm}(1.0 + \beta_{L,R}) - \beta_{L,R}p_{L,R}^{\pm} \tag{2.111}$$

$$p_{L,R}^{\pm} = \frac{1}{4}(M_{L,R} \pm 1)^2 (2 \mp M_{L,R}) \tag{2.112}$$

2) 黏性通量的计算

相比对流通量,黏性通量的椭圆特性使得其离散过程相对简单,该通量的离散就是要利用网格中心的流场变量将网格面上的黏性通量表示出来。已知流场变量在网格中心的值,则界面上的值通过简单的算术平均可得

$$q_{i+1/2} = \frac{1}{2}(q_i + q_{i+1}) \tag{2.113}$$

黏性系数 μ 的计算也可以采用算术平均,但由于界面上的温度 $T_{i+1/2}$ 已知,因此利用 Sutherland 公式直接求得 μ 值。黏性通量计算的最大困难源于单元表面偏导数的计算,本小节采用的方法是构造围绕单元表面的辅助控制体,利用高斯公式计算偏导数。图 2.6 为辅助控制体的示意图(图中虚线框包围的区域)。

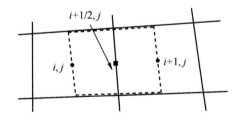

图 2.6　用于计算网格单元表面偏导数的辅助控制体示意图(虚线包围区域)

一般情况下,对于任意物理量 q($q = \rho, p, T, w_x, w_r, w_u$),利用高斯公式,总有下面的等式:

$$\oint_S q\boldsymbol{i} \cdot \mathrm{d}\boldsymbol{S} = \int_V (\nabla \cdot q\boldsymbol{i})\,\mathrm{d}V = \int_V \frac{\partial q}{\partial x}\,\mathrm{d}V \tag{2.114}$$

将式(2.114)应用到图 2.6 所示的辅助控制体,则可以得到

$$\frac{\partial q}{\partial x} = \frac{1}{Vol}\sum_{k=1}^{4} q_k \boldsymbol{i} \cdot \Delta\boldsymbol{S}_k \tag{2.115}$$

其中,Vol 代表辅助控制体的体积,$\Delta\boldsymbol{S}_k$ 是其表面的面向量,$\boldsymbol{i}$ 为 x 方向单位矢量,同

理可以得到

$$\frac{\partial q}{\partial r} = \frac{1}{Vol} \sum_{k=1}^{4} q_k j \cdot \Delta \boldsymbol{S}_k \tag{2.116}$$

（2）控制方程的时间离散

时间推进法是利用非定常方程组来求解定常流场的一种方法。迭代由一个假定的初始流场开始，经过若干个计算时间步后，空间场中的信息得到充分传播后会逐步向定常流场逼近。又因为流场只受到控制方程和边界条件的限制，所以最终的流场解是唯一的。

本小节采用的显式格式为 Jameson 多步 Runge-Kutta 法[11]。这种方法对高频误差有较强的消除能力。

典型的四步格式包括如下步骤：

$$U_0 = U_{i,j}^{(n)} \tag{2.117}$$

第一步：

$$R_1 = -\frac{\Delta t}{Vol} \left\{ \sum_{k=1}^{4} \left[\widetilde{\boldsymbol{F}}(U_0) - D(U_0) - \widetilde{\boldsymbol{F}}_v(U_0) \right]_k - \widetilde{\boldsymbol{S}}(U_0) \cdot Vol \right\}$$

$$\bar{R}_1 = \left[(1 - \varepsilon^i \delta_{ii})(1 - \varepsilon^j \delta_{jj}) \right] R_1 \tag{2.118}$$

$$U_1 = U_0 + \alpha_1 \bar{R}_1$$

第二步：

$$U_2 = U_0 - \alpha_2 \frac{\Delta t}{Vol} \left\{ \sum_{k=1}^{4} \left[\widetilde{\boldsymbol{F}}(U_1) - \boldsymbol{D}(U_1) - \widetilde{\boldsymbol{F}}_v(U_0) \right]_k - \widetilde{\boldsymbol{S}}(U_1) \cdot Vol \right\} \tag{2.119}$$

第三步：

$$R_3 = -\frac{\Delta t}{Vol} \left\{ \sum_{k=1}^{4} \left[\widetilde{\boldsymbol{F}}(U_2) - \boldsymbol{D}(U_2) - \widetilde{\boldsymbol{F}}_v(U_0) \right]_k - \widetilde{\boldsymbol{S}}(U_2) \cdot Vol \right\}$$

$$\bar{R}_3 = \left[(1 - \varepsilon^i \delta_{ii})(1 - \varepsilon^j \delta_{jj}) \right] R_3 \tag{2.120}$$

$$U_3 = U_0 + \alpha_3 \bar{R}_3$$

第四步：

$$U_4 = U_0 - \alpha_4 \frac{\Delta t}{Vol} \left\{ \sum_{k=1}^{4} \left[\widetilde{\boldsymbol{F}}(U_3) - \boldsymbol{D}(U_3) - \widetilde{\boldsymbol{F}}_v(U_0) \right]_k - \widetilde{\boldsymbol{S}}(U_3) \cdot Vol \right] \tag{2.121}$$

最终得到

$$U_{i,j}^{(n+1)} = U_4 \tag{2.122}$$

第一步和第三步用了隐式残差平均技术，以提高稳定的时间步长。为减小计算量，黏性通量始终保持为第一步的值。δ_{ii} 和 δ_{jj} 分别是 i 方向和 j 方向上的二阶差分算子，ε^i 和 ε^j 为相应的光滑系数。四步 Runge-Kutta 法的各步系数通常选取如下的优化系数。

$$\alpha_1 = \frac{1}{4}, \quad \alpha_2 = \frac{1}{3}, \quad \alpha_3 = \frac{1}{2}, \quad \alpha_4 = 1$$

2.2.2　叶片力模型

1. 无黏叶片力的模化

基于周向平均 Navier – Stokes 方程组的通流模型的建立,最重要的工作即为叶片力的模化。无黏叶片力的模化是基于以下假设建立的:无黏叶片力的作用是使气流折转并且不产生熵增,因而无黏叶片力必须垂直于平均流面,即气流在无黏叶片力的作用下沿着平均流面流动。由于通流计算中没有考虑叶片的存在,因此叶片对气流的折转作用通过无黏叶片力的影响来体现。

通常无黏叶片力被模化为一个时间相关的未知项并迭代求解,研究者提出了设计和分析两种计算无黏叶片力的公式。分析公式首先由 Baralon 等[12] 提出来,然后由 Simon 在其博士论文[13] 中加以改进,这里给出改进后的计算公式:

$$\frac{\partial(\rho f_B)}{\partial \tau} = -C\rho(w_x n_{Bx} + w_r n_{Br} + w_\varphi n_{B\varphi}) \tag{2.123}$$

其中,f_B 为无黏叶片力的模;n_{Bx}、n_{Br} 和 $n_{B\varphi}$ 为平均流面的单位法向量的分量;τ 为虚拟时间;C 为迭代常数,可以调节迭代过程中的收敛性。Simon 将 Baralon 给出的公式中无黏叶片力的周向分量 $f_{B\varphi}$ 变成了无黏叶片力的模 $f_B\varphi$,改善了迭代的收敛性。

计算得到无黏叶片力的模 f_B 后,结合平均流面的单位法向量即可得到叶片力的各分量 $\boldsymbol{f}_B = f_B \cdot \boldsymbol{n}_B$。采用式(2.123)计算无黏叶片力需要知道平均流面的法向量,平均流面由叶片的中弧面叠加内部脱轨角确定,在后文中将详细介绍平均流面法向量的计算。

Sturmayr 和 Hirsch[14] 首先给出了无黏叶片力计算的设计公式:

$$\frac{\partial(\rho f_B)}{\partial \tau} = C\rho(w_\varphi^{\text{target}} - w_\varphi) \tag{2.124}$$

其中,$ww_\varphi^{\text{target}}$ 为给定的目标切向速度;w_φ 为通流计算的切向速度;其余与式(2.123)中的参数定义相同。当迭代收敛时,$w_\varphi = ww_\varphi^{\text{target}}$。对于正问题(分析问题),$w_\varphi^{\text{target}}$ 由目标气流角确定,即

$$w_\varphi^{\text{target}} = w_m \tan\beta^{\text{target}} \tag{2.125}$$

其中,β^{target} 为目标气流角,由叶片几何角叠加内部脱轨角得到;w_m 为通流计算的子午速度。对于反问题(设计问题),目标切向速度 $w_\varphi^{\text{target}}$ 由给定的环量分布得到。

在得到无黏叶片力的模 f_B 后,Hirsch 等对叶片力分量的计算进行了一定的简化。考虑到相对速度与平均流面相切的条件,有

$$\tan\lambda \cdot \cos\sigma + \tan\gamma \cdot \sin\sigma - \tan\beta = 0 \qquad (2.126)$$

其中,λ 和 γ 分别为平均流面的轴向流面角和径向流面角;σ 为径向气流角,定义为 $\sigma = \sin^{-1}\left(\dfrac{w_r}{w_m}\right)$;$\beta$ 为相对气流角,定义为 $\beta = \tan^{-1}\left(\dfrac{w_\varphi}{w_m}\right)$。

实际上,向量 $(\tan\lambda, \tan\gamma, -1)^{\mathrm{T}}$ 即为平均流面法向量的一种。仅由式(2.126)不能确定 λ 和 γ,Hirsch 等认为叶片力的径向分量较小,可以略去,即 $\gamma = 0$,此时,即可由式(2.126)确定无黏叶片力的周向分量和轴向分量。这种简化对于直叶片是合理的,但对于弯曲叶片可能会引起较大的误差。事实上,采用式(2.124)计算得到无黏叶片力的模后,也可以像分析公式一样,通过平均流面的法向量来得到无黏叶片力的三个分量。

基于无黏叶片力垂直于平均流面的假设,式(2.123)和式(2.124)为两种无黏叶片力的计算公式。分析可以发现,式(2.123)和式(2.124)中迭代常数 C 是一个有量纲的常数,计算过程中发现 C 的取值对迭代的收敛影响较大,取值不当经常会造成收敛的问题,严重时甚至会导致迭代不收敛。一般情形下,很难给出显式的无黏叶片力的表达式,为了避免直接求解无黏叶片力,这里给出一种基于大粒子方法的无黏叶片力模型[15,16]。大粒子方法的思想是将流体控制方程组按力学意义分解成输运效应部分和压力梯度的加速效应部分,然后分别求解,一个时间步由两步组成。本小节中的无黏叶片力的求解也分为两步。

第一步,动量方程中不考虑无黏叶片力的影响,即令 $\boldsymbol{f}_B = 0$,则方程(2.86)变为

$$\frac{\partial U}{\partial t} + \frac{1}{br}\frac{\partial[br(F - F_v)]}{\partial x} + \frac{1}{br}\frac{\partial[br(G - G_v)]}{\partial r} = S + F_F \qquad (2.127)$$

第二步,动量方程中仅考虑无黏叶片力的影响,则有

$$\frac{\mathrm{d}(\rho\boldsymbol{w})}{\mathrm{d}t} = \rho\boldsymbol{f}_B \qquad (2.128)$$

对于第一步,方程(2.127)中去掉无黏叶片力后与方程(2.86)的形式相同,因此,其数值求解方法与欧拉或 Navier - Stokes 方程组的求解没有任何区别。

对于第二步,对式(2.128)进行空间离散后可得

$$(\rho\boldsymbol{w})\,Vol\,|_{t+\Delta t} - (\rho\boldsymbol{w})\,Vol\,|_t = (\rho\boldsymbol{f}_B)\,Vol \cdot \Delta t \qquad (2.129)$$

考虑到无黏叶片力的作用是将流动的相对速度的方向始终约束在平均流面内,如果在时刻 t 单元体动量的法向分量 $\boldsymbol{n}_B\,[(\rho\boldsymbol{w}) \cdot \boldsymbol{n}_B] \cdot Vol\,|_t$ 不为 0,那么在法向力 $\rho\boldsymbol{f}_B$ 的作用下,经历 Δt 时间后,动量的法向分量将变为 0,因此有

$$0\,|_{t+\Delta t} - \boldsymbol{n}_B\,[(\rho\boldsymbol{w}) \cdot \boldsymbol{n}_B] \cdot Vol\,|_t = (\rho\boldsymbol{f}_B)\,Vol \cdot \Delta t \qquad (2.130)$$

将式(2.130)代入式(2.128),最终可得

$$(\rho\boldsymbol{w})^{(2)} = (\rho\boldsymbol{w})^{(1)} - \boldsymbol{n}_B\,[(\rho\boldsymbol{w})^{(1)} \cdot \boldsymbol{n}_B] \qquad (2.131)$$

其中,$(\rho\boldsymbol{w})^{(1)}$ 为第一步迭代后得到的动量,$(\rho\boldsymbol{w})^{(2)}$ 为最终得到的动量。事实上,式(2.131)的作用是将第一步求解得到的动量在平均流面的法向方向进行投影,采用式

（2.131）进行修正后得到新的动量与平均流面相切。由式（2.131）可知，新的无黏叶片力模型避免直接显式求解无黏叶片力，因而也不会出现式（2.123）和式（2.124）中因迭代常数 C 取值不当而出现的收敛问题。

对比以上三种无黏叶片力模型（式（2.123）、式（2.124）和式（2.131））可以发现，无论哪种模型都需要计算平均流面的法向量（如果不进行简化，则采用式（2.124）同样需要计算平均流面的法向量，才能得到无黏叶片力三个方向的分量）。众所周知，在得到叶片中弧面后很容易通过代数方法计算叶片中弧面的法向量。然而，平均流面与叶片中弧面并不重合，即气流角由叶片几何角叠加内部脱轨角得到。内部脱轨角在叶片进口等于攻角 i，在叶片出口等于落后角 δ，叶片通道内部的值可以通过子午坐标 m 线性插值得到。由于平均流面与流动相关，在求解的过程中不断发生变化，因此此平均流面法向量的计算比较困难。这里给出一种简单有效的方法，该方法无须得到平均流面坐标，而是通过叶片中弧面的法向量和内部脱轨角计算平均流面法向量。

由于气流角和叶片几何角之间的差值即为内部脱轨角 δ，则将叶片中弧面的单位法向量 $\boldsymbol{n}_1$ 绕子午面内并且垂直于 w_m 的向量 $\boldsymbol{e}_1$ 旋转 δ 角度，即可得到平均流面的法向量 $\boldsymbol{n}_B$。为此，这里给出任意向量绕已知轴转动一定角度的变换公式。对于已知向量 $(a,b,c)^{\mathrm{T}}$ 和转角 θ，则任一向量 $(x,y,z)^{\mathrm{T}}$ 绕已知向量 $(a,b,c)^{\mathrm{T}}$ 转 θ 角后得到的新向量为 $(x_1,y_1,z_1)^{\mathrm{T}}$，则变换矩阵如下：

$$令\ \boldsymbol{e}_1=(a,b,c)^{\mathrm{T}},\boldsymbol{e}=\frac{\boldsymbol{e}_1}{|\boldsymbol{e}_1|}=(e_x,e_y,e_z)^{\mathrm{T}},则$$

$$\boldsymbol{R}=\begin{bmatrix} \cos\theta+e_x^{\ 2}(1-\cos\theta) & e_z\sin\theta+e_xe_y(1-\cos\theta) & -e_y\sin\theta+e_xe_z(1-\cos\theta) \\ -e_z\sin\theta+e_xe_y(1-\cos\theta) & \cos\theta+e_y^{\ 2}(1-\cos\theta) & e_x\sin\theta+e_ye_z(1-\cos\theta) \\ e_y\sin\theta+e_xe_z(1-\cos\theta) & -e_x\sin\theta+e_ye_z(1-\cos\theta) & \cos\theta+e_z^{\ 2}(1-\cos\theta) \end{bmatrix}$$

$$(2.132)$$

本小节中，取 $\boldsymbol{e}$ 为 $(-\sin\sigma,\cos\sigma,0)^{\mathrm{T}}$，其中 σ 为径向气流角。因此，由叶片中弧面单位法向量得到平均流面的单位法向量的变换矩阵为

$$\boldsymbol{R}=\begin{bmatrix} \cos\delta+(-\sin\sigma)^2(1-\cos\delta) & -\sin\sigma\cos\sigma(1-\cos\delta) & -\cos\sigma\sin\delta \\ -\sin\sigma\cos\sigma(1-\cos\delta) & \cos\delta+(\cos\sigma)^2(1-\cos\delta) & -\sin\sigma\sin\delta \\ \cos\sigma\sin\delta & \sin\sigma\sin\delta & \cos\delta \end{bmatrix}$$

$$(2.133)$$

由式（2.133）可知，若已知叶片中弧面的单位法向量和叶片内部脱轨角，则可以通过变换矩阵 $\boldsymbol{R}$ 得到平均流面的单位法向量。这里应注意到，在迭代求解过程中径向气流角 σ 和内部脱轨角 δ 是不断变化的。

至此，式（2.123）、式（2.124）和式（2.131）结合平均流面法向量的计算公式（2.131）完成了控制方程（2.86）中无黏叶片力的模化。

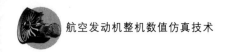
2. 黏性叶片力的模化

方程(2.86)中与叶片表面摩擦力相关的附加项被模化为黏性叶片力,黏性叶片力的作用就是在计算中引入损失。关于黏性叶片力的模化,最著名的模型是分布损失模型[17],该模型通过引入一种分布的体积力(黏性叶片力)来计入流动损失的影响。黏性叶片力平行于相对速度并且反向,所做功仅产生熵增,具体可以表示为

$$T \frac{\mathrm{d}s}{\mathrm{d}t} = -\boldsymbol{f}_F \cdot \boldsymbol{w} \tag{2.134}$$

考虑到黏性叶片力与相对速度平行并且反向,则有

$$T \frac{\mathrm{d}s}{\mathrm{d}t} = f_F w \tag{2.135}$$

其中,f_F 为黏性叶片力的模。

结合子午速度的定义,有

$$f_F = T \frac{w_m}{w} \frac{\partial s}{\partial m} \tag{2.136}$$

其中,w_m 为子午速度,定义为 $w_m = \dfrac{\mathrm{d}m}{\mathrm{d}t}$,$m$ 为子午坐标。

最终,黏性叶片力的计算公式可以表示为

$$\boldsymbol{f}_F = -T \frac{w_m}{w} \frac{\partial s}{\partial m} \frac{\boldsymbol{w}}{w} \tag{2.137}$$

可见采用式(2.137)计算黏性叶片力,需要计算熵关于子午坐标的导数,采用下式进行估计:

$$\frac{\partial s}{\partial m} = \frac{\Delta s}{\Delta m} \tag{2.138}$$

其中,Δs 为从叶片排进口到出口的熵增;Δm 为子午流线坐标的变化量。

为了计算从叶片排进口到出口的熵增,引入总压损失系数的定义。在相对坐标系下总压损失系数的定义为

$$\varpi = \frac{p_{w2s}^* - p_{w2}^*}{p_{w1}^* - p_1} \tag{2.139}$$

其中,p_{w2s}^* 为出口等熵相对总压;p_{w2}^* 为出口相对总压;p_{w1}^* 为进口相对总压;p_1 为进口静压。

对于理想气体,有如下熵关系式:

$$s_2 = s_1 + c_p \ln \frac{T_{w2}^*}{T_{w1}^*} - R \ln \frac{p_{w2}^*}{p_{w1}^*} \tag{2.140}$$

其中,s_1 和 s_2 分别为叶片排进出口的熵;T_w^* 为相对总温,定义如下:

$$T_w^* = T + \frac{\gamma - 1}{2\gamma R} w^2 \tag{2.141}$$

最终得到熵增与损失系数的关系为

$$\Delta s = -R\ln\left\{1 - \frac{\varpi\left[1 - \left(1 + \frac{\gamma-1}{2}M_{w1}^{2}\right)^{-\frac{\gamma}{\gamma-1}}\right]}{\left(\frac{T_{w2}^{*}}{T_{w1}^{*}}\right)^{\frac{\gamma}{\gamma-1}}}\right\} \tag{2.142}$$

该熵增关系式无量纲化后变为

$$\Delta s = -\frac{1}{\gamma}\ln\left\{1 - \frac{\varpi\left[1 - \left(1 + \frac{\gamma-1}{2}M_{w1}^{2}\right)^{-\frac{\gamma}{\gamma-1}}\right]}{\left(\frac{T_{w2}^{*}}{T_{w1}^{*}}\right)^{\frac{\gamma}{\gamma-1}}}\right\} \tag{2.143}$$

其中，M_{w1} 为进口相对 Ma 数，相对总温比可以由下式得到

$$\frac{T_{w2}^{*}}{T_{w1}^{*}} = 1 + \frac{\gamma-1}{2\gamma R}\frac{\omega^{2}r_{1}^{2}}{T_{w1}^{*}}\left[\frac{r_{2}^{2}}{r_{1}^{2}} - 1\right] \tag{2.144}$$

另外，为了便于应用，将式(2.139)中损失系数表示为如下形式[18]：

$$\varpi = \frac{p_{w2s}^{*} - p_{w2}^{*}}{p_{w1}^{*} - p_{1}} = \frac{p_{w2s}^{*}}{p_{w1}^{*}}\left[\frac{1 - \frac{\left(\frac{p_{w2}^{*}}{p_{w1}^{*}}\right)}{\left(\frac{p_{w2s}^{*}}{p_{w1}^{*}}\right)}}{1 - \left(1 + \frac{\gamma-1}{2}M_{w1}^{2}\right)^{-\frac{\gamma}{\gamma-1}}}\right] \tag{2.145}$$

其中，$\frac{p_{w2s}^{*}}{p_{w1}^{*}} = \left[1 + \frac{\gamma-1}{2\gamma R}\frac{\omega^{2}r_{1}^{2}}{T_{w1}^{*}}\left(\frac{r_{2}^{2}}{r_{1}^{2}} - 1\right)\right]^{\frac{\gamma}{\gamma-1}}$。

2.2.3　周向不均匀性模型

1. 周向不均匀性

在对 Navier-Stokes 方程组进行周向平均的过程中，会产生一些附加项，包括无黏叶片力项、叶片黏性项以及周向不均匀项；其中动量方程中的 $\overline{w_{x}''w_{x}''}$，$\overline{w_{x}''w_{r}''}$，$\overline{w_{x}''w_{u}''}$，$\overline{w_{r}''w_{r}''}$，$\overline{w_{r}''w_{u}''}$，$\overline{w_{u}''w_{u}''}$ 以及能量方程中的 $\overline{i''w_{x}''}$ 和 $\overline{i''w_{r}''}$ 这些周向不均匀项在早期的认识中由于相比其他方程中其他项要小一到两个量级[19]，同时又由于缺乏直接的评估手段，因此一般都忽略其影响。随着研究的深入以及叶片负荷的不断提高和弯掠技术的应用，周向不均匀项对流场，特别是进口流场的影响逐渐被认识到，因此对其建模的研究也有所开展。对于这些周向不均匀项，Simon[19]认为对流动影响最大的周向不均匀项有 $\overline{w_{x}''w_{x}''}$，$\overline{w_{x}''w_{r}''}$，$\overline{w_{r}''w_{u}''}$ 和 $\overline{i''w_{r}''}$，万科[20]在其博士论文中得出的结论与 Simon 的略有不同，认为对周向平均计算特性影响最大的项为 $\overline{w''_x w''_x}$ 和 $\overline{w''_x w''_u}$，而 $\overline{i'' w''_x}$ 和 $\overline{i'' w''_r}$ 的影响很小。

通过从三维或 S_1 流面计算提取周向不均匀项并代入通流计算，表明通流模型在引入周向不均匀项后，所得特性及流场参数分布均有不同程度的改善，可以更多地反映三维流动特征；对于周向不均匀性的作用方式，早期研究中更多地认为周向不均匀性能够反映出流动的掺混及气动堵塞等特征[19,21,22]，但之后的研究表明周向不均匀性在叶片通道进口已经会产生影响，并以改变迎角的展向分布的形式改变流动参数的分布[20,23]。对于周向不均匀性的来源，研究人员更多是将周向不均匀项与流动现象相关联，认为轮毂角区失速、激波边界层干涉、叶尖泄漏等流动状态会引发周向不均匀，并试图通过探索周向不均匀与流动之间的关系寻找规律。

采用叶型弯角为 30° 的基元叶型，进口气流角为 57°，对直叶栅和分别前掠、后掠 5°、10°、15°、20°、25°、30° 的掠叶栅模型三维流场进行周向平均处理，其中前掠角定义为负值、后掠为正值，来流名义迎角为 0°。直叶片在 50% 展高处基元流动的三维数值模拟静压分布等值线如图 2.7 所示，进口流场存在十分明显的周向不均匀性。图 2.8 为不同掠叶片前缘上游 0.5% 弦长轴向位置处周向不均匀源项径向分量 P_r 的径向分布对比，图 2.9 为相应位置上周向平均径向速度的径向分布对比，可以看出，直叶片中由于没有径向无黏叶片力，进口流场 P_r 为零，只是由于端壁边界层的存在，使得两端的气流流向叶中；当叶片前掠时，随着径向无黏叶片力的产生，均匀来流在接近叶片的过程中产生了 P_r，从而产生负的径向压力梯度，随着掠角的增加这种效应逐渐增强，径向速度不断增加，进口气流产生了由根到尖迁移的趋势，当掠角足够大时，整个展向的进口气流都向尖部流动；后掠叶片对流动的影响效应与前掠相反。由此可见，掠的引入使得均匀来流在叶片进口前构建了新的径向平衡，进口气流发生展向迁移。

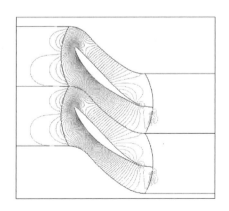

图 2.7　30°叶型弯角直叶栅 50%展高静压分布

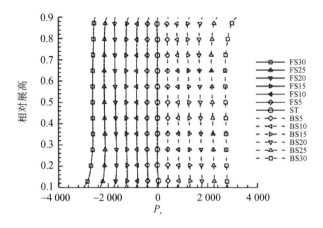

图 2.8　不同掠角叶栅进口周向不均匀源项径向分量展向分布

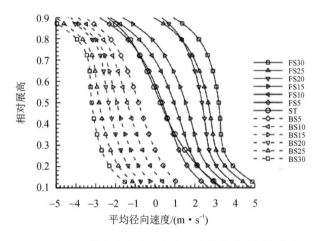

图 2.9　不同掠角叶栅进口周向平均径向速度展向分布

在掠叶片构建的新的进口径向平衡的作用下,叶片进口前的流场发生了变化,周向不均匀源项 P_u 将在流场中重新分配。图 2.10 所示为 10%、50% 和 90% 展高处叶片前缘平均攻角及当地攻角随掠角的变化规律,图 2.11 所示为周向不均匀项周向分量 P_u 随掠角的变化规律。随着前掠程度的增加,叶尖进口 P_u 增加,平均(当地)攻角减小;叶根在实际后掠效应的作用下,进口 P_u 减小,平均(当地)攻角增大;在叶中区域无论是前掠和后掠均使攻角略有增大。可以看出,后掠效应导致的攻角变化率远大于前掠,大幅度的前掠并没有大幅度地减小实际攻角,因此在设计时,没有必要采用过大的前掠几何,以免导致结构不稳定。

在相同的来流名义攻角下,掠叶片对 P_u 和平均(当地)迎角的展向分布具有显著的影响:以 Ma30_57_FS20 叶栅模型为例,90% 展高的平均攻角和当地攻角较 10% 展高分别减小 5.12° 和 28.07°。掠叶片所产生的攻角变化,对前掠使前缘附近

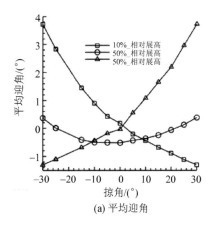

(a) 平均迎角

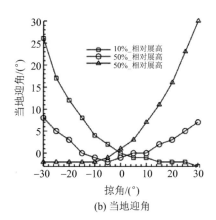

(b) 当地迎角

图 2.10　根、中、尖平均迎角(左)和当地迎角(右)随掠角的变化

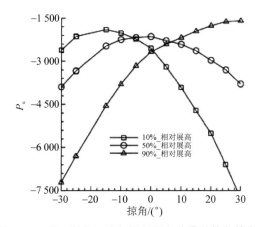

图 2.11　进口周向不均匀源项周向分量随掠角的变化

叶片气动负荷降低、后掠增大叶片前缘附近的气动负荷的现象做出了很好的解释。比较图 2.10 和图 2.11 可以看出掠角对平均(当地)攻角和 P_u 的影响规律具有一定的相似性。分别将 10%、50%、90% 展高不同掠角叶片的平均攻角和当地攻角与进口周向不均匀源项 P_u 相关联,如图 2.12 所示,可知平均(当地)攻角随着 P_u 的减小而增加。

图 2.13 和图 2.14 分别为不同掠叶片叶中截面径向无黏叶片力和周向平均径向速度从前缘到尾缘的轴向分布。可以看出,在叶片通道内部,前掠叶片径向叶片力在叶片前半部分为正,对气流的作用力方向为叶根到叶尖,引发气流从叶根到叶尖的径向迁移;在叶片后半部分,径向叶片力逐渐转为负值,驱使气流从叶尖迁移向叶根,可以有效避免尾缘附近低能流体在叶尖的堆积;后掠叶片与前掠作用相反。结合前掠叶片在进口流场造成的气流由根到尖的径向迁移,可以认为掠叶片中气流的径向迁移主要由掠叶片的无黏叶片力及其诱导下的周向不均匀径向分量 P_r 控制。前掠叶片中,平均流在通道后段产生的由尖到根的径向迁移,能够有效减少叶尖尾缘附近低

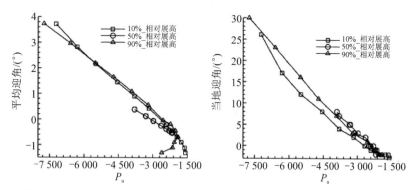

图 2.12　平均迎角及当地迎角与进口周向不均匀源项周向分量的相互关系

能流体的堆积,有利于减弱尖部的流动分离。

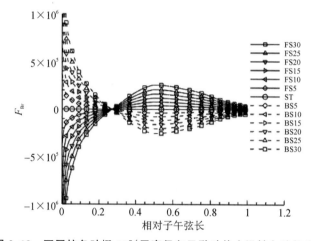

图 2.13　不同掠角叶栅 50%展高径向无黏叶片力沿轴向弦长分布

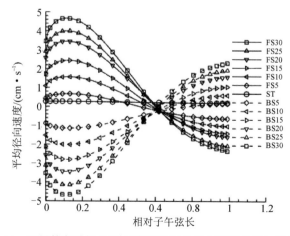

图 2.14　不同掠角叶栅 50%展高周向平均径向速度沿轴向弦长分布

对数值模拟得到的三维流场进行周向平均处理,可以获得周向平均流场及压力平衡分析所需的各项参数,各项参数均进行了无量纲化处理,选择进口边界处的相应参数为参考变量。周向平均的无黏动量方程径向分式为

$$\frac{1}{b\bar{\rho}}\frac{\partial(b\bar{p})}{\partial r} = \frac{\overline{\overline{v_u}}^2}{r} + \frac{\overline{\overline{w_m}}^2}{r_m}\cos\sigma - \overline{\overline{w_m}}\sin\sigma\frac{D\overline{\overline{w_m}}}{\mathrm{d}m} + P_r \qquad (2.146)$$

其各项数值的展向分布见图 2.15。需要说明的是,由于上下端壁 10% 展高以内边界

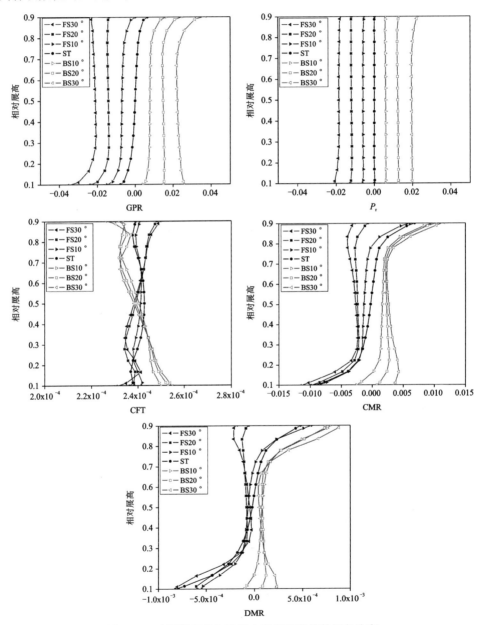

图 2.15　叶栅进口径向动量方程各项数值的展向分布

层及二次流等黏性作用较强,不能适用于基于无黏动量方程的分析方法,故在此仅给出 10%~90% 展高范围的数值分布。

由于叶片前缘前属于非叶片区,故叶片力项数值为零。图中对各项采用缩略词替代,其中:GPR 代表 $\partial \bar{p}/(\bar{\rho}\partial r)$ 项,其物理意义为周向平均径向压力梯度;CFT 代表 $\overline{\overline{v_u}}^2/r$ 项,其物理意义为由绝对速度切向分量产生的离心加速度;CMR 代表 $\overline{\overline{w_m}}^2\cos\sigma/r_m$ 项,其物理意义为周向平均流动方向改变所产生的压力梯度的径向分量;DMR 代表 $-\overline{\overline{w_m}}\sin\sigma D\,\overline{\overline{w_m}}/dm$ 项,其物理意义为周向平均流动速度大小改变所产生的压力梯度的径向分量;Pr 即为周向不均匀项,其物理意义为由于周向平均降维过程而引入的附加流动应力项。

如图 2.15 所示,CFT 和 DMR 项的数值幅值均小于其他项一至两个数量级,因此这两项作用很弱,在后文的分析中将忽略掉这两项的影响。注意到图中 GPR 和 Pr 两项的数值随着算例掠角的不同而呈现明显的变化,且分布规律与掠角变化规律是一致的,说明这两项的改变是与叶片掠的幅度即掠角直接相关的,也即叶片在空间中掠的几何特征确实改变了叶片进口的径向压力梯度和周向不均匀性。

对于周向不均匀项,可以看到除了在靠近上下端壁的区域外,各个算例的数值大小在展向上分布均匀,几乎相同,此外相邻曲线之间的数值差异也非常均匀且几乎相同,说明该项数值随掠角的改变而在近乎全展高均匀线性地改变。上下端壁的黏性效应对压力梯度的影响体现在近端壁区至少 25% 的展向高度范围内。在叶中处,GPR 的数值分布较为均匀,但沿展向并不完全相等,直叶栅算例表现得最为明显。这些现象均是由端壁的黏性效应所引发的,边界层内的轴向速度低于主流区,边界层增厚导致流动向中径处挤压,形成图 2.15(a)所示的径向压力梯度的分布形式。

由于流动的对称性,对于直叶栅,叶中半径处的径向压力梯度为零。注意到对于某一个特定的叶栅算例,在全展向其 GPR 项的数值绝对值均要大于 P_r 项。事实上,周向不均匀项也是空间受力项,它与 GPR 的综合作用控制了总的流动的径向平衡,图 2.16 所示为此两项代数和的展向分布。

由图 2.16 可见,$GPR - P_r$ 的展向分布与 CMR 项相似,这意味着叶片进口处总的径向压力梯度的改变诱导了平均流动中由流线曲率变化所引发的离心力项即 CMR 项的变化。图中直叶栅与不同角度的掠叶栅对比结果可以说明除去靠近端壁的区域外,叶栅进口流场特征的改变要归因于叶片掠幅度的改变。还可注意到这种由掠所诱导出的进口流场的改变并不能通过无限地增大叶片掠角而实现:无论对于前掠或是后掠叶栅,从 20° 掠角增大到 30° 掠角时,其差值要小于从 10° 掠角增大到 20° 掠角时的差值,这意味着当叶片掠的幅度到达一定程度时再继续增加掠角并不能对进口径向平衡产生相应更明显的影响,简而言之,叶片性能的改善并不能通过无限

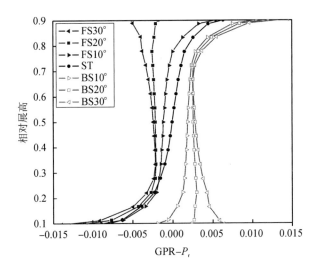

图 2.16   叶栅进口 GPR - Pr 的展向分布

地增大叶片掠的幅度来实现。事实上,工程上掠叶片技术在风扇/压气机中的应用也是在气动性能和结构稳定性上寻求平衡的,过大幅度的掠对转子结构稳定是不利的。此外,对于前掠叶栅,越靠近叶尖处相邻曲线之间的差别越明显,这说明其流场受到叶片掠的影响更显著,对于后掠叶栅在其叶根处也存在类似的情况。

图 2.17 给出了径向速度和轴向速度的展向分布曲线。对于直叶栅,流体的径向速度在 50% 展高以上为负,在 50% 展高以下为正,说明在进口区域流体向叶中流动,产生这一现象的原因是轮毂和机匣端壁处的黏性阻塞作用,对称性在叶中处达到了平衡。对于前掠叶栅,叶片进口前的流体有向高半径处迁移流动的趋势,并且这种趋势(径向迁移速度)随着叶片掠角的增大而增大,后掠叶栅则正好与此相反。

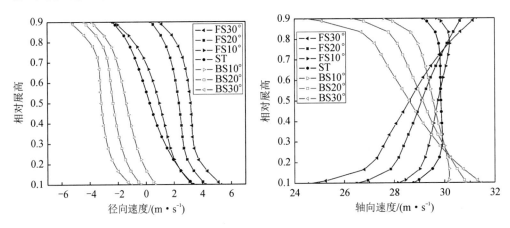

图 2.17   叶栅进口的径向速度和轴向速度的展向分布

如前面的分析,相对于直叶栅,前掠叶栅在叶片进口产生了总的受力向上的压力梯度,这一压力梯度导致了额外的径向速度分量的产生;后掠叶栅则在叶片进口形成了相反的压力梯度并导致了与前掠叶栅方向相反的径向速度分量。流体径向迁移的现象是进口径向压力平衡改变的直接结果,显然这种改变是由于叶片的掠所引起的。轴向速度与径向速度的分布特征如图 2.17 所示。对于前掠叶栅,在叶片进口流体向高半径处迁移,所以高半径处会通过更多的流量,进而形成了更大的轴向速度,由于总流量守恒毫无疑问在低半径处会使轴向速度相比直叶栅而减小。相似的由叶片前掠而产生的影响在相关文献[24-26]中也可发现。

　　总的来说,叶片掠会显著地影响叶片进口的径向平衡,引起径向平衡方程中曲率项(CMR)的变化,进而影响轴向速度和径向速度的分布,本小节对这一径向平衡的改变做了定量分析,明确了叶片掠对进口流动参数的改变。

　　图 2.18 所示为直叶栅、后掠 10°、后掠 20° 和后掠 30° 的气流角的展向分布,因为这些叶栅的进口金属角完全相同,所以气流角的大小就可以代表迎角的相对大小。在叶尖区域,随着后掠角度的增大,气流角也相应地增大,意味着迎角也随之增大。在相同的展高处,由于轴向速度随着后掠角度的增加而增大,由速度三角形自然可推断出迎角的变化趋势,即后掠的角度越大,在其他条件相同的情况下迎角就会越大。在叶根区附近,迎角分布的特征正好与叶尖处相反,这是因为叶根处的后掠与叶尖处的前掠是等价的,叶尖的前掠会使迎角减小,这同样可由轴向速度的分布特征解释。

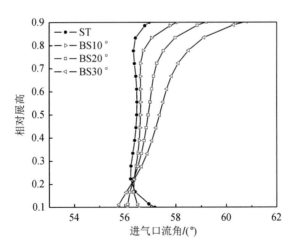

图 2.18　叶栅进口气流角的展向分布

　　注意到相对于直叶栅迎角减小的展高比例要远小于迎角增大的展高比例,这与本小节选择的叶栅算例的具体参数相关,叶片的掠形前缘与上下端壁所具有的空间几何特征形成了图示的迎角分布特征。具体地说,对于后掠叶片的叶尖区域,在子午面上前缘线与机匣型线构成了锐角,而在叶根区域形成了钝角,叶尖狭窄的边界区域使得掠的影响更加强烈,所影响的展向范围更大。

2. 周向不均匀性的代数模型

周向不均匀性代数模型是假定流动参数沿周向的分布,根据定义算出周向不均匀项,提出的一种代数模型。由于重点是对叶片通道进口处的周向不均匀性进行建模,建模过程主要是基于势流分析。受吴仲华所提出的中心流线法[27,28]的启发,假设在绝对坐标系中,流动是无旋的,即

$$\nabla \times \boldsymbol{v} = \boldsymbol{0} \tag{2.147}$$

在这一个假设的简化下,引发周向不均匀性的二次流等因素将会被忽略。尽管如此,但在未发生大范围分离的情况下,叶片表面边界层厚度有限,主流占据着通道的大部分范围,势流特征依然占据主导作用,而上游叶片排尾迹对下游叶片排的影响则要归结于确定应力的作用,因此这一简化仍具有适用性[29]。

引入式(2.147)的假设后,S1 流面上的流场可看作被划分为一系列的流管,如图 2.19 所示。如果能知道不同流管间速度、密度沿周向的分布情况,则结合定义即可求出周向脉动不均匀项。这里假设速度、密度这些流动参数的周向分布可以通过傅里叶级数来描述,同时为了简化,本小节中的速度、密度沿周向的傅里叶级数展开只保留到一阶,即

$$\begin{cases} \rho = \bar{\rho} + \dfrac{\partial \rho}{\partial \varphi}(\varphi - \varphi_0) \\ w_i = \overline{\overline{w_i}} + \dfrac{\partial w_i}{\partial \varphi}(\varphi - \varphi_1) \end{cases} \tag{2.148}$$

因此本小节是假设了速度、密度沿周向呈线性分布,这一假设固然与叶片通道外参数的周期性条件存在偏差,但参数的周向分布在经过一定重新排布后可以表现出近似线性分布特征。此外,为获得更高的精度,可以将傅里叶级数保留到更高阶数。傅里叶级数展开在出现强激波的情况下将会不适用,因此本文尚未考虑强激波出现的状况。

图 2.19　S1 流面流管示意图

考虑到密度加权平均的定义,φ_0 和 φ_1 之间满足如下关系:

$$\varphi_1 = \frac{\Delta \varphi^2}{12\bar{\rho}} \frac{\partial \rho}{\partial \varphi} + \varphi_0 \tag{2.149}$$

在引入式(2.149)的假设后,只要能够得到速度、密度的周向偏导数,即可实现周向不均匀项的求解。考虑三维连续方程和无黏形式下的能量方程,并结合式(2.

147），可推导出三个速度分量和密度的周向偏导数，其形式如下：

$$
\begin{cases}
\dfrac{\partial w_x}{\partial \varphi} = \dfrac{\partial w_u r}{\partial x} \\[2mm]
\dfrac{\partial w_r}{\partial \varphi} = \dfrac{\partial w_u r}{\partial r} + 2\omega r = \dfrac{\partial v_u r}{\partial r} \\[2mm]
\dfrac{\partial w_u}{\partial \varphi} = \left\langle \gamma RT \left[\dfrac{\partial (r\rho w_r)}{\partial r} + \dfrac{\partial (r\rho w_x)}{\partial x} \right] - \rho w_u \left(w_x \dfrac{\partial w_x}{\partial \varphi} + w_r \dfrac{\partial w_r}{\partial \varphi} \right) \right\rangle / \left[\rho (w_u^2 - \gamma RT) \right] \\[2mm]
\dfrac{\partial \rho}{\partial \varphi} = \left\langle \rho \left(w_x \dfrac{\partial w_x}{\partial \varphi} + w_r \dfrac{\partial w_r}{\partial \varphi} \right) - w_u \left[\dfrac{\partial (r\rho w_r)}{\partial r} + \dfrac{\partial (r\rho w_x)}{\partial x} \right] \right\rangle / (w_u^2 - \gamma RT)
\end{cases}
$$

$$(2.150)$$

由此可获得各参数沿周向的分布情况，从而实现对周向不均匀项的求解。另外从式（2.150）中也可以看出，与文献[30]中所表述的一致，引发速度和密度的周向不均匀性的一个主要因素是环量沿轴向和径向的偏导数，即负荷的分配情况，而环量的改变则主要源于无黏叶片力的作用。因此，本小节所模化的是由无黏叶片力所诱发的周向不均匀性。由式（2.150）还可以看出，该模型对于设计问题也同样适用，因为在设计问题中环量是给定条件，环量给定后结合流场就可以初步预测出周向不均匀项的大小。

对于设计过程中不同的环量分布形式所带来的不同的负荷加载方式，必然也会导致不同的周向不均匀项分布；同时，当叶片采用掠设计时，由于叶片的空间构型发生变化，环量沿径向的梯度必然随之改变，也同样会导致周向不均匀项改变，而这些改变都会反过来以周向脉动源项的形式来影响流场。

3. 周向不均匀性的应力输运模型

前面所提出的代数模型与湍流模型中的代数模型类似，都是当地模型，即对于周向不均匀性，上述模型只能反映由于当地环量的变化所诱发的周向不均匀性，而无法反映历史积累等效应。同时，目前代数模型在建模过程中只考虑了势流特征，而难以扩展到计入二次流等物理现象对周向不均匀性的影响。为了在对周向不均匀项的建模过程中计入更多的物理机理，并具有充分的理论依据，本小节同样借鉴了湍流模型的其他模化方法，这是由于周向不均匀项与雷诺应力项在形式上存在一定相似性。万科在其博士论文中类比湍流模型中的 k 方程，推导并分析了周向脉动动能输运方程，通过对三维结果的分析发现其中的压力-速度项为方程最关键的源项之一，而非类似湍流模型中的生成项和耗散项，但并未给出压力-速度项的建模方法，同时这一方法的问题还在于很难构造本构关系来获得各周向不均匀项。因此本小节采用应力输运模型来解决这一问题，因为应力输运模型在求解后可直接获得各周向不均匀项。

（1）周向脉动项应力输运方程的推导

类比湍流模型中应力输运方程并结合周向平均的基本定义和主要运算法则，本小节完成了对周向不均匀项输运方程的推导,这里以对周向不均匀项 $\overline{\overline{w_x'' w_x''}}$ 的输运方程为例,给出了整理后的周向不均匀输运方程:

$$\frac{\partial\left(\frac{1}{2}\bar{\rho}\overline{\overline{w_x''w_x''}}\right)}{\partial t} - \frac{1}{2}\overline{w_x''w_x''}\frac{\partial\bar{\rho}}{\partial t} +$$

$$\frac{\partial\left(b\bar{\rho}\overline{\overline{w_x}}\frac{1}{2}\overline{\overline{w_x''w_x''}} + \overline{b\rho w_x''\frac{1}{2}w_x''w_x''}\right)}{b\partial x} + \frac{\partial\left(br\bar{\rho}\overline{\overline{w_r}}\frac{1}{2}\overline{\overline{w_x''w_x''}} + \overline{br\rho w_r''\frac{1}{2}w_x''w_x''}\right)}{br\partial r} +$$

$$\overline{\overline{\rho w_x''w_x''}}\frac{\partial\overline{\overline{w_x}}}{\partial x} + \overline{\overline{\rho w_r''w_x''}}\frac{\partial\overline{\overline{w_x}}}{\partial r} -$$

$$\frac{1}{2}\overline{w_x''w_x''}\frac{\partial(\rho w_x)}{\partial x} - \frac{1}{2}\overline{w_x''w_x''}\frac{\partial(r\rho w_r)}{r\partial r} - \frac{1}{2}\overline{w_x''w_x''}\frac{\partial(\rho w_u)}{r\partial\varphi} +$$

$$\frac{N}{2\pi b}\left[\left(\rho w_x\frac{1}{2}w_x''w_x''\right)\frac{\partial\varphi}{\partial x}\right]_{\mathrm{p-s}} + \frac{N}{2\pi br}\left[\left(r\rho w_r\frac{1}{2}w_x''w_x''\right)\frac{\partial\varphi}{\partial r}\right]_{\mathrm{p-s}} +$$

$$\frac{N}{2\pi br}\left(\rho w_u\frac{1}{2}w_x''w_x''\right)_{\mathrm{s-p}} +$$

$$\overline{w_x''\frac{\partial p}{\partial x}} + \overline{w_x''\frac{\partial(-r\tau_{xx})}{r\partial x}} + \overline{w_x''\frac{\partial(-r\tau_{rx})}{r\partial r}} + \overline{w_x''\frac{\partial(-\tau_{ux})}{r\partial\varphi}} = 0$$

$$(2.151)$$

由于向量 $\left(r\dfrac{\partial\varphi}{\partial x}, r\dfrac{\partial\varphi}{\partial r}, -1\right)^{\mathrm{T}}$ 表征了流面 $\varphi(x,r)$ 所定义的法向量,所以满足流面方程:

$$rw_x\frac{\partial\varphi}{\partial x} + rw_r\frac{\partial\varphi}{\partial r} - w_u = 0 \qquad (2.152)$$

同时,气流在叶片表面满足绝热无滑移条件,结合连续方程,式(2.151)可简化为

$$\frac{\partial\left(\frac{1}{2}\bar{\rho}\overline{\overline{w_x''w_x''}}\right)}{\partial t} - \frac{1}{2}\overline{w_x''w_x''}\frac{\partial\bar{\rho}}{\partial t} +$$

$$\frac{\partial\left(b\bar{\rho}\overline{\overline{w_x}}\frac{1}{2}\overline{\overline{w_x''w_x''}} + \overline{b\rho w_x''\frac{1}{2}w_x''w_x''}\right)}{b\partial x} + \frac{\partial\left(br\bar{\rho}\overline{\overline{w_r}}\frac{1}{2}\overline{\overline{w_x''w_x''}} + \overline{br\rho w_r''\frac{1}{2}w_x''w_x''}\right)}{br\partial r} +$$

$$\overline{\overline{\rho w_x''w_x''}}\frac{\partial\overline{\overline{w_x}}}{\partial x} + \overline{\overline{\rho w_r''w_x''}}\frac{\partial\overline{\overline{w_x}}}{\partial r} +$$

$$\overline{w_x''\frac{\partial p}{\partial x}} + \overline{w_x''\frac{\partial(-r\tau_{xx})}{r\partial x}} + \overline{w_x''\frac{\partial(-r\tau_{rx})}{r\partial r}} + \overline{w_x''\frac{\partial(-\tau_{ux})}{r\partial\varphi}} = 0$$

$$(2.153)$$

与湍流模型中应力输运方程各项对比，式（2.153）中 $\bar{\rho}\,\overline{\overline{w_x''w_x''}}\,\dfrac{\partial\overline{\overline{w_x}}}{\partial x}+\bar{\rho}\,\overline{\overline{w_r''w_x''}}$

$\dfrac{\partial\overline{\overline{w_x}}}{\partial r}$ 对应湍流模型中的生成项 $\tau_{ik}\dfrac{\partial\overline{u_j}}{\partial x_k}+\tau_{jk}\dfrac{\partial\overline{u_i}}{\partial x_k}$；$\overline{w_x''\dfrac{\partial(-r\tau_{xx})}{r\partial x}}+\overline{w_x''\dfrac{\partial(-r\tau_{rx})}{r\partial r}}$

$+\overline{w_x''\dfrac{\partial(-\tau_{\varphi x})}{r\partial\varphi}}$ 对应湍流模型中的耗散项 $\hat{\tau}_{ik}\dfrac{\partial u_j''}{\partial x_k}$ 和分子扩散项 $\dfrac{\partial}{\partial x_k}(\overline{\hat{\tau}_{ij}u_k''})$ 的共同

作用；$\dfrac{\partial\left(b\overline{\rho w_x''\frac{1}{2}w_x''w_x''}\right)}{b\partial x}+\dfrac{\partial\left(br\overline{\rho w_r''\frac{1}{2}w_x''w_x''}\right)}{br\partial r}$ 对应湍流模型中的湍流输运项 $\dfrac{\partial}{\partial x_k}$

$\left(\overline{\rho u_k''\frac{1}{2}u_i''u_j''}\right)$；而周向脉动动能方程的研究中已表明不能忽视压力项所产生的影响，这

里将 $\overline{w_x''\dfrac{\partial p}{\partial x}}$ 称为压力项，对应湍流模型中的压力扩散项、压力做功项及压力扩张项

$\dfrac{\partial}{\partial x_j}(-\overline{p'u_i''})+\dfrac{\partial}{\partial x_i}(-\overline{p'u_j''})-\overline{u_i''}\dfrac{\partial\bar{p}}{\partial x_j}-\overline{u_j''}\dfrac{\partial\bar{p}}{\partial x_i}+\overline{p'\dfrac{\partial u_i''}{\partial x_j}}+\overline{p'\dfrac{\partial u_j''}{\partial x_i}}$。

在之前的分析中已经提到，在流场未发生大分离的情况下周向不均匀性的来源
中无黏效应起主要的作用，并且本小节的主要目的是对叶片通道进口的周向不均匀
性进行建模，此处黏性作用很弱，因此在本小节对周向不均匀项的应力输运方程的分
析中，暂时不考虑黏性所起的作用，同时，目前的分析都基于定常流动，因此忽略黏性
和非定常性的影响，式（2.153）可进一步简化为

$$\dfrac{\partial\left(b\overline{\overline{\rho w_x}}\,\frac{1}{2}\overline{\overline{w_x''w_x''}}\right)}{b\partial x}+\dfrac{\partial\left(br\overline{\overline{\rho w_r}}\,\frac{1}{2}\overline{\overline{w_x''w_x''}}\right)}{br\partial r}=$$

$$-\left[\dfrac{\partial\left(b\overline{\rho w_x''\frac{1}{2}w_x''w_x''}\right)}{b\partial x}+\dfrac{\partial\left(br\overline{\rho w_r''\frac{1}{2}w_x''w_x''}\right)}{br\partial r}\right]- \tag{2.154}$$

$$\left(\overline{\rho w_x''w_x''}\,\dfrac{\partial\overline{\overline{w_x}}}{\partial x}+\overline{\rho w_r''w_x''}\,\dfrac{\partial\overline{\overline{w_x}}}{\partial r}\right)-\overline{w_x''\dfrac{\partial p}{\partial x}}$$

式（2.154）为周向不均匀项 $\overline{\overline{w_x''w_x''}}$ 的应力输运方程，对于一般的周向不均匀项

$\overline{\overline{w_i''w_j''}}$，若采用张量表示方法，则可以表示为

$$\underbrace{\dfrac{\partial(br\overline{\overline{\rho w_k}}\,\overline{w_i''w_j''})}{br\partial x_k}}_{CON}=\underbrace{-\left(\overline{\rho w_i''w_k''}\,\dfrac{\partial\overline{\overline{w_j}}}{\partial x_k}+\overline{\rho w_j''w_k''}\,\dfrac{\partial\overline{\overline{w_i}}}{\partial x_k}\right)}_{PRO}-\underbrace{\dfrac{\partial(br\overline{\rho w_k''w_i''w_j''})}{br\partial x_k}}_{TRA}$$

$$\underbrace{-\left(\overline{w_i''\dfrac{\partial p}{\partial x_j}}+\overline{w_j''\dfrac{\partial p}{\partial x_i}}\right)}_{PRE}+\underbrace{\left(\overline{w_i''S_j}+\overline{w_j''S_i}\right)}_{V-S} \tag{2.155}$$

式(2.155)中等号左侧为对流项(CON),右侧分别为生成项(PRO)、输运项(TRA)、速度–压力关联项(PRE,简称压力项)及速度–源项(V–S)关联项。其中,生成项表征了应力输运方程与平均后的轴对称流场之间的关联,速度–压力关联项表征了由于压力的脉动性而做的功。方程中,输运项、压力项及速度–源项关联项均无法直接获得,需要进行建模求得。在湍流模型中,这三项由于量级的原因通常被统一模化处理,但对于周向不均匀项的输运方程,人们对这几项的重要性尚缺乏足够认识,故需要对其进行分析,找出关键项,然后对关键项进行建模。

(2) 应力输运方程中压力项的建模

通过分析可以知道,压力项为应力输运方程中需要建模的关键项,因此在模型中对压力项进行建模。压力项的建模过程主要基于势流分析,与代数模型类似,假设在绝对坐标系中,流动是无旋的,即满足式(2.147)。同样地,采用该假设会忽略引发周向不均匀性的二次流等因素,但对于压力项的建模,压力势的影响明显占主导作用,因此该假设是适用的。

为了构建 w''_i 及压力 p 与周向坐标的关系,仍假设速度、密度这些流动参数的周向分布可以通过傅里叶级数来描述,并将速度、密度沿周向的傅里叶级数展开只保留到一阶,即满足式(2.148)。同样地,此处是假设了速度、密度沿周向呈线性分布。为获得更高的精度,可以将傅里叶级数保留到更高阶数。此外,傅里叶级数展开在出现强激波的情况下将不适用。

结合上面的假设,周向不均匀项应力输运方程中的压力项可以进一步推导为

$$\overline{w''_i \frac{\partial p}{\partial x_j}} = \frac{\partial w_i}{\partial \varphi} \frac{\partial^2 p}{\partial x_j \partial \varphi} \frac{\Delta \varphi^2}{12} - \frac{\partial w_i}{\partial \varphi} \frac{\partial \bar{p}}{\partial x_j}(\varphi_1 - \varphi_0) + \frac{\partial w_i}{\partial \varphi} \frac{\partial p}{\partial \varphi} \frac{\partial \varphi_0}{\partial x_j}(\varphi_1 - \varphi_0)$$

$$(2.156)$$

考虑到密度加权平均的定义,φ_0 和 φ_1 之间同样满足关系式(2.148)。由式(2.156)可以看出,当确定三个速度和压力的周向偏导数后,则可解出压力项。其中对于压力的周向偏导数计算,可以采用 S_2 流面中的定常无黏形式的周向动量方程,即

$$\frac{\partial p}{\partial \varphi} = -\rho w_x \frac{D(v_u r)}{Dx} \qquad (2.157)$$

而对于三个速度的周向偏导数计算,在周向不均匀性的代数模型中已经给出,即式(2.150)。

由此可实现对压力项的求解,从而实现了应力输运方程的基本封闭。另外,由式(2.150)和式(2.157)同样也可以看出,本小节所提出的建模方法所模化的是环量沿轴向和径向的偏导数,即负荷的分配情况所诱发的周向不均匀性,而环量的改变则主要源于无黏叶片力的作用。因此,本小节所提出的应力输运模型所模化的是由无黏叶片力所诱发的周向不均匀性。此外,与代数模型相同,该模型也同样适用于设计问题。

4. 模型验证

图 2.20 给出了三种方法计算得到的展中截面各周向脉动源项分量 P_x、P_r 和 P_u 沿轴向的分布情况,从图中可以看出,对于 P_x 和 P_r,两种模型的结果与三维计算结果存在一定的偏差,其中两种模型之间的相对偏差大部分在 10% 以内;对于 P_x,两种模型的结果与三维计算结果在前缘之前的相对偏差在 60% 以内;而对于 P_r,两种模型的结果与三维计算结果在前缘之前的相对偏差则在 50% 以内,三维计算得出的这两个周向脉动源项分量的其中一个峰值出现在前缘之前,而两种模型计算出来的峰值则在前缘偏后,同时如前面所说,两种模型所能描述的周向压力的不均匀性前传特征弱于三维计算,所以在前缘前计算得到的 P_x 和 P_r 要略小于三维计算结果,但总体来看,两种模型计算得到的 P_x 和 P_r 在分布趋势上与三维计算结果一致,在量级上也与三维结果一致。

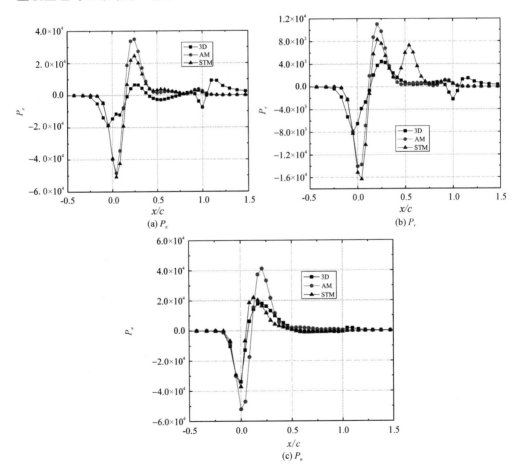

图 2.20　前掠 20°叶栅展中截面各周向脉动源项沿轴向分布

两种模型计算得到的 P_u 与三维计算结果的吻合程度则要明显好于 P_x 和 P_r，其中应力输运模型计算得到的 P_u 不论是在数分布趋势上还是在数值上都与三维计算结果几乎一致，而代数模型计算得到的 P_u 在叶片区域要略高于三维计算结果，而在前缘之前两种模型计算得到的 P_u 与三维计算结果十分一致，与三维计算结果的相对偏差都在 10％ 以内，说明两种模型都能够较好地描述周向压力梯度所引发的不均匀性在周向的影响。

事实上，虽然周向脉动源项沿轴向一直存在，但其作用沿流向在不同区域仍有所不同。在叶片通道区域，无黏叶片力是最为重要的源项[19]，与之相比，周向脉动源项的作用则明显要弱得多。而在叶片通道之外，特别是叶片前缘之前，即叶片上游，叶片力的作用消失，在传统的轴对称假设中，这里是不考虑周向不均匀性的影响的，但这里的周向不均匀性会起作用，会对迎角等造成影响，特别是采用弯掠造型后，其将会影响到展向的参数分布，会影响叶片通道进口的流动平衡[20,23]，这些也将在后续章节进行探索。

2.2.4　基于迎角特性的损失与落后角模型

由于主流道设计和分析计算往往需要用到损失模型，落后角（又称脱轨角，Deviation Angle）定义为某基元气流出气角 β 与几何出口金属构造角 β_k 之间的夹角，即

$$\delta = \beta - \beta_k \tag{2.158}$$

通常将静子/导叶的损失分为两部分：一部分为参考状态的静子/导叶的落后角和损失，另一部分为偏离参考状态后带来的落后角的损失偏移量。

多级压气机中静子后的总温和总压的测量总是难以进行，因为探头受到后面转子的影响，收集的数据与定常假设差异很大。众所周知，总压损失系数与叶栅的形状和入口流动角度、马赫数等有关。在本方法中，采用了基元流维持的假设。Lieblein 和 Miller DC 研究了静子的损失模型[31,32]。根据 Lieblein 的研究，NACA65 叶片的基本平均线被看作圆弧平均线，并称为等效中弧线，这种做法使得流动角度与叶片的等效中弧线关联起来，如图 2.21 所示。

Miller D C 导出了损失与迎角的实验关系式，定义了三种流动参考状态及关联的迎角：最小损失迎角 i_{ml}，近失速迎角 i_s，堵塞迎角 i_c。Dunham 发现低速设计叶栅的情况中并不会出现堵塞，因而他在工作中定义了一个负失速迎角 i_{neg} 来描述这种情况[33]。这几个迎角与叶片的金属形状相关。

i_s 的值由下式确定：

$$i_s = A + B/\left(\frac{s}{c}\right) - C\theta \tag{2.159}$$

其中，s 为栅距；c 为叶片弦长；θ 为叶片弯角；$A，B，C$ 为与叶片安装角相关的数，由

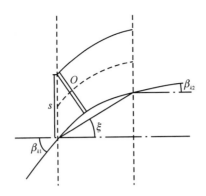

图 2.21　叶片等效中弧线及部分参数

下式定义:

$$\begin{cases} A = 7.30 + 0.192\xi - 0.00182\xi^2 \\ B = 8.01 - 0.1126\xi \\ C = 0.1405 + 0.009423\xi - 0.00007339\xi^2 \end{cases} \tag{2.160}$$

其中,ξ 为叶片安装角。

i_{ml} 由下式定义:

$$i_{ml} = \arccos\left(\frac{\dfrac{o}{s}}{0.155M_1 + 0.935}\right) - \beta_{1k} \tag{2.161}$$

其中,$\dfrac{o}{s}$ 是叶片通道喉道宽度/栅距;M_1 是进口相对马赫数;β_{1k} 是叶片进口金属角(°)。

叶片的最佳迎角 i_{opt} 为

$$i_{\text{opt}} = X + Y\Big/\left(\frac{s}{c}\right) - Z\theta \tag{2.162}$$

其中

$$\begin{cases} X = -1.82 + 0.3226\xi - 0.002245\xi^2 \\ Y = 6.54 - 0.0915\xi \\ Z = 0.100 + 0.008434\xi - 0.00004236\xi^2 \end{cases} \tag{2.163}$$

对于静子落后角,由 Carter 经验公式来计算参考状态的静子落后角:

$$\delta_{\text{opt}} = \frac{\left[0.92\bar{a}^2 + 0.002(90 - \beta_{k2})\right]\theta}{\sqrt{\tau}} \times \left(1 + 0.002\frac{\theta}{\sqrt{\tau}}\right) \tag{2.164}$$

确定了静子的参考落后角之后,通过叶型参数得到的迎角影响下的落后角为

$$\frac{\delta - \delta_{opt}}{i - i_{opt}} = \begin{cases} 0 & ,i < i_{opt} \\ \sin^2\left(30 \cdot \dfrac{i - i_{opt}}{i_s - i_{opt}}\right) & ,0 \leqslant \dfrac{i - i_{opt}}{i_s - i_{opt}} \leqslant 3 \\ 1 & ,3 \leqslant \dfrac{i - i_{opt}}{i_s - i_{opt}} \end{cases} \tag{2.165}$$

其中,θ 为基元叶型弯角,$\theta = \beta_{k1} - \beta_{k2}$,$\beta_{k1}$、$\beta_{k2}$ 为基元进出口叶片金属角(以角度为单位)。

对于损失,由 Lieblein 的关系可得到叶栅最优迎角下的最小损失:

$$\frac{\varpi_{ml}\cos\beta_2}{2\tau} = f(D) \tag{2.166}$$

等式(2.166)右边是根据实验结果拟合的多项式函数,自变量为 D 因子:

$$f(D) = 0.023\ 95D^2 - 0.000\ 832D + 0.005\ 93 \tag{2.167}$$

对于进口气流角有如下一个判定方式:

$$\cos\beta_{1c} = \frac{1}{M_1}\left(\frac{1 + \dfrac{\gamma - 1}{2}M_1^2}{\dfrac{\gamma + 1}{2}}\right)^{\frac{\gamma + 1}{2(\gamma - 1)}} \cdot \left(\frac{o}{s}\right) \tag{2.168}$$

如果式(2.168)的等号右边小于1,那么可以得出堵塞迎角:

$$i_c = \beta_{1c} - \beta_{1k} \tag{2.169}$$

若式(2.168)的等号右边大于1,则这种叶栅堵塞是不会发生的,而是发生负失速。负失速迎角有如下定义式:

$$i_{neg} = i_{ml} - (i_s - i_{ml}) = 2i_{ml} - i_s \tag{2.170}$$

现在对不同的叶栅来流迎角情况下有如下基于基础损失的不同放大方式。

当 $i \geqslant i_{ml}$ 时,有

$$\frac{\varpi}{\varpi_{ml}} = 1 + \left(\frac{i - i_{ml}}{i_s - i_{ml}}\right)^2 \tag{2.171}$$

当 $i < i_{ml}$ 时,①若叶栅会发生堵塞,则有

$$\frac{\varpi}{\varpi_{ml}} = 1 + 2\left(\frac{i - i_{ml}}{i_c - i_{ml}}\right)^2 \tag{2.172}$$

②若叶栅不发生堵塞,则有

$$\frac{\varpi}{\varpi_{ml}} = 1 + \left(\frac{i - i_{ml}}{i_{neg} - i_{ml}}\right)^2 \tag{2.173}$$

对于进口导叶(IGV),由于其通常作用是使压气机气流加速偏转,不像静子是减速增压整流,因而其几何形状通常为前缘金属角小,尾缘金属角大,IGV 往往采用一定的涡轮叶片制造特征,比如大前缘小圆半径、控制尾缘形状、喉道往往位于通道后部等。为此,需要专门处理 IGV 的落后角损失模型。

Banjac 通过大量数值计算叶栅的结果总结了 IGV 的相关参数拟合结果[34]，对其模型进行简化考虑二维叶栅计算后有如下结果：将其损失和落后角也设定为一个参考状态，并根据工况确定其偏移值，第一项为参考状态，第二项为叶片厚度的影响，第三项为迎角带来的影响：

$$\begin{cases} \delta = \delta_0 + \Delta \delta_t + \Delta \delta_\Omega \\ \varpi = \varpi_0 + \Delta \varpi_t + \Delta \varpi_\Omega \end{cases} \tag{2.174}$$

其中，对于 NACA010 系列的叶片有如下参考状态值：

$$\begin{cases} i_0 = (0.025 \cdot \sigma - 0.06) \cdot \theta \\ \delta_0 = (a + b \cdot \tau + c \cdot Ma_1) \cdot \theta^{(d + e \cdot \tau + f \cdot Ma)} \\ \varpi_0 = \exp(a + b \cdot \theta + c \cdot \tau + d \cdot Ma_1) + e \cdot \tau \end{cases} \tag{2.175}$$

叶片厚度以 10% 弦长相对厚度作为基准，落后角及损失均会随着厚度变化而变化，考虑到来流马赫数可能过低，因而对来流马赫数进行了最小值不能小于 0.2 的规定：

$$\begin{cases} \Delta \delta_t = (3.0 + 9.44\sigma)(0.1 - t/c) \cdot \dfrac{\varphi}{40}(2Ma_1 + 0.6) \\ \Delta \varpi_t = (0.0429 - 0.0704)(0.1 - t/c)(6.7Ma_1 - 0.34) \\ Ma_1 = \max(Ma_1, 0.2) \end{cases} \tag{2.176}$$

IGV 导叶往往在工作中可能会旋转相当大的角度，因而迎角的影响是不能不计的，IGV 的调整量表示为安装角的变化，即

$$\Omega = \gamma - \gamma_0 = i - i_0 \tag{2.177}$$

落后角变化随迎角的变化有如下拟合公式：

$$\Delta \delta_\Omega = (a + b\theta^2 + c\tau + d\tau^2 + e\theta \cdot \Omega^f) \cdot \Omega \tag{2.178}$$

损失的变化有如下拟合公式：

$$\begin{cases} \Delta \varpi_\Omega = 0.0002 \cdot 1.48^\Omega \cdot 0.09^\tau \cdot (1 + 0.01\theta) \\ \Delta \varpi_{\text{stall}} = 0.12 + 0.007\theta \\ \Delta \varpi_\Omega = \min(\Delta \varpi_\Omega, 1.2\Delta \varpi_{\text{stall}}) \end{cases} \tag{2.179}$$

2.2.5 基于机器学习的损失与落后角模型建立

1. 通流模型概述与机器学习在相关领域的应用

随着计算机技术的高速发展，与日俱增的计算速度给予了计算流体力学求解三维流动的能力，然而全三维流动的求解需要耗费大量的计算资源，为了得到求解结果通常需要很长时间的等待。在航空发动机的研发过程中，通常要求计算手段能够进行快速响应以加快实验-改进-再实验的研发循环周期，而通流计算具有极

快的计算速度，并且能够利用实验得到的经验数据进一步改进计算精度。此外，通流模型因为计算量小、计算速度快、便于修正的特性，目前已有较好的应用于计算发动机整机的案例[35]，而目前三维计算的手段在短期内还无法实现发动机的整机仿真。

在通流计算过程中，为了实现较快的计算速度，对流动的部分情况进行了模化，需要用到模型以完成迭代计算。损失模型和落后角模型正是通流计算中不可或缺的部分，模型反映了气流经过叶片后的总压损失、气流的落后角度，通流计算的准确度很大程度上取决于损失和落后角模型的准确性。

然而目前使用的损失和落后角模型往往源自于早期文献中的经典模型，大部分经典模型适用于预测展中截面的结果，而并未计入二次流动的损失，从而无法预测损失、落后角的展向分布。如今的高水平发动机中经常采用三维特征显著的设计，这使得二次流的作用变得日益重要[36]。除了未考虑二次流而导致展向的不同损失分布之外，部分传统损失模型过于简化从而导致损失了部分精度[37]；有的传统损失模型仅适用于早期的低速叶型，无法满足当今高速叶型的设计分析需求；还有的传统损失模型主观地认为总压损失系数的展向分布符合某个公式，从而使得结果有失客观性。因为上述原因，目前常用的损失和落后角模型变得逐渐难以满足发动机设计阶段日益提高的计算精度需求。航空发动机的设计者、研究者们需要更加准确、应用范围更加广泛、更有客观性的损失模型。

为了构建更加准确的损失模型，本文的研究者将寻求解决办法的目光投向机器学习领域。机器学习与人工智能技术是近些年兴起的热门科研领域，涉及概率论、统计学、凸分析、算法复杂度理论等多门学科，其广泛应用于解决图像识别、自然语言处理等问题，近些年来，人们越来越多地尝试使用数据驱动（Data - Driven）的方式解决物理与工程实际问题并且取得了很好的效果[38]。机器学习中有诸多解决回归、聚类等问题的成熟手段，因此，它也理应是构建损失模型的一项强有力的工具。

计算能力的快速发展不仅有利于机器学习领域的发展，同样有利于流体力学领域发展，出现了诸如 LES、DNS 的方法来直接求解部分或所有流场，使计算流体力学的准确度大幅提升。更强的计算力带来了更大规模的数据，加之实验测量技术的飞速发展，机器学习技术得以从这些大规模、多尺度的流动数据中获取信息，并将其转化为能够揭示流动机理的知识。此外，机器学习算法还能够对流动进行优化、控制。近年来，机器学习与流体力学相结合的研究层出不穷，是当下一个热门的交叉学科研究领域[38]。

机器学习在流体力学领域中的应用大致分为以下四类：流场特征提取、流动建模、流动优化、流动控制。

首先是对流场特征提取的研究。这一部分主要是运动学的研究，即利用机器学习的方式对流场数据进行处理。Kaiser 等用一种数据驱动的高维相空间离散方法研究流体掺混层[39]；Colvert 等用神经网络分类算法研究了翼型尾迹拓扑结构[40]；Fukami 等采用卷积神经网络进行学习来处理粗糙的流场数据以提升流场的分辨率，得到的结果是：对于层流和湍流流场，使用 50 组数据进行训练，得到的卷积神经网络都能对很粗糙的流场图像进行重构，并且有很高的精度[41]。

其次是对于流动建模的研究。这一部分是指采用机器学习的方式构建流动模型，典型的是采用各类神经网络、支持向量机回归、高斯过程回归等方法，此处将这类流动建模问题分解为三类：构建代理模型、构建降阶模型、构建湍流封闭问题模型。代理模型是指以拟合、回归、插值等方式从已知样本集构造简单模型，替代复杂的 CFD 评估过程[42]。代理模型忽略了物理机理，但是并不代表代理模型不够准确。邱亚松等采用本征正交分解的方法，提出了一种代理模型对流场进行预测[43]。Schmitz[44] 基于神经网络优化算法生成了落后角模型，拓展了落后角模型的构造思路。巫骁雄等利用高斯过程回归、支持向量机回归的经典机器学习方法对通流方法中所使用的经验模型进行了建模[45]。Farimani 等采用条件生成对抗网络（cGAN）对流场进行建模，共使用了 4 850 组二维算例作为样本，训练出的模型用于预测一个二维方腔流动，具有较高的准确性[46]。Vilalta 等用支持向量机回归、高斯过程回归构建离心压气机性能模型，以预测离心压气机的性能[47]。而降阶模型是指在控制方程的基础上，对方程进行降维。这种模型蕴含了一定的物理机理，具有更好的可解释性。在降阶模型的研究中，Raissi 用小数据与控制方程相结合的方式来学习[48]，其所采用的方法可以用于在控制方程已知的情况下确定其系数，而且具有所需数据小、抗噪声能力强、自动防止过拟合的优点。Rowley 用 POD 和伽辽金投影方法相结合做降阶模型，对 Navier - Stokes 方程做降维[49,50]，使其更易于求解。构建湍流封闭问题模型也是一个很热门的研究，大多数的做法是采用更高精度的计算手段，如 LES、DNS 等对流场进行模拟，然后对比 RANS 结果，将它们的差异用机器学习的方法进行学习，以此改进 RANS 的准确度[51-53]，这些方法中也缺少物理意义的引入。Ling 等用深度神经网络将伽利略不变性嵌入模型以预测各向异性的雷诺应力张量，提供了一种把已知的物理对称性和不变性引入学习的策略[54]，是机器学习与物理概念结合运用的典范。

最后是对流动优化问题与流动控制问题的研究。金东海采用改进的遗传算法对二维叶型进行了优化[55]；罗佳奇 POD 降维和遗传算法相结合的手段对压气机叶型进行了优化[56]；Lee 采用神经网络的方法研究壁面吹吸减阻问题[57]，这是神经网络在流动控制中的早期运用，然而目前由于三维问题计算量的剧增，这种方式已不再适用。Yeh 等采用预解分析法，引入了一个新的模态掺混度量参数来评估叶型的分离[58]；Hipple 等对一台燃气轮机的喘振问题进行了研究[59]，选择了循环神经网络对燃气轮机的喘振时序数据进行训练，得到的神经网络能够有效地在喘振发生前进行预测并加以干预以阻止喘振的发生。

2. 基于机器学习损失模型构建

(1) 特征工程

特征工程是指利用专业知识从原始数据中提取特征的过程。这些特征可以被用来改善机器学习算法的性能[38]。本小节中,特征工程指代挑选机器学习模型的输入变量的过程。特征工程是一个很重要的过程,好的特征工程能够让模型更快地从大量样本中学习到准确的规律,从而提高模型的效果。

每一个样本数据都展示了一个静子叶栅中的真实流场,包含了不同的几何和进气条件,因此,每个样本都包含了大量的特征,甚至超过表 2.1 所列出的变量。这些特征不能全部直接作为输入变量交给模型,过多的特征会使样本过于稀疏,并且高维度情况下的距离计算也更加困难。事实上,所有的机器学习方法都要面对这种"维数诅咒"问题[60]。

表 2.1 叶栅数据库参数细节

叶 型	CDA
展弦比	1.0～2.0
进口金属角	38°～58°
出口金属角	−6°～22°
弯角	23°～58°
弦长	0.05～0.10m
栅距	0.28～0.09 m
最大相对厚度大小	0.05～0.12
通道收缩率	1.0～1.1
迎角	−9°～+9°
来流马赫数	0.30～1.22

很多关于机器学习的研究采用了纯数学的方式来解决这个问题。主成分分析 (Principle Component Analysis)[61-63] 和线性判别分析(Linear Discriminant Analysis)[64] 都是著名的能够将数据降维的手段。在流体力学中,PCA 是一种很好的流场分析工具,也被称为 POD(Proper Orthogonal Decomposition)。

在流动背后的机理尚不清晰的时候,纯数学的方式有其优势。然而,如果结合对于叶轮机的专业知识,采用传统的方式来进行特征工程,则很有可能表现出更准确且更容易解释的结果。

本小节采用了基于物理知识的传统手段来进行特征工程,以选择合适的输入变量。下面做具体介绍。

1)D 因子

对于压气机的基元级,其气动弯角越大,压气机的级温升越高。然而,叶型表面,尤其是吸力面边界层的形成和发展,限制着基元的气动弯角和扩压能力,也限制着基元级的损失大小。换言之,对于压气机,存在着一个极限负荷,只有在掌握极限负荷知识的基础上,保证叶型吸力面不会因为边界层分离而失速,才能保证压气机气动设计的成功。

压气机基元的极限负荷与吸力面边界层分离存在直接关系。二十世纪五十年代,大量学者针对极限负荷进行了研究,并提出了各种准则。D 因子(也称"扩散因子")就是其中之一。

D 因子最初是由 Lieblein 等推导出的[65],其目的是创建一个参数来量化边界层的发展。Lieblein 将不可压缩二维湍流边界层分离理论应用于压气机基元,推导得到了 D 因子。

D 因子在压气机设计中是一个重要概念,也是基元极限负荷的一个判定准则,其具体又可以分为局部扩散因子 D_{loc}、扩散因子 D 和当量扩散因子 D_{eq}。其中,局部扩散因子定义如下:

$$D_{loc} = \frac{v_{max} - v_2}{v_{max}} \tag{2.180}$$

其中,v_2 为叶栅出口平均速度;v_{max} 为叶栅吸力面最大速度;$v_{max} - v_2$ 表示气流经过基元的最大速度降,代表了逆压梯度的大小。而 v_{max} 的计算比较困难,如果能够只利用基元级进出口的速度来获得扩散因子,那么数据的处理与计算就会更加便捷。因此,考虑使用高效的方式处理 v_{max},引入叶型表面速度分布的近似关系 $v_{max} \approx v_1 + \frac{\Delta v_u}{2\tau}$,并使用基元级进口平均速度 v_1 代替公式(2.180)的分母 v_{max},便可得扩散因子:

$$D = 1 - \frac{v_2}{v_1} + \frac{\Delta v_u}{2\tau v_1} \tag{2.181}$$

实验结果和经验数据表明,按照目前的设计水平,对于动叶叶尖,D 因子不应大于 0.4,否则会导致较大的损失;对于动叶沿叶高的其他部分和静叶,D 因子不应大于 0.6,否则也会导致基元级的效率下降。此外,需要注意的是,这些关系都是在最小损失迎角下获得的。换言之,设计时以最小损失迎角所获得的叶型不应存在分离,这样才能保证基元达到临界迎角时具有足够的裕度。基元最小损失迎角和临界迎角所具有的裕度,就是基元的失速裕度。

此外,利用 D 因子还可以用来确定非设计工况(不同迎角)的损失系数。如果将损失达到最小损失两倍时的正、负迎角分别记为 i_p 和 i_n,那么由图 2.22 可以以最小损失工况 D 因子确定非失速迎角范围 $i_p - i_n$,然后再由相对损失系数 ϖ/ϖ_{min} 与相对迎角 $(i-i_n)/(i_p-i_n)$ 的关系(见图 2.23)得出任意迎角下的总压损失系数。

这个方法实际上就是一种传统的损失模型,其准度依赖实验数据的准确度和范围图 2.22 和图 2.23 的使用条件也有一定的限制。然而从这一部分得到的启发是,D 因子理应是新模型可以选用的一个合适的输入变量。

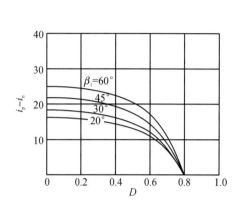

图 2.22　低速时非失速迎角范围与 D 因子
的关系[66]

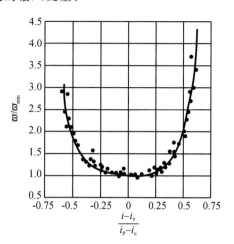

图 2.23　相对总压损失与相对
迎角的关系[66]

本小节构建的模型即选择了公式(2.181)所示的 D 因子作为其中一个输入变量。

此外,图 2.24 给出了样本数据库的 D 因子分布情况,用于观察样本库包含的数据中,D 因子与损失系数的大致关系,检查是否构建了 D 因子分布区间合适的、较密集的样本算例。图中的损失系数是取自叶中展高位置,浅灰色的叉表示已经在前述的样本清洗过程中筛除的样本,橙色和蓝色的点表示留在数据库中用于训练的点,其中蓝色的点表示近零迎角点,确切地说,此处的近零迎角指迎角属于 $-2°\sim+2°$ 并且马赫数小于 0.8 的样本。可以看到,图 2.24 的分布从左至右,有一条隐隐约约的底线,代表着最理想情况下的最小总压损失系数,随后在马赫数到达 0.77 或者 D 因子到达 0.6 附近的时候,这条底线会向上提升,意味着即使处于最小损失状态,总压损失系数也会逐渐升高。

2）轴向密流比

在压气机的设计过程中,研究者们的认知也不断深化,从初期的希望流动尽可能地接近易于理解的二维流动,到后续的尝试合理控制三维流动。在研究过程中,轴向密流比 AVDR(Axial Velocity Density Ratio)是一个衡量叶栅流动二维性的重要参数,在叶轮机设计和研究中有着较为广泛的应用,其定义如下:

$$\Omega = \frac{\rho_1 v_{1x}}{\rho_2 v_{2x}} \tag{2.182}$$

AVDR 是决定叶栅性能的重要参数,如果其数值接近 1,则表示流动情况基本接近于二维流动,AVDR 越大则代表流动沿轴向具有更强的收缩。

Starken 介绍了亚声速静子叶排的实验[68],实验用了一个 48° 叶型弯角的双圆弧

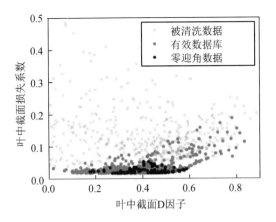

图 2.24　*D* 因子分布图[66]

叶片作为对象,研究了其在不同进口马赫数(0.5,0.64,0.74),不同进口气流角和不同轴向密流比 AVDR(Axial Velocity Density Ratio)情况下的表现。虽然这篇文献的目的是寻找叶片的最佳性能,但是也展示出了不同 AVDR 情况下,叶栅的性能会有巨大差异。

图 2.25 给出了不同马赫数情况下,总压损失系数 ϖ 随着轴向密流比 AVDR (Axial Velocity Density Ratio)(图中符号为 Ω)的变化规律,可见这条总压损失系数-轴向密流比曲线接近于一个反比例函数在第一区间的表现,即随着进口马赫数的升高,整个曲线会向右移动。可见轴向密流比对总压损失系数有明显的影响。

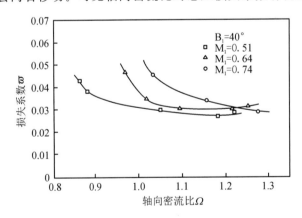

图 2.25　不同马赫数情况下的损失系数-轴向密流比关系[68]

Starke 通过实验和理论分析的方式研究了轴向密流比 AVDR(Axial Velocity Density Ratio)和展弦比 AR(Aspect Ratio)的共同作用对压气机叶栅气动参数的影响[69],研究结果表明,在给定壁面形状和通道收缩比的情况下,展弦比 AR(Aspect Ratio)通过影响轴向密流比 AVDR(Axial Velocity Density Ratio)来决定叶栅的轴向速度分布。进一步研究表明,正是轴向速度分布决定了压力分布的局部数值及叶栅的总体性能参数,如气流偏转角和总压损失系数。

Starke 在 Lieblein 的相关系数的基础上,通过理论推导与实验相结合的方式,得到了轴向密流比对于叶栅展中截面的影响[70]。采用 Polard‐Horlock 与 Mani‐Acosta 方法(总体流动参数)和一种新的改进的 Martensen 方法(压力分布)计算势流,计入了 AVDR 带来的影响。采用改进的 Thwaites 法和 White 新改进的内变量法分别计算叶片上的层流边界层和湍流边界层,两种方法都包含了 AVDR 的影响。在 8 个不同的 9C7/32.5C50 叶片的压气机叶栅上进行了详细的尾迹和压力分布测量,使用几何侧壁收缩来改变 AVDR 的值。通过对这些结果的检验,建立了叶栅气流偏转角、参考最小损失进气角、叶型损失与尾迹动量厚度和吸力面扩散因子之间的简单关联公式。偏转角和参考最小损失进气角作为 AVDR 的函数由线性方程描述,其中包含从任何可靠来源获得的 AVDR=1.0 时的相应数量和从理论上建立的图表读取的斜率。在 Lieblein 方程的基础上,引入了 AVDR 的影响。

图 2.26 为气流偏转角与轴向密流比 AVDR 的关系图,其中既有理论计算,也有不同的实验结果,可见轴向密流比对其影响之大。Starke 表示,虽然这些关联是在不可压缩流动数据的基础上发展起来的,但对于亚临界马赫数的可压缩流动也同样有效。AVDR 对流动参数的影响是显著的,必须加以考虑,以避免轴流压气机的工作系数和效率出现较大的误差。

本章研究这些文献的目的并不在于细究轴向密流比 AVDR 对于总压损失系数的详细影响,只是为了表明以往的文献中也非常重视轴向密流比 AVDR 对流动的影响,因此在特征工程的这一环节,本小节也特地计算出流场的轴向密流比 AVDR,将 AVDR 作为模型的一个关键输入变量。

上述提到的这些无量纲变量或是与分离有明显的关联,或是能很好地衡量损失构成的指标。因此,使用这些变量作为输入特征,能够很好地降低输入变量的维度,改善机器学习的性能。

3)二次流强度

叶栅所有的总压损失包括叶栅的基元损失和二次流损失,因此,为了衡量二次流损失占整个叶栅损失的相对大小,本小节参考课题组周成华对于二次流强度 SFI (Secondary Flow Intensity)的定义[71],试图使用这个指标来量化叶栅中的二次流强度。

SFI 的定义如公式(2.183),即整个叶栅的平均总压损失系数除以叶片中间展高位置处的总压损失系数。

$$K_s = \frac{\varpi_{average}}{\varpi_{mid}} \tag{2.183}$$

由公式(2.183)可知,如果整个叶栅的总压损失的展向分布保持一个固定的数值,则二次流强度 SFI 会恰好等于 1。而实际情况下,对于一个真实叶片的总压损失

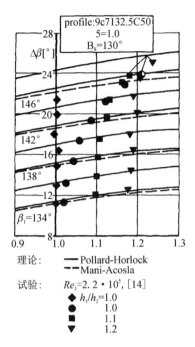

图 2.26　气流偏转角–轴向密流比关系图[70]

的展向分布而言,一般会呈现出近端壁两侧的总压损失系数偏高,而叶片中部展高附近的总压损失系数稍低并在中展高附近一段范围维持一个固定的数值。因此在这种分布情况下,二次流强度 SFI 往往会大于 1,这也是比较常见的情况。

故,二次流强度 SFI 这个参数常被用来大致区分叶栅的损失分布情况。当样本叶栅具有更大的 SFI 时,表明叶片非展中截面位置处的总压损失要占更大的比例,即损失主要集中分布在叶根或叶尖附近,也就代表这种情况下有着更强的二次流和二次流损失。

使用了二次流强度 SFI 的定义之后,本小节按照定义计算了表 2.1 中叶栅数据库里各个样本的二次流强度 SFI,按照直方图的形式给出了各个样本的二次流强度 SFI 分布情况,如图 2.27 所示。

图 2.27 中,深色代表数据库经历了清洗之后剩下的样本,浅色代表清洗过程中被筛去的样本。由图可知,直方图出现了三个相对较强的峰值,即在 1.0 附近和 1.5 附近有两个较强的峰,另有一个较弱的峰值出现在 2.3 附近,这表明样本数据库中的很大一部分样本的二次流强度 SFI 数值都集中在 1,1.5 和 2.3 这三个值左右,其背后原因可做进一步探究。

此外还能发现,在经历了样本清洗过程之后,大部分二次流强度 SFI 参数在 1 附近的样本被筛除掉了。实际上,这一点也与物理经验相符,因为筛除的样本点大多都是超过了临界马赫数的情况,具有明显的二维分离现象,二维损失占损失的主要部

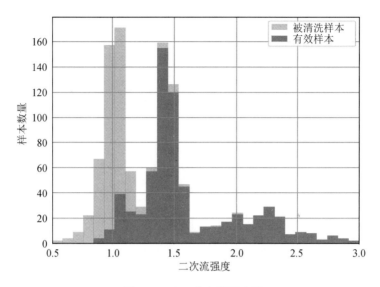

图 2.27　SFI 分布的直方图

分,相比于叶栅的总压损失系数近端壁两侧较高、叶展中间低的情况,被清洗掉的样本处于堵塞的情况,整个叶片从根到尖都处于较大的分离情况,因此整个叶栅的损失都较大,而叶中截面的损失会大得多,故其二次流强度 SFI 参数接近于 1。

对于机器学习方法构建的模型,如果某个变量具有较好的物理意义,并且能够以该变量为标准将不同的样本区分开,那么可以将各个样本按照该变量的大小,分配给不同的模型来预估其总压损失系数,便能有更好的预测效果。二次流强度 SFI 就具有这样的效果。

因此,在本小节构建模型的过程中,二次流强度 SFI 也扮演了一个关键的角色,将在后续介绍中详细阐述如何使用到二次流强度 SFI 这个参数。

除了上述提及的 D 因子、轴向密流比 AVDR、二次流强度 SFI 这三个变量之外,本小节还选择了最大相对厚度、迎角、马赫数、展弦比、相对展向位置,这几个变量作为输入变量来构建模型。最大相对厚度、展弦比对于叶片的适用工作范围有着较大影响,而迎角和马赫数也是衡量叶片工况的关键参数,另外值得一提的是,此处所说的迎角、马赫数定义为叶片前缘前 10% 相对弦长处的当地数值,而非远前方的数值,这也与实际工程应用中运用到总压损失系数模型的场景相吻合,一般都是利用当地参数来进行计算,得到叶片的总压损失系数。最后,作为一个试图给出叶片总压损失展向分布的模型,把相对展向位置纳入关键输入参数也是理所应当的。

此外,验证压气机的设计数据时,通流计算得到的 AVDR 可能会与真实值有较大的误差,此时则采用通道收缩率来替换 AVDR 作为新的输入变量,这一部分在后续对应的章节也会有详细介绍。

（2）模型整体结构

经过前面的描述,目前已经得到了一个具有较大合适样本的数据库,并且通过特征工程,确定下来了几个关键的自变量,接下来需要搭建好模型的整体结构。本部分对于模型结构的搭建工作,正是围绕前文中特征工程得到的关键变量二次流强度 SFI 这一参数来展开的。

本小节构建模型的思路如下:整个模型大致包括一个选择器（selector）和数个估计器（estimator）。

模型运行时会分两步进行:

第一步,当模型读取到的叶片前缘前的数个参数(最大叶片厚度、进口迎角、马赫数、叶片展弦比、相对展向位置)时,会传递给选择器（selector）,选择器会先大致预测出 SFI 的大小。如果 SFI 较大,则对应着较强的二次流;如果 SFI 较小,则二次流是较为正常、理想的情况。

第二步,选择器判断完毕样本的二次流强度之后,根据不同情况,将样本逐个分成不同的类别,随后采用不同的估计器（estimator）来进一步详细地预测总压损失系数的展向分布情况。

实际上这样构建模型相当于先把大致参数交给一个流场判断专家,让专家分析总体损失情况,譬如是否有较强的二次流,或者总损失是否基本上由基元损失构成,按照损失分布情况将样本分为多个类别,接着让不同的部门去进一步有针对性地处理他们部门擅长的样本类别。

这套流程的思路与样本清洗有些许相似之处,也是通过某个标准对所有的样本进行判断,不同之处在于,样本清洗是判断样本是否堵塞,并且将堵塞的样本舍弃;选择器则是判断样本的二次流强度的大小,并没有将二次流强度过大或过小的样本抛弃,而是将它们进一步传递给与之对应的估计器。因此它们本质上都是一个分类的过程,只不过得到分类结果之后的处理手段不同。

1）选择器

文中所构建的选择器（selector）本质上是一个支持向量回归器（Support Vector Regressor）。

最初的支持向量机（Support Vector Machine）是用来解决分类问题的,分类学习最基本的想法就是试图寻找一个超平面,这个超平面能够用来分割不同的样本。在寻找的过程中,这样的超平面一般会有很多个,最自然、最好的目标结果应该是不同类别的样本之间,最正中间的那个超平面,这个超平面能够有着最好的性能。

然而,"正中间"并不是一个严谨的表达方式。在寻找超平面的时候,考虑一个重要的参数——各个样本到超平面之间的距离。有一些样本离超平面很近,他们是最容易被错误分类的样本,实际上这类样本向量就叫作"支持向量"（Support Vector）。

支持向量机的基本型就是找到具有最大间隔的超平面,能够准确地划分不同样本,如下式:

$$\min_{w,b} \frac{1}{2} \parallel w \parallel^2$$

$$\text{s. t. } y_i(\boldsymbol{w}^{\mathrm{T}} + b) \geqslant 1, i = 1, 2, \cdots, m \tag{2.184}$$

式中，$\boldsymbol{w}^{\mathrm{T}} + b = 0$ 为超平面的表达式；y_i 为样本。

公式(2.184)是一个凸二次规划问题，目前普遍的做法是，利用拉格朗日乘子法将其转换为他的"对偶问题"，然后使用 Sequential Minimal Optimization 方法对其求解。

支持向量机只需要使用训练集的一组子集，因此消耗的内存较小。此外，随着该方法的发展，支持向量机成为在高维空间中处理高维数据的一种有效手段[72-74]。然而，除了能够处理分类问题外，支持向量机也能够解决回归问题，这种方法称为"支持向量回归器"，这正是本小节选择器所采用的模型。应当注意的是，支持向量机本身是不能处理非标准化数据的，因此所有特征在输入选择器之前都要进行过标准化（standardized）处理。

综上所述，对于选择器，其工作流程如下：读取叶最大叶片厚度、叶片展弦比、中截面位置处的当地进口迎角、来流马赫数、扩散因子、轴向密流比，然后使用支持向量机回归器计算，最后预测出这个流场的二次流强度 SFI。选择器的输入特征如图 2.28 所示。

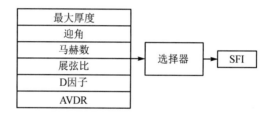

图 2.28　选择器的输入特征

2）估计器

在得到各个样本的二次流强度 SFI 之后，样本会传递给对应的估计器，由估计器来完成对总压损失系数的预测工作。

首先是对于估计器的数量的选取。理论上来说，二次流强度 SFI 参数是连续的，但是估计器的个数应该是有限的，因此，本小节人为地将预测得到的 SFI 结果离散成数个不同的子集，并提供给对应的估计器来进行下一步处理。具体而言，对于本节最后得到的模型，本节选择将 SFI 参数分为三个区间（阈值为 0.75 和 1.75），这三个区间中的参数带有的 SFI 标签（SFI tag）根据 SFI 数值的大小，从小到大记为 0、1、2，越大的数字代表越强的二次流。

截至目前，本节对于估计器的数量、阈值的选择带有一些主观性，只是简单地将样本的 SFI 分布划分为了三个区间。实际上，阈值的选择值得进一步研究。

文中提及的估计器（estimator）是多个基于 K 近邻回归算法的回归器（K - Nearest Neighbors Regressors)。即 K 近邻方法（K-Nearest Neighbor）也是一种常用的监督学习方法，即 K 近邻回归器试图寻找 K 个最接近新数据点的数据，然后根据它们来预测新的数据点的表现[75]。K 近邻方法似乎不包含训练的过程，因此也被称为非泛化的机器学习方法，它通过记住这些训练数据并构建一个快速查询的数据结构（如 Ball Tree[76] 或 KD Tree[77]）来完成。

尽管 K 近邻方法简单，但仍然是机器学习中最常用的算法之一，目前在分类、回归问题中都有很好的表现[78-80]。

对于估计器，得到选择器分配好的样本之后，会得到一些展向分布的参数，这些参数是一维的，是展向位置的函数，但这个一维的分布是不便于处理的。因此，本节的估计器在实际处理的过程中，会逐个分析每一层展高处的参数，相当于把这个一维分布从根到尖进行了切片操作。

所以，读取参数的时候，会先读取最大片厚度、叶片展弦比这两个不随展高变化的参数，然后逐个读取每一层的相对展高位置及该位置处的当地进口迎角、来流马赫数、扩散因子、轴向密流比等 7 个参数。随后再将这些参数传递给这个 K 近邻回归器，实现对总压损失系数的估计，最后得到该展高处的总压损失系数。估计器的输入特征如图 2.29 所示。

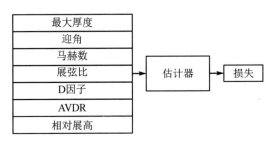

图 2.29　估计器的输入特征

（3）模型训练过程

介绍完模型的结构之后，需要对模型进行训练。因此本小节介绍模型的训练过程。实际上，在完成清洗之后，数据库被分为两个数据集——训练集和测试集，训练仅仅用到了训练集，而不去使用测试集。

训练过程如图 2.30 所示。对于训练集中的数据，其各项参数是完整的，包含 SFI、总压损失系数和其他各项特征（如叶栅几何和进气条件）等。在训练过程中，训练集又根据他们的 SFI 数值分为多个子集，这一步旨在根据样本二次流强度的大小，将其分成不同的情况。然后将不同类数据的特征、总压损失系数交付给对应的估计器进行训练；将数据的特征 SFI 交付给选择器进行训练，以让估计器获得预测总压损失系数的能力，让选择器获得预测 SFI 大小的能力。

选择器训练完成之后，能够预测每一个测试样本的 SFI 数值，这个数值是连续的，需要选择合适的间隔来使其离散。对于估计器，K 近邻的个数、距离的估算方式

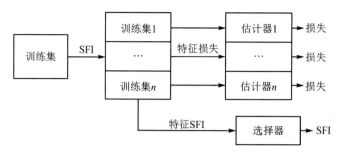

图 2.30　模型训练过程

也需要事先确定,这些参数称为超参数,可以使用随机搜索的方式来优化超参数以取得最好的预测结果。在本节最后选用的模型中,对于选择器,一共会生成三个 SFI 标签,阈值为 0.75 和 1.75;对于估计器,近邻的个数选取为 500,距离度量方式为欧氏距离,加权方式为距离加权,即根据距离的倒数进行加权。

3. 损失模型的验证

(1) 模型测试过程与指标

对模型进行测试及实际运用到模型的时候,模型处理数据的流程与训练过程稍有不同。对于测试集或是实际使用的时候,只有数据的特征是已知的,其 SFI 和总压损失系数都是未知的。因此需要先将特征传递给选择器,待其预测出测试数据的 SFI 之后,根据预测得到的 SFI 将数据传递给不同的估计器来进行预测,得到最后所需要的总压损失系数。

测试过程中,需要有合适的指标来衡量模型的预测是否准确,本小节使用了平均绝对误差(MAE)、均方根误差(RMSE)和可决系数(R^2)来评估模型预测的准确性,其定义分别如下:

$$\text{MAE}(y,\hat{y}) = \frac{1}{n}\sum_{i=1}^{n} |y_i - \hat{y}_i| \tag{2.185}$$

$$\text{RSME}(y,\hat{y}) = \sqrt{\frac{1}{n}\sum_{i=1}^{n}(y_i - \hat{y}_i)^2} \tag{2.186}$$

$$R^2(y,\hat{y}) = 1 - \frac{\displaystyle\sum_{i=1}^{n}(y_i - \hat{y}_i)^2}{\displaystyle\sum_{i=1}^{n}(y_i - \bar{y}_i)^2} \tag{2.187}$$

其中,y、$\hat{y}$、$\bar{y}$、n 分别代表实际值(三维数值模拟结果、实验结果、设计数据结果)、模型预测值、所有样本的平均实际值和样本数量。

平均绝对误差(MAE)和均方根误差(RMSE)都能够衡量误差的大小,他们越小则代表模型越好,相对而言,均方根误差更不容易受到个别极大或极小值的影响。可决系数(R^2)则是直接衡量模型预测得到的均方误差与每次只给出猜测的平均值得到的均方误差的比值,他的数值越大达标模型越好,数值最大不会超过 1,最小可以达到负数。

(2) 数值测试集整体表现

分别验证了样本清洗、特征工程和选择器的效果后,本小节将以上各个环节结合,研究模型整体在整个数值测试集上的表现,并对部分模型预测的结果进行分析。

图 2.31 给出了数值测试集中的 12 个结果,图中横坐标代表总压损失系数的大小,纵坐标代表相对展向位置,曲线代表三维 CFD 模拟得到的结果,虚线代表模型预测得到的结果。图中只给出了 50% 以上展高的损失分布,因为本小节的样本数据均是上下对称的,未考虑前面级动叶叶尖泄漏流等导致上下壁面不对称的情况。每个样本的二次流强度标签(SFI tag)、平均绝对误差(MAE)、D 因子(D)、展中截面的轴向密流比(AVDR)均列在了对应的图中。

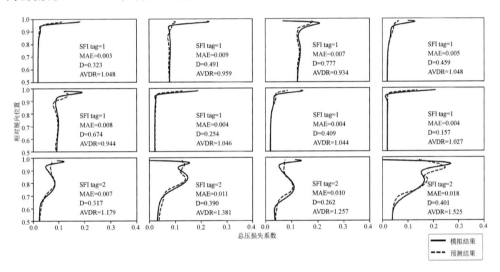

图 2.31　数值测试集中 12 个算例的验证结果(共计 87 个)

本小节最后选用的模型的设定中,选择器(selector)会根据各个样本预测出其二次流强度 SFI 参数的大小,随后根据预先设定好的阈值(选择为 0.75 和 1.75)将样本分到三个区间,对其加上二次流强度标签(SFI tag),从小到大分别是 0、1、2,越大的二次流强度标签也代表着越强的二次流,由于二次流强度小于 0.75 的情况比较特殊,在本数值测试集中并不包含这样的样本,即没有二次流强度标签 SFI tag 为 0 的样本,此外,二次流强度标签 SFI tag 分别为 1、2 的时候也可以理解成二次流弱、二次流强两类情况。在进一步研究中,可以细分二次流强度 SFI 的分类阈值设定,进一步细化二次流强度标签 SFI tag。

图 2.31 上部分的 8 个子图代表的样本均为二次流强度标签等于 1 的情况,即二

次流较弱的情况，这一类样本的损失主要由基元损失导致；其余子图代表的样本是二次流强度标签等于 2 的情况，这一类样本的损失分布就表现出了较强的二次流特征，端壁附近的高损失区向叶中截面扩展了较大一段距离。

参考压气机常识，可知本小节的模型给不同样本贴上的二次流强度标签 SFI tag 是符合物理常识的，即选择器（selector）比较成功地区分开了不同的样本，给它们贴好了二次流强度标签 SFI tag，并且这种区分不仅仅是简单地根据损失的大小来进行，而且损失的分布形状也被选择器考虑到了。

叶中截面的轴向密流比 AVDR 也可以作为一个衡量二次流强度的标准，因为这个参数本身也代表了叶栅进出口的气流的二维性，当偏离了 1 时，流动的三维性就会比较强。可见图 2.31 中二次流强度标签为 2 的样本，其中截面 AVDR 基本都在 1.15 以上。也可以理解为较大的中截面轴向密流比 AVDR 本身就是由于较强的二次流导致的，因为强二次流能阻塞机匣和轮毂附近区域的气流，促使其向叶中截面迁移，致使叶中截面的周向密流比增高。

对于损失主要由基元损失组成的样本，模型展现出较好的测试结果。主要原因是，这一类样本的损失分布都较为简单，除了端壁区域外，在大约 10%～90% 相对展高位置，损失系数基本不随展高而变化，在展向分布图上看来，近乎保持一条直线。

对于二次流较强的样本，由于损失分布形式复杂，要准确预测其展向分布也更加困难。尽管如此，本小节的模型依然表现出了较好的效果。图 2.32 中，第三行的四个子图均代表了 SFI tag＝2 的情况，即较强的二次流。本应该控制在端壁附近 10% 区域以内的高损失区不断向叶中截面延伸，达到了 70% 甚至 60% 展高处。然而本小节的模型很好地预测了这些情况下损失系数的展向分布，不论是总压损失系数的大小还是分布趋势都很准确，这四个案例中的平均绝对误差（MAE）均不超过 0.02，有的甚至小于 0.01。同样，该模型能够捕捉到损失分布趋势的这种能力也值得进一步研究。

图 2.32 给出了模型在整个数值测试集上展中截面处的表现，每个圆点代表每个数值测试样本的展中截面的总压损失系数，横坐标代表三维数值模拟得到的总压损失系数，纵坐标代表本小节模型预测的总压损失系数。

显然，图 2.32 中从左下角到右上角的黑色直实线段 $y=x$ 代表最佳预测结果，与之越接近则代表预测得越准确。图中最佳结果线两测有两条虚线构成的一条带状区，这条带的宽度为数值测试集叶中截面总压损失系数的标准差。可见大多数样本点都落在了这条带状区域中间，较为直观地代表模型在数值测试集上优秀的表现。

表 2.2 给出了整个数值测试集上整个展高和展中截面处，模型表现的具体参数，包括平均绝对误差（MAE）、均方根误差（RMSE）和可决系数（R^2）。可见，对于整个展高，平均绝对误差（MAE）已经小于 1%，均方根误差（RMSE）小于 2%，可决系数（R^2）达到了 0.83，有着很好的表现。如果聚焦于展中截面，平均绝对误差（MAE）已经小于 0.4%，均方根误差（RMSE）小于 0.6%，可决系数（R^2）更是达到了惊人的

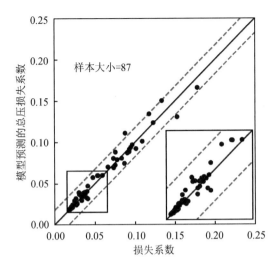

图 2.32　数值测试集所有算例展中截面的验证结果

0.97,这表明模型在全展高情况下有着很好的表现。特别地,对于传统模型经常使用的展中截面位置处,本节的模型有着更好的表现。

表 2.2　数值测试集整体验证结果

参　数	全展高	叶中位置
MAE	0.981 6%	0.333 4%
RMSE	1.992 5%	0.585 9%
R^2	0.830 2	0.971 8

(3) 设计数据测试集

　　前面使用了未用于训练的数值测试集来验证模型的准确性,数值测试集是基于纯三维数值仿真的结果,仅在数值仿真结果上进行验证,并不能完全反映模型的性能,最理想的情况是使用实验数据进一步验证模型的准确性,然而对于高压压气机,要做到总压损失系数的多展高的分布式测量是较困难的,因此本小节选择了一些高压压气机的设计数据来进行验证。

　　这些设计数据是以往的高压压气机公开的设计数据,它们也是通过通流计算得到的,但是这些总压损失系数的分布并不是基于纯计算,前文也有提到,通流计算的结果很大程度上依赖于经验公式的准确性,而经验公式又大多是通过实验进行修正的,因此尽管只是设计数据,但其背后也蕴含着大量的实验数据作为依靠。

　　将模型应用到设计数据测试集上时,相比于在数值测试集上,有一些不同之处。其一,对于设计数据,模型使用了整个清洗过后的样本进行训练,即包括了之前的训练样本和前面讲到的 10% 的数值测试集,以试图在设计数据测试集上获得更好的表现;其二,对于以往报告中得到的设计数据,不同于总压损失系数,根据通流计算得到的 AVDR 往往与实际数据有一定的偏差,因此对使用的模型做了一些更改,对于输入变量,不采用原先使用的 AVDR,而是采用更加准确的另一个定义,即通道收缩比(Passage Contraction Ratio),其定义在 2.1 节已经给出,它能一定程度上替代 AVDR 来反映流动的收缩性,更重要的是,在以往的报告中,此参数相比于 AVDR 会更加准确。诚然,通道收缩比(Passage Contraction Ratio)这个代表全局的几何参数不如 AVDR 这个能够反应局部区域的流动参数那样能更好地反应实际流动情况,此处选择通道收缩比一定程度上也是无奈之举。

前文有提到,AVDR 是选择器中的一个重要参数,在不使用 AVDR 的情况下,模型中的选择器也被人为地绕过了,此处根据经验,手动给样本打上二次流强度标签 SFI tag。然而从后文可知,在验证过程中,模型依然有很好的表现。

因此,本节采用了两台多级压气机的设计数据用于验证机器学习总压损失系数模型的准确度。这两台压气机分别是 NASA 的 Energy Efficient Engine(E3 计划)高压压气机和 NASA 的 74A 压气机的前 3 级。这两个算例采用的数据均能在公开的报告中查询到,其验证结果可以证明本节构建的总压损失系数模型能够发挥很好的效果。

1)E3 计划高压压气机

由 Holloway 等主持的著名的 E3 计划高压压气机的气动设计详细参数已经公开,可以参见其设计文档[81]。它提供了该压气机相当全面的设计参数,包括本模型需要使用到的详细叶片几何参数、D 因子、AVDR、最大相对厚度、迎角、马赫数、展弦比等。

E3 计划高压压气机试图使用单轴 10 级压气机完成 22.6 的总压比,绝热效率达到 85.7%,质量流量为 54.4 kg/s,前 4 级采用风扇理念设计,存在跨声速区域。

事实上,NASA E3 计划的核心机即使放在今天也具有一定的借鉴意义。通过单轴 10 级的设计,实现 23 的压比,并且达到 456 m/s 的叶尖切线速度。设计报告中指出,发动机最大巡航耗油率相比于之前的 CF6 - 50C 要降低 12%,替换该发动机之后的飞机运营成本至少降低 5%,发动机耗油率衰退到 CF6 - 50C 的 50%,同时还要满足噪声、排放的指标。这些都是对发动机核心机的较高要求。

在 E3 计划压气机的设计中,主要有 2 个难点,其一是需要开发压气机的放气过程来避免从慢车到起飞加速过程中带来的问题,但是在共同工作线上的定常运行过程中,压气机是不会进行额外放气的;其二是为了在一根轴上实现了 23 的增压比,那么在非设计点上的流动状况必定是较差的,因此需要在设计过程中向非设计点工况妥协,E3 计划压气机要对这部分流动损失做出优化。

E3 计划高压压气机的设计过程中,针对优化进行了研究,设计报告指出,由于较低的进口轮毂比,为了满足要求的 25% 失速裕度,需要提升转速,而且转速提升对效率下降的影响会超过出口级轮毂比下降带来的影响,于是最终选取了前 6 级等中径,后 4 级等内径的设计,其流道形式如图 2.33 所示。

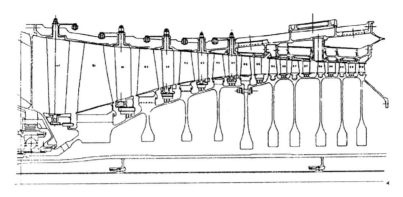

图 2.33　E3 计划高压压气机剖面图

此外,设计报告给出了各级的展弦比,具有三个特点:一,对于前几级的转子,使用了适中的展弦比,不至于太大到需要使用凸台设计,但是又足够大来保证整体结构的紧凑性;二,前几级的静子也选择了适中的展弦比来保证整体结构的紧凑性,便于设计可调静子;三,对于后面级的转子和静子,其展弦比设计得非常低,以此提高整体的耐用性和失速裕度。

同时,E3 计划高压压气机的稠度也具有参考价值。稠度是控制压气机气动载荷、影响效率的主要参数,进口级转子还需要精确控制通道面积、叶片形状,以达到控制激波结构的目的。前几级的静子要求是可调的,所以稠度需要尽可能得小,保证在低转速时有较大的调节角度,来确保低转速时的失速裕度。其第 8、9 级静子的稠度也适当降低,目的是调整自身的振动频率。最后一级的静子出口气流角需要调整为轴向,而此前的静子出口则可以拥有一定的周向速度来作为之后转子的预旋角度,因为最后一级静子之后直达燃烧室,需要保证气流方向为轴向。

虽然设计报告给出的设计数据并不等同于实验数据,但是实际上,E3 的设计文档[81]也表明,这台压气机设计过程中用到的预估损失系数是根据 Koch 文献[82]中的方法所计算得到的,其方法是需要用实验数据进行校正的,因此可以认为 E3 设计文档中的设计数据很接近于实验结果。如果本节所构建的模型能够与设计数据相吻合,那么也能在一定程度上表明该模型的准确性和可用性。

图 2.34 所示为 E3 计划高压压气机 10 级静子上的总压损失系数沿着叶片不同展高的分布情况。圆点代表报告中的设计数据,三角形折线代表使用本文模型预测得到的结果。总的来说,对于大多数叶片排,从图中可以观测到非常好的结果,总压损失系数模型预测结果与设计数据大体吻合。

这一结果能够很好地证明本节模型的有效性,因为本节总压损失系数模型的训练过程是基于一个纯三维数值模拟方法得到的数据库,但是能够与基于大量实验结果的一台真实的压气机设计数据相吻合。本节的总压损失系数模型既捕捉到了较为

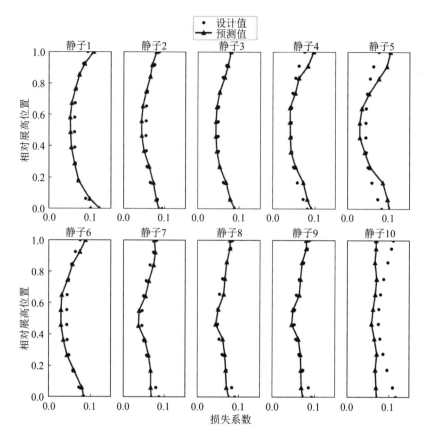

图 2.34　E3 计划高压压气机 10 级静子上的总压损失系数沿着叶片不同展高的分布情况

准确的数值,也捕捉到了符合物理、符合设计数据的总压损失系数分布趋势。

实际上,细看图 2.34 可以发现对于第 5、6、9 级,本节总压损失系数模型的预测准确度稍低一些,而对于第 10 级,则表现出更低的预测准确度。出现这种情况的原因可能有两种:一、对于 E3 计划高压压气机静子,其第 5～9 级静子采用了 NACA - 65 系列的厚度分布规律[81],而本节所使用的数据库中,叶型全部为 CDA 叶型,这种叶型与叶型之间的差异可能会在一定程度上导致模型的预测误差,这个原因可能是次要原因;二、也是误差的主要原因,可能是由于 E3 计划高压压气机静子的后面几级,这些叶片的设计具有很强的三维性,E3 计划高压压气机采用了很明显的弯掠结构来控制二次流,而对于第 5 级,E3 计划高压压气机则采用了叶尖引气的设计,因此可以看到在图 2.34 中,第 5 级的叶尖尖部有较大的误差存在,这也是第 5 级预测结果更差的原因所在。

2) 74A 高压压气机前三级

74A 压气机是美国 NASA 刘易斯研究中心的先进压气机,其详细的设计参数可以参见公开的文献[83]。74A 压气机的主要研究目标有两点,一是要通过开展实验的方式以评估多级压气机每一级的流动状况;二是要确定当时水平下,高叶尖切线速度、高负荷、低展弦比的轴流多级压气机设计方案。

74A 压气机整机的核心机共使用 5 级叶排,可实现 9.271 的总压比,其流量为 29.71 kg/s。第一级转子入口切线速度达 430.29 m/s,其入口处的单位环面流量达 193.17 kg/(m² · s)。报告中提到,NASA 刘易斯研究中心对于这个核心机的前三级部分进行了组装制造和实验测量。进口前三级是较为先进的高速、高增压比核心机的代表。在设计速度和静子进口导叶设定的角度下,三维计算结果较好地预测到了实验流量相较于设计值提高 9.1%,且在全转速下实现了最佳的静子进口导叶-静子叶片的排列,根据测量结果,绝热效率也有所改善。

NASA 刘易斯研究中心针对于发动机核心机、风扇,开展了一系列实验来探究更高的增压比、效率、裕度,并使用更小的级数。核心压缩机是先进涡扇发动机的关键部件,对发动机的性能表现和效率都有很大影响。核心压气机的压升应占整机总压升的 80%。

对于展弦比、稠度等几何参数的选取,报告大致考虑了如下 4 个原因,其一是避免太大的展弦比以避开阻尼台的使用;其二是需要有比较大的稠度来保证气流不分离,以实现较高的气动负荷;其三和其四则是分别考虑各级静子弦长和压气机的整机长度。

图 2.35 所示为 74A 压气机 3 级静子上的总压损失系数沿着叶片不同展高的分布情况。圆点代表报告[83]中的设计数据,三角形折线代表使用本节模型预测得到的结果。对于前两排叶片,从图中可以观测到非常好的结果,总压损失系数模型预测结果与设计数据大体吻合一致,第 3 排叶片的表现稍差。本节所建损失模型在每一级上的具体参数见表 2.3。

表 2.3 给出了本文损失模型在 74A 压气机 3 级静子上总压损失系数预测结果的具体表现,平均绝对误差(MAE)、均方根误差(RMSE)和可决系数 R2 均列了出来。

由图 2.35 可见,本节的模型在 74A 压气机上也表现出较好的效果,大体上来看,预测值与设计报告中的设计值比较吻合,特别是叶展中部区域和近轮毂区域,然而在近机匣区域附近,模型的准确度稍差,与设计数据相比存在一定的差异,以及在第 3 级静子的 40% 展高处存在一个有较大误差的点。

表 2.3　损失模型在 74A 压气机静子上的验证结果

参　数	静子 1	静子 2	静子 3
MAE	1.3121%	1.0644%	1.5540%
RMSE	1.888 9%	1.770 4%	2.103 9%
R^2	0.720 9	0.683 2	0.494 9

然而,在近机匣区域,总压损失系数的预测出现误差是合理的,由于叶尖泄漏等

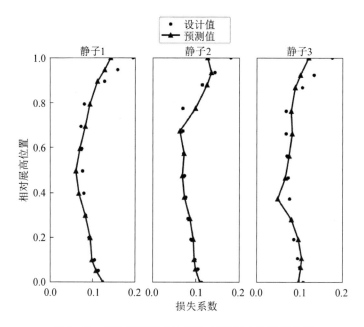

图 2.35　损失模型在 74A 压气机静子上的验证结果

二次流的存在,包括前面级叶尖泄漏流动的影响,还有机匣端壁区域对流动的影响,这个区域的流动情况更加复杂,想要预测准确的总压损失系数的数值较为困难。

在叶片的近机匣区域,前面级的叶尖泄漏流和机匣端壁的影响,都会使流动更加复杂,此时不管是对于报告[83]中的测量、通流方式,还是本节基于机器学习的损失模型,得到的总压损失系数都可能存在一定的差异。

实际上,本文在构建用于训练模型的三维模拟样本数据库的时候,也试图尽可能地考虑更多的二次流情况,譬如人为地构造了通道收缩比 PCR 为 1.1 的算例,以促使二次流更大一些,然而总是不可能涵盖所有的二次流情况。今后也可以将扩充样本数据库作为进一步研究的方向。

尽管如此,由图 2.35 和表 2.3 也能看出,本节构建的总压损失系数模型表现出了一个较好的结果,因为本文的模型完全是基于一个纯数值模拟得到的数据库。由表 2.3 可知,损失模型在 74A 压气机上的表现很好,即使考虑到第 3 级 40% 展高处存在一个较大的误差点的情况下,平均绝对误差(MAE)、均方根误差(RMSE)和可决系数 R^2 也分别能够达到小于 1.6%,小于 2.2%,大于 0.49。整体来看表现得很优异。如果不考虑第 3 级中的误差点,则可决系数 R^2 基本可以达到 0.7 左右,是一个非常好的模型。

4. 结　论

① 使用数据驱动(data - driven)的方式构建模型时,训练模型所使用的数据库

的好坏直接决定了所得到模型的好坏,构建一个包含准确结果、分布合理样本的数据库是至关重要的。优秀的数据库需要经过合适的变量设置,采用准确度足够好的数值模拟方案,并且需要合理的样本清洗手段才能得到,建模前还需要利用专业知识进行特征工程,提炼合适的参数。

② 展向损失模型在数值测试集和两台高压压气机的设计数据上都表现出非常好的准确性。它可以很好地预测总压损系数的数值和趋势,平均绝对误差 MAE 一般接近或小于 0.01,可决系数 R^2 能够大于 0.8。特别是在处理靠近叶中截面附近的损失系数时,模型表现出更好的性能,在数值测试集上的可决系数 R^2 超过了 0.97。模型总体而言有着良好的准确性。

③ 引入二次流强度 SFI 的变量作为指标可以展示出总压损失是如何构成的,并能够有助于区分具有不同二次流程度的样本。估计器对总压损失系数开展估计之前,使用经过带有 SFI 的样本训练的选择器可以较好地提高模型的性能。选择器有时可以捕捉近到端壁二次流向叶中截面延伸的现象,并继而正确地预测由此造成的损失。这一能力在压气机的初期设计阶段非常有用。

④ 使用临界马赫数作为指标是清洗样本数据库和消除具有阻塞流场的样本的好方法。尽管支持向量机回归器 SVR 和 K 近邻回归器 KNNR 等机器学习方法本身具有区分不同情况数据的能力,但使用正确的物理知识可以有效促进它们区分不同情况数据的过程。

2.2.6　环壁堵塞模型

在通流模型中计入环壁边界层的堵塞效应有三种常见的方法。第一种是采用堵塞系数来考虑环壁堵塞,该方法简单直观,但较依赖人为经验。第二种是在环壁边界处引入边界层分布,通过经验性的边界层分布特征将环壁效应计入,该方法同样依赖经验。第三种方法也是最常见的在周向平均通流模型中计入环壁边界层堵塞效应的方法,即湍流模型法。这里介绍适用性较强的 S-A 一方程模型。

关于涡黏性系数的求解可以采用 Spalart-Allmaras(S-A)方程模型。相比于代数模型,S-A 一方程模型计入了湍流的输运效应。相比于低雷诺数两方程湍流模型,S-A 湍流模型对近壁面区的网格密度要求较低(允许第一层网格 $y+$ 值较高,约为 10 左右)。近年来大量的应用结果表明,S-A 湍流模型具有较高的预测精度,并且没有两方程模型的刚性问题。

由于对输运方程的离散采用了有限体积法,因此使用的是守恒形式的 S-A 模型方程:

$$\frac{\partial \rho \widetilde{\nu}}{\partial t} + \frac{\partial (\rho u_j \widetilde{\nu})}{\partial x_j} = C_{b1}(1-f_{t2})\rho \widetilde{S}\widetilde{\nu} - \left(C_{w1}f_w - \frac{C_{b1}}{\kappa^2}f_{t2}\right)\frac{\rho \widetilde{\nu}^2}{d^2} +$$

$$\frac{1}{\sigma}\left[\frac{\partial}{\partial x_j}\left(\rho(\nu+\widetilde{\nu})\frac{\partial \widetilde{\nu}}{\partial x_j}\right) + C_{b2}\rho \frac{\partial \widetilde{\nu}}{\partial x_j} \cdot \frac{\partial \widetilde{\nu}}{\partial x_j}\right] -$$

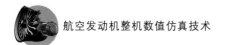

$$\frac{1}{\sigma}(\nu + \tilde{\nu})\frac{\partial \tilde{\nu}}{\partial x_j} \cdot \frac{\partial \rho}{\partial x_j} + f_{t1}\rho \Delta U^2 \tag{2.188}$$

涡黏性系数由下式求得：

$$\mu_T = \rho \tilde{\nu} \cdot f_{v1} \tag{2.189}$$

其中，ν 为分子运动黏性系数；d 为场点到壁面的最短距离。由于将方程转化为守恒形式，因此方程右端出现一个交叉导数。式(2.188)和式(2.189)中的各函数分别定义为

$$f_{v1} = \frac{\chi^3}{\chi^3 + C_{v1}^3}, \quad \chi = \frac{\tilde{\nu}}{\nu}, \quad \tilde{S} = S + \frac{\tilde{\nu}}{\kappa^2 d^2}f_{v2}, \quad f_{v2} = 1 - \frac{\chi}{1 + \chi f_{v1}},$$

$$f_w = g\left[\frac{(1 + C_{w3}^6)}{(g^6 + C_{w3}^6)}\right]^{\frac{1}{6}}, \quad g = r + C_{w2}(r^6 - r), \quad r = \frac{\tilde{\nu}}{\tilde{S}\kappa^2 d^2},$$

$$f_{t1} = C_{t1}g_t\exp\left[-C_{t2}\frac{\omega_t^2}{\Delta U^2}(d^2 + g_t^2 d_t^2)\right], \quad g_t = \min\left(0.1, \frac{\Delta U}{\omega_t \Delta x_t}\right),$$

$$f_{t2} = C_{t3}\exp(-C_{t4}\chi^2)$$

$$\tag{2.190}$$

其中，S 可以是涡量，也可以是应变率张量的模或整个速度变化率张量的模；ω_t 为距离场点最近的转捩点处的涡；d_t 为场点到最近的转捩点的距离；ΔU 为场点的速度与距离场点最近的转捩点处的速度之差；Δx_t 为距离场点最近的转捩点处沿壁面的网格间距。没有考虑转捩的影响时，方程中与转捩相关的项 f_{t1} 和 f_{t2} 取为 0。模型常数的定义如下：

$$\sigma = \frac{2}{3}, \quad C_{b1} = 0.1355, \quad C_{b2} = 0.622, \quad C_{w1} = C_{b1}/\kappa^2 + (1 + C_{b2})/\sigma,$$

$$C_{v1} = 7.1, \quad C_{w2} = 0.3, \quad C_{w3} = 2, \quad C_{t1} = 1, \quad C_{t2} = 2, \quad C_{t3} = 1.2, \quad C_{t4} = 0.5$$

2.2.7　喘振预估模型

在研究风扇/增压级的特性和完整的工作范围时是没有办法回避它的失速和喘振问题的，特别是设计研究初期，精确的预测多级轴流风扇/增压级的稳定边界具有很多困难，因为许多基础设计完成后才能确定的参数无法获得，准确地预测想要的稳定边界是不太现实的，当然，在初期设计过程中要了解风扇/增压级的稳定边界，气动工程师还是要确定以下的一些重要参数，比如叶片转速、级的数目、增压比、稠度、通流马赫数和叶尖间隙这些与稳定边界相关的参数。

在对失速机理及其判断准则的研究方面，曾有一些简单的方法，使用比较著名的是扩散因子和扩压率[84]，主要关注叶型吸力面的扩压过程，但是由于方法过于简单，导致误差较大。Koch 在 1976 年[84]和 1981 年[85]发表的两篇文献介绍了一种半经验的稳定边界的预测方法，这种方法通过对大量的低速轴流压气机实验结果和有限的

高速风扇/增压级实验数据的分析,将风扇/增压级的数据类比于二维扩压器的特性趋势,而且这个模型还被证明可以适用于多级压气机。Koch 将最大失速静压升系数 $(C_h)_{adj}$ 归结为基元叶栅通道无因次长度 L/g_2 的函数,如图 2.36 所示。

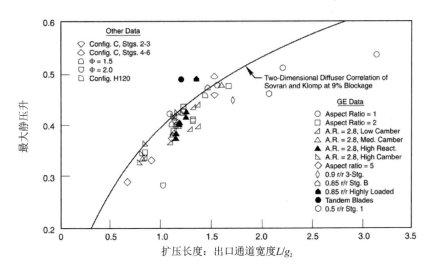

图 2.36　失速与最大静压升系数

图 2.36 的横坐标的定义是

$$\frac{L}{g_2} = \frac{L}{t \cdot \cos\beta_2} \qquad (2.191)$$

式中,t 为栅距,其他几何参数的定义如图 2.37 所示。

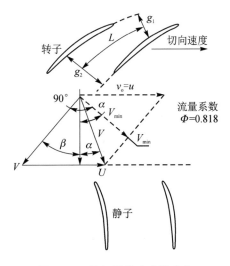

图 2.37　几何及速度参数定义

需要指出的是,图 2.36 中的结果是在雷诺数 $Re = 130\ 000$,无因次径向间隙

$\varepsilon/g=0.055$,无因次轴向间隙 $\Delta z/s=0.38$ 的情况下所获得的。预测其他压气机时必须注意这些参数的变化,并给予相应的修正:

$$(C_h)_{\text{stall}} = K_{Re} \times K_{\varepsilon/g} \times K_{\Delta z/s} \times (C_h)_{adj} \tag{2.192}$$

式(2.192)中,雷诺数修正系数 K_{Re},叶尖间隙修正系数 $K_{\varepsilon/g}$ 和叶排轴向间隙修正系数 $K_{\Delta z/s}$ 的取值分别由图 2.38～图 2.40 中的曲线插值获得。

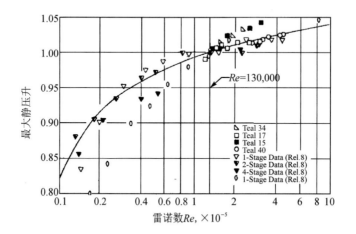

图 2.38　雷诺数对最大静压升的影响

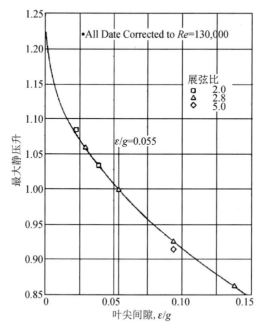

图 2.39　叶尖间隙对最大静压升的影响

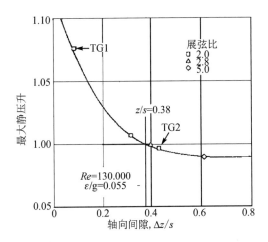

图 2.40　轴向间隙对最大静压升的影响

Koch 将风扇/增压级的运行过程中气动有效静压升系数 $(C_h)_{ef}$ 定义为

$$(C_h)_{ef} = \frac{C_p T_1 \left[\left(\dfrac{P_2}{P_1} \right)^{\frac{\gamma-1}{\gamma}} - 1 \right]_{stage} - \dfrac{(U_2^2 - U_1^2)_{rotor}}{2}}{\dfrac{(W_{1,rotor}^2 + V_{1,stator}^2)_{ef}}{2}} \tag{2.193}$$

式中, U、V、W 分别为周向速度、绝对速度、相对速度; $(V_{1,stator})_{ef}$ 为叶栅进口的有效动压头速度, 定义为

$$\frac{(V_{1,stator}^2)_{ef}}{V_1^2} = \frac{(V_1^2 + 2.5 V_{min}^2 + 0.5 U^2)}{4.0 V_1^2} \tag{2.194}$$

$$\frac{(W_{1,rotor}^2)_{ef}}{W_1^2} = \frac{(W_1^2 + 2.5 W_{min}^2 + 0.5 U^2)}{4.0 W_1^2} \tag{2.195}$$

其中:

当 $(\alpha_1 + \beta_1) \leqslant 90°$ 时, $V_{min} = V_1 \sin(\alpha_1 + \beta_1)$;

当 $(\alpha_1 + \beta_1) > 90°$ 时, $V_{min} = V_1$;

当 $\alpha_1 < 0°$ 时, $V_{min} = U$;

当 $\beta_1 < 0°$ 时, $V_{min} = U$。

各速度分量的定义参考图 2.37。

计算过程中, 将风扇/增压级的各级气动有效静压升系数 $(C_h)_{ef}$ 与修正后的最大失速静压升系数 $(C_h)_{stall}$ 作比较, 若某一级的气动有效静压升系数 $(C_h)_{ef}$ 大于修正后的最大失速静压升系数 $(C_h)_{stall}$, 则认定风扇/增压级失速。

2.2.8　转子叶片叶尖泄漏模型

叶尖间隙大小对叶尖泄漏流动有着直接的影响, 国内外学者通过实验和数值模拟等方法,对不同间隙引起的泄漏流及其对压气机性能的影响进行了广泛研究。1954 年 Rains 通过实验证明了间隙泄漏涡的存在,并对泄漏涡进行了简单的模型分析,认为除非是非常小的间隙,否则黏性力并不重要,泄漏流量通常由压力和惯性效应决定[86]。Rains 认为叶片表面弦向压力梯度相较于垂直于叶片的压力梯度对间隙泄漏流动的影响很小。因此,叶片表面压力差仅由垂直于叶片的速度决定,Rains 通过伯努利方程计算了该值大小。Peacock 对比了静叶和动叶流动,发现由于流体黏性的存在使得机匣的运动对间隙泄漏流有很重要的影响,端壁的相对运动牵引流体通过叶尖间隙。他还认为间隙射流的强度取决于叶尖压力场,叶尖泄漏流沿着叶片吸力面卷起叶尖泄漏涡,然后通过叶间通道向相邻叶片的压力面移动[87]。Wisler 等在 1985 年基于空气动力学相似原理设计和制造了一个大型、低速的高速核心压缩机[88]。然后在低速下测试该模型,其中可以定位与三维端壁边界层、流动分离、泄漏和二次流相关的高损耗区域,并且以更高的精度和更低的成本确定损耗机制。他提出,叶尖泄漏涡带来的影响主要体现为产生泄漏损失和堵塞,前者会降低压气机效率,后者会降低压气机的压升能力和稳定工作范围。Storer 和 Cumpsty 发现这种流动发生的位置通常是叶片最大负荷处,最大负荷位置随间隙大小而发生改变,更大的叶尖间隙会使得最大负荷位置向下移动,从而推迟叶尖间隙涡的卷起[89]。此外他们发现,随着叶尖间隙的增大,泄漏涡的大小和强度都会随之增加。泄漏涡相对于吸力面的位置对确定叶尖附近的压力分布和叶片力非常重要。Yaras 和 Sjolander 总结移动端壁模型时虽然没有考虑到涡轮机械中可能出现的实质性的旋转效应,比如离心力,但是他们发现移动端壁能够使泄漏流量降低 50%[90]。他们认为可移动的端壁牵引间隙涡移向叶片吸力面造成堵塞。Saathoff 和 Stark 研究了来流角度变化对间隙泄漏涡轨迹的影响,他们发现随着来流角度的增加,泄漏涡轨迹在通道中传播得更远,造成更严重的堵塞[91]。当失速时,泄漏涡可能会通过相邻叶片前缘,因此当负荷更大时,间隙泄漏流有负的轴向速度。叶尖间隙泄漏涡会抑制二次流/通道涡,并且在较大间隙时会完全抑制它。但是 Van Zante 和 Williams 发现,对于一些间隙情况,在轮毂机匣处发现逆向旋转涡,抑制间隙泄漏流穿过间隙。这种情况适用于小间隙情况,当间隙较大时逆向旋转涡会被切向间隙流完全抑制[92]。Tang 通过测量两种不同叶尖间隙的间隙流动发现,间隙内部的流动取决于叶片最大厚度[93]。这种在叶尖发生的分离减小了有效的叶尖间隙。他发现由于进入叶尖间隙的流动突然转变,会在叶尖处形成尖端分离涡。间隙泄漏涡的轨迹依赖于与主流的相互作用。Gbadebo 考虑了叶尖间隙流和端壁区的三维流动,他发现间隙泄漏流很大程度上消除了三维二次流,主要表现在抑制前缘处的马蹄涡和间隙泄漏涡的相互作用[94]。刘波、杨晰琼等在 2016 年用数值模拟研究了跨声速动叶间隙的流动特性,重点分析了不同间隙泄漏流,泄漏涡与激波的相互作用和其对压气机性能的影响。根据激波与吸力面相互作用的位置及流线是否产生"二次泄漏流"现象,将整个弦长范围分成三个部分,分别记为主泄漏区、二次泄漏区和普通泄漏区。

Ainley 和 Mathieson 建立的损失模型认为流场中的损失主要分为叶型损失、二次流损失和叶尖间隙损失[95]。Denton 指出这三种损失几乎处于同样的量级,因此间隙损失占压气机总损失的三分之一[96]。他还发现叶型最大厚度大于 4 倍间隙时,从压力面进去间隙的射流在间隙上端混合造成熵增。Rains 认为叶尖处的能量损失主要是由于间隙泄漏流损失导致的。但是这个说法忽略了叶尖间隙涡在展向和流向上的移动。Lakshminarayana 认为叶尖能量损失包括无黏势涡和边界层黏性涡,两种模型都是三维的[97]。二次流涡通过自身诱导场传递到由端壁和吸力面形成的角区中,因此可以合理地假设性质相反的二次流和泄漏涡处于相同位置,最佳间隙的标准是涡度为零。在无间隙的单极压气机中揭示轮毂处存在分离的 Dong、Gallimore 和 Hodson 发现,在叶尖和轮毂之间存在较小间隙时,叶片吸力面的分离区迅速减小,这会导致叶片效率的提高[98]。Storer 和 Cumpsty 发现大部分间隙流在间隙内经的损失非常小,使得当泄漏流在吸力面出现时,其速度在大小上接近当地主流速度。在间隙出口处由于两个方向的流动作用存在很大的剪切力,因此会造成很大的损失。Saathoff 和 Stark 认为在叶尖间隙在弦长的 6%～7%左右时,叶片端壁区的损失达到最大,当间隙达到 15%弦长时,损失会迅速下降,此时端壁区的损失相当于无间隙时的二次流损失。损失减小似乎很大程度上是由于发生大部分间隙泄漏的端壁的间隙压力差显著减小导致的。Gbadebo 发现,当间隙小时(大约 0.2%弦长),叶尖间隙损失最大;当间隙是 0.5%弦长(大约是入口边界层位移厚度)时,损失明显减小;当间隙是 1%弦长时,损失降到最小。当间隙小于 0.58%弦长时,在叶片前方明显存在马蹄涡,在吸力面上有一个鞍点和节点,在吸力面和端壁附近有一个分离流动区域(相对于无间隙);当间隙大于 0.58%弦长时,吸力面上的分离区减小,间隙泄漏流和端壁二次流相互作用产生的泄漏涡强度变大。2013 年,Sakulkaew 通过数值模拟[99],揭示了效率变化与不同叶尖间隙的关系。当叶尖间隙小于展长的 0.8%时,随着间隙逐渐减小,尖端泄漏混合损失会变小,气流与机匣的黏性剪切损失会变大,因此此时存在最佳间隙值,会获得最大效率。当间隙处于展长的 0.8%～3.4%时,随着间隙的增加,效率近似线性降低。当间隙超过展长的 3.4%时,效率对尖端间隙不太敏感。2018 年,段静瑶、肖俊峰等以某亚声速一级半压气机级为研究对象,通过改变转子间隙的大小,研究不同间隙值下压气机气动性能及损失的变化[100]。他们提出在大部分流量范围内,压气机单级效率及总压比随动叶叶尖间隙增大逐渐降低;动叶叶尖间隙增大到设计值的二倍时,效率下降 0.56%,压气机稳定工作范围降低 13.25%。

2.2.9　离心压气机滑移模型

与轴流式压气机不同,离心式压气机主要靠离心力做功来实现对气体的增压。在达到相同增压比的情况下,离心式压气机内气体的流程更短,且从压气机的进口到出口,气流方向经历了更大的折转,再加上特殊的结构形式,使得离心式压气机内部的流动更加复杂。目前对轴流式压气机内部流动机理的认识已经相对比较成熟,而对于离心式压气机的研究工作本身起步比较晚,现在虽然已经有了很大进步,但是对很多流动现象的认识和流动机理的把握还不够完善,这在一定程度上限制了离心式压气机的发展。

与轴流压气机不同,在离心叶轮出口还存在流动滑移现象。在无黏流动情况下,当假设流体沿着无限多叶片叶轮流动时,流道内的流体将按叶片的型线流动,流动是均匀的。实际上,叶片数是有限的,流体是在一定宽度的流道内流动,在轴向漩涡的作用下,除了紧靠叶片表面的流体沿着叶片型线运动,其他都与叶片型线有所偏移,如图 2.41 所示。在叶片工作面上(见图 2.41 的 b 区域),轴向漩涡运动与流体的相对速度方向相反,两种速度叠加的结果使得相对速度减小;而在叶片的背面,两种速度方向一致,叠加的结果使得相对速度增加;最终在流道同一圆周的半径上,相对速度的分布并不均匀,如图 2.41 的区域所示[101]。

由于轴向漩涡的作用,当流体流过叶轮通道时,实际情况与理想情况下流动的速度三角形如图 2.42 所示(注:图中下角标 1 为进口,2 为出口,∞ 表示无限多叶片的理想情况)。在叶轮出口处产生了一个附加的切向速度分量 Δwu,导致 $v_{u2} < v_{u2\infty}$。由于离心叶轮的加功量由 Uv_u 表征,故可用滑移系数 $\mu = v_{u2}/v_{u2\infty}$ 来来表征能量的损失。

由于滑移系数在离心叶轮设计中占有重要地位,是确定离心压气机各级基本尺寸和实际级

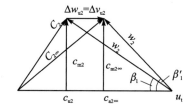

图 2.41　叶轮流道中流体流动示意图

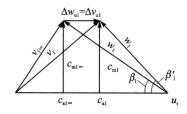

图 2.42　有限叶片进出口速度三角形的变化

工作参数的决定性参数之一,因此,国内外学者对滑移系数开展了深入的研究工作。2002 年,上海交通大学的徐建国利用射流-尾迹模型和流体流动有效中弧线的假设,借鉴 Senoo 等在修正滑移系数预测公式时采用的一些思想方法,论证了叶片出口边厚度、叶轮流道内的堵塞效应、有效中弧线偏移效应及壁面摩擦阻力效应对滑移系数的影响机理,给出了考虑黏性影响的滑移系数修正公式[102]。2004 年,哈尔滨工业大学的赵军明通过数值方式,对 4 个离心泵叶轮分别采用 9 种不同黏度流体作为工作介质时的叶轮出口滑移系数进行了研究,证明了无黏流动分析滑移时提出的相对运

动轴向旋涡的合理性[103]。通过对有黏流动时滑移系数的分析比较发现,黏度较小时,Wisner 公式计算值与流场数值实验得到的结果较为接近,而 Stodola 公式计算值偏差则相对较大,尤其对于叶片数较少的叶轮,Stodola 计算值偏差更大。2005 年,Jose 利用三维数值模拟手段,分析了单相和两相流情况下,改变流量对滑移系数影响,并得出了预测滑移系数的方法,该方法与试验结果较为一致。2006 年,Theodor通过研究,将 Busemann、Stodala、stanitz、Wisner、Eck、Csanady 公式进行了统一化,推导出了以叶片稠度和叶片出口与进口的半径比为自变量的计算滑移系数的公式;对于不同类型的叶轮,公式中的常系数选取为特定的数值,通过比较得出,该公式与上述公式得出的计算结果基本一致[104]。

作为唯一的加功转动部件,离心叶轮主要通过内部离心力实现对气体增压。叶轮内部流动极为复杂,由于高速旋转和叶片表面曲率的影响,常伴有分离流、回流及二次流现象。早期研究时,人们假设叶轮出口处流动是定常的、均匀的,但实验表明[105,106]叶轮出口工质的速度是不均匀的,进而导致扩压器内部流动是非定常、非均匀的流动。1957 年,Acosta 对低转速的离心叶轮内部流场进行了实验研究[107],给出了定量的实验结果。1960 年,Dean 根据实验结果提出了二维"射流尾迹(Jet - Wake)"模型理论,给出了典型的二维射流尾迹结构。随后,Eckardt D,Sranitz,Balje,Pfleiderer 等建立起了离心叶轮的"落后角模型"滑移因子[108,109]。

2.3　燃烧室基本模型及算法

对于燃气轮机燃烧室的分类,根据其气体流动特点可分为直流燃烧室、折流燃烧室和回流燃烧室。折流环形燃烧室因其供油压力低、燃油雾化性能优良、燃烧效率高及高空性能好等优点,在中小型航空发动机上得到广泛应用。Maskey 和 Marsh[110]借助 J69 - T - 25 对早期使用的中心供油离心甩油折流环形燃烧室结构性能特点、工作原理进行了介绍,其结构如图 2.43 所示。Rogo 和 Trauth[111] 对 YJ402 - CA - 400发动机使用的高释热率、加速性能优良的折流环形燃烧室性能特点进行了详细介绍。法国的 Turbomeca 公司生产了多种使用离心甩油折流燃烧室的发动机,如:阿都斯特、透墨和阿赫耶等。美国的 Teledyne CAE 公司和威廉斯公司也生产了大量使用离心甩油折流环形燃烧室的发动机。国内现役的 WZ6、WZ8 等涡轴发动机也采用了这种结构的燃烧室。WZ8 发动机折流燃烧室的结构如图 2.44 所示,燃烧室中第一路气流经火焰筒前壁 2 上的小孔和缝槽进入火焰筒参与燃烧;第二路气流经火焰筒外壁,穿过空心的涡轮导向叶片 4(专用的掺混段空心支板),由火焰筒后壁上的缝槽与小孔进入火焰筒,参与燃烧。燃烧室的掺混气由二路空气系统经进气斗 5 引入。火焰筒内燃气先径向流动,然后折转 90°流动。

以直流火焰筒为例,火焰筒内分区如图 2.45 所示。火焰筒沿轴向依次划分为主

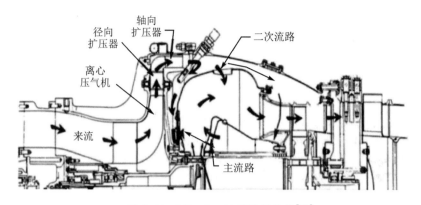

图 2.43　J69 - T - 25 发动机结构[110]

燃区、中间区(或补燃区)和掺混区三个部分。通过火焰筒上的进气装置(包括旋流器、进气孔/缝)将全部空气按照预定的要求依次供入火焰筒,余气系数沿轴向逐渐增高,既保证燃烧室在各种工况下实现高效和稳定燃烧,又保证要求的出口温度分布。火焰筒上,除头部旋流器外主要有两类孔,即二次孔和冷却小孔。二次孔包括进入参与燃烧空气的主燃孔、补充燃烧的中间孔和进入掺混空气的掺混孔。二次孔的孔型包括平面孔、翻边孔、进气斗等。进气斗进气穿透深度最大,通常用在掺混段上,如E300、HK8 和 WJ6 火焰筒。掺混孔考虑射流穿透深度,根据出口温度分布要求调整。Spey 火焰筒的主燃孔采用了 10 个进气斗,主燃区的进气斗既有加强射流穿透深度作用,又可控制进气方向。火焰筒中冷却孔结构会采用气膜孔结构,如鱼鳞气膜孔(J69 火焰筒)、缝隙气膜孔(J69 火焰筒前壁)。基于火焰筒复杂的孔缝结构,本节首先对某型折流燃烧室的各类孔缝结构仿真建模研究,完成燃烧室冷态数值仿真计算,然后在此基础上研究热态数值仿真计算。

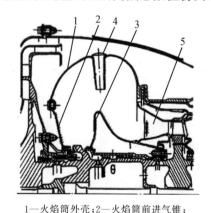

1—火焰筒外壳;2—火焰筒前进气锥;
3—火焰筒后进气锥;4—涡轮导向叶片;5—进气斗

图 2.44　WZ8 折流燃烧室[112]

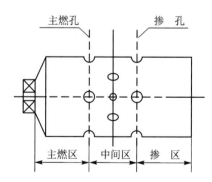

图 2.45　火焰筒分区示意图[112]

燃烧室的性能指标是衡量燃气轮机性能的重要依据,现代燃气轮机的推重比由

10 提到 20,压气机压比提高到 40 左右,燃烧室出口温度由 1 650 K 提升到 2 200 K 左右。由于燃烧室内燃烧过程的复杂性,仅通过试验手段很难彻底了解燃烧室内气体流动、燃油雾化、燃烧组织等情况。随着计算设备和相关计算理论的发展,燃烧室设计方法演变为以诊断技术、计算机模拟为主,进而通过数值仿真、实际燃烧室综合实验对燃烧室进行优化设计的方式。图 2.46 所示为美国普·惠公司环形燃烧室高压试验次数在发动机研制过程中逐渐减少的趋势,随着普·惠公司 ALLSTAR 燃烧室计划的完成,相较于 1990 年代早期,高压试验的相对比例减小了 75%。

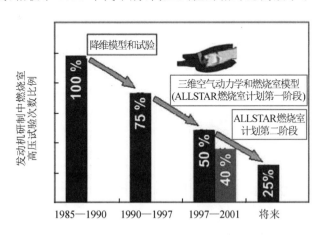

图 2.46　普·惠公司燃烧室高压试验次数变化趋势

　　燃烧室数值模拟技术研究起步于二十世纪七十年代,Pratt[113]、Heywood[114]设计了燃烧室一维数值模拟模型,预测得到了燃烧室出口 NO 和 CO 的含量。到了二十世纪八十年代,多数发动机燃烧室制造厂商在部分设计环节引入了数值模拟方法。1980 年,GE 公司开发了 CONCERT 软件,应用于环形燃烧室三维流场模拟[115,116]。Allison 公司对三种燃烧室(双涡结构、逆向涡结构、单涡结构)的计算结果与实验结果进行比较,分析了主燃区中的空气、燃烧速率,计算时应用了 EBU – Arrhenius 模型[117]。英国 Rolls – Royce 公司使用 PRECISE 设计软件,预测燃烧室流场和出口温度分布及污染排放等燃烧性能[118]。美国普·惠公司开发的 PREACH[119] 软件,可计算燃烧室内的温度场、组分场,应用于 PW6000、F119 等航空发动机燃烧室的设计和研发。到了二十世纪九十年代,数值仿真方法在燃烧室设计过程中的作用越来越大,可以清晰地模拟环形燃烧室内的冷态流动,计算所得内部回流和旋涡结构与实验结果相似。二十世纪九十年代初,NASA 和各发动机公司联合研制的 NCC[120,121] (National Combustion Code)软件,使燃烧室流场计算和性能评估技术定性且定量满足工程应用需求。Correa 分析了燃烧室内的化学反应与流动过程,研究了燃气中组分含量对氮氧化物排放量的影响[122]。

　　燃烧室现有的冷却技术主要有对流冷却、冲击冷却、气膜冷却、发散冷却及多种冷却方式组合的复合冷却方式。发散冷却与前三种冷却方式相比,具有冷却效率高、覆盖性能好、易于控制等特点。一种较为便宜、实用的发散冷却结构形式——多斜孔壁气膜冷却在国外的火焰筒上已经有部分应用。多斜孔壁气膜冷却结构如图 2.47 所示,其冷却方式是在火焰筒壁面上加工大量小孔,小孔与壁面有一倾斜角度,这样可以保证在微孔侧表面获得较大换热面积,同时减弱小孔射流与燃气的掺混,利于保护气膜的形成。

Scrittore[123] 使用激光多普勒测速仪对多斜孔壁边界层内速度分布进行测量,多斜孔壁结构试验装置如图 2.48 所示,其共布置了 20 排长菱形排布的气膜孔,孔径为 5.7mm、倾角为 30°,边界层内的速度剖面如图 2.49 所示。研究结果表明,在多斜孔壁气膜冷却结构中,第 15 排孔位置处速度剖面充分发展,前几排气膜孔的射流穿透能力较充分发展区域气流穿透能力强。

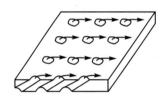

图 2.47　多斜孔壁气膜冷却结构

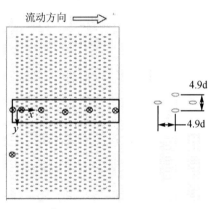

图 2.48　测试用多孔平板结构示意图及
测温区域、速度剖面测量位置[123]

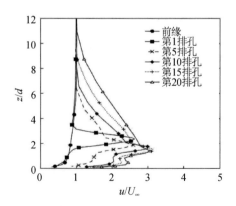

图 2.49　各排孔下游轴向速度展向分布[123]

折流燃烧室中火焰筒前、后进气锥的小孔及窄缝结构与发散冷却结构均具有尺寸小、数量多的特点,因此,在数值仿真中可借鉴对发散冷却结构的处理方式。对于气膜冷却孔模型的建立,目前仍没有统一的处理方式。首次建立气膜孔模型可以追溯到 Crawford 等[124],其将射流模型应用到一个求解二维边界层方程的程序中模拟冷气喷射过程。图 2.50 为冷气喷射微元示意图,喷射模型是借助一维质量、动量及能量平衡方程建立的。Heidmann 和 Hunter[125]应用了由 Hunter 发展的基于质量、动量、能量及湍流量的体积源项分布模型,该模型可以应用于粗网格计算,对涡轮气膜冷却小尺寸流动结构进行气动模拟。其建立了单排 35°倾角的圆孔计算模型,利用多块网格求解平板两侧及孔内部的气流流动,对流场参数进行周向平均后获得各守恒性变量的体积源项,再应用于粗网格计算,结果表明,在距离固壁一定距离的位置施加均匀源项,其计算结果优于在近壁处添加源项。

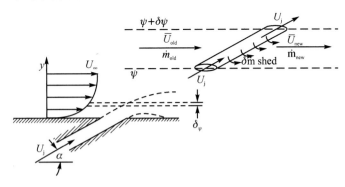

图 2.50　建立射流模型的流动微元[124]

Tartinville 和 Hirsch[126]提出了一种算法,其根据孔的几何结构、位置匹配得到孔在计算域中对应的网格点,进而在网格点上施加源项,计算网格如图 2.51 所示,将模型计算结果与实验数据及对孔进行全网格计算得到的结果进行对比。图 2.52 为当冷气-主流密流比 BR＝0 和 BR＝0.7 时,叶片表面等熵马赫数分布与实验对比图,由图可以看出模型可以很好地预测气动性能;如图 2.53 所示,模型计算结果与全网格计算结果表明,流场结构整体是一致的,只是在全网格计算时,孔下游的静压稍低。

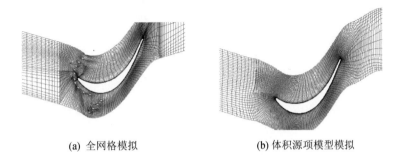

(a) 全网格模拟　　　　　　　　　　(b) 体积源项模型模拟

图 2.51　端壁截面网格视图[126]

Burdet 等[127]建立了一种嵌入 CFD 计算程序的模型,该模型是基于平板贯穿孔

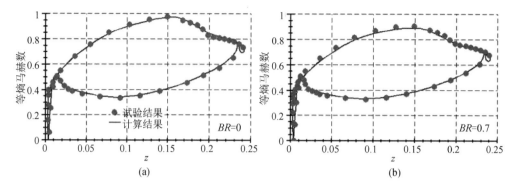

图 2.52　体积源项模型模拟叶中截面叶片表面马赫数轴向分布对比[126]

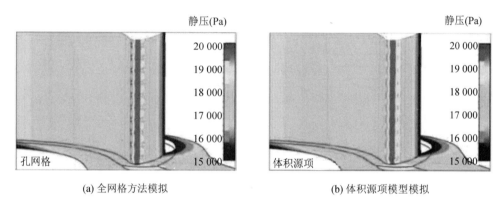

(a) 全网格方法模拟　　　　　　　　　　(b) 体积源项模型模拟

图 2.53　叶片表面静压分布[126]

尾缘处喷射气流建立的,同时考虑了气流喷射引起的堵塞效应。借助该模型可以在不对气膜孔进行全网格划分的情况下,完成涡轮叶片的数值仿真,对计算的稳定性、准确性、CPU 占用率及气膜冷却效率均进行了验证。auf dem Kampe 和 Volker[128]提出一种在计算空间添加源项描述气流喷射过程的模型,该模型对射流孔形状及气动参数进行建模描述。这个模型已经应用于商用软件 ANSYS CFX,并且与 CFD 模拟结果及实验结果进行了对比,结果显示,即使使用较粗的网格仍然具有很好的结果,如图 2.54 所示。

由 Mendez 和 Nicoud[129]提出一种和上述几种方法不同的模型,其不在冷却孔位置添加源项,而是在孔的吸气侧与喷气侧应用均匀边界条件,模型思路如图 2.55 所示,因此可以进行粗网格计算。这种模型保证了壁面两侧无黏通量是守恒的,同时可以验证这些通量对流动结构起到主要影响作用。由于其利用边界条件方法对小孔结构进行建模研究,在程序中易于实现,本节将该方法嵌入周向平均通流程序,对折流燃烧室内的小孔/窄缝结构进行数值仿真。

折流燃烧室中除了前/后进气锥的小孔结构外,还有进气斗结构需要建模研究,

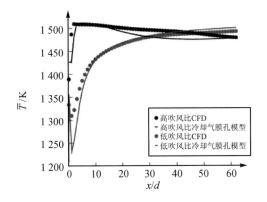

图 2.54　周向平均表面温度分布对比[128]

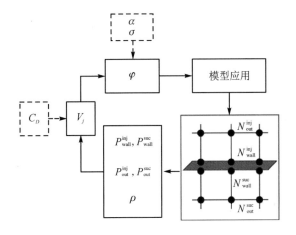

图 2.55　均匀渗透边界模型应用示意图[129]

该结构尺寸大、数量少。图 2.56 为某型涡轴发动机折流燃烧室流路示意图,其进气斗在火焰筒内贯穿位置较深,进气斗内冷却气流对上游高温气体冷却以降低出口气流温度,其周向分布具有周期性,因此可以类比叶轮机械对其采用通流方法进行降维计算。由于其位于火焰筒内部,进气斗与火焰筒的子午视图是部分重叠的。目前对该结构利用通流方法研究的相关文献较少,Nigmatullin 等将进气斗简化为固壁上的大孔,而未对其几何结构完整刻画,借此简化模型利用 Riemann 不变量对进气斗两侧的间断流动进行求解[130]。但是,进气斗几何结构的缺失导致燃烧室内部流动刻画不完整。为了在准三维方法中实现对进气斗的气动热力仿真,本节基于周向平均通流方法对其建模研究。

折流燃烧室中包含两类典型的孔结构:主燃孔及进气斗。其中,主燃孔位于火焰筒内壳/外壳前锥上,以小孔和窄缝的形式存在。该类结构尺寸小、数量多,若与三维一样对该结构进行网格划分,则需要大量的网格计算点,耗费较大的计算资源及较长

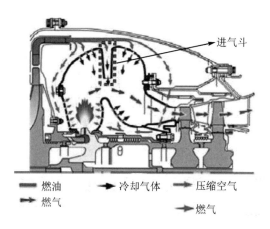

进气斗

——— 燃油　　　➡ 冷却气体　　　➡ 压缩空气
➡ 燃气　　　　　　　　　　　　　➡ 燃气

图 2.56　某型涡轴发动机折流燃烧室流路示意图[131]

的计算时间,这对于燃烧室的快速数值仿真是非常不利的。为了解决该类结构的仿真问题,本小节在准三维数值仿真中采用均匀渗透边界方法,以边界条件的形式对该结构进行当地局部数值模拟。另外,进气斗结构在准三维方法中具有其结构特殊性,即燃烧室子午面上某一位置在三维空间中对应两种不同的流动结构,本节在准三维仿真计算中建立了并行网格方法对其进行建模研究。

上述折流燃烧室中前进气锥及火焰筒内壳前锥/后锥分别利用窄缝及小孔结构来实现气体的流通,由于孔数目多、尺寸小,因此具有与多斜孔壁气膜冷却孔相似的结构特征。图 2.57 为多斜孔壁气膜冷却孔的结构示意图,其表示在燃烧室中利用多排小孔结构将燃烧室外壳中冷气引入火焰筒内部实现高温壁面的冷却。图中 Hot priducts 部分代表火焰筒内部热态气体,Cooling air 部分代表燃烧室外壳中的冷态气体,固壁部分即为火焰筒外壳。为了不对该类小尺寸结构进行网格划分计算,研究人员提出了一系列方法,本节采用 Mendez 和 Nicoud[129] 提出的均匀渗透边界方法对这类结构进行数值模拟。该模型可以应用在粗网格计算中,虽然在计算中有一定的简化,但对应于燃烧室的准三维计算,其简化程度是近似的。

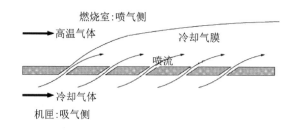

燃烧室:喷气侧

➡ 高温气体　　　　　　　　冷却气膜

喷流

➡ 冷却气体

机匣:吸气侧

图 2.57　多斜孔壁气膜冷却孔结构示意图[129]

均匀渗透边界模型是基于 Howe[132] 对流经圆孔的非定常高雷诺数流动提出的,

其描述了声波和具有斜流的圆孔之间的关系,通过建立流出圆孔边缘的非定常涡平面,得到了通过圆孔的振荡体积流量与孔中振荡压力的关系。Eldredge 和 Dowling[133] 从圆孔模型出发,通过延伸圆孔周围流动,发展了一种均匀衬垫声阻模型,该模型和等温声实验结果具有很好的一致性,证明了可以将衬垫气流中的振荡与其周围小幅压力震荡相关联。Luong 等[134]证明圆孔模型和 Cummings[135]提出的非线性模型是一致的,在湍流模拟时可以利用这个模型描述多穿孔声衬结构。Mendez 等[136]认为可以参考 Eldredge 和 Dowling[133]的方法,将 Cummings[135]的模型扩展到均匀声衬结构中。在对火焰筒进行三维湍流计算时,为了考虑冷却气流对火焰筒内流动结构的影响,进行全尺寸 RANS 和 LES 模拟时需要将该结构考虑在内。其将该模型应用在两个直管道算例中,计算结果同 LARA 实验测量结果进行对比,选取声衬 60% 轴向位置处(即声衬第 9 排孔处)的轴向/径向速度展向分布进行对比。同时作者指出,冷却气膜孔的结构取决于射流孔和周围气流的相互作用,不可能利用唯一的当地边界条件(即质量/动量通量守恒)来产生完全一致的流场结构。Boudier 等[137]为了具有可控的计算时间,重点对网格空间进行关注,将冷却气膜孔入口利用一个单元平面来代替,利用这个平面施加动量进而给定边界条件;为了验证数值仿真方法的准确性,将 LES 结果同 RANS 结果及实验测试数据进行对比,验证了 LES 仿真在工业燃气轮机燃烧室数值仿真中的应用潜力。Mendez 和 Eldredge[138]在对真实燃烧室结构进行大涡模拟仿真时,为了考虑全覆盖气膜冷却孔对热声不稳定性的影响,利用均匀渗透边界条件对冷却孔进行建模仿真,验证了边界条件使用的合理性。Boudiera 等[139]在对某型直升机回流燃烧室进行数值仿真时,对于多孔平板建模采用了简化模型,其在喷气侧采用了边界条件,而在吸气侧采用减去空气流量方法的固壁边条来模拟。

该均匀渗透边界方法的建模思路是在孔的两侧分别建立边界条件来模拟气体的浸入和喷射;同时,由于孔的几何尺寸小、数目多,将周向多个孔的整体冷却作用用平均效果来描述。因此,为了模拟冷却气流的等效作用,在衬膜的两侧分别建立边界条件,借此模拟近壁面区域的局部流动结构。如文献[129]所述,壁面的无黏通量对于冷却起绝大部分作用,因此该边界条件是借助质量通量及动量通量守恒建立的。基于此,该种边界条件的表示如下:

在喷气侧,通量的表示方式为

$$\varphi(\rho) = \rho w_{r,w}^{\mathrm{inj}} = \varphi$$

$$\varphi(\rho w_x) = \rho w_{r,w}^{\mathrm{inj}} w_{x,w}^{\mathrm{inj}} = \frac{\varphi^2}{\rho\sigma}\cot an(\alpha)$$

$$\varphi(\rho w_r) = \rho(w_{r,w}^{\mathrm{inj}})^2 + p_{\mathrm{out}}^{\mathrm{inj}} = \frac{\varphi^2}{\rho} + p_{\mathrm{out}}^{\mathrm{inj}}$$

$$\varphi(\rho w_u) = 0$$

(2.196)

在吸气侧，通量的表示方式为

$$\phi(\rho) = \rho w_{r,w}^{suc} = \varphi$$

$$\phi(\rho w_x) = \rho w_{r,w}^{suc} w_{x,w}^{suc} = \varphi w_{x,out}^{suc} - (\tau_{12})_{out}^{suc}$$

$$\phi(\rho w_r) = \rho(w_{r,w}^{suc})^2 + p_{out}^{suc} = \frac{\varphi^2}{\rho} + p_{out}^{suc} \qquad (2.197)$$

$$\phi(\rho w_u) = 0$$

其中，上标 inj 表示喷气侧位置；$w_{x,w}^{inj}$，$w_{r,w}^{inj}$ 表示喷气侧气流的轴向和径向速度；p_{out}^{inj} 是喷气侧气流的静压；上标 suc 表示吸气侧位置，$w_{x,w}^{suc}$，$w_{r,w}^{suc}$ 表示吸气侧气流的轴向和径向速度，p_{out}^{suc} 是吸气侧的壁面静压；φ 是针对孔板整体表面积的单位面积质量流量，它可以利用下述表达式计算：

$$\varphi = \sin(\alpha)\sigma\sqrt{2\rho C_D^2 \Delta p} \qquad (2.198)$$

其中，Δp 表示孔板两侧静压差；C_D 代表通过孔板的渗透系数；α 代表孔方向与平板夹角；σ 代表孔隙率，其表达式为

$$\sigma = \frac{S_h}{S_w} \qquad (2.199)$$

其中，S_h 表示平板上孔面积，S_w 表示平板的总面积。平板上小孔结构如图 2.58 所示，S_s 为平板上固壁面积，即 $S_w = S_s + S_h$。

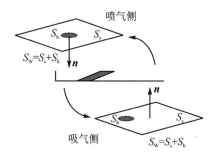

图 2.58　带孔平板结构示意图[129]

　　在俄罗斯 S2 准三维数值仿真程序中，对于燃烧室火焰筒壁物理模型，由于壁面边界上的孔和缝隙有气流通过，因此采用透气固壁边界条件[130]。通流计算模型采用了基于黎曼间断解的简化冷却孔数学模型，通过火焰筒壁面法向的特征波关系及守恒关系模拟通过火焰筒壁面冷却孔的流动现象。对于孔缝流动，其假设火焰筒壁面上有无穷多面积、无穷小的孔，孔的总面积和当地壁面的总面积利用孔隙率描述。喷射气流借助质量、动量、能量源项来模拟，这些源项的大小借助壁面处黎曼间断解求得。在此过程中假设燃烧室外壳空气被等熵加速到孔缝截面，然后与火焰筒内的空气/燃气混合，二者掺混距离利用经验关系式描述。但是，在对上述折流环形燃烧室仿真时，其忽略了进气斗的真实几何结构而将其假设为壁面上的圆孔，如图 2.59 所示，孔 4 位置即为进气斗。这样会导致准三维数值仿真中无法模拟进气斗真实几

何结构,影响火焰筒内流动结构的仿真准确性,本节建立并行网格方法对该结构进行仿真建模研究。

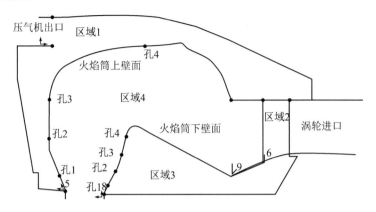

图 2.59　俄罗斯 S2 程序对折流燃烧室仿真计算模型[140]

2.3.1　并行网格方法

对于上述折流环形燃烧室,火焰筒外壳及进气斗结构如图 2.60 所示,其结构具有 30 个进气斗,子午面示意图见图 2.60(a),图中 $A-A$ 视图即为进气斗出口。进气斗俯视图见图 2.60(b),其子午面上同一位置在空间对应两种流动结构,其一为燃烧室外壳流体经过进气斗内部流入火焰筒,另一种为火焰筒上游流体经过相邻进气斗间隙向下游流动。这两种流动是完全不同的,进气斗结构导致该位置的气流具有周向不均匀特征。如前所述,Nigmatullin 等利用准三维方法对进气斗进行数值模拟时未考虑真实几何结构,而是将其简化为固壁上的大孔(计算模型如图 2.59 所示),进而利用 Riemann 不变量求解孔两侧的气动参数,从而将计算所得源项加入 Euler 通流方程中。该种简化方式无法保留进气斗在子午面上的真实结构,导致进气斗对燃烧室内气体流动的影响无法真实刻画,尤其是对于进气斗贯穿火焰筒中较深位置的折流燃烧室(见图 2.56)。考虑至此,本小节基于周向平均通流模型提出并行网格方法,模拟子午面上进气斗位置所对应的两种不同流动,从而保证燃烧室数值仿真的几何完整性。

在周向平均降维方法中,对于叶轮机械将 Navier-Stokes 方程周向平均产生的附加项建模为周向不均匀项,将其计入周向平均通流模型控制方程中以模拟周向不均匀性对流场的影响,从而借助准三维方程刻画出流场中部分三维效应[141,142]。但是在燃烧室中进气斗结构导致极强的不均匀特征,不可以再用周向不均匀项去研究该类流动现象,需要利用结构流体力学概念对其进行相应研究,即在几何层面刻画结构对流动的影响。

在叶轮机械部件中应用周向平均方法具有如下的物理意义:对于同一叶片排沿周

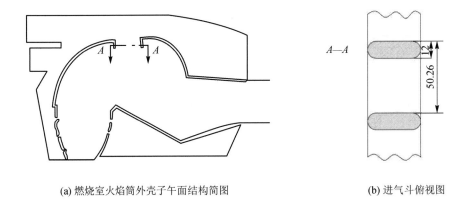

(a) 燃烧室火焰筒外壳子午面结构简图　　　　　　　(b) 进气斗俯视图

图 2.60　某型折流环形燃烧室子午面结构简图及进气斗俯视图

向的分布区域为叶片及叶片通道交替排布的几何结构,叶片通道内部的流动沿周向具有周期性。因此,为了刻画叶片通道内气体流动,需要借助刻画叶片厚度的方式来描述,即利用叶型堵塞因子刻画叶片的堵塞影响。基于此概念,可以将进气斗内部空间和相邻进气斗间的周向间隙分别利用两种堵塞系数进行标记,进而实现对两种流动结构分别进行模拟。该方法的具体原理如下:利用堵塞系数刻画进气斗在周向所占比例,其定义为子午面上某一位置进气斗周向宽度与当地圆周的比例。为了对该参数进行刻画,借助上述推导的周向平均 Navier - Stokes 方程说明其具体体现及应用。

首先,借助周向平均方法得到的降维 Navier - Stokes 方程控制方程组(2.86),其积分形式为

$$\frac{\partial}{\partial t}\int\limits_{\text{Vol}} U \mathrm{d}V + \int\limits_{S}\left[(F - F_v)n_x + (G - G_v)n_r\right]\mathrm{d}S = \int\limits_{\text{Vol}}(S + F_B + F_F)\mathrm{d}V$$

$$(2.200)$$

其中,计算通量时需要利用截面面积,计算公式为

$$\Delta S_{i+\frac{1}{2},j} = (brl)_{i+\frac{1}{2},j}$$

$$(2.201)$$

其中,r 为当地位置的半径,$2\pi r$ 即为子午面上该点对应的周长;l 为该网格单元沿当前计算方向的长度。基于该公式,借助参数 b 来刻画进气斗在周向所占的弧长及进气斗之间区域的周向长度,从而分别求得两区域对应的网格面积。因此,在结构流体力学中参数 b 具有了明确的几何意义,可以将其与叶轮机械中参数 b 的意义进行耦合,实现二者的统一,从而借助并行网格方法可以对子午面上同一位置进行两种流动模拟。如图 2.60 所示,进气斗出口位置进气斗宽度为 12 mm,进气斗间隙宽度为 50.26 mm,计算可得进气斗出口位置对应堵塞系数 $b=0.24$,进气斗间隙对应的堵塞系数 $1-b=0.76$。

对上述折流环形燃烧室采用并行网格计算,其网格示意图见图 2.61。在空间利用两套位置重合的网格对进气斗结构进行刻画,其中黑色区域对应进气斗内部空间

计算网格,阴影区域对应进气斗间隙计算网格。按照上述方法即可将两种不同的流动结构分别进行刻画,实现进气斗区域的并行网格计算。

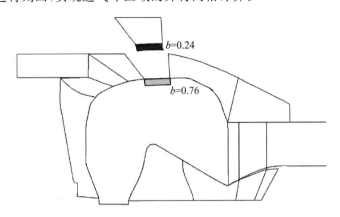

$b=0.24$

$b=0.76$

图 2.61　某型折流环形燃烧室并行网格结构示意图

在周向平均 Navier-Stokes 方程中采用并行网格方法后,需要对单元网格不同边界处的通量进行计算,无黏通量和黏性通量的表达式分别为 $\int_S (Fn_x + Gn_r)\,\mathrm{d}S$ 和 $\int_S (F_v n_x + G_v n_r)\,\mathrm{d}S$ 。为了求解网格边界处通量,需要对相应边界条件进行设置,具体如下:

在黑色网格计算域内部(进气斗内部流动),左侧和右侧网格为固壁边界,上侧为燃烧室外壳与进气斗进口连接处,该位置存在面积突跃,即在该位置燃烧室外壳结构在周向所占的面积为整个圆周,但是进入进气斗后进气斗所占的周向面积突然缩小,数值大小为周向总长度的 0.24。因此,在周向平均方法中面积突跃必然会引起流动的突跃,将其边界条件设置为间断连接边界。计算域下侧边界为进气斗出口位置,将其作为出口边界条件采用给定背压方式进行计算,借助给定背压计算进气斗出口的气动参数,即可完成该位置的通量计算。

在阴影网格计算域(相邻进气斗间隙内流动),左侧和右侧与火焰筒空间区域连续,上侧为燃烧室固壁,下侧为相邻进气斗间隙的下边界。因此,左侧和右侧网格为连接边界条件,上侧对应燃烧室外壳设置为固壁边界条件;计算域下边界通量的求解方式为已知进气斗间隙边界处网格中心点的气动参数及进气斗下游火焰筒内部边界网格中心点的气动参数,利用二者插值得到进气斗间隙边界网格处的气动参数,从而求得边界网格处的通量。

进气斗出口位置及相邻进气斗间隙下边界位置的气流相互掺混,在火焰筒内部假想一掺混截面以完成二者的掺混过程(图 2.61 中风斗出口截面),即将进气斗内冷态气体与火焰筒内热态气体混合,因此,该截面通量计算需要单独处理。对于该过程本小节采用控制方程中通量相加的方式,即图中风斗出口截面处通量为进气斗出口通量与相邻进气斗间隙下边界通量的和。本研究暂未计入两股气流之间的掺混损失,后续进一步研究中需要计入对该物理过程的描述。

经过上述并行网格方法对进气斗空间结构的处理及在周向平均 Navier - Stokes 方程中对不同计算通道中网格边界的通量计算,即可在准三维通流模型中实现对进气斗结构的双通道计算。

燃烧室冷态计算结果显示了准三维方法对燃烧室冷态工况仿真的能力,下面对准三维方法在燃烧室热态数值仿真中的应用进行研究。燃烧室热态数值仿真的需求是初步模拟出燃烧室内气体流动,得到燃烧室出口温度展向分布,为燃气轮机整机数值仿真中涡轮部件提供真实的进口边界条件。若对火焰筒内部详尽燃烧过程进行数值仿真,则需要考虑燃油的蒸发、扩散、湍流流动、化学反应动力学等,因此详细燃烧过程的数值模拟是一个非常复杂的问题。但是,在对燃气涡轮机全流道工作过程数值仿真时,不需要对燃烧过程的复杂化学反应细节进行讨论,对燃烧过程使用简单模型即可以满足燃气轮机计算要求,这种简化方式与燃气轮机其他部件的简化程度是相一致的。

2.3.2　燃烧仿真模型

燃烧室内进行两相湍流燃烧反应,燃料中不同成分湍流流动与化学反应间相互作用、相互影响。各气体组分与温度的脉动促进氧化剂与燃料间的混合与传热,进而影响燃烧反应速率;另外,燃烧放热使混合气温度升高、气体膨胀、流速加快,湍流强度加强,所有因素综合作用使湍流燃烧机理极其复杂。鉴于当前设备的计算能力,为了模拟湍流燃烧过程需要提出简化燃烧模型以预测燃烧速率,在保证计算效率的基础上模拟燃烧过程的主要特性。

目前研究常用的湍流燃烧模型有湍流预混火焰模型、概率密度函数模型和复杂反应模型等。关于预混火焰反应速率的湍流燃烧模型,Spalding[143]于二十世纪七十年代初提出了旋涡破碎(Eddy Break - Up,EBU)模型,可实现湍流预混燃烧过程数值模拟。Mason 等[144]于 1973 年提出了 EBU - Arrhenius 模型,该模型可以考虑局部温度对化学反应速率的影响。此类模型简单易用,在工程燃烧问题中得到大范围推广。Xia 等[145]采用 EBU 模型对火箭发动机补燃室流场进行仿真。Mongia[146]采用 GE 公司的 CCD 软件,利用 EBU 模型对环形燃烧室内流场进行数值分析。严传俊[147]在三维贴体坐标系下利用 EBU 模型模拟燃烧室内两相流反应。赵坚行等[148]在圆柱坐标系下采用 EBU 模型完成了单管燃烧室中三维两相流化学反应数值仿真。雷雨冰和蔡文祥[149-151]借助 EBU - Arrhenius 模型对环形燃烧室、回流燃烧室及带有了三级旋流器的环形燃烧室完成了三维两相燃烧流动数值模拟。李井华等[152]采用 EBU - Arrhenius 模型完成了双级涡流器环形燃烧室的三维两相燃烧流场数值模拟。

本小节采用经验公式描述燃油燃烧过程,该公式应用在燃气轮机准三维或三维全流道的仿真过程中是非常方便的。在数值仿真中应用简单化学反应系统,其主要功用是近似计算燃烧效率和热力学参数。假设燃油碳氢燃料组分的化学式为 C_6H_{14},将燃烧过程的化学反应看作一步不可逆反应。首先给定燃油在火焰筒内的分布规律,然后利用 EBU-Arrhenius 模型对燃油燃烧过程定性描述,得到火焰筒内局部燃油的燃烧效率,燃油的释放热作为源项加入 Navier-Stokes 方程组的能量方程中。

1. 燃烧室热态模拟 Navier-Stokes 控制方程

相较应用于叶轮机械数值仿真的周向平均 Navier-Stokes 方程组,在燃烧室热态数值仿真中控制方程组共有 4 处变化:①增加燃油连续方程;②连续方程应用于火焰筒内混合气(空气和燃油)作为混合气连续方程;③能量方程中加入了燃油燃烧释放的热量;④增加燃烧化学反应动力学方程。对于化学反应动力学方程,化学反应速率采用半经验公式计算,依据火焰筒局部位置的燃油/空气质量浓度确定燃烧速率。

综上,应用于燃烧室热态计算的 Navier-Stokes 方程组如下(动量方程同方程组(2.1),此处不再叙述):

(1) 燃油连续方程

燃油连续方程积分形式为

$$\frac{D}{Dt}\int_v \mathrm{d}m_f = \frac{D}{Dt}\int_v \rho f \mathrm{d}V = \int_v \dot{\rho}_f \mathrm{d}V \tag{2.202}$$

其中,m_f 表示燃油质量;ρ 为混合气密度,$\dot{\rho}_f$ 为单位体积燃油流量,利用 $\dot{\rho}_f$ 模拟火焰筒内燃油的喷射过程;f 为混合气分数,定义式为

$$f = \frac{G_f}{G_f + G_a} \tag{2.203}$$

其中,G_f 为当地燃油流量;G_a 为当地空气流量。

将式(2.202)写作微分形式,为

$$\frac{\partial}{\partial t}(\rho f) + \frac{\partial}{r\partial x}(r\rho w_x f) + \frac{\partial}{r\partial r}(r\rho w_r f) + \frac{\partial}{r\partial \varphi}(r\rho w_u f) = \dot{\rho}_f \tag{2.204}$$

由该方程可知应求解火焰筒内每一个网格点的燃油混合气分数 f。

(2) 混合气连续方程

混合气连续方程积分形式为

$$\frac{D}{Dt}\int_v \mathrm{d}m = \frac{D}{Dt}\int_v \rho \mathrm{d}V = \int_v \dot{\rho}_f \mathrm{d}V \tag{2.205}$$

其中,m 为混合气质量。

将式(2.205)写作微分形式,为

$$\frac{\partial \rho}{\partial t} + \frac{\partial}{r\partial x}(r\rho w_x) + \frac{\partial}{r\partial r}(r\rho w_r) + \frac{\partial}{r\partial \varphi}(r\rho w_u) = \dot{\rho}_f \tag{2.206}$$

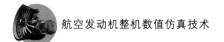

（3）能量方程

能量方程积分形式为

$$\frac{D}{Dt}\int_{V}\rho\left(e+\frac{1}{2}w^{2}\right)dV = \int_{V}\rho\boldsymbol{w}\cdot\left[\boldsymbol{f}_{V}-\boldsymbol{\omega}\times(\boldsymbol{\omega}\times\boldsymbol{r})-2\boldsymbol{\omega}\times\boldsymbol{w}\right]dV + \int_{V}\dot{\rho}_{f}h_{f}dV$$

(2.207)

其中，h_f 为燃油燃烧释放的低热值，其数值实际是随反应过程的温度而变化的，但是为简化计算，令其等于定值，本研究中取 $h_f = 42\times10^6$ J/kg。

将式（2.207）写作微分形式，为

$$\frac{\partial}{\partial t}(\rho e) + \frac{\partial}{r\partial x}(r\rho hw_x) + \frac{\partial}{r\partial r}(r\rho hw_r) + \frac{\partial}{r\partial\varphi}(r\rho hw_u) = \rho w_r\omega^2 r + \dot{\rho}_f h_f$$

(2.208)

（4）燃烧化学反应动力学方程

燃油的燃烧过程利用通用化学反应动力学方程进行刻画，求解方程得到局部燃油的燃烧效率，方程如下：

$$\rho f\frac{d\eta}{dt} = \dot{\nu}$$

(2.209)

其中，η 表示当地的燃烧效率，$\dot{\nu}$ 为当地化学反应速率常数。

将式（2.209）写作微分形式：

$$\frac{\partial}{\partial t}(\rho f\eta) + \frac{\partial}{r\partial x}(r\rho w_x f\eta) + \frac{\partial}{r\partial r}(r\rho w_r f\eta) + \frac{\partial}{r\partial\varphi}(\rho w_u f\eta) = \dot{\nu}$$ (2.210)

以上描述的燃烧过程反应方程是基于控制方程（2.86）的，采用同主控方程组相同的形式进行表示，这样对控制方程组进行离散求解时可以应用同样的求解方法。方程中使用了足够简化的燃油燃烧化学反应动力学方程来描述航空煤油燃烧过程的化学反应速率。另外，火焰筒内部需要考虑工质（空气-燃油混合物）组分的变化，基于此可以考虑高度和空气湿度变化对工质成分的影响。

2. 燃烧反应模型

航空煤油实际上是多种碳氢化合物的混合燃料，没有精确的分子式，其化学构成一般都是根据碳氢含量给出等价分子式。航空煤油中各元素所占比例表示如下：碳的比例是 m，氢的比例是 n，氧气的比例是 l，近似认为 $m = 0.85, n = 0.15, l = 0$。因此，可将航空煤油等价分子式记作 C_6H_{14}，假设其燃烧化学反应为

$$C_6H_{14} + \frac{19}{2}O_2 \rightarrow 6CO_2 + 7H_2O$$

(2.211)

无论层流或湍流瞬时燃烧过程，混合气中组分的消耗/生成都是由分子间碰撞引起化学反应造成的，其反应速率可借助化学反应动力学中的 Arrhenius 公式表示。根据 Arrehenius 定律，公式（2.211）中燃料与氧气一级瞬时反应速率 $\dot{\nu}$ 可表示为

$$\dot{\nu} = A \times Y_{fuel}^a \times Y_{O_2}^b \times e^{\left(-\frac{E_a}{RT}\right)} \tag{2.212}$$

其中，A 为航空煤油的前置因子，取值为 $4 \times 10^9 s^{-1}$；Y_{fuel} 为燃油质量浓度，Y_{O_2} 为氧气质量浓度；反应级数 a、b 均设为 1；T 为混合气静温；E_a 为燃油的活化能，取值为 177 kJ/mol，R 为摩尔气体常数，E_a/R 称为活化温度。

质量浓度的计算式为

$$Y_{fuel} = \rho \times c_{fuel}$$
$$Y_{O_2} = \rho * c_{O_2} \tag{2.213}$$

其中，c_{fuel} 和 c_{O_2} 表示燃烧过程中燃油和空气的质量分数。

综上，在求解方程（2.209）时，η 的初始值设为一个常数，变化范围是 $0 \sim \eta^*$（0.4/0.5），然后在计算过程中 $\dot{\nu}$ 利用无量纲的化学反应动力学方程计算得到。

3. 考虑工质组分变化的变比热/变工质计算

火焰筒/涡轮部件数值仿真与压气机仿真的主要区别是气体流经火焰筒后气体温度升高，比热容不可再作为定值计算，另外工质组分随燃烧反应进行不断发生变化。因此，火焰筒及涡轮部件的热态数值仿真必须采用变比热、变工质计算。

同设定燃油的化学成分一样，认为参与燃烧的空气由特定物质成分构成，包含的物质为氮气 N_2、氧气 O_2、二氧化碳 CO_2 和水 H_2O。选定这样的空气组成方式，在数值仿真过程中可以较容易地考虑当飞行高度及空气湿度变化时气体性质发生的改变。基于航空煤油和空气的组成成分，认为在航空煤油燃烧反应中燃油发生以下两种简化反应：

$$C + O_2 = CO_2$$
$$4H + O_2 = 2H_2O \tag{2.214}$$

基于上述燃油和空气成分及燃烧过程化学反应的假设，反应过程中需要考虑五种组分质量分数的变化，即燃油 c_{fuel}、氧气 c_{O_2}、氮气 c_{N_2}、二氧化碳 c_{CO_2}、水 c_{H_2O}，c 表示组分的质量分数。工质组分质量分数是通过化学计量关系求解的，需要借助混合气分数 f 和燃烧效率 η 表示。基于上述两种燃烧总反应，计算公式如下：

$$c_{fuel} = f(1-\eta), \quad c_{O_2} = c_{O_2}^a(1-f) + c_{O_2}^T f\eta - \frac{\mu_{O_2}}{\mu_C} c_C^T f\eta - \frac{\mu_{O_2}}{4\mu_H} c_H^T f\eta$$

$$c_{N_2} = c_{N_2}^a(1-f), \quad c_{CO_2} = c_{CO_2}^a(1-f) + \frac{\mu_{CO_2}}{\mu_C} c_C^T f\eta,$$

$$c_{H_2O} = c_{H_2O}^a(1-f) + \frac{\mu_{H_2O}}{2\mu_H} c_H^T f\eta$$

$$\tag{2.215}$$

其中，$c_{O_2}^a$、$c_{N_2}^a$、$c_{CO_2}^a$、$c_{H_2O}^a$ 表示空气初始化学组分的质量分数；$c_{O_2}^T$，c_C^T，c_H^T 表示燃油初始成分中的 O_2、C 和 H 的比例。

采用基于实验数据的物性计算方法计算不同组分的定压比热容，以测试所得工质热物理性质的实验数据为依据，制作工质热物理性质表函数，或采用拟合方式建立各热参数间的函数关系式。假设热力系统中常见工质均为理想气体混合物，定压比热容 c_p 与压力无关，仅为温度的函数，因此可将各工质实验所得比热容拟合为温度的函数：

$$c_p = \sum_{k=0}^{9} a_k \left(\frac{T}{1000}\right)^k \tag{2.216}$$

将温度 T 除以 1 000 是为了拟合后的参数量级合适，选出燃气、空气、燃油组分的物性参数拟合成多项式，主要组分的多项式系数如表 2.4 和表 2.5 所列。

表 2.4　不同组分比热容拟合公式系数—1

组　分	公式系数				
	a_1	a_2	a_3	a_4	a_5
空气	1 004.618 8	74.17	−1 025.049 6	4 020.718	−6 096.805 1
CO_2	377.013 38	2 292.782 1	−3 393.835 1	4 021.483 3	−3 571.417 4
H_2O	1 981.325 5	−1 542.420 6	6 139.836 6	−10 480.281	11 755.772
O_2	1 094.846 1	−1 896.905 1	6 988.641 7	−11 548.234	11 156.049
H_2	6 885.052 7	64 815.155	−225 666.71	422 731.98	−473 173.54
燃油	1 000	0	0	0	0

表 2.5　不同组分比热容拟合公式系数—2

组　分	公式系数				
	a_6	a_7	a_8	a_9	a_{10}
空气	4 980.011	−2 403.996	688.299 45	−108.302 04	7.224 742
CO_2	2 211.443	−910.748 74	236.618 25	−35.038 463	2.252 834 1
H_2O	−8 552.545 5	3 930.300 7	−1 097.632 8	169.963 73	−11.191 756
O_2	−6 794.839 7	2 650.117 9	−642.919 56	88.395 895	−5.262 452 1
H_2	333 275.3	−148 821.82	40 829.878	−6 271.765 2	412.573 55
燃油	0	0	0	0	0

基于各组分定压比热容的公式，求解混合气体的定压比热容及混合气气体常数，公式分别如下：

$$C_{p,\text{mix}} = \sum_{i=1}^{n} c_i * C_{p,i}$$

$$\qquad\qquad\qquad\qquad\qquad (2.217)$$

$$R_{\text{mix}} = \sum_{i=1}^{n} c_i * R_i$$

其中，c_i 为各组分的质量分数；$C_{p,i}$ 为各组分的定压比热容；R_i 为各组分的气体常数。

4. 火焰筒燃油分布规律

如方程(2.202)所示，进行燃烧室热态数值仿真时，应首先给定参与反应的燃油在空间的分布规律以等效替代火焰筒内燃油喷射过程。本小节给定燃油流量沿流向的分布规律如图 2.62 所示，横坐标为火焰筒沿流向无量纲长度，纵坐标为当前位置火焰筒内累计参与燃烧的无量纲燃油总量（利用燃烧室内燃油总流量进行归一化），燃油流量与流向位置之间的函数关系为

$$\frac{G}{G_f} = x^2(3 - 2x) \qquad\qquad\qquad (2.218)$$

其中，G 表示当前位置累计参与燃烧燃油总量；G_f 为火焰筒内燃油总流量。

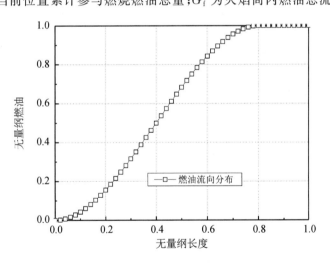

图 2.62　累计参与燃烧燃油流量流向分布规律

如文献[153]所述，折流燃烧室主燃区中空气组成为前旋流板空气、后旋流板空气及进气斗中空气流量的 1/4。由此可知，在火焰筒内进气斗前的空气流量仅占主燃区空气流量的 63.2%，进气斗喷射的冷却气流部分仍参与燃烧，因此在进气斗出口下游位置仍需要给定参与燃烧的燃油流量。借此，对给定的燃油分布规律解释如下：在火焰筒内燃油沿流向分布在发动机前端 80% 长度内，累计参与燃烧的燃油流量逐渐增大，在中间位置参与燃烧燃油增速最快，随后单位长度内燃烧的燃油流

量逐渐减少。该种燃油给定方式与折流燃烧室内燃油的反应机理是一致的,即在火焰筒前端,燃油从离心甩油盘喷出,由于燃油温度较低未达到燃油活化能不能充分燃烧;随着流动向下游发展,燃油温度逐渐升高,参与燃烧的燃油比例逐渐增加直至燃油完全燃烧。基于此,给定了燃烧室内燃油流量,借助空间各计算站的累计燃烧燃油流量即可求得火焰筒各位置参与燃烧的燃油流量。在拟径向,燃油采用两侧燃油流量低,中间燃油流量高的给定方式,并且火焰筒近壁面空间不加入燃油。

2.4 涡轮冷却与冷效模型

为了增大航空燃气轮机的单位推力及降低耗油率,航空发动机向高增压比和高涡轮前温度方向发展是大势所趋。为了保证涡轮的强度和寿命,让涡轮承受更高的温度,主要途径有两种,一是通过寻求新的耐高温材料和热涂层使涡轮叶片所能承受的温度增大,另一种是通过高效的冷却方式降低固壁表面温度。而新材料和热涂层所能起到的作用非常有限,故而高效的冷却技术十分重要。以图 2.63 中罗·罗公司的航空燃气涡轮发动机的设计涡轮前温度的演化为例,从最早使用的无冷却的锻造合金叶片到如今的遄达 900 所使用的单晶合金叶片,发动机的涡轮前温度提高了约 700 K,其中高温合金技术的进步贡献了约 300 K,而将近 400 K 的贡献则来自发动机涡轮叶片冷却技术的进步。由此可以看出,发动机涡轮前温度提升速度远高于高温合金的可承受工作温度的提升速度,这主要得益于燃气轮机涡轮叶片冷却技术的进步。由图 2.63 可见,当涡轮前温度达到 1 300 K 时,涡轮采用冷却是必要的。

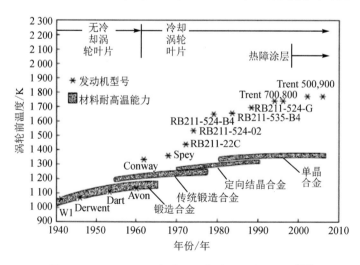

图 2.63 罗·罗公司发动机涡轮前温度变化趋势[154]

2.4.1　叶片冷却

1. 对流冷却(内部冷却)

对流冷却是涡轮叶片冷却最简单的一种方式。冷却工质从叶片尖部或根部引入,经过叶片内部的各种蜿蜒的蛇形通道,然后通过叶片另一端或尾缘排除。内部冷却通过在叶片内部通道的侧壁设置各种强化换热的肋与孔洞来带走叶片上更多热量,提高冷却效率。对流冷却主要包括冲击冷却、肋片冷却和尾缘冷却等。图 2.64 所示为现代高性能发动机的典型涡轮叶片冷却系统。

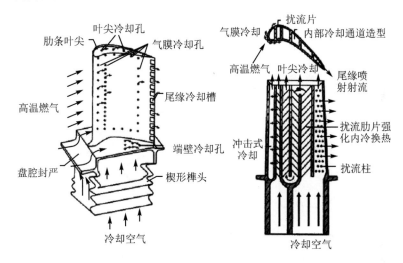

图 2.64　典型涡轮叶片冷却系统示意图[155]

这里引入一个定义,即叶片的平均冷却效率,定义为

$$\varepsilon_c = \frac{T_{tg} - T_{bu}}{T_{tg} - T_{ci}} \tag{2.219}$$

其中,T_{tg} 为该排叶片进口主流的总温;T_{bu} 为叶片的平均温度;

T_{ci} 为冷却流进入叶片前的温度。

冷却效率为 1 时,叶片温度等于冷却流温度,冷却效果最明显;冷却效率接近 0 时,叶片温度接近主流温度,几乎不冷却。平均冷却效率的需求是确定冷却方式和冷气量的决定性参数。后面估计冷却气量的估算模型中便用到了该参数。

平均冷却效率需求小于 0.5 时,一般采用对流冷却。由图 2.65 可以看出,当没有气膜时,即使增加冷气量,冷却效率达到 0.5 以后很难继续增加。

对于对流冷却研究的重点在于对流换热系数,与之对应的无量纲量是努塞尔数。对于涡轮叶片主流与叶型外部的换热系数分布如图 2.66 所示。前缘滞止位置与高速湍流处的换热系数较高。这些区域主流与叶片换热更强,因此与之对应的叶片内

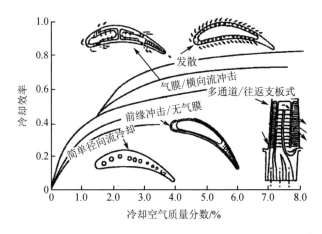

图 2.65　不同冷却方式的冷却效率和冷却空气质量分数关系[156]

部也需要有更高换热系数的对流冷却方式带走更多的热量。

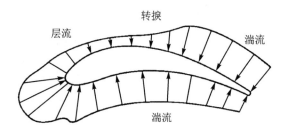

图 2.66　叶型换热系数分布[157]

　　冲击冷却利用压差让冷却流经过细小的孔或者缝隙加速后，高速冲击需要冷却的表面。这种冷却方式是国际公认的高效对流冷却方式，其射流速度高，新鲜的低温冷却流不断冲击待冷却的表面，导致对流换热系数非常高。冲击冷却多用于叶片前缘和叶型中部一些区域。

　　影响冲击冷却效果的因素有冲击孔流速为特征速度、以孔径为特征长度的雷诺数，孔型，待冷却面与小孔之间的距离和小孔直径比值的无量纲参数，待冷却面的曲率（叶片前缘类似于一个小圆，叶型中部的待冷却面则近似于平板面）等。具体的研究可参见 Metzger[157]，Kercher[158]，Chaudhari M[159]，Ahmed F B[160]，Singh D[161]，Fechter S[162]，Terzis A[163][164]等的研究成果。

　　带肋片的冷却是在叶片内部冷却通道中设置各种凸起结构来加强换热，其加强换热的原理主要有两方面：一是增加换热面积，二是起到扰流作用增加湍流度进而增强下游的换热系数。影响肋片换热效果的因素有肋的形状、肋的排列方式（顺排、错排）、肋的数量（肋的密集程度）、肋的高度与待冷却空间高度比、肋自身的展弦比等。一般在研究带肋冷却的叶片的冷却效果的同时，还要关注肋片引起的流动损失。设计人员往往寻求以尽可能小的压力损失获得最佳的冷却效果。

尾缘冷却在气动要求下,涡轮叶片的尾缘要求尽可能薄,因此很难采用前面所说的对流方式进行冷却。因此往往采用让冷却流从尾缘的空缝直接排出进入主流。

2. 气膜冷却(外部冷却)

对于对流冷却叶片而言,平均冷却效率难以达到 0.5 以上。当涡轮进口总温较高,涡轮叶片需要的平均冷却效率大于 0.5 时,就需要采用气膜冷却方式。

气膜冷却的原理如图 2.67 所示,冷却流先在固壁内侧对流换热,同时在气膜孔内对流换热,最后以一定角度流入主流,在固壁表面形成一层低温流体的保护膜,将固壁与高温燃气隔离开。

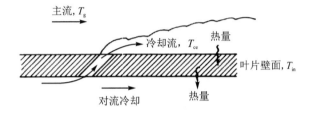

图 2.67　气膜冷却示意图

对于气膜冷却研究的重点有两个:一个是气膜效率,另一个是气膜冷却引起的气动损失。气膜效率的定义如下:

$$\eta_c = \frac{T_g - T_f}{T_g - T_{co}} \tag{2.220}$$

其中,T_{co} 为冷却流流出气膜孔处的温度;T_f 为当地气膜温度。

气膜冷却研究从劈缝冷却、多排孔冷却、多孔冷却发展到了发散冷却。这几种气膜冷却形式中后两个的冷却效率最高,由于发散冷却对应的具体机械在结构与机械强度上难以实现,因此多孔气膜冷却是发散冷却的近似替代。

以图 2.67 中一个孔气膜冷却为例,要想使得气膜覆盖到下游更多区域,同时要保证冷却射流具有一定的流速,那么就需要较高的冷却流流速或者说更多的冷却流量。但是另一方面,冷却射流流速过高,射流将透入主流深处,加上冷却流在冷却口出口处的对涡将主流高温燃气卷向壁面,这样冷却流无法附着在固壁表面,冷却效果则下降。这两者之间需要进行取舍,选择合适冷却流量和冷却流流速很重要。因此冷却流与主流的流量比、密流比、动量比一直是研究气膜冷却效率的重点。现在学者们对各种不同冷却孔几何形状(例如简单的圆柱孔,新型的出口发散形孔、圆锥喇叭形孔、横向发散形孔、扇形孔等)和不同吹风比等气动参数对冷却效果的影响进行了大量的研究。这些都是为了使冷却流更好地附着在固壁表面,同时获得更高的冷却效率。因为对于一个气膜孔,在其横向位置处无法形成气膜,在该处的冷却效率很低,多孔冷却中上游冷却气膜可以解决这个问题。对于多排孔顺排、错排,以及利用与主流成一定角度的多孔结构的研究,则主要是为了研究其单个气膜孔形成气膜冷却区域的联合情况。多孔冷却的优势还在于冷却更加均匀,同时每股小的冷却射流也可以更好地附着在壁面。

2.4.2 涡轮冷却计算模型

1. 零维计算

关于涡轮冷却的零维计算,Holland M J, Thake T[165] J B Young H 和 R C Wilcock[166,167] , Torbidoni L , Massardo A F[168,169] ,Horlock[170] , Maria Jonsson 等[171] 等对涡轮冷却进行了零维的经验计算,虽然他们研究的重点有所不同,有的重点放在冷却流量与叶片壁温求解,有的重点在于损失求解,有的则是重点考虑不同冷却流体的影响。但是他们关于零维换热计算与损失计算,以及冷却对级性能或者部件性能的影响计算的方法存在一致性。

零维冷却模型具体如下:假设叶片表面温度均匀一致为 T_{bu},定义内部通道冷却效率为

$$\eta_c = \frac{T_{co} - T_{ci}}{T_{bu} - T_{ci}} \tag{2.221}$$

其中,$T_{co} - T_{ci}$ 代表冷却流总温升;$T_{bu} - T_{ci}$ 代表叶片一致温度与冷却流入口温度差。

定义总的冷却效率(上面提到的叶片的平均冷却效率)为

$$\varepsilon_c = \frac{T_g - T_{bu}}{T_g - T_{ci}} \tag{2.222}$$

其中,$T_g - T_{bu}$ 代表燃气与叶片温差;$T_g - T_{ci}$ 代表燃气与冷却气入口温度差。

然后利用叶片和主流之间的换热量(等于叶片与冷却气换热量)等于冷却气沿流向的总焓增加,即

$$G_c C_{pc}(T_{co} - T_{ci}) = A_b h_g(T_g - T_{bu}) \tag{2.223}$$

式中,A_b 代表叶片表面面积;G_c 代表冷却流质量流量;h_g 代表主流与叶片之间的对流换热系数。

再结合主流的质量流量公式和主流的斯坦顿数公式:

$$st_g = \frac{h_g}{C_{pg}\rho_g v_g} \tag{2.224}$$

$$G_g = \rho_g A_g v_g \tag{2.225}$$

其中,v_g 代表主流的平均速度;A_g 代表主流垂直于流向的截面面积。

联立公式(2.221)~式(2.225)可得

$$\frac{G_c}{G_g} = B \frac{C_{pg}}{C_{pc}} St_g \frac{A_b}{A_g} \tag{2.226}$$

$$B = \frac{\varepsilon_c}{\eta_c(1 - \varepsilon_c)} \tag{2.227}$$

其中，B 参数也是两个温差之比，B 参数与两个冷却效率之间的关系见公式(2.227)。

当实际计算或者设计时，冷却流进入涡轮未冷却时的温度 T_{ci} 与主流来流温度 T_g 已知。给定叶片一致温度 T_{bu}（由叶片可以承受最高温度与一个安全系数确定，设计人员根据经验给定），可以得到总的冷却效率 ε_c。若再根据经验给定内部冷却效率 η_c（T_{co} 也确定），就可以确定 B 参数，进而可以计算出冷却流量 G_c。进一步求解换热量也很容易。存在气膜冷却时，再引入一个气膜冷却效率，得到一个修正的冷却流量求解公式。关于冷气引起的熵增与损失，在后面统一描述。零维模型的核心就是求解冷却流量和换热量。

对于单纯的研究零维换热模型，需要经验参数且估算结果与实际有偏差，因此单纯研究零维模型意义已经不大，现在的研究主要在于将零维模型嵌入整机循环计算或者与其他换热模型结合进行更精确的计算。在零维模型的基础上，J B Young H 和 R C Wilcock[166,167]主要分析了冷却的影响、涡轮前温度、涡轮效率和整机循环效率之间的关系。Torbidoni L 和 Massardo A F[168,169]采用这种经验方法（并不固定内部冷却效率）和分析方法（下面的一维计算方法）相结合的方法，利用两种方法计算得到的冷却流流量和出口温度相等进而得到唯一内部冷却效率（对应于特定的内部冷却结构）。

2. 一维和二维计算模型

Torbidoni L、Horlock J H[172,173]、Consonni[174]、Petrovic[175]、顾春伟[176,177]和史亮[178]等对涡轮换热进行数值模拟（一维和二维冷却换热计算）。一维计算模型的主要假设有：不考虑叶片金属的径向和弦向导热，叶片在主流与冷却流侧之间沿厚度（薄壁）存在温差，叶片温度和冷却流温度沿径向有变化（那么在弦向就假设一致或者用平均值代替），叶片与主流换热量＝叶片沿厚度方向导热＝叶片与冷却流换热量＝冷却流流经该换热段的总焓增，主流燃气的气动参数在周向上一致或采用平均值。二维计算模型的简化假设与一维不同的是，考虑叶片温度沿径向和弦向都有变化，但依旧不考虑叶片金属内沿径向和弦向的导热。图 2.68 为该模型示意图。

计算模型主要内容是，对叶片径向和弦向划分网格后，每个网格相当于一个金属片，一侧是高温燃气一侧是冷却气流动进行换热。利用两侧的换热系数乘以气流与金属表面温度差得到换热量，金属导热则是一维导热，两侧对流换热量和金属导热量三者相等，并且等于冷却流流经该网格的总焓增。具体的计算关系如下：

$$dq = dA_{bg} * h_g * (T_g - T_{be}) \tag{2.228}$$

$$dq = dA_b \frac{\lambda_b}{\tau_b} * (T_{be} - T_{bi}) \tag{2.229}$$

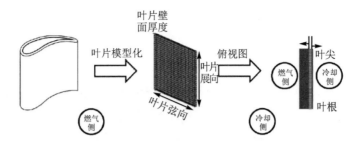

图 2.68　一维和二维冷却计算模型

$$dq = dA_{bc} * h_c * (T_{bi} - T_c) \tag{2.230}$$

$$dq = G_c * C_{pc} * dT_C \tag{2.231}$$

其中，dA_{bg} 代表每个叶片微元块主流一侧叶片表面积；dA_b 代表每个叶片微元块叶片面积，可取 A_{bg} 与 A_{bc} 的平均值；dA_{bc} 代表每个叶片微元块冷却流一侧叶片表面积；T_{be}、T_{bi} 代表叶片主流侧(外侧)和冷却流侧(内侧)温度；T_g、T_c 代表该微元块处主流燃气和冷却流各自分别的平均温度。

由式(2.228)～式(2.231)可得

$$dq = dA_{bg}(T_g - T_C) * \left(\frac{1}{h_g} + \frac{\tau_b}{\lambda_b} + \frac{1}{\dfrac{dA_{bc}}{d_{bg}} h_c} \right)^{-1} \tag{2.232}$$

实际迭代计算求解时，已知主流和冷却流温度，且已知换热系数导热系数和叶片的几何参数，便可以求得换热量。求得换热量之后，金属两侧温度也可以求得。该方法主要是分析方法，给定冷却流流量与主流的来流条件进行计算，可以得到叶片的温度分布。至于是叶片温度一维还是二维分布，则根据假设不同，叶片网格块划分不同，计算结果不同。

若是想利用该模型预估流量，则需要反复迭代求解，使冷却流量最小时，叶片最高温度为涡轮叶片在高温环境下金属可以长时间承受的最高温度(可以加安全系数)。上面是二维换热计算方法，若想与主流耦合计算，有了换热量则计入主流二维计算的能量方程或者焓变中；对于主流三维计算，若给定叶片温度边界条件，则主流就可以计算。对于这种二维计算换热的方法，Consonni[174]、Torbidoni L 和 Horlock J H[173] 给出了主流是二维计算时，通过对吸压力面流动参数的修正计算，修正吸压力面局部的静温与换热系数，进而修正换热量，并与主流耦合计算。具体计算模型示意图见图 2.69，计算过程如下：

$$(p_p - p_s) \cos\alpha \, ds = \rho C_x \left(t - \frac{t_b}{\cos\alpha} \right) dC_u \tag{2.233}$$

结合

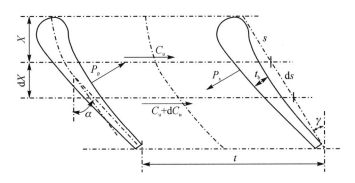

图 2.69　吸力面和压力面之间控制体示意图[172]

$$\frac{\mathrm{d}s}{\mathrm{d}x} = \frac{1}{\cos\gamma} \tag{2.234}$$

可得

$$p_\mathrm{p} - p_\mathrm{s} \cong \rho C_x^2 \left(t - \frac{t_\mathrm{b}}{\cos\alpha} \right) \left(\frac{1}{\cos\alpha} \right)^3 \frac{\mathrm{d}\alpha}{\mathrm{d}s} \tag{2.235}$$

如此,利用周向平均的轴向速度 C_x 和密度,结合涡轮几何参数便可以求得吸压力面压差 $p_\mathrm{p} - p_\mathrm{s}$。这时假设通道平均压力是吸压力面压力平均值,即

$$p = \frac{p_\mathrm{p} - p_\mathrm{s}}{2} \tag{2.236}$$

$$p_\mathrm{p} = p + \frac{p_\mathrm{p} - p_\mathrm{s}}{2}, \quad p_\mathrm{s} = p - \frac{p_\mathrm{p} - p_\mathrm{s}}{2} \tag{2.237}$$

假设通道内局部参数与平均参数的滞止参数不变,可得

$$h_\mathrm{p} = h\left(\frac{p_\mathrm{p}}{p}\right)^{\frac{k-1}{k}}, \quad h_\mathrm{s} = h\left(\frac{p_\mathrm{s}}{p}\right)^{\frac{k-1}{k}} \tag{2.238}$$

其中,h 代表通道内的平均焓。

由此结合通道内的平均参数,进一步可以求出吸压力面局部位置的流动参数,进而可以修正局部位置的换热系数,使换热计算更准确。

Pericles Pilidis[175] 在上述方法的基础上考虑了叶片弦向和径向导热进行计算。具体计算模型可以见参考文献[179]。其计算的叶片温度分布结果显示,在叶片表面主流静温温度梯度大的地方,不考虑叶片导热计算的叶片温度分布结果显示叶片上该位置温度梯度(径向和弦向)相比较试验结果也偏大;若是采用其发展的考虑叶片导热的模型计算,则该位置叶片温度梯度会被缓和,这样更贴近实验结果,也更符合物理。但是其主流计算是三维计算,并没有与换热计算过程交互迭代计算,即换热量并未计入主流计算,同时其主流侧的换热系数也没有进行迭代计算。这在仅仅只有内部冷却的计算中,上面这两个问题影响较小,若是存在气膜冷却,则影响较大。

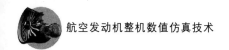

3. 存在气膜时的冷却模型计算

存在气膜冷却时,对于一维和二维这种分析的换热计算,给定一个气膜冷却效率(来自经验公式或者三维计算),将气膜温度代替上述模型中的主流温度计算,对于表面换热系数则是采用没有冷却时的换热系数,一些文献提出了存在气膜时换热系数会发生变化,为了计算方便依然采用了没有冷却时的换热系数。

对于冷却引起的损失,上面也提到了带冷却的涡轮,由于冷却引起的损失占30%。损失的本质即是熵增。存在冷却的涡轮膨胀过程可以分为三段:第一段与没有冷却时一致,熵增,膨胀焓降;第二段是内部冷却对主流的影响,此时热量流失焓降,熵减小;第三段则是气膜冷却的影响,气膜与主流掺混是由气流速度矢量差和有温差掺混换热引起的掺混损失,因此冷却气与主流总的熵是不可逆的增加,但是相对于主流熵是减小的,因此这第三段是焓降熵减。对于上述文献计算仅有内部冷却时的熵变计算很容易,存在气膜时的熵增均采用了 Shapiro、Hartsel[180] 等发展的只考虑二维掺混产生损失。但是气膜在涡轮中引起的损失不止这些,Denton[181] 提到冷却射流对叶片边界层和端壁流动干扰引起的损失用上面掺混模型是计算不到的,尤其是有激波时,气膜对边界层影响与激波相互干扰引起的损失更严重。Denton[182] 提到轮毂封严流侵入主流后产生的损失,掺混损失、对二次流影响产生的损失各占一半左右(可能与特定的涡轮型号有关),这一点与相应的气膜冷却类似,因此上述文献中模型计入气膜引起的损失仅采用 Hartsel 的二维掺混损失模型并不能完全考虑气膜的影响,这还需要对模型加以修正或进一步研究。

| 2.5 整机稳态主流道周向平均数值仿真案例分析 |

2.5.1 涡喷/涡扇发动机整机仿真

基于 Navier-Stokes 方程周向平均建立准三维通流模型控制方程,提出了考虑叶型影响的无黏叶片力模型、基于机器学习的压气机展向分布损失模型和周向不均匀性模型等,并完成了燃烧室的准三维建模,最终自主发展了航空发动机整机准三维数值仿真程序,实现了航空发动机整机准三维稳态仿真。利用自主发展的整机周向平均稳态准三维仿真程序(CAM)对某涡喷发动机和某小涵道比涡扇发动机进行整机准三维数值仿真。首先以涡喷发动机 100% 转速设计工况为研究对象,对整机准三维数值仿真程序的精度进行考核。然后以此为基础完成涡喷发动机变转速计算,将计算结果同已获取的发动机实验数据对比分析。最后利用涡喷发动机完成程序校核后将其应用于某小涵道比涡扇发动机的改型研制中,对其初步改型方案进行100% 转速设计工况计算,为后续改型研制提供技术支撑。

1. 某涡喷发动机整机仿真计算模型

为了考核本小节所开发整机准三维数值仿真程序 CAM 的计算能力,首先对某涡喷发动机进行数值计算。同时,北京航空航天大学已对该型涡喷发动机开展了地面整机台架试验测量,得到了相关气动参数,并借助实验数据及设计参数对准三维仿真计算结果进行了对比分析。

某涡喷发动机几何结构如图 2.70 所示,其组成部件为一级轴流压气机(一排转子＋两排静子)、一级离心压气机(1 排离心叶轮＋1 排径向扩压器＋1 排轴向扩压器)、折流环形燃烧室、1 级轴流涡轮(1 排涡轮导向器＋1 排转子＋1 排出口支板)。发动机在 100% 相对转速设计工况下的推力为 850_{-30} kgf。

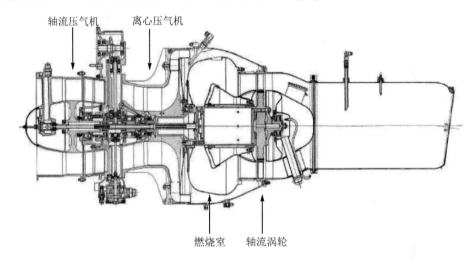

图 2.70　某涡喷发动机几何结构示意图

对发动机进行整机数值仿真计算时,由于其计算域结构复杂,若设置均匀初场对整机计算,则很难得到收敛解。因此,需要首先对发动机整机区域进行部件分区,以相对简单的机械结构完成单部件计算并得到收敛解,然后以各部件流场作为初场对整机进行全流道计算。为便于计算将所有的叶轮机械部件作为一个单独的计算域,因此,计算域的分区如下:①轴流压气机具有三排叶片,其流动结构相对比较简单,可以作为一个整体进行计算;②离心压气机具有一排离心叶轮、径向扩压器及轴向扩压器,该部件气流方向从轴向变为径向然后变为轴向,其气体流动方式相较于轴流压气机更复杂,因此对该区域每一排叶片采用单独分区的方式;③燃烧室的划分方式如前所述;涡轮区域为轴向流动、流动结构相对简单,并且涡轮内部为顺压梯度流动计算较易达到收敛,因此,将轴流涡轮三排叶片作为一个整体计算区域。该涡喷发动机计算域分区拓扑结构如图 2.71 所示。

确定整机计算域划分方式后,计算域的网格设置如图 2.72 所示。各区域的网格

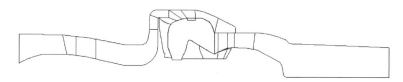

图 2.71　某涡喷发动机计算域分区拓扑结构

点数设置如下(轴向×径向):轴流压气机网格点数为(37+18+18)×17=1 241,离心叶轮的网格点数为69×17=1 173,径向扩压器的网格点数为27×17=459,轴向扩压器的网格点数为43×17=731;燃烧室网格的设置方式同前所述;一级轴流涡轮的网格点数为(71+59+112)×21=5 082。综上,该型涡喷发动机计算网格总数为17 998。

图 2.72　某型涡喷发动机计算网格

2. 某涡喷发动机数值仿真与分析

(1) 数值仿真准确性研究

首先对该涡喷发动机地面100%相对转速设计点工况进行仿真,得到整机仿真结果;然后将计算结果与发动机设计参数进行对比以考核程序计算的准确性,进而以此结果为发动机变转速计算提供初场。

设置整机计算边界条件如下:进口给定总温、总压、气流方向($p^* = 101\ 325 P_a$,$T^* = 288.15$ K,轴向进气),出口给定尾喷管面积及出口背压(发动机出口为大气压,截面的尾喷管面积为 $A = 56\ 620$ mm^2)。

本小节中准三维计算在笔记本电脑完成,计算机配置为8核处理器,处理器型号是 Intel(R) Core(TM) i7 CPU 870@2.93GHz。整机计算网格数量是 17 998,完成20 000 步迭代计算耗时为 2 h。对比 Medic[183] 等完成 PW6000 三维计算,如绪论中所述,完成粗网格单工况计算,其包含 1 400 万网格点,利用 700 个处理器计算大概需要两周时间。由此,该准三维软件无疑加快了获取整机性能参数的速度,为发动机研发及改型提供了有效的仿真工具,并可大幅降低研制成本。

以进出口流量及通量残差的收敛史为例,整机准三维100%相对转速设计工况计算的收敛性如图 2.73 所示,图 2.73(a)为进出口流量收敛史,图 2.73(b)为通量残差收敛史。迭代计算进行了 20 000 步,进出口流量呈现振荡收敛结果。其中,进口流量的振荡幅度为 0.05 kg/s,出口流量的振荡幅度为 0.25 kg/s。出口流量相对于进口流量振荡幅度较大原因是:折流燃烧室内部流动结构较复杂,在火焰筒内部出现了大量涡区,因此涡轮入口边界条件变化,涡轮出口流量处于振荡收敛状态。

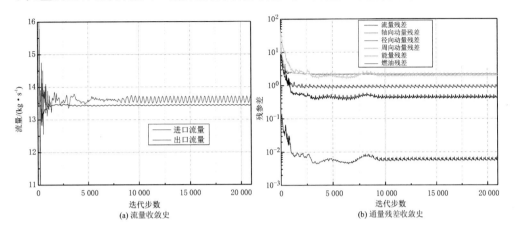

图 2.73　某涡喷发动机整机 100% 转速设计点准三维计算收敛史

(2) 总体性能特性

考核其进出口流量,如表 2.6 所列。由表可知:二者计算结果与设计值的相对误差均小于 1%,满足计算精度要求。因此,可利用此计算结果对发动机内部流场进行分析研究及对发动机各部件的性能参数进行考核分析。

表 2.6　某涡喷发动机 100% 转速设计点进出口流量对比

位　置	设计值	计算值	相对误差/%
进口	13.4	13.44	+0.3
出口	13.66	13.59	−0.51

本小节采用的发动机推力计算公式如下:

$$F = q_m^9 V_9 + (p_9 - p_0)A_9 - q_m V_0 \qquad (2.239)$$

其中,q_m^9 为发动机出口燃气流量;V_9 为发动机出口燃气速度;A_9 为发动机出口截面面积;p_9 为出口截面静压;p_0 为大气压力;q_m 为发动机进口空气流量;V_0 为远前方气流速度(飞机飞行速度)。

借助发动机推力求得发动机单位燃油消耗率,公式如下:

$$\mathrm{sfc} = \frac{3\,600 G_f}{F} \qquad (2.240)$$

计算得到该工况下发动机整机上述两参数,如表 2.7 所列:推力相对误差为 −0.95%,单位燃油消耗率相对误差为 +0.54%。作为整机整体性能参数,推力/单位燃油消耗率的准确计算为发动机性能评估提供直接的数据支撑。

表 2.7　某型涡喷发动机 100％转速设计点推力/单位燃油耗油率对比

性能参数	设计值	计算值	相对误差/%
推力/daN	833.6	825.7	−0.95
单位燃油/ [kg/(daN·h)]	1.110	1.116	+0.54

若不考虑气体与叶轮机械之间的换热,利用热焓形式表示的能量方程为

$$L_u = c_p(T_2 - T_1) + \frac{v_2^2 - v_1^2}{2} = c_p(T_2^* - T_1^*) \tag{2.241}$$

单位质量工质的滞止焓可以表示为

$$h^* = c_p T^* =$$
$$c_p T + \frac{V^2}{2} = c_p T + \frac{v_x^2 + v_r^2 + v_u^2}{2} =$$
$$c_v T + \frac{p}{\rho} + \frac{v_x^2 + v_r^2 + w_u^2}{2} + \frac{v_u^2 - w_u^2}{2} =$$
$$c_v T + \frac{w_x^2 + w_r^2 + w_u^2}{2} + \frac{p}{\rho} + \frac{v_u^2 - w_u^2}{2} =$$
$$e + \frac{p}{\rho} + \frac{v_u^2 - w_u^2}{2} =$$
$$h + \frac{v_u^2 - w_u^2}{2} \tag{2.242}$$

因此,基于式(2.241)和式(2.242),借助各网格单元所得参数和各叶片进出口截面的滞止焓,进而求得叶轮机械部件的轮缘功为

$$P = G \cdot L_u$$
$$= G \cdot (h_2^* - h_1^*) \tag{2.243}$$

借助式(2.243)分别求得组合压气机及涡轮部件轴功率(如表 2.8 所示),分析发动机整机的功率匹配性。由表中设计值可知,组合压气机轴功率小于涡轮轴功率,原因是涡轮输出的轴功率经过传动轴传递给组合压气机,其中传动轴存在机械损失。另外,本小节计算所得压气机和涡轮的轴功率偏差较大,这是因为目前程序给定的边界条件为进口总温/总压、出口背压、发动机转速及发动机燃油流量,这种情况下无法做到依据压气机与涡轮之间的功率差值对燃油流量进行调整从而保证发动机的功率平衡。实际工作中压气机由涡轮部件带动,当出现涡轮与压气机功率不匹配时,会通过调整发动机转速以满足发动机的功率平衡条件。因此,为了在准三维计算中涡轮与压气机间满足功率匹配特点,下面将尝试解除以发动机转速作为边界条件,利用压气机与涡轮的功率差与燃油流量的关系进行建模计算,使发动机燃油流量/转速可以随压气机－涡轮功率差进行变化,进而满足发动机的功率平衡条件。另外,当前研究

中压气机/涡轮损失落后角模型的准确性有待提高,其对压气机/涡轮的功率计算存在影响。

表 2.8　某涡喷发动机 100%转速设计点叶轮机械部件轴功率

部件参数	设计值	计算值	相对误差/%
组合压气机轴功率/kW	3 085.77	2 878.72	−6.71
轴流涡轮轴功率/kW	3 129.08	3 272.65	+4.59

(3) 子午流场结果

在整机性能参数计算合理的基础上,对发动机内部流线及气动参数等值线图进行分析研究,包括相对马赫数、总温、总压等,如图 2.74~图 2.77 所示。

图 2.74　某涡喷发动机 100%转速设计点流场流线图

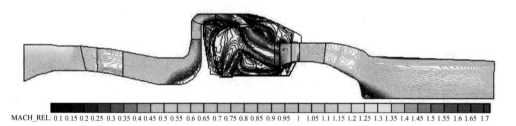

MACH_REL: 0.1 0.15 0.2 0.25 0.3 0.35 0.4 0.45 0.5 0.55 0.6 0.65 0.7 0.75 0.8 0.85 0.9 0.95 1 1.05 1.1 1.15 1.2 1.25 1.3 1.35 1.4 1.45 1.5 1.55 1.6 1.65 1.7

图 2.75　某涡喷发动机 100%转速设计点马赫数等值线图

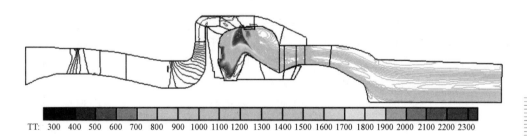

TT: 300 400 500 600 700 800 900 1000 1100 1200 1300 1400 1500 1600 1700 1800 1900 2000 2100 2200 2300

图 2.76　某涡喷发动机 100%转速设计点总温等值线图

图 2.74 为发动机整机主流道的流线图,可知在燃烧室内部存在较多的涡系结构,从而使火焰稳定、燃烧更加充分。进气斗出口下游位置由于气流速度较大,其左前方及后方形成涡区。离心压气机轴向扩压器出口根部位置存在气流分离,同时在

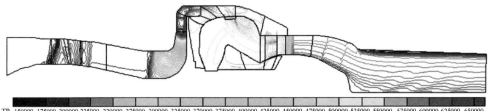

TP. 150000 175000 200000 225000 220000 275000 300000 325000 370000 375000 400000 425000 450000 475000 500000 525000 550000 575000 600000 625000 650000

图 2.77　某涡喷发动机 100% 转速设计点总压等值线图

燃烧室外壳前段诱发形成涡区。涡轮出口支板后侧的后台阶结构致使形成小的涡区,这与流动机理是相符的,该现象反映了本研究计算的合理性。除上述涡结构外,在组合压气机及轴流涡轮内部流线光顺、不存在气流分离。图 2.75 为发动机相对马赫数等值线图,可知轴流压气机转子叶尖位置相对马赫数大于 1,为跨声转子。相对于燃烧室外壳进气斗内部周向面积减小,因此进气斗内部存在气流的加速,同时火焰筒内可以看到高流速气流运行轨迹。在涡轮导向叶片出口根部马赫数达到 1.68,该涡轮为超声涡轮。涡轮出口支板后侧,尾喷管外壳处存在局部超声气流,马赫数达到1.20。图 2.76 为发动机主流道总温等值线图,可知进气斗前侧为火焰筒内最高温区域,进气斗冷却气流将主燃区气体冷却、燃烧室出口气流温度降低。最终在燃烧室出口截面形成中间温度高、两侧温度低的"反 C 型"分布规律,为涡轮进口导向叶片的冷却提供便利。图 2.77 为发动机主流道总压等值线图,可知在离心叶轮出口位置压力达到最高值为 651 700 Pa。气流经轴向扩压器时存在气流分离,出现总压损失。

3. CAM 计算结果与俄罗斯 S2 程序计算结果对比

基于周向平均方法的整机准三维数值仿真程序 CAM 与俄罗斯 S2 整机程序其数值仿真精度得到提升,对比分析结果如图 2.78～图 2.80 所示,包括发动机主流道总温等值线图、涡轮级进出口温度展向分布、涡轮振荡收敛流量及整机振荡收敛推力。

如图 2.78 所示,对折流燃烧室进行真实几何数值仿真,燃烧室出口温度展向分布规律呈现"反 C 型"分布,更加接近于物理模型中温度分布规律。因此,可以为涡轮数值仿真提供更加准确的入口边界条件,因此涡轮流道内温度场计算更加准确。由图 2.79 可知,俄罗斯 S2 程序计算得到的燃烧室出口温度由根到尖温度逐渐升高,在叶尖温度达到 1 800 K。该分布规律向下游传播,导致在涡轮流场中温度的分布规律也是由叶根到叶尖逐渐升高,直至尾喷管出口。如图 2.80 所示,由于涡轮流场计算的偏差,导致涡轮流量的振荡幅度较大(12.41～15.47 kg/s),相对误差为－9.15%～13.25%;进而导致发动机推力振荡幅度较大(619.7～986.7 daN),相对误差为－27.1%～16.1%。折流环形燃烧室出口温度分布计算准确度提高后,涡轮流场计算精度更高,流量振荡幅度减小为 13.50～13.72 kg/s,相对误差为－1.17%～＋0.44%;进而发动机整机推力振荡幅度减小为 818.99～832.85 daN,相对误差

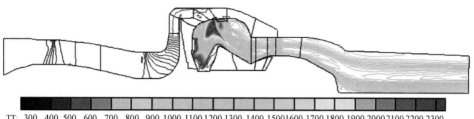

(a) 周向平均整机计算总温等值线图

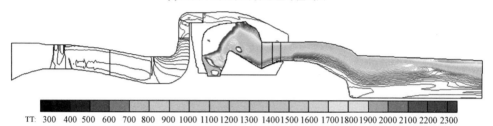

(b) 俄罗斯S2程序整机计算总温等值线图

图 2.78　某涡喷发动机 100％转速设计点总温等值线图对比

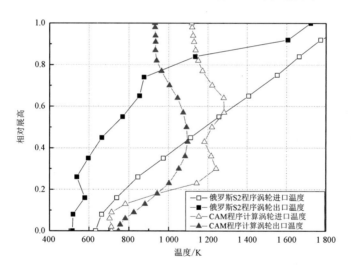

图 2.79　某涡喷发动机 100％转速设计点涡轮及进出口温度展向分布对比

为 $-1.75\% \sim -0.09\%$ 。

4. 某涡扇发动机整机仿真计算模型

　　基于上述小推力涡喷发动机，将其改型研制成某小涵道比涡扇发动机以提高发动机推力，改型前后的结构如图 2.81 所示，上侧为改型后涡扇发动机结构，下侧为原型涡喷发动机结构。由图可知，该小型涡扇发动机与涡喷发动机相比，主要的改动部

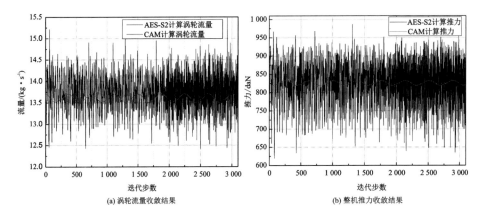

(a) 涡轮流量收敛结果　　　　　　　　　　　　　(b) 整机推力收敛结果

图 2.80　某涡喷发动机 100% 转速设计点涡轮流量及整机推力收敛结果对比

分为风扇、外涵机匣及涡轮叶片。对于原型涡喷发动机,将其一级轴流压气机改型为一级风扇。离心压气机级仍然保留并作为核心机的高压级,同时采用涡喷发动机的折流环形燃烧室。改型后涡扇发动机的涵道比为 0.6,发动机推力由 850_{-30} kgf 增加为 1 000 kgf。

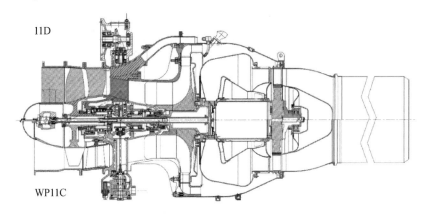

图 2.81　某涡喷发动机改型某型涡扇发动机结构示意图对比

涡扇发动机相较于涡喷发动机的组合压气机功率有所提升,因此,对涡喷发动机的涡轮部件改型设计以提高涡轮的输出轴功率。对涡轮转子叶型重新设计,增加了气流转折角,提高了涡轮级的反力度和效率。图 2.82 为改型涡轮动叶根、中、尖截面的型线与原型型线的对比(从下到上依次为根、中、尖位置),从根到尖叶型的安装角逐渐增大(相对子午面),叶型由厚变薄。与原型相比,维持原型动叶的叶片数目和稠度基本不变,改型动叶的厚度分布基本一致,根部和中部的安装角减小,尖部的安装角增大,根、中、尖截面的叶型转折角都有所增加。改型后涡轮级的落压比由 2.282 提高到 2.603。

对该型涡扇发动机进行计算域划分时,核心机的划分方式和涡喷发动机是一致

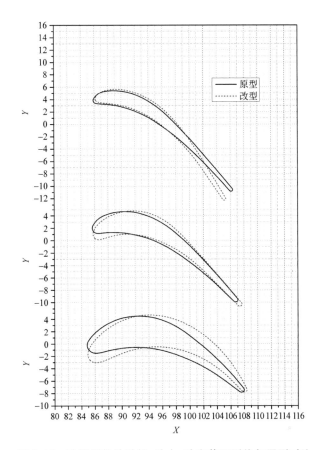

图 2.82　改型涡轮动叶根、叶中、叶尖截面型线与原型对比

的。其与涡喷发动机的区别在于：①采用了风扇级后，为了计算网格的匹配及利用部件的初场，在风扇级内涵道与离心压气机级所在的计算域之间又划分了一个小的无叶计算域，这样，在对风扇级进行部件计算时，内涵道可以作为单独的计算域，方便给定边界条件使计算更易收敛。②风扇外涵作为一个单独的计算域。因此，发动机的计算域划分及计算网格如图 2.83 和图 2.84 所示。相较于涡扇发动机的结构示意图，计算模型中外涵道尾喷管出口为真实几何面积（$A_{外} = 25\ 000\ \text{mm}^2$）。

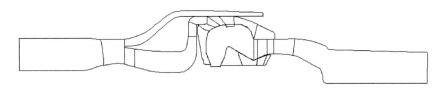

图 2.83　某涡扇发动机整机准三维计算域拓扑结构

各计算块网格数目设置方式为（流向×径向）：，风扇级网格设置为（$60+32$）$\times$ $27 = 2\ 484$，离心叶轮与风扇内涵道连接部分网格点数为 $7 \times 17 = 119$，核心机的网格点设置方式与涡喷发动机是一致的,外涵道网格点设置为 $41 \times 9 = 369$。因此,该型涡扇发动机计算网格点总数为 19729。

图 2.84　某涡扇发动机整机准三维计算网格

5. 某涡扇发动机数值仿真与分析

该型涡扇发动机正处于改型研制阶段,只对其进行地面 100% 转速设计点工况数值模拟,其边界条件设置为进口给定总温、总压及气流进气方向($p^* = 101\ 325$ P_a,$T^* = 288.15$ K,轴向进气),出口在给定内外涵道尾喷管真实几何的基础上分别给定内外涵背压($A_内 = 56\ 620$ mm^2,$A_外 = 25\ 000$ mm^2)。

完成该型涡扇发动机整机在该工况下准三维数值仿真计算,分析计算收敛史,如图 2.85 所示,可知进出口流量均呈现振荡收敛。进口流量的平均值为 22.10 kg/s,振荡幅度为 0.11 kg/s,出口流量的平均值为 22.22 kg/s,振荡幅度为 0.58 kg/s,进出口流量的相对误差为 +0.54%((出口流量-进口流量)/进口流量)。发动机出口流量的振荡幅度大于进口,其原因与涡喷发动机是相同的,即火焰筒内存在大量涡区导致涡轮入口气动参数时刻处于振荡状态,进而导致涡轮出口流量在不断振荡。

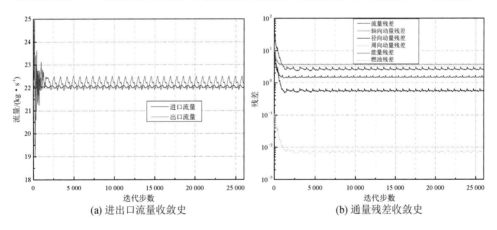

(a) 进出口流量收敛史　　　　　　　　(b) 通量残差收敛史

图 2.85　某涡扇发动机 100% 转速设计点整机准三维计算收敛史

(1) 总体性能特性

计算得到该涡扇发动机的整机性能参数,包括发动机的总推力、内涵推力、外涵推力及单位燃油消耗率,如表 2.9 所列。将其与设计参数进行对比可知,总推力、内涵推力、外涵推力与设计值的相对误差均小于 4%,单位燃油消耗率与设计值的相对误差小于 3%。计算得到的组合压气机及涡轮轴功率如表 2.10 所列,其与设计参数对比相对误差均小于 3%。

表 2.9　某涡扇发动机 100%转速设计点推力/单位燃油消耗率

性能参数	设计值	计算值	相对误差/%
总推力/daN	1 007.5	1 033.6	+2.59
内涵推力/daN	784.0	813.0	+3.70
外涵推力/daN	223.5	220.6	−1.30
单位燃油消耗率/ [kg·(daN·h)$^{-1}$]	0.918 3	0.895 1	−2.53

表 2.10　某涡扇发动机 100%转速设计点叶轮机械部件轴功率

性能参数	设计值	计算值	相对误差/%
组合压气机功率/kW	3 397.716	3 491.519	+2.76
轴流涡轮功率/kW	3 412.903	3 501.392	+2.61

(2) 子午流场

对该型发动机的流场进行分析,包括发动机主流道流线及气动参数等值线图,气动参数包括相对马赫数、总温、总压、密度、混合气分数等,如图 2.86～图 2.91 所示。

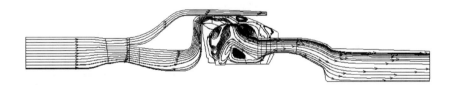

图 2.86　某涡扇发动机 100%转速设计点流场流线图

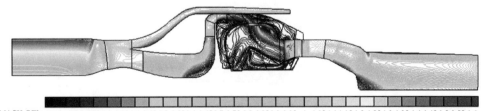

MACH_REL: 0.1 0.15 0.2 0.25 0.3 0.35 0.4 0.45 0.5 0.55 0.6 0.65 0.7 0.75 0.8 0.85 0.9 0.95 1 1.05 1.1 1.15 1.2 1.25 1.3 1.35 1.4 1.45 1.5 1.55 1.6

图 2.87　某涡扇发动机 100%转速设计点相对马赫数等值线图

主流道内流线如图 2.86 所示,可以看到涡扇发动机内部的流线图与涡喷发动机整机的流线分布形式是相似的。但是,在涡轮出口支板后侧的后台阶位置未出现流线分离现象,其原因是转子叶片的改型涡轮进口导叶出口根部的相对马赫数相应降低(由 1.774 降至 1.182);另外,由于涡轮转子叶片改型,其输出功率增加(由 3 272.65 kW 提高到 3 501.392 kW),涡轮出口温度降低(由 974.95 K 降低至 958.29 K)。图 2.87 为发动机主流道内的相对马赫数等值线图,由图可知涡轮进口导叶出口根部的相对马赫数降为 1.38,相较于涡喷发动机该位置的相对马赫数有所降低,该变化即为涡轮改型设计产生的。图 2.88 为发动机主流道总温等值线图,由于其核心机性能参数保持与涡喷发动机一致,因此,火焰筒内的温度分布与涡喷发动机是一致的,最高温出现在进气斗前侧,为 2 304 K。图 2.89 为发动机总压等值线图,可以看到在离心叶轮出口处压力达最大值 650 000 Pa,轴向扩压器出口由于存在分离流而产生压损,该分布规律与涡喷发动机是一致的。图 2.90 为发动机主流道密度等值线图,对比温度分布等值线图可知,对应于总温较高的位置其密度是最低的,这是因为火焰筒内部为等压燃烧过程,高温区域密度值较低。图 2.91 为整机主流道内混合气分数等值线图,可以看到在进气斗前侧混合气分数最高为 0.056,该区域对应温度最高区域。进气斗流入冷却掺混气流后,冷气与热气掺混使混合气分数降低,同时气流温度降低。

综合分析上述气动参数可知,涡扇发动机核心机流场与涡喷发动机相应部件流场结构是一致的,反映了二者间的继承性,也证实了本小节所开发的准三维整机数值仿真软件的计算可信性。

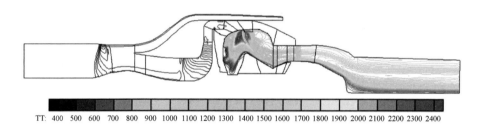

TT: 400 500 600 700 800 900 1000 1100 1200 1300 1400 1500 1600 1700 1800 1900 2000 2100 2200 2300 2400

图 2.88　某涡扇发动机 100%转速设计点总温等值线图

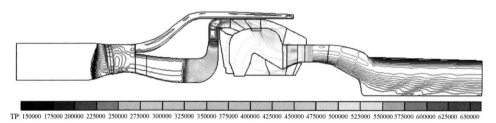

TP: 150000 175000 200000 225000 250000 275000 300000 325000 350000 375000 400000 425000 450000 475000 500000 525000 550000 575000 600000 625000 650000

图 2.89　某涡扇发动机 100%转速设计点总压等值线图

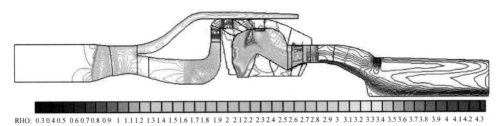

RHO: 0.3 0.4 0.5　0.6 0.7 0.8 0.9　1　1.1 1.2　1.3 1.4　1.5 1.6　1.7 1.8　1.9　2　2.1 2.2　2.3 2.4　2.5 2.6　2.7 2.8　2.9　3　3.1 3.2　3.3 3.4　3.5 3.6　3.7 3.8　3.9　4　4.1 4.2　4.3

图 2.90　某涡扇发动机 100％转速设计点密度等值线图

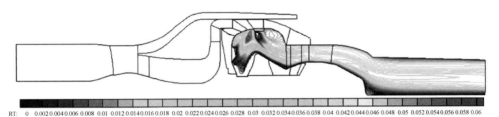

RT:　0　0.002 0.004 0.006 0.008 0.01 0.012 0.014 0.016 0.018　0.02　0.022 0.024 0.026 0.028　0.03　0.032 0.034 0.036 0.038　0.04　0.042 0.044 0.046 0.048　0.05　0.052 0.054 0.056 0.058 0.06

图 2.91　某涡扇发动机 100％转速设计点混合气分数等值线图

2.5.2　涡轴发动机整机仿真

工业燃气轮机通常采用重型燃机,这类燃机没有严格的重量、尺寸限制,可以利用相对较差的材料满足燃气轮机性能、机械安全裕度等要求,以达到长期安全工作的目的。目前,轻型燃机的最大功率接近 53 MW,是航空燃机改型能够达到的最大功率,这也表明超过 53 MW 功率输出的燃气轮机必须采用重型燃机。一般将单机组 50 kW 以下的燃气轮机称为微型燃机,而单机组 50～200 kW 的,则属于微小型燃机,单机组 200～2 000 kW 的为小型燃机。

本文所研究发电用燃气轮机,利用型号产品 ZF850 航空发动机作为燃气发生器进行动力涡轮研制,形成 1 000 kW 燃气轮机发电系统。ZF850 发动机是一台小型单轴不带加力燃烧室的涡轮喷气发动机,结构如图 2.92 所示。ZF850 发动机由单级跨声轴流压气机、单级离心压气机、折流式环形燃烧室、单级轴流式的涡轮等部件组成,采用全权限燃油数字控制系统控制发动机转速。在轴流与离心压气机之间附件传动机匣上安装有起动发电机、燃油电控调节器和滑油供油回油泵。该发动机原型机来源于美国 J69 - T - 41A,最早于二十世纪八十年代定型,通过原型机开发出来的航空发动机在多款无人机和巡航弹上得到应用,在国内累计生产数百台,零部件供应商结构完整、产品稳定。相比 WJ5、WJ6,具有重量更轻、尺寸更小、零部件和成附件少、生产成本低、使用维修方便和易于改进的优势。根据燃气涡轮数值计算的结果,依据燃气发生器出口的总温总压估算动力涡轮进出口总温总压等参数,估算动力涡轮可以输出的功率。在燃气涡轮 92％转速及以上,动力涡轮可以满足输出不少于 1 250

KW 功率的要求,因此选定燃气发生器转速为 92%,在此转速出口条件下设计动力涡轮,并与之进行匹配。

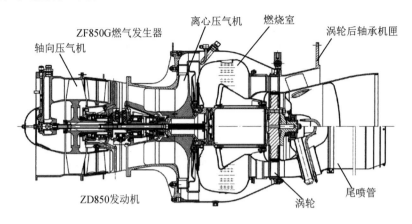

图 2.92　ZF850 发动机结构图

在该型发电用燃气轮机改型研制过程中,利用基于周向平均方法的整机准三维数值仿真程序对改型后的机型进行仿真研究,以确定改型后的性能参数及流场结构。改型方案为在高压涡轮后部添加一级低压涡轮以利用原型涡喷发动机的喷口余热,改型结构如图 2.93 所示。

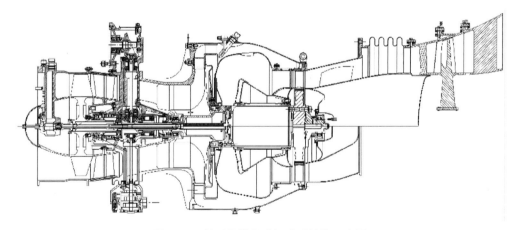

图 2.93　某型涡轴发动机改型结构示意图

1. 部件计算结果分析

为了保证整机计算结果的可靠性和准确性,首先对燃气轮机各部件进行单独计算,在对部件进行单独对比分析之后,保证各部件几何输入数据、计算控制参数的正确性,把握部件损失的修正方法。在此基础上,将各个部件连接起来,对燃气轮机整机 92% 转速设计点工况进行了整机二维仿真计算。

（1）组合压气机计算分析

组合压气机包含一级轴流压气机和一级离心压气机,对其进行耦合计算,据此分析压气机的 92% 转速设计点特性,所得性能参数见表 2.1,流场结构见图 2.94。由计算结果可得,同设计参数相比,组合压气机流量相对误差小于 3%,压比和效率相对误差小于 5%。由组合压气机流场结构图可以看到,该型发动机轴流压气机为跨声速级,径向扩压器进口马赫数为 0.82,在离心叶轮叶根处、轴向扩压器出口处出现低速区。

表 2.11　组合压气机性能参数

参　数	设计点	仿真结果	相对误差%
效率/%	78.34	74.82	−4.49
压比	4.46	4.67	+4.71
流量/(kg·s⁻¹)	11.62	11.36	−2.24

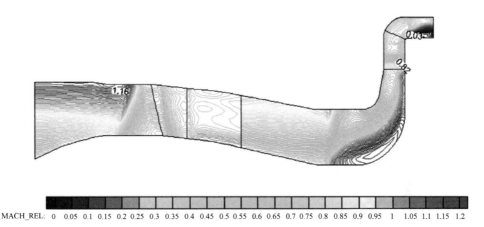

MACH_REL: 0　0.05　0.1　0.15　0.2　0.25　0.3　0.35　0.4　0.45　0.5　0.55　0.6　0.65　0.7　0.75　0.8　0.85　0.9　0.95　1　1.05　1.1　1.15　1.2

图 2.94　组合压气机马赫数等值线图

（2）燃烧室计算分析

对燃烧室进行单部件计算,其性能参数见表 2.12,燃烧室流场结构见图 2.95。借助对其出口总温的计算精度分析考核燃烧室计算结果的准确性,可知燃烧室出口总温相对误差小于 1%,计算精度较高。

燃烧室内温度场分布如图 2.95 所示,可以看到燃烧室内的高温区域分布在进气斗上游,借助并行网格方法可以模拟出进气斗间隙区域的高温气流。火焰筒内的最高温为 1 790 K,低于航空煤油的绝热火焰温度,说明化学反应动力学方程的计入方式是准确的。燃烧室出口温度径向分布如图 2.96 所示,呈现叶尖和叶根处低、中间高的"反 C 型"分布趋势,分布基本合理,符合燃烧室设计理念(在燃气涡轮发动机设计过程中,为了保证涡轮具有较好的冷却方案,燃烧室设计呈现出口温度中间高、两侧低的分布规律)。由图 2.97 可以看到,火焰筒内部具有回流区,有利于火焰筒内火焰的稳定燃烧。

表 2.12　燃烧室性能参数

参　数	设计点	仿真结果	相对误差/%
出口平均总温/K	1 038	1 042	+0.38

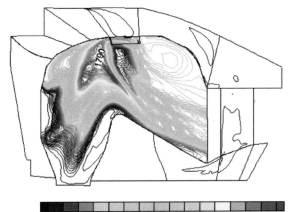

图 2.95　燃烧室总温等值线图

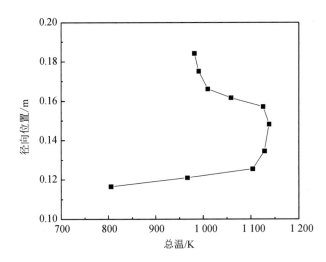

图 2.96　燃烧室出口温度径向分布

（3）燃气涡轮计算分析

　　燃气涡轮计算所得性能参数见表 2.13，相对马赫数等值线图见图 2.98，由此可知，流量相对误差小于 2%，膨胀比和效率的相对误差同样小于 2%，燃气涡轮单部件计算满足精度要求。由燃气涡轮进口导叶出口相对马赫数可知，静子出口根部均具有局部超声区，在燃气涡轮和动力涡轮间过渡段根部存在低速区。

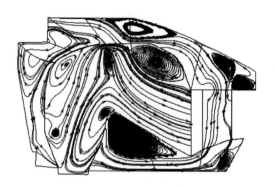

图 2.97 燃烧室内迹线流线

表 2.13 燃气涡轮性能参数

参　　数	设计点	仿真结果	相对误差％
效率％	84.10	84.30	0.24
膨胀比	2.39	2.42	1.26
流量/(kg·s^{-1})	11.8	11.6	−1.69

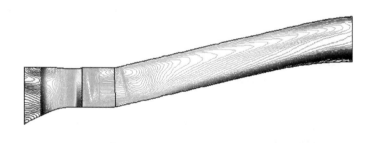

MACH_REL:　0　0.1　0.2　0.3　0.4　0.5　0.6　0.7　0.8　0.9　1　1.1　1.2　1.3　1.4　1.5　1.6

图 2.98 燃气涡轮马赫数等值线图

(4) 动力涡轮计算分析

动力涡轮计算所得性能参数和相对马赫数等值线图见表 2.14 和图 2.99，由此可知，流量相对误差小于 2％，膨胀比和效率的相对误差小于 5％，燃气涡轮单部件计算满足精度要求。由动力涡轮进口导叶出口相对马赫数可知，静子出口根部位于超声区；在动力涡轮出口根部存在低速区，该低速区由动力涡轮转子出口持续到出口导叶后部。

表 2.14 动力涡轮性能参数

参 数	设计点	仿真结果	相对误差%
效率%	92.00	88.3	4.34
膨胀比	1.64	1.62	−1.22
流量/(kg·s⁻¹)	11.8	11.6	−1.69

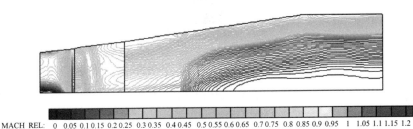

MACH_REL: 0 0.05 0.1 0.15 0.2 0.25 0.3 0.35 0.4 0.45 0.5 0.55 0.6 0.65 0.7 0.75 0.8 0.85 0.9 0.95 1 1.05 1.1 1.15 1.2

图 2.99 动力涡轮马赫数等值线图

2. 燃气轮机整机准三维计算

在对部件进行单独仿真计算、对比分析的基础上,将各个部件连接起来,对燃气轮机整机 92% 转速设计点工况进行了整机二维仿真计算。

(1) 整机计算网格及边界条件

为完成燃气轮机整机的数值仿真,首先对其进行网格划分,实行多块计算,所得整机网格数为 24 411,如图 2.100 所示。其中,轴流压气机划分为 1 块,轴流压气机网格点数为 $(37+18+18)×17=1\ 241$;离心压气机划分为 3 块,离心叶轮的网格点数为 $69×17=1173$,径向扩压器的网格点数为 $27×17=459$,轴向扩压器的网格点数为 $43×17=731$;折流燃烧室计算网格总数为 12176;燃气涡轮和动力涡轮划分为 1 块,燃气轮机的网格点数为 $(71+59+112)×21=5\ 082$,动力涡轮的网格点数为 $(31+49+89)×21=3\ 549$。

图 2.100 某型涡轴发动机整机准三维计算网格

设置整机计算边界条件如下:燃气轮机转速为 20 240 r/min,动力涡轮转速为 12 900 r/min;进口给定总温、总压、气流方向($p^*=101\ 325\ \text{P}_a$,$T^*=288.15\ \text{K}$,轴向进气),出口给定尾喷管面积及出口背压(发动机出口为大气压,截面的尾喷管面积

$A = 216\ 456\ \text{mm}^2$）。

本小节准三维计算在笔记本电脑完成，计算机配置为 8 核处理器，处理器型号是 Intel(R) Core(TM) i7 CPU 870@2.93GHz。整机计算完成 20 000 步 3 迭代计算耗时为 2 h。对比 Medic 等完成 PW6000 三维计算，如绪论所述，完成粗网格单工况计算，其包含 1 400 万网格点，利用 700 个处理器计算大概需要两周时间。由此，该准三维软件无疑加快了获取整机性能参数的速度，为发动机研发及改型提供了有效的仿真工具、大大降低研制成本。

（2）整机计算结果分析

利用基于 Navier-Stokes 控制方程组完成了该型涡轴发动机的整机准三维数值仿真，得到的燃气轮机整机的性能参数见表 2.15、流场气动参数分布见图 2.101～图 2.104。

由表 2.15 可知，发电用燃气轮机输出轴功率和单位燃油消耗率的计算值与设计值的相对误差均控制在 5% 以内，计算结果与设计参数吻合良好。因此，可以利用此程序对该涡轴发动机进行相应的性能计算及结合所得的二维流场进行整机流场匹配分析。由整机流场图可以看到动力涡轮出口气体完全膨胀、输出功率达到最大值。

表 2.15　某型发动机整机设计参数与计算参数对比

参　数	设计值	计算值	相对误差 ％
输出轴功率/kW	1 262.6	1 203.4	−4.69
燃油消耗率 /[kg·kW·h^{-1}]	0.503 5	0.528 2	+4.91

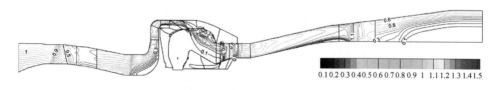

图 2.101　某型涡轴发动机子午面马赫数等值线图

图 2.102　某型涡轴发动机子午面静压等值线图(单位:Pa)

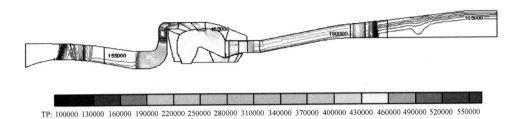

TP: 100000 130000 160000 190000 220000 250000 280000 310000 340000 370000 400000 430000 460000 490000 520000 550000

图 2.103   某型涡轴发动机子午面总压等值线图(单位:Pa)

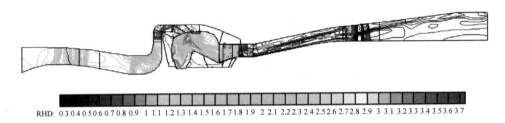

RHD: 0.3 0.4 0.5 0.6 0.7 0.8 0.9 1 1.1 1.2 1.3 1.4 1.5 1.6 1.7 1.8 1.9 2 2.1 2.2 2.3 2.4 2.5 2.6 2.7 2.8 2.9 3 3.1 3.2 3.3 3.4 3.5 3.6 3.7

图 2.104   某型涡轴发动机子午面密度等值线图(单位:Pa)

┃参考文献┃

[1] Wu C H. A General Through-Flow Theory of Fluid Flow with Subsonic or Supersonic Velocity in Turbomachines of Arbitrary Hub and Casing Shapes[R]. Washington, NASA-NACA TN, 1951.

[2] Wu C H. A General Theory of Three-Dimensional Flow in Subsonic and Supersonic Turbomachines of Axial, Radial and Mixed-Flow Types[R]. Washington, NASA-NACA TN, 1952.

[3] Novak R A. Streamline Curvature Computing Procedures for Fluid-flow Problems[J]. Journal of Engineering for Power, 1967.

[4] Frost G R, Hearsey R M, Wennerstrom A J. A computer program for the specification of axial compressor airfoils[J]. Aerospace Research Labs Wright-Patterson Afb OH, 1972.

[5] Hearsey R. M. A Revised Computer Program for Axial Compressor Design [R]. Aerospace Research Laboratories: Wright-Patterson Air Force Base, 1975.

[6] March H. Though-Flow Calculations in Axial Turbomachinery: A Technical

Point of View[J]. Through-Flow Calculations in Axial Turbomachinery，1976.

[7] 朱荣国. 使用非正交曲线座标与速度分量 S2 流面反问题流场线松弛解[J]. 工程热物理学报，1980.

[8] Wennerstrom A J. Design of Highly Loaded Axial-Flow Fans and Compressors [M]. Vermont：Consepts ETI Press，2000.

[9] Jennions I K，Stow P. The Importance of Circumferential Non-Uniformities in a Passage-Averaged Quasi-Three-Dimensional Turbomachinery Design System [C/OL] //Volume 1：Aircraft Engine，Turbomachinery. American Society of Mechanical Engineers Digital Collection，1985.

[10] Edwards J R. A low-diffusion flux-splitting scheme for Navier-Stokes calculations[J/OL]. Computers & Fluids，1997，26(6)：635-659.

[11] Jameson A，Schmidt W，Turkel E. Numerical Solution of the Euler Equations by Finite Volume Methods using Runge Kutta time stepping schemes [C/OL] //14th Fluid and Plasma Dynamics Conference. (1981-06-25)[2023-04-05] https：//doi. org/10. 2514/6. 1981-1259.

[12] Baralon S，Hall U，Eriksson L E. Viscous throughflow modelling of transonic compressors using a time-marching finite volume solver[C] //ISABE- International Symposium on Air Breathing Engines. Chattanooga：TN，1997：502-510.

[13] Simon J F，Léonard O A. Throughflow Analysis Tool based on the Navier-Stokes equations[C] //Proceedings of the 6th European Turbomachinery Conference. Lille：Citeseer，2005.

[14] Sturmayr A，Hirsch C. Throughflow Model for Design and Analysis Integrated in a three-dimensional Navier-Stokes Solver[J]. Proceedings of the Institution of Mechanical Engineers，Part A：Journal of Power and Energy，1999，213(4)：263-273.

[15] 宁方飞. 考虑真实几何复杂性的跨音压气机内部流动的数值模拟[D]. 北京：北京航空航天大学，2002.

[16] Gentry R A，Martin R E，Daly B J. An Eulerian differencing method for unsteady compressible flow problems[J]. Journal of Computational Physics，1966，1(1)：87-118.

[17] Bosman C，Marsh H. An Improved Method for Calculating the flow in Turbo-Machines，Including a Consistent loss Model[J]. Journal of Mechanical Engineering Science，1974，16(1)：25-31.

[18] Pachidis V，Pilidis P，Templalexis I，et al. An Iterative Method for Blade Profile Loss Model Adaptation Using Streamline Curvature[J]. Journal of

Engineering for Gas Turbines and Power，2008，130(1).

[19] Simon J F. Contribution to Throughflow Modelling for Axial Flow Turbomachines[J]. Master's Thesis：University of Liege，2007.

[20] 万科. 航空叶轮机周向平均方法建模与分析应用研究[D]. 北京：北京航空航天大学，2014.

[21] Dring R P，Oates G C. Throughflow Theory for Nonaxisymmetric Turbomachinery Flow：Part I——Formulation[J]. Journal of Turbomachinery，1990，112(3)：320-326.

[22] Dring R P，Oates G C. Throughflow Theory for Nonaxisymmetric Turbomachinery Flow：Part II——Assessment[J]. Journal of Turbomachinery，1990，112(3)：328-337.

[23] 朱芳. 民用航空发动机高通流高效率风扇/增压级设计技术研究[D]. 北京：北京航空航天大学，2013.

[24] Vad J，Kwedikha A R A，Jaberg H. Effects of Blade Sweep on the Performance Characteristics of axial Flow Turbomachinery Rotors[J]. Proceedings of the Institution of Mechanical Engineers，Part A：Journal of Power and Energy，2006，220(7)：737-749.

[25] Vad J，Kwedikha A R A，Horváth C，et al. Aerodynamic Effects of Forward Blade Skew in Axial Flow Rotors of Controlled Vortex Design[J]. Proceedings of the Institution of Mechanical Engineers，Part A：Journal of Power and Energy，2007，221(7)：1011-1023.

[26] Mcnulty G S，Decker J J，Beacher B F，et al. The Impact of Forward Swept Rotors on Tip Clearance Flows in Subsonic Axial Compressors[J]. Journal of Turbomachinery，2004，126(4)：445-454.

[27] Wu C H，Brown C A. A Theory of the Direct and Inverse Problems of Compressible Flow Past Cascade of Arbitrary Airfoils[J]. Journal of the Aeronautical Sciences，1952，19(3)：183-196.

[28] Wu C H，Brown C A，Prian V D. An Approximate Method of Determining the Subsonic Flow in An Arbitrary Stream Filament of Revolution cut by Arbitrary Turbomachine Blades[R]. [s. n.]，1952.

[29] Thomas J P，Le'onard O. Investigating Circumferential Non-Uniformities in Throughflow Calculations Using an Harmonic Reconstruction[C]. [s. n.]，2008.

[30] 李根深，陈乃兴，强国芳. 船用燃气轮机轴流式叶轮机械气动热力学：原理、设计与试验研究[M]. 北京：国防工业出版社，1980.

[31] Lieblein S. Aerodynamic Design of Axial-Flow Compressors. VI-Experimen-

tal Flow in Two-Dimensional Cascades[J]. [s. n.], 1955.

[32] Miller D. C, Wasdell D L. Off-Design Prediction of Compressor Blade Losses [R]. I. Mech. E：C279/87, 1987.

[33] Dunham J. Compressor Off-Design Performance Prediction Using an Endwall Model[C]//In ASME 1996 International Gas Turbine and Aeroengine Congress and Exhibition. American Society of Mechanical Engineers. [s. n.] 1996.

[34] Banjac M, Petrovic M V, Wiedermann A. A new loss and deviation model for axial compressor inlet guide vanes[J]. Journal of Turbomachinery, 2014.

[35] Liu X, Wan K, Jin D, et al. Development of a throughflow-based simulation tool for preliminary compressor design considering blade geometry in gas turbine engine[J]. Applied Sciences, 2021, 11(1)：422-443.

[36] Gui X, Zhu F, Wan K, et al. Effects of inlet circumferential fluctuation on the sweep aerodynamic performance of axial fans/compressors[J]. Journal of Thermal Science, 2013, 22(5)：383-394.

[37] Carter A D. The low speed performance of related aerofoils in cascade[R]. [s. n.], 1950.

[38] Brunton S L, Noack B R, Koumoutsakos P. Machine learning for fluid mechanics[J]. Annual Review of Fluid Mechanics, 2020, 52：477-508.

[39] Kaiser E, Noack B R, Cordier L, et al. Cluster-based reduced-order modelling of a mixinglayer[J]. arXiv preprint, 2013.

[40] Colvert B, Alsalman M, Kanso E. Classifying vortex wakes using neural networks[J]. Bioinspiration & biomimetics, 2018, 13(2)：025003.

[41] Fukami K, Fukagata K, Taira K. Super-resolution reconstruction of turbulent flows with machine learning[J]. arXiv preprint：2018.

[42] 陈海昕, 邓凯文, 李润泽. 机器学习技术在气动优化中的应用[J]. 航空学报, 2019, 40(1)：52-68.

[43] 邱亚松, 白俊强, 华俊. 基于本征正交分解和代理模型的流场预测方法[J]. 航空学报, 2013, 34(6)：1249-1260. 64

[44] Schmitz A, Aulich M, Nicke E. Novel approach for loss and flow-turning prediction using optimized surrogate models in two-dimensional compressor design[C] //American Society of Mechanical Engineers Digital Collection. [s. n.], 2012：1103-1114.

[45] 巫骁雄, 刘波, 陈紫京. 轴流压气机通流计算中代理模型的应用[J]. 推进技术, 2020(07)：1-16.

[46] Farimani A B, Gomes J, Pande V S. Deep learning the physics of transport

phenomena[J]. arXiv preprint：[s. n.]，2017：1-24.

[47] Cutrina Vilalta P，Wan H，Patnaik S S. Modeling of centrifugal compressor performance using machine learning techniques[C]. [s. n.]，2020.

[48] Raissi M. Deep hidden physics models：Deep learning of nonlinear partial differential equations[J]. The Journal of Machine Learning Research，2018，19 (1)：932-955.

[49] Rowley C W，Colonius T，Murray R M. Model reduction for compressible flows using POD and galerkin projection[J]. Physica D：Nonlinear Phenomena，2004，189(1)：115-129.

[50] Rowley C W，Dawson S T. Model reduction for flow analysis and control[J]. Annual Review of Fluid Mechanics，2017，49：387-417.

[51] Parish E J，Duraisamy K. A paradigm for data-driven predictive modeling using field inversion and machine learning[J]. Journal of Computational Physics，2016，305：758-774.

[52] Singh A P，Medida S，Duraisamy K. Machine-learning-augmented predictive modeling of turbulent separated flows over airfoils[J]. AIAA journal，2017，5(7)：2215-2227.

[53] Wang J X，Wu J L，Xiao H. Physics-informed machine learning approach for reconstructing reynolds stress modeling discrepancies based on DNS data[J]. Physical Review Fluids，2017，2(3)：034603.

[54] Ling J，Jones R，Templeton J. Machine learning strategies for systems with invariance properties[J]. Journal of Computational Physics，2016，318：22-35.

[55] 金东海，展昭，桂幸民. 基于混合遗传算法的压气机叶型自动优化设计[J]. 推进技术，2006(04)：349-353.

[56] Luo J. Design optimization of the last stage of a 4. 5-stage compressor using a POD-based hybrid model[J]. Aerospace Science and Technology，2018，76：303-314.

[57] Lee C，Kim J，Babcock D，et al. Application of neural networks to turbulence control for drag reduction[J]. Physics of Fluids，1997，9(6)：1740-1747.

[58] Yeh C A，Taira K. Resolvent-analysis-based design of airfoil separation control[J]. arXiv preprint：2018.

[59] Hipple S M，Bonilla-Alvarado H，Pezzini P，et al. Using machine learning tools to predict compressor stall[J]. Journal of Energy Resources Technology，2020，142(7).

[60] Bellman R. Dynamic programming[M]. Princeton，New Jersey：Princeton U-

niversity Press，1957.

[61] Sirovich L. Turbulence and the dynamics of coherent structures. i. coherent structures[J]. Quarterly of applied mathematics，1987，45(3)：561-571.

[62] Sirovich L，Kirby M. Low-dimensional procedure for the characterization of human faces[J]. Josa a，1987，4(3)：519-524.

[63] Baldi P，Hornik K. Neural networks and principal component analysis：Learning from examples without local minima[J]. Neural networks，1989，2(1)：53-58.

[64] Prince S J，Elder J H. Probabilistic linear discriminant analysis for inferences about identity [C] //2007 IEEE 11th International Conference on Computer Vision. IEEE，2007：1-8.

[65] Lieblein S，Schwenk F C，Broderick R L. Diffusion factor for estimating losses and limiting blade loadings in axial-flow-compressor blade elements[R]. Cleveland，Ohio：National Advisory Committee for Aeronautics Cleveland Oh Lewis Flight Propulsion Lab，1953.

[66] 桂幸民，滕金芳，刘宝杰，等. 航空压气机气动热力学理论与应用[M]. 上海：上海交通大学出版社，2012.

[67] 岳梓轩. 基于机器学习的压气机展向分布损失模型研究[D]. 北京：北京航空航天大学，2021.

[68] Starken H，Breugelmans F，Schimming P. Investigation of the axial velocity density ratio in a high turning cascade[C] //American Society of Mechanical Engineers Digital Collection. [s. n.]，1975.

[69] Stark U，Hoheisel H. The Combined Effect of Axial Velocity Density Ratio and Aspect Ratio on Compressor Cascade Performance[J]. Journal of Engineering for Power，1981，103(1)：247-255.

[70] Starke J. The effect of the axial velocity density ratio on the aerodynamic coefficients of compressor cascades[J]. Journal of Engineering for Power，1981，103(1)：210-219.

[71] 周成华. 基于轴流压气机级间测量的 S2 流场诊断与分析[D]. 北京：北京航空航天大学，2019.

[72] Widodo A，Yang B S. Support vector machine in machine condition monitoring and fault diagnosis[J]. Mechanical systems and signal processing，2007，21(6)：2560-2574.

[73] Noble W S. Support vector machine applications in computational biology[J]. Kernel methods in computational biology，2004(71)：92.

[74] Lee Y J，Mangasarian O L. Ssvm：A smooth support vector machine for clas-

sification[J]. Computational optimization and Applications, 2001, 20(1): 5-22.

[75] Cover T, Hart P. Nearest neighbor pattern classification[J]. IEEE transactions on information theory, 1967, 13(1): 21-27.

[76] Omohundro S M. Five balltree construction algorithms[M]. International Computer Science Institute Berkeley, 1989.

[77] Bentley J L. Multidimensional binary search trees used for associative searching[J]. Communications of the ACM, 1975, 18(9): 509-517.

[78] Zhang S, Li X, Zong M, et al. Efficient knn classification with different numbers of nearest neighbors[J]. IEEE transactions on neural networks and learning systems, 2017, 29(5): 1774-1785.

[79] Trstenjak B, Mikac S, Donko D. Knn with tf-idf based framework for text categorization[J]. Procedia Engineering, 2014, 69: 1356-1364.

[80] Aslam M W, Zhu Z, Nandi A K. Automatic modulation classification using combination of genetic programming and knn[J]. IEEE Transactions on wireless communications, 2012,11(8): 2742-2750.

[81] Holloway P, Koch C, Knight G, et al. Energy efficient engine. high pressure compressor detail design report: Nasa-cr-165558[R]. [s. n.], 1982

[82] Koch C C, Smith J L H. Loss Sources and Magnitudes in Axial-Flow Compressors[J]. Journal of Engineering for Power, 1976, 98(3): 411-424.

[83] Steinke R J. Design of 9. 271-pressure-ratio five-stage core compressor and overall performance for first three stages: volume 2597[R]. National Aeronautics and Space Administration, Scientific and Technical Information Branch, 1986.

[84] Koch C C, Smith Jr. L H. Loss Sources and Magnitudes in Axial Flow Compressors[J]. ASME Journal of Engineering for Power, 1976, 98(3): 411-424.

[85] Koch C C. Stalling Pressure Rise Capability of Axial Flow Compressor Stages [J]. Journal of Engineering for Power, 1981, 103(4): 645-656.

[86] Rains D A. Tip clearance flows in axial flow compressors and pumps[R]. California Inst OF Tech Pasadena Mechanical Engineering Lab, 1954.

[87] Peacock R E. A review of turbomachinery tip gap effects: Part 1: Cascades [J]. International Journal of Heat and Fluid Flow, 1982, 3(4): 185-193.

[88] Wisler D C. Loss Reduction in Axial: flow Compressor Through Low——Speed Model Testing[J]. Journal of Engineering for Gas Turbines and Power,1985,107(2): 354-363.

[89] Storer J A，Cumpsty N A. Tip leakage flow in axial compressors[C] // ASME 1990 International Gas Turbine and Aeroengine Congress and Exposition. American Society of Mechanical Engineers. [s. n.]，1990.

[90] Yaras M I，Sjolander S A. Effects of simulated rotation on tip leakage in a planar cascade of turbine blades：Part I——tip gap flow[J]. Journal of turbomachinery，1992，114(3)：652-659.

[91] Saathoff H，Stark U. Tip clearance flow induced endwall boundary layer separation in a single-stage axial-flow low-speed compressor[C] //ASME Turbo Expo 2000：Power for Land，Sea，and Air. American Society of Mechanical Engineers. [s. n.]，2000.

[92] Van Z D E，Strazisar A J，Wood J R，et al. Recommendations for achieving accurate numerical simulation of tip clearance flows in transonic compressor rotors[J]. Journal of Turbomachinery，2000，122(4)：733-742.

[93] Tang G，Simpson R L. Experimental Study of Tip-Gap Turbulent Flow Features[J]. [s. n.]，2006.

[94] Gbadebo S A，Cumpsty N A，Hynes T P. Interaction of tip clearance flow and three-dimensional separations in axial compressors[J]. Journal of Turbomachinery，2007，129(4)：679-685.

[95] Ainley D G，Mathieson G C. A method of performance estimation for axial-flow turbines[R]. Aeronautical Research Council London (United Kingdom)，1951.

[96] Denton J D. The 1993 igti scholar lecture：Loss mechanisms in turbomachines[J]. [s. n.]，1993.

[97] Lakshminarayana B. Methods of predicting the tip clearance effects in axial flow turbomachinery[J]. Journal of Basic Engineering，1970，92(3)：467-480.

[98] Dong Y，Gallimore S J，Hodson H P. Three-dimensional flows and loss reduction in axial compressors[C] //ASME 1986 International Gas Turbine Conference and Exhibit. American Society of Mechanical Engineers. [s. n.]，1986.

[99] Sakulkaew S，Tan C S，Donahoo E. Compressor Efficiency Variation With Rotor Tip Gap From Vanishing to Large Clearance[J]. Journal of Turbomachinery，2013，135(3)：1-10.

[100] 段静瑶，肖俊峰.动叶间隙对压气机气动性能的影响[J].汽轮机技术，2018，60(5)：329-331.

[101] 北京航空航天大学能源与动力工程学院流体机械系.叶轮机械原理讲义[M].

北京：北京航空航天大学出版社，2003.

[102] 徐建国. 滑移系数的黏性修正及离心风机出口流场的实验研究[D]. 上海：上海交通大学，2002.

[103] 赵军明. 不同黏度下离心泵叶轮出口滑移系数的数值实验研究[D]. 哈尔滨：哈尔滨工业大学，2004.

[104] Bachstrom T W. A Unified Correlation for Slip Factor in Centrifugal Impellers[J]. Department of Mechanical Engineering，University of Stellenbosch，Journal of Turbomachinery，Transactions of the ASME，2006(128)：1-10.

[105] Eckardt D. Detailed Flow Investigations within a High Speed Centrifugal Compressor Impeller. ASME Journal of Fluids Engineering. 1976，98：390-402.

[106] Dean R C，Senoo Y. Rotating Wakes in Vaneless Diffiisers[J]. ASME Journal of Basic Engineering，1960，82：563-574.

[107] Acosta A J，Bowerman R D. An Experimental Study of Centrifugal-Pump Impellers[J]. [s. n.]，1957.

[108] Eckardt D. Instantaneous measurements in the jet-wake discharge flow of a centrifugal compressor impeller[J]. Trans ASME Journal Engine for Power，1975：337-345

[109] Eckardt D. Flow Field Analysis of Radial and Backswept Centrifugal Compressor Impellers. Part I：Flow Measurements Using a Laser Velocimeter [J]. In Performance Prediction of Centrifugal Pumps and Compressors，1979.

[110] Maskey H C，Marsh F X. The Annular Combustion Chamber with Centrifugal Fuel Injection[R]，[s. n.]，1962

[111] Rogo C，Trauth R. L. Design of High Heat Release Slinger Combustor with Rapid Acceleration Requirement[R]. [s. n.]，1974

[112] 《航空发动机手册》总编委会. 航空发动机设计手册[M] 主燃烧室：第 9 册. 北京：航空工业出版社，2000.

[113] Pratt D. T，Bowman B. R，Crowe C. T，et al. Prediction of Nitric Oxide Formation in Turbojet Engines by PSR Analysis[R]. AIAA：1971，71-713.

[114] Fletcher R. S，Heywood J B. A Model for Nitric Oxide Emission from Aircraft Gas Turbine Engines[R]. AIAA：2012，71-123.

[115] Shyy W，Braaten M. E，Burrus D. L. Study of Three-dimensional Gas-turbine Combustor Flows[J]. International Journal of Heat and Mass Transfer，1989，32(6)：1155-1164.

[116] Tolpadi A. K，Hu I. Z，Correa S. M. Coupled Lagrangian Monte Carlo

PDF-CFD Computation of Gas Turbine Combustor Flow Fields with Finite-rate Chemistry[J]. Journal of Engineering for Gas Turbines and Power, 1997 ,119(3)：519-526.

[117] Yokosuka Research Laboratory. Numerical Calculation of Gas Turbine Combustors-1st. Report Dierct Simulation of Three-dimensional Flow in a Combustor[R]. 1991：338-346.

[118] Cha C M，Zhu J，Rizk N K. A Comprehensive Liquid Fuel Injection Model for CFD Simulations of Gas Turbine Combustors[R]. AIAA：2005.

[119] Sturgess J. Calculation of Aerospace Propulsion Combustor：A Review from Industry Calculations of Reactive Flows[J]. Applied Mechanics Division, ASME，1988，18：185-232.

[120] Stubbs R M，Liu N S. Preview of the National Combustion Code[R]. AIAA：1997

[121] Norris A T，Chen K H，Raju M S. Chemical Kinetics in the National Combustion Code[R]. AIAA，2000.

[122] Correa S M. A Review of Nox Formation under Gas-turbine Combustion Conditions[J]. Combustion Science and Technology，1993，87（1-6）：329-362.

[123] Scrittore J J，Thole K A，Burd S W. Investigation of Velocity Profiles for Effusion Cooling of a Combustor Liner[J]. Journal of Turbomachinery, 2007，129(3)：503-512.

[124] Crawford M E，Kays W M，Moffat R J. Full Coverage Film Cooling——Part II：Heat Trasfer Data and Numerical Simulation[J]. ASMEJournal of Engineering for Power，1980，102(4)：1006-1012.

[125] Heidmann J D，Hunter S D. Coarse Grid Modeling of Turbine Film Cooling Flows Using Volumetric Source Terms[R]. Tech. Report No. NASA TM-2001-210817

[126] Tartinville B，Hirsch C. Modelling of Film Cooling for Turbine Blade Design [R]. ASME，2008.

[127] Burdet A，Abhari R S，Rose M. G. Modeling of Film Cooling——Part II：Model for Use in Three-Dimensional Computational Fluid Dynamics[J]. Journal of Turbomachinery，2007，129(2)：221-231.

[128] Kampe T. Völker S. A Model for Cylindrical Hole Film Cooling——Part II：Model Formulation，Implementation and Results[J]. Journal of Turbomachinery,2012，134(6)：061011.

[129] Mendez S，Nicoud F. Adiabatic Homogeneous Model for Flow Around a

Multiperforated Plate[J]. AIAA Journal, 2008, 46(10): 2623-2633.

[130] Nigmatullin R. Z, Ivanov M J. The Mathematical Models of Flow Passage for Gas Turbine Engines and Their Components[R]. AGARD-LS, 1994.

[131] Most A, Savary N, Berat C. Reactive Flow Modeling of a Combustion Chamber with a Multiperforated Liner[C]. AIAA 2007.

[132] Howe M S. On the Theory of Unsteady High Reynolds Number Flow Through a Circular Aperture[R]. Proc. R. Soc. Lond. A 366: 205-223

[133] Eldredge J D, Dowling A P. The Absorption of Axial Acoustic Waves by a Perforated Liner with Bias Flow[J]. Journal of Fluid Mechanics, 2003 (485), 307-335.

[134] Luong T, Howe M S, McGowan R S. On the Rayleigh Conductivity of a Bias-flow Aperture[J]. Journal of Fluids and Structures, 2005, 21(8): 769-778.

[135] Cummings A. Acoustic Nonlinearities and Power Losses at Orifices[J]. AIAA Journal, 1983, 22(6), 786-792.

[136] Mendez S, Eldredge J, Nicoud F, et al. Numerical Investigation and Preliminary Modeling of a Turbulent Flow over a Multi-perforated Plate[R]. Proceedings of the Summer Program, 2006.

[137] Boudier G, Gicquel L Y M, Poinsot T, et al. Comparison of LES, RANS and Experiments in an Aeronautical Gas Turbine Combustion Chamber[R]. Proceedings of the Combustion Institute, 2007, 31(2): 3075-3082.

[138] Mendez S, Eldredge J. Acoustic Modeling of Perforated Plates with Bias Flow for Large-Eddy Simulations[J]. Journal of Computational Physics, 2009, 228(13): 4757-4772

[139] Boudier G, Lamarque N, Staffelbach G. Thermo-Acoustic Stability of a Helicopter Gas Turbine Combustor Using Large Eddy Simulation[J]. International Journal of Aeroacoustics, 2009, 8(1): 69-93.

[140] 曹志鹏,刘大响,桂幸民,等. 某小型涡喷发动机二维数值仿真[J]. 航空动力学报,2009,24(2): 439-444.

[141] 万科. 航空叶轮机周向平均方法建模与分析应用研究[D]. 北京:北京航空航天大学,2014.

[142] 唐明智. 叶轮机周向不均匀性建模及对弯掠特性影响的研究[D]. 北京:北京航空航天大学,2018.

[143] Spalding D B. Mixing and Chemical Reaction in Steady Confined Turbulent Flames[C]//13th Symposium (Int.) on Combustion. The Combustion Institute, Pittsburgh, 1971, (1): 649-657.

[144] Mason H B，Spalding D B. Prediction of Reaction Rates in Turbulent Premixed Boundary Layer Flows[R]. Proc. European Symp. on Combustion，1973：601-606.

[145] Xia Z X，Hu J X，Fang D Y. Combustion Study of the Boron Particle in the Secondary Chamber of Ducted Rocket[R]. AIAA，2006

[146] Mongia H C. Recent Progress in Comprehensive Modeling of Gas Turbine Combustion[R]. AIAA，2008.

[147] 严传俊. 三维贴体坐标系下燃烧室中两相反应流的数值模拟[J]. 燃烧科学与技术，1995，1(1)：54-62.

[148] 赵坚行，赵小明. 发动机燃烧室数值计算[J]. 工程热物理学报，1997，18(3)：299-392.

[149] 雷雨冰，胡好生，赵坚行. 环形回流燃烧室两相反应流场的数值研究[J]. 航空动力学报，2001，16(4)：350-354.

[150] 蔡文祥，胡好生，赵坚行. 涡流器燃烧室头部两相反应流数值模拟[J]. 航空动力学报，2006，21(5)：837-842.

[151] 雷雨冰，赵坚行. 三级涡流器环形燃烧室化学反应流场的数值研究[J]. 推进技术，2005，6(3)：215-218.

[152] 李井华，赵坚行，常海萍. 双级涡流器环形燃烧室整体流场数值模拟[J]. 南京航空航天大学学报，2007，39(6)：781-785.

[153] 曾川，王洪铭，单鹏. 微涡喷发动机离心甩油盘环形折流燃烧室的设计与实验研究[J]. 航空动力学报，2003，18(1)：92-96.

[154] Robins S R. Enterprise and innovation [J]. Aerospace，1994，8-13.

[155] Han J C，Hu M. Recent Studies in Turbine Blade Internal Cooling[R]//Proceedings of the International Symposium on Heat Transfer in Gas Turbine Systems. Turkey：2003.

[156] 彭泽琰. 航空燃气轮机原理[M]. 国防工业出版社，2008.

[157] Metzger D E，Baltzer R T，Jenkins C W. Impingement Cooling Performance in Gas Turbine Airfoils Including Effects of Leading Edge Sharpness[J]. Journal of Engineering for Power，Transactions of ASME，1972(94)：219-225.

[158] Kercher D M，Tabakoff W. Heat Transfer by a Square Array of Round Air Jets Impinging Perpendicular to a Flat Surface Including the Effect of Spent Air[J]. Journal of Engineering for Power，Transactions of ASME，1970(92)：73-92.

[159] Chaudhari M，Puranik B，Agrawal A. Effect of Orifice Shape in Synthetic Jet based Impingement Cooling[J]. Experimental Thermal and Fluid Sci-

ence，2010，34(2)：246-256.

[160] Ahmed F B，Tucholke R，Weigand B，et al. Numerical Investigation of Heat Transfer and Pressure Drop Characteristics for Different Hole Geometries of a Turbine Casing Impingement Cooling System[C] //ASME 2011 Turbo Expo：Turbine Technical Conference and Exposition. American Society of Mechanical Engineers，2011：1095-1108.

[161] Singh D，Premachandran B，Kohli S. Experimental and Numerical Investigation of Jet Impingement Cooling of a Circular Cylinder[J]. International Journal of Heat and Mass Transfer，2013，60：672-688.

[162] Fechter S，Erzis A，Ott P，et al. Experimental and Numerical Investigation of Narrow Impingement Cooling Channels[J]. International Journal of Heat and Mass Transfer，2013，67：1208-1219.

[163] Terzis A，Wagner G，Von W J，et al. Hole Staggering Effect on the Cooling Performance of Narrow Impingement Channels Using the Transient Liquid Crystal Technique[J]. Journal of Heat Transfer，2014，136(7)：071701.

[164] Terzis A，Wagner G，Ott P. Hole Staggering Effect on the Cooling Performance of Narrow Impingement Channels[C] //ASME Turbo Expo 2012：Turbine Technical Conference and Exposition. American Society of Mechanical Engineers，2012：127-138.

[165] Holland M J，Thake T. Rotor blade cooling in high pressure turbines[J]. Journal of Aircraft，2012，17(6)：412-418.

[166] Young J B，Wilcock R C. Modelling the Air-Cooled Gas Turbine：Part 1——General Thermodynamics[C] // Asme Turbo Expo：Power for Land，Sea，& Air. American Society of Mechanical Engineers，2001.

[167] Wilcock R C，Young J B，Horlock J H. The Effect of Turbine Blade Cooling on the Cycle Efficiency of Gas Turbine Power Cycles[J]. Journal of Engineering for Gas Turbines & Power，2005，127(1)：109.

[168] Jordal K，Torbidoni L，Massardo A F. Convective Blade Cooling Modelling for the Analysis of Innovative Gas Turbine Cycles[C]. ASME Turbo Expo 2001：Power for Land，Sea，and Air，2001.

[169] Torbidoni L，Massardo A F. Analytical Blade Row Cooling Model for Innovative Gas Turbine Cycle Evaluations Supported by Semi-Empirical Air Cooled Blade Data[J]. Journal of Engineering for Gas Turbines & Power，2004，126(3)：809-817.

[170] Horlock J H，Watson D T，Jones T V. Limitations on Gas Turbine Performance Imposed by Large Turbine Cooling Flows[J]. Journal of Engineer-

ing for Gas Turbines and Power，2001.

[171] Jonsson M，Bolland O，D Bücker，et al. Gas turbine cooling model for e-valuation of novel cycles[J]. Proceedings of Ecos，2005.

[172] Torbidoni L，Horlock J H. A New Method to Calculate the Coolant Re-quirements of a High Temperature Gas Turbine Blade[J]. ASME，2004：443-453.

[173] Torbidoni L，Horlock J H. Calculation of the Expansion Through a Cooled Gas Turbine Stage[J]. ASME. 2005：65-77.

[174] Consonni S. Performance Prediction of Gas/Steam Cycles for Power Produc-tion[D]. MAE Dept，PhD Thesis no 1893-T，Princeton University，1990.

[175] Petrovic M V，Wiedermann A. Through-Flow Analysis of Air-Cooled Gas Turbines[J]. Journal of turbomachinery，2013，135（6）：061019. 1-061019. 8.

[176] Gu C W，Li H B，Song Y. Development of an aero-thermal coupled through-flow method for cooled turbines[J]. Science China Technological Sciences，2015，58(012)：2060-2071.

[177] Ren X D，Convective cooling model for aero-thermal coupled through-flow method[J]. Proceedings of the Institution of Mechanical Engineers：Part A. Journal of power and energy，2017.

[178] 史亮. 管网气热耦合算法在涡轮叶片复合冷却数值模拟上的研究[D]. 哈尔滨：哈尔滨工业大学，2016.

[179] Asteris A. Turbine cooling and heat transfer modeling for gas turbine per-formance simulation[D]. England：Cranfield University，2015.

[180] Hartsel J. E. Prediction of Effects of Mass-Transfer Cooling on the Blade-Row Efficiency of Turbine Airfoils. AIAA，1972：72-11.

[181] Denton J D. Loss Mechanisms in Turbomachines[J]. Trans Asme Journal of Turbomachinery，1993，115(4).

[182] Reid K，Denton J，Pullan G，et al. The Effect of Stator-Rotor Hub Sealing Flow on the Mainstream Aerodynamics of a Turbine[C]//Asme Turbo Ex-po：Power for Land，Sea，& Air. American Society of Mechanical Engi-neers，2006.

[183] Medic G，You D，Kalitzin G，et al. Intergrated Computations of an Entire Jet Engine[C]//Asme Turbo Expo：Power for Land，Sea，& Air. American Society of Mechanical Engineers，2007.

第 3 章
整机稳态性能零维数值仿真

　　航空燃气涡轮发动机性能仿真模型通过数学语言描述燃气涡轮发动机工作的物理过程。模型所描述的发动机对象既可以是处于设计阶段的"纸面发动机",也可以是进入试验阶段或已经投入使用的"真实发动机"。类似于其他机械产品,航空燃气涡轮发动机的寿命周期包括市场调研、设计研发、制造、使用和报废回收等阶段。在发动机寿命周期的各个阶段,发动机性能仿真模型都扮演着重要角色。在市场调研阶段,发动机性能仿真模型可预估新设计方案或改型方案给飞机带来的潜在性能收益,为发动机新产品的研发提供决策参考;在发动机设计、试验阶段,为了预计矛盾(例如,超声声速民用客机设计时,涵道比的选取需要同时折中考虑地面噪声与超声速飞行性能的矛盾)、判断发动机是否满足设计要求,必须建立发动机的性能仿真模型,以得到不同给定飞行条件下的发动机性能。在发动机的使用和维修阶段,发动机性能仿真模型是发动机健康管理系统的重要组成部分,是现代发动机由定期维修转变为视情维修,降低直接使用成本,保证发动机安全、可靠运行的重要手段[1]。

　　在发动机寿命周期的不同阶段,已知的原始数据不同,发动机性能仿真模型的仿真内容、计算精度、计算速度也不同。模型可以按复杂程度分为 4 种类型:第一类仿真模型的基本特征为基于发动机的相似工作原理,通过表格或拟合关系式来描述发动机性能,整个发动机作为一个"黑盒子"[2],模型中不描述各部件的工作情况,只关注外在性能特征。第二类仿真模型的技术特征为发动机的每个部件通过部件特性进行表征,基于焓熵热力关系式建模,通过求解各部件的共同工作方程来确定发动机关键截面的气动热力参数和总体性能[3,4]。第三类数学模型求解思路与第二类类似,不同点在于,各个部件不再通过预存的特性图进行表征,而是通过数学方法建立部件几何流路尺寸、设计参数和特性之间的映射关系。部件模型建模的维数越高,所描述的发动机内部流动以及各部件的匹配细节越详细,但建模所须提供的发动机几何流路尺寸也越详细[5]。第四类数学模型基于计算流体力学理论,通过欧拉方程或 NS(Navier-Stokes)方程求解,以获取发动机整机各部件的流场参数和总体性能参数。除此之外,在此基础上发展而成的数学模型还包括可缩放的变维度性能数值仿真模型 NPSS[6]，这类数学模型有望在计算效率和计算精度方面根据实际的技术风险情况进行最有利的调整。

　　本章所介绍的仿真模型属于第二类，第二类仿真模型也常被称作"零维数值仿真模型"。此类模型的优势在于既可反映部件之间的共同工作机理，又保持了较高的计算效率，是目前工业界应用最广泛的一类总体性能仿真模型。其计算精度已在多个工程项目中得到检验[7]，著名的商用总体性能仿真软件 Gasturb 就是基于此类仿真方法开发的[8]。下面将首先介绍此类模型的建模原理，包括模型框架和主要模块的计算方法；然后以混排涡扇发动机为例，介绍模型的仿真流程；之后在此基础之上，介绍模型的功能拓展方法，以适应不同的应用需求；最后以一款新构型发动机——自适应循环发动机为仿真算例，介绍此类建模方法的实际应用。

| 3.1　整机稳态性能零维仿真模型的建模原理 |

3.1.1　整机稳态性能零维仿真模型框架

　　零维仿真模型是由若干部件模块组合起来的，对于每个部件模块来说，输入参数为部件进口的气流参数，通过气动热力学计算可以得到部件出口的气流参数，包括气流的流量、压力、温度等。相连部件之间通过气流参数传递信息，上游部件的出口参数传递到与之相连的下游部件。在给定发动机工况条件后，可以完成进气道到尾喷管各个部件的计算，得到关键截面的气动热力学参数及整机性能。

　　以一款典型的复燃加力涡轮风扇发动机为例介绍零维仿真模型的框架，其结构如图 3.1 所示，主要包括进气道、风扇、压气机、主燃烧室、涡轮、混合器、加力燃烧室、尾喷管等。其主要部件的气动和机械联系可抽象为如图 3.2 所示的框图，其中，箭头代表部件之间的气动联系，而虚线代表部件之间的机械联系。对于两个气动相关联的部件，上游部件出口的气流总温、总压、流量和与之相连的部件具有直接联系，例如压气机与主燃烧室具有直接的气动联系，则压气机出口的总温、总压和流量将直接传递给主燃烧室进口参数。对于机械相关联的部件，其物理转速和功率具有直接联系，

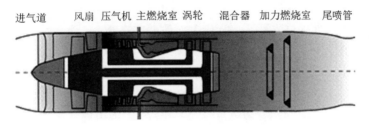

进气道　　风扇　压气机　主燃烧室　涡轮　　　混合器　加力燃烧室　尾喷管

图 3.1　典型的复燃加力涡轮风扇发动机

例如压气机和高压涡轮相连,则二者具有相同的物理转速,且高压涡轮输出功在扣除机械损失后等于压气机的压缩功。图3.2中各个方框代表各个部件模块,给定部件模块进口的气流参数和部件性能参数,可通过气动热力学计算得到部件模块出口的气流参数。

在图3.2所示的整机性能零维仿真模型框架下,给定飞机的飞行条件后,进气道的进口参数也随之确定。之后按照气流流动方向依次进行部件模块计算,最终可以得到各个部件出口的参数,进而得到发动机的性能参数。下面章节将对图3.2所示部件模块仿真方法进行介绍。

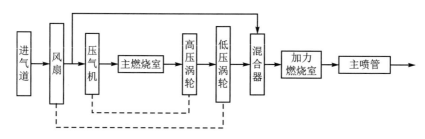

图 3.2　复燃加力涡轮风扇发动机稳态性能零维模型部件模块

3.1.2　整机稳态性能零维仿真模型中典型部件模块算法

根据算法特点,整机稳态性能零维仿真模型中的典型部件模块算法可分为6类,经过部件模块计算后,即可得到发动机各部件进出口截面的气流参数,进而计算得到发动机的整机性能。下面分别进行介绍。

1. 压缩部件算法

压缩部件包括风扇和压气机。此类部件中的热力过程是压缩气体做功。在热力计算过程中,输入参数是进口气流的总温、总压、流量;部件特性给出压比、绝热效率;输出参数是出口气流的总温、总压、流量。大致计算过程如下:

(1) 出口流量计算

在不考虑引气的情况下,压缩部件进出口流量相等,即

$$w_{a,out} = w_{a,in} \tag{3.1}$$

其中,$w_{a,in}$ 代表部件进口流量;$w_{a,out}$ 代表部件出口流量。

(2) 出口压力计算

在给定压比和进口总压条件下,出口总压可按下式计算:

$$p_{t,out} = p_{t,in} \times \pi_c \tag{3.2}$$

其中,π 代表部件增压比;$p_{t,in}$ 为进口气流总压;$p_{t,out}$ 为出口气流总压。

(3) 出口总温计算

出口总温的计算需要与等熵过程相关联进行。根据熵的定义,等熵过程有如下

热力学关系式：

$$\Delta h_{ie} = \int_{T_{t,in}}^{T_{t,out}} \frac{c_p}{T} dT = R_g \ln \frac{p_{t,out}}{p_{t,in}} \tag{3.3}$$

其中，h_{ie} 代表等熵过程焓变；$T_{t,in}$ 代表进口气流总温；$T_{t,out}$ 代表出口气流总温；c_p 代表气流定压比热容；R_g 代表气体常数。

定压比热容 c_p 的取值仅与气体成分和气体温度有关，气体常数 R_g 的取值仅与气体成分有关。由于气体在发动机通道里流动时其成分和温度均发生变化，为了准确计算发动机性能，有必要考虑气体热力性质的变化，一般简称为变比热容计算。需要说明的是，在高温条件下（一般大于 2 200 K），热力过程中气体成分还与热离解现象有关。本小节主要介绍气体温度低于 2 200 K 条件下的变比热容算法，高温热离解对气体热力性质的影响可参考文献[1]。

变比热容算法应用化学反应计量法确定碳氢燃料燃烧后燃烧产物的化学成分，每种气体成分的定压比热容分别表示为温度的函数（四次多项式），按照混合气体比热容计算法求得气体定压比热容：

$$c_p = c_p(T, f) = \frac{1}{1+f} \left[\sum_{i=0}^{4} a_i T^i + f \left(\sum_{i=0}^{4} b_i T^i \right) \right] \tag{3.4}$$

式中，a_i 和 b_i 为多项式系数，具体数值请参照文献[8]。f 代表气体的油气比，即

$$f = w_a / w_f \tag{3.5}$$

其中，w_a 代表空气流量，w_f 代表燃油流量。

式(3.3)中气体常数 R_g 是气体成分的函数，计算公式如下：

$$R_g = \frac{287.016 + 296.377 f}{1 + f} \tag{3.6}$$

当压缩部件压比已知时，可以根据式(3.3)计算等熵过程压缩功（即总焓变），即

$$\Delta h_{ie} = R_g \cdot \ln \pi_c \tag{3.7}$$

计算得到等熵过程压缩功后，根据部件绝热效率的定义，可以计算实际过程的压缩功：

$$w_{a,in} \Delta h = w_{a,in} \Delta h_{ie} / \eta_{ie} \tag{3.8}$$

其中，η_{ie} 代表部件的绝热效率。

若实际过程焓变已知，则部件出口总焓可由下式求得：

$$w_{a,out} h(T_{t,out}, f) = w_{a,in} \Delta h + w_{a,in} h(T_{t,in}, f) \tag{3.9}$$

出口气流比焓 $h(T_{t,out}, f)$ 可由气流总焓除以出口气流流量得到。其中，$h(T_{t,in}, f)$ 代表进口气流比焓。

气体比焓仅与气体的种类和总温有关，其表达式可参考文献[10]。利用气流比焓和温度的关系式即可求解得到部件出口气流总温 $T_{t,out}$。

2. 涡轮部件算法

涡轮部件包括高压涡轮和低压涡轮。此类部件中的热力过程是气体膨胀做功。

在热力计算过程中，输入参数是进口气流的总温、总压、流量；部件特性给出涡轮功函数、绝热效率；输出参数是出口气流的总温、总压、流量。大致计算过程如下：

（1）出口流量计算

压缩部件进出口流量相等，即

$$w_{g,out} = w_{g,in} \tag{3.10}$$

（2）出口总温计算

涡轮功函数 φ 的物理含义是单位温度及单位质量气体通过涡轮膨胀所做的功。已知涡轮进口总温和涡轮功函数 φ，可以计算涡轮部件实际的单位焓降 Δh，即

$$w_{g,in} \Delta h = w_{g,in} T_{t,in} \varphi \tag{3.11}$$

若实际过程焓变已知，则部件出口总焓可由下式求得：

$$w_{g,out} h(T_{t,out}, f) = w_{g,in} h(T_{t,in}, f) - w_{g,in} \Delta h \tag{3.12}$$

出口气流比焓 $h(T_{t,out})$ 也可得到。利用气流比焓和温度的关系式，即可求得部件出口气流总温 $T_{t,out}$。

（3）出口总压计算

已知涡轮绝热效率的条件下，可以计算涡轮部件等熵膨胀的单位焓降 Δh_{ie}，即

$$\Delta h_{ie} = \Delta h / \eta_{ie} \tag{3.13}$$

若等熵过程焓变已知，则等熵膨胀后部件的出口总焓可由下式求得：

$$w_{g,out} h(T_{t,out,ie}, f) = w_{g,in} h(T_{t,in}, f) - w_{g,in} \Delta h_{ie} \tag{3.14}$$

出口气流比焓 $h(T_{t,out,ie})$ 也可得到。利用气流比焓和温度的关系式，即可求得等熵膨胀后部件出口气流总温 $T_{t,out,ie}$。

已知部件出口气流总温、部件进口总温和总压后，可根据等熵过程温度与压力的关系式（3.3）求解涡轮部件的膨胀比 π_T，即

$$\pi_T = -\exp\left(\frac{1}{R_g} \int_{T_{t,in}}^{T_{t,out,ie}} \frac{c_p}{T} dT\right) \tag{3.15}$$

其中，exp 代表 e 的指数函数。

得到涡轮膨胀比后，即可根据进口总压求解出口总压，即

$$p_{t,out} = p_{t,in} / \pi_T \tag{3.16}$$

（4）基于膨胀比特性的计算流程

需要指出的是，也有部分仿真程序中，涡轮特性以膨胀比的形式给出。根据膨胀比求解出口参数的方法与压缩部件的算法类似。其中，出口气流流量的求解方法见式（3.10），出口气流总压的求解方法见式（3.16），出口气流的总温求解方法如下：

根据涡轮膨胀比，结合式（3.3）可以求解涡轮部件等熵膨胀的单位焓降 Δh_{ie}，即

$$\Delta h_{ie} = R_g \cdot \ln \pi_T \tag{3.17}$$

根据绝热效率的定义，可以计算得到涡轮部件的实际焓降，即

$$\Delta h = \Delta h_{ie} \times \eta_{ie} \tag{3.18}$$

若实际过程焓变已知,则膨胀后部件的出口总焓可由下式求得:

$$w_{g,\text{out}}h(T_{t,\text{out}},f) = w_{g,\text{in}}h(T_{t,\text{in}},f) - w_{g,\text{in}}\Delta h \tag{3.19}$$

出口气流比焓 $h(T_{t,\text{out,ie}})$ 由出口气流总焓除以出口气流流量得到。利用气流比焓和温度的关系式,即可求得膨胀后部件出口气流总温 $T_{t,\text{out}}$。

3. 混合器算法

混合器模块的输入参数是汇入混合器的两股气流的总温、总压、流量,以及与混合器相连的两个涵道的出口面积;输出参数是混合器出口的气流总温、总压、流量。此类部件的计算是基于 3 个守恒方程开展的,分别是流量守恒、能量守恒及冲量守恒。

(1) 流量守恒(计算得到出口流量)

混合器出口的流量等于与混合器相连的内侧涵道和外侧涵道的出口流量之和,即

$$w_{a,\text{out}} = w_{a,\text{IB}} + w_{a,\text{OB}} \tag{3.20}$$

其中,$w_{a,\text{IB}}$ 代表内侧涵道流量;$w_{a,\text{OB}}$ 代表外侧涵道流量。

(2) 能量守恒(计算得到出口总温)

混合器出口的气流总焓等于与混合器相连的内侧涵道和外侧涵道的出口气流总焓之和,即

$$w_{a,\text{out}}h(T_{t,\text{out}},f_{\text{out}}) = w_{a,\text{IB}}h(T_{t,\text{IB}},f_{\text{IB}}) + w_{a,\text{OB}}h(T_{t,\text{OB}},f_{\text{OB}}) \tag{3.21}$$

其中,$h(T_{t,\text{IB}},f_{\text{IB}})$ 代表内侧涵道气流比焓;$h(T_{t,\text{OB}},f_{\text{OB}})$ 代表外侧涵道气流比焓。

当求得混合器出口的气流比焓 $h(T_{t,\text{out}},f_{\text{out}})$ 后,利用总焓与总温的关系可以得到混合器出口总温 $T_{t,\text{out}}$。

(3) 冲量守恒(计算得到出口总压)

混合器出口的气流冲量等于与混合器相连的内侧涵道和外侧涵道的出口气流冲量之和,即

$$I_{\text{out}} = I_{\text{IB}} + I_{\text{OB}} \tag{3.22}$$

其中,I_{IB} 表示内侧涵道气流冲量,I_{OB} 代表外侧涵道气流冲量。

冲量的定义如下:

$$I = w_a \times \sqrt{\frac{k+1}{2k}R_g \cdot T_t} \times \left(\lambda + \frac{1}{\lambda}\right) \tag{3.23}$$

其中,k 代表气体的绝热指数,仅与气体的成分和总温有关,表达式可参考文献[12];λ 代表气体的速度系数,定义如下:

$$\lambda = V_a \cdot \sqrt{\frac{k+1}{2k \cdot R_g \cdot T_t}} \tag{3.24}$$

其中,V_a 代表气流速度。

当混合器出口气流冲量求得后,可以由式(3.23)求得混合器出口速度系数 λ_{out}。根据气体流量公式可求得混合器的出口总压,即

$$p_{t,out} = \frac{w_{a,out} \cdot \sqrt{T_{t,out}}}{A_{out} \cdot q(\lambda_{out})} \times \sqrt{\frac{R_g}{k}\left(\frac{k+1}{2}\right)^{\frac{k+1}{k-1}}} \tag{3.25}$$

其中,A_{out} 代表混合器出口面积;$q(\lambda_{out})$ 代表混合器出口的流量函数,定义如下:

$$q(\lambda_{out}) = \left(\frac{k+1}{2}\right)^{\frac{1}{k-1}} \lambda_{out}\left(1 - \frac{k-1}{k+1}\lambda_{out}^2\right)^{\frac{1}{k-1}} \tag{3.26}$$

4. 燃烧室部件算法

燃烧室部件模块的输入参数是进口气流总温、总压、流量及燃烧室出口总温;部件特性包括燃烧效率和总压恢复系数;输出参数是出口气流总压、流量。燃烧室部件包括主燃烧室和加力燃烧室,下面简要介绍计算过程。

(1) 出口总压计算

主燃烧室与加力燃烧室出口总压计算方式一致,均是根据燃烧室的总压恢复系数计算,即

$$p_{t,out} = p_{t,in} \times \sigma \tag{3.27}$$

其中,σ 是燃烧室总压恢复系数。

(2) 出口流量计算

燃烧室和加力燃烧室在出口流量上的计算有所差别,下面分别进行介绍。

① 对于主燃烧室来说,给定主燃烧室进口总温、出口总温、燃烧效率后,根据文献[13]中的方法,可以由下式求得主燃烧室油气比:

$$f = \frac{h_{t,out} - h_{t,in}}{\eta_b H_u - H_{t,out} + h_{t,in}} \tag{3.28}$$

其中,η_b 代表燃烧效率;H_u 代表燃料的低热值;$h_{t,in}$ 代表主燃烧室进口空气的总焓;$h_{t,out}$ 代表主燃烧室出口空气的总焓;$H_{t,out}$ 代表温度为主燃烧室出口总温 $T_{t,out}$ 时的等温焓差。

等温焓差的定义为 1 kg 燃油与 L_0 kg 空气完全燃烧后所得燃气与 L_0 kg 空气在相同温度下的焓差。等温焓差取值仅和燃油种类及温度有关,其表达式可从文献[14]中查得。在求得主燃烧室油气比后,可以由下式计算主燃烧室燃油流量:

$$w_{f,b} = w_{a,in} \times f \tag{3.29}$$

可由下式计算主燃烧室出口流量:

$$w_{a,out} = w_{a,in} + w_{f,b} \tag{3.30}$$

② 对于加力燃烧室来说,给定加力燃烧室进口总温、出口总温、燃烧效率、进口气流油气比后,根据文献[13]中的方法,可以由下式计算加力燃烧室油气比:

$$f_{ab} = \frac{h_{t,out} - h_{t,in} + f_b(H_{t,out} - H_{t,in})}{\eta_{ab} H_u - H_{t,out} + h_{t,in}} \tag{3.31}$$

其中，η_{ab} 代表加力燃烧室的燃烧效率；H_u 代表燃料的低热值；$h_{t,in}$ 代表加力燃烧室进口空气的总焓；$h_{t,out}$ 代表加力燃烧室出口空气的总焓；$H_{t,in}$ 代表温度为加力燃烧室进口总温 $T_{t,in}$ 时的等温焓差；$H_{t,out}$ 代表温度为加力燃烧室出口总温 $T_{t,out}$ 时的等温焓差；f_b 代表加力燃烧室进口气流油气比。

在求得加力燃烧室油气比后，可以由以下两式计算加力燃烧室加入的燃油流量 $w_{f,ab}$ 和加力燃烧室出口流量 $w_{g,out}$：

$$w_{f,ab} = \frac{w_{g,in}}{1 + f_b} \times f_{ab} \tag{3.32}$$

$$w_{g,out} = w_{g,in} + w_{f,ab} \tag{3.33}$$

其中，$w_{g,in}$ 代表加力燃烧室进口流量。

5. 进气道部件算法

进气道部件模块的输入参数是进口的气流总温、总压、流量及飞行马赫数，计算结果是出口的气流总温、总压、流量。其中，出口的流量与总温都与进口相等，而出口总压需要用进气道总压恢复系数进行修正，修正公式如下：

$$p_{t,out} = \sigma_i \times p_{t,in} \tag{3.34}$$

其中，进气道总压恢复系数 σ_i 与飞机飞行马赫数有关，计算公式如下：

$$\sigma_i = \begin{cases} 1.0, & Ma_H \leqslant 1.0 \\ 1.0 - 0.075(Ma_H - 1)^{1.35}, & Ma_H > 1.0 \end{cases} \tag{3.35}$$

6. 尾喷管部件算法

尾喷管部件模块的输入参数是进口气流总温、总压、流量及外界大气的压力、温度，计算结果是喷管出口气流的速度、压力、流量、温度。混排涡扇发动机一般采用收扩喷管，其计算流程如下。

(1) 出口流量计算

喷管出口流量与进口流量相等，即

$$w_{g,out} = w_{g,in} \tag{3.36}$$

(2) 出口压力计算

喷管出口总压等于进口总压，即

$$p_{t,out} = p_{t,in} \tag{3.37}$$

在进行非安装性能计算时，一般假定喷管完全膨胀，即出口静压等于外界大气静压：

$$p_{s,out} = p_{s0} \tag{3.38}$$

其中，p_{s0} 代表大气静压。非完全膨胀造成的推力损失在安装性能计算中以喷管特性的形式纳入考虑，具体可参考文献[15]。

(3) 出口气流温度计算

由于喷管膨胀过程是等熵过程,因此可以采用与涡轮模块算法相同的方法计算,见式(3.17)～式(3.19)。其中,进口温度和压力为 $T_{t,in}$ 和 $p_{t,in}$,绝热效率为1,膨胀比可由下式求得:

$$\pi = p_{t,out}/p_{s,out} \tag{3.39}$$

通过计算可以得到出口温度压力 $T_{s,out}$ 和 $p_{s,out}$。

(4) 出口气流速度计算

当出口气流总温和静温已知时,可以求得气流的总焓和静焓。总焓 $h_{t,out}$ 和静焓 $h_{s,out}$ 之间关系为

$$h_{t,out} - h_{s,out} = V_{out,ad}^2/2 \tag{3.40}$$

利用此关系可以求得等熵完全膨胀时的出口气流速度 $V_{out,ad}$:

$$V_{out,ad} = \sqrt{2(h_{t,out} - h_{s,out})} \tag{3.41}$$

若要估算喷管有损失时完全膨胀的出口气流速度 V_{out},可引入喷管速度损失系数 ψ_{noz} 来修正 $V_{out,ad}$,ψ_{noz} 一般取值为 $0.98\sim0.99$。

$$V_{out} = \psi_{noz} V_{out,ad} \tag{3.42}$$

7. 整机性能参数的计算

经过上述各个部件模块的计算后,可以得到发动机各部件进出口截面气体的气动热力学参数。进而可以计算出该工作点对应的整机性能参数,主要包括推力 F、燃油流量 w_f 和单位耗油率 sfc。

对于混排涡扇发动机,推力为

$$F = w_{g9}V_9 - w_{a0}V_0 + (p_{s9} - p_{s0})A_9 \tag{3.43}$$

其中,w_{g9} 代表喷管出口流量;V_9 代表喷管排气速度;w_{a0} 代表发动机进口流量;V_0 代表飞行速度;A_9 代表喷管出口面积;p_{s9} 代表喷管出口气流静压;p_{s0} 代表大气静压。

对于分开排气涡扇发动机来说,总的推力由外涵和内涵的推力之和构成,即

$$F = w_{g9}V_9 + (p_{s9} - p_{s0})A_9 + w_{g19}V_{19} + (p_{s19} - p_{s0})A_{19} - w_{a0}V_0 \tag{3.44}$$

其中,w_{g19} 代表外涵喷管出口流量;V_{19} 代表外涵喷管排气速度;A_{19} 代表外涵喷管出口面积;p_{s19} 代表外涵喷管出口气流静压。

发动机的总燃油流量 w_f 是主燃烧室燃油流量与加力燃烧室燃油流量之和,即

$$w_f = w_{f,b} + w_{f,ab} \tag{3.45}$$

发动机的单位耗油率 sfc 是燃油流量与发动机推力之比,即

$$sfc = w_f/F \tag{3.46}$$

| 3.2　整机稳态性能零维模型的仿真流程 |

　　求解发动机稳态性能所必需的已知条件是发动机的特性参数和工作状态。发动机的特性参数主要包括发动机的部件特性及发动机关键截面的面积,这些参数共同确定了一款发动机的零维性能模型。工作状态指的是发动机的工况参数(例如,速度、高度)和控制规律。整机稳态性能零维模型的仿真流程为:首先建立发动机的零维性能模型,然后输入发动机的工作状态,最后仿真计算整机性能。为了实现这一流程,整机性能零维模型划分为以下两个步骤:第一步是设计点仿真计算,目标是获得发动机的特性参数;第二步是非设计点仿真计算,目标是计算给定工作状态下的发动机性能。下面分别介绍这两步的仿真计算流程。

3.2.1　整机设计点稳态性能仿真计算流程

　　设计点性能仿真的目的是根据发动机的设计参数,计算发动机的关键截面尺寸、耦合计算部件特性、评估设计点发动机性能。设计点仿真的计算结果是非设计点性能仿真的基础。

　　在设计点进行性能仿真时,需要给定的发动机设计参数包括设计点工况、循环参数、部件设计点性能、部件耦合点位置、关键截面速度系数、涵道总压恢复系数、引气参数、功率提取参数。其中,重要的参数包括风扇增压比 π_{FAN}、压气机增压比 π_{HPC}、涵道比 B、高压涡轮进口总温 T_{t4}。涵道比的定义是外涵流量与内涵流量(HPC 流量)之比,表达式为

$$B = w_{a,B}/w_{a,HPC} \tag{3.47}$$

其中,$w_{a,B}$ 代表流经外涵道的流量。

　　当发动机设计参数给定后,可以开展设计点性能仿真:由进气道开始沿气流流向逐个调用各个部件模块计算,部件模块间的连接关系如图 3.2 所示。设计点仿真的主要步骤见图 3.3。结合图 3.3 简要介绍设计点仿真的计算流程,其中各部件模块的计算方法在 3.1.2 小节已介绍:

　　① 根据设计点工况确定发动机进口大气条件,完成进气道模块计算,得到进气道出口参数;

　　② 根据进气道出口参数确定风扇进口条件,结合风扇部件设计点特性完成风扇模块计算,得到风扇出口参数;

　　③ 风扇的出口参数确定了高压压气机的进口参数,结合高压压气机部件设计点特性完成部件模块计算,得到高压压气机出口参数;

　　④ 高压压气机出口参数确定了主燃烧室的进口参数,结合主燃烧室部件设计点特性和主燃烧室的出口总温完成主燃烧室模块计算,得到主燃烧室的出口参数;

⑤ 主燃烧室的出口参数确定了高压涡轮的进口参数,而高压压气机的耗功确定了高压涡轮的输出功,输出功和进口参数确定了高压涡轮的功函数,再结合高压涡轮的绝热效率即可完成高压涡轮部件模块的计算,得到高压涡轮出口参数;

⑥ 高压涡轮的出口参数确定了低压涡轮的进口参数,而风扇的耗功确定了低压涡轮的输出功,输出功和进口参数确定了低压涡轮的功函数,再结合低压涡轮的绝热效率即可完成低压涡轮部件模块的计算,得到低压涡轮出口参数;

⑦ 低压涡轮的出口参数和风扇的出口参数确定了混合器的进口参数,完成混合器的模块计算,得到混合器的出口参数;

⑧ 混合器的出口参数确定了加力燃烧室的进口参数,结合加力燃烧室的出口总温和部件特性即可完成部件模块计算,得到加力燃烧室的出口参数;

⑨ 加力燃烧室的出口参数确定了喷管的进口参数,结合大气参数即可完成部件模块计算,得到喷管出口参数;

⑩ 喷管的出口参数都得到后,可以得到发动机设计点的整机性能。

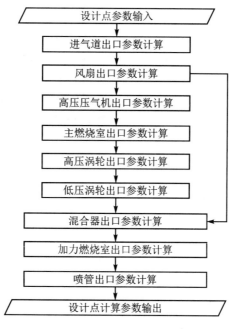

图 3.3　混合排气涡扇发动机设计点稳态性能仿真计算流程

除了得到发动机设计点的性能外,设计点仿真的另一大作用是确定发动机的关键截面面积及部件特性,这是后续计算发动机非设计点性能的基础,下面进行简要介绍。

1. 关键截面面积计算

发动机关键截面面积的计算需要给定截面气流的速度系数,结合流量公式计算:

$$A = \frac{w_a \cdot \sqrt{T_t}}{p_t \cdot q(\lambda)} \times \sqrt{\frac{R_g}{k} \left(\frac{k+1}{2}\right)^{\frac{k+1}{k-1}}} \tag{3.48}$$

其中,各项参数定义与式(3.25)相同,在此不再赘述。

对于混排涡扇发动机来说,需要计算面积的关键截面包括混合器内/外涵进口、高压涡轮进口导向器喉道、低压涡轮进口导向器喉道、喷管喉道、喷管出口。

需要注意的是,虽然混合器处有两项关键截面面积需要求解,但只需要给定其中一处截面气流的速度系数。这是因为,混合器内外涵气流掺混时需要满足静压平衡的约束。以给定外涵气流的速度系数 λ_{OB} 为例进行说明:给定外涵气流的速度系数 λ_{OB} 后,根据式(3.48)可以计算外涵进口面积,而混合器外涵进口气流静压可通过下式计算:

$$p_{s,OB} = p_{t,OB} \times \left(1 - \frac{k-1}{k+1}\lambda_{OB}^2\right)^{\frac{k}{k-1}} \tag{3.49}$$

其中,外涵进口气流总压及气流的绝热指数 k 由风扇模块计算求得。

混合器内涵进口静压与外涵进口静压相等,而内涵进口总压及气流的绝热指数 k 由低压涡轮模块计算得到,则可根据式(3.50)求解得到内涵进口处气流的速度系数 λ_{IB}。

$$p_{s,IB} = p_{t,IB} \times \left(1 - \frac{k-1}{k+1}\lambda_{IB}^2\right)^{\frac{k}{k-1}} \tag{3.50}$$

获得内涵进口处气流的速度系数 λ_{IB} 后,即可根据式(3.48)计算得到内涵进口的面积。

2. 部件特性耦合计算

在新发动机的总体性能设计阶段,发动机的部件尚未设计定型,因此特性是未知的。为了开展总体性能设计,需要根据发动机的设计参数预估部件特性。一种较合理且常用的方法是:参考已有的通用部件特性,并利用耦合因子对特性进行缩放,然后将其作为部件特性的预估值,代入发动机总体性能仿真模型开展设计[8, 12]。在总体性能设计完成后,通过这种方式得到的部件特性会作为设计需求提供给部件团队,以此作为部件设计的性能牵引条件。

部件特性耦合计算涉及的部件包括压缩部件、涡轮部件和燃烧室。下面以风扇为例,介绍部件特性的耦合计算流程。

(1) 在通用特性图上选定部件工作点的位置

设计点性能仿真时,除了给出部件设计点性能外,还需要给出部件工作点在特性图上的相对位置。对于风扇来说,部件特性图上工作点的位置是通过转速和辅助线值确定的。风扇的通用特性如图 3.4 所示。图中,N_{cr} 指部件的相对换算转速,而等换算转速线上的数字是辅助线值,代表部件特性点在转速线上的相对位置。可见,给定换算转速和辅助线值后可在图 3.4(a)和图 3.4(b)上唯一确定一个特性点,进而得到压比、换算流量、绝热效率。

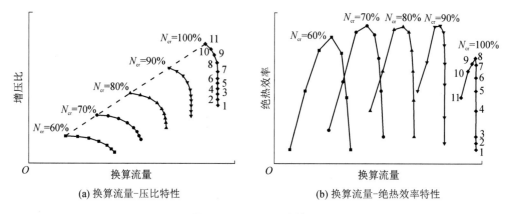

(a) 换算流量-压比特性　　　　　　(b) 换算流量-绝热效率特性

图 3.4　FAN 通用特性图

换算流量 w_{ac} 的含义是将流量换算到海平面静止标准大气条件下,其表达式为

$$w_{ac} = \frac{w_a \cdot \sqrt{T_t/288.15}}{p_t/101\,325} \tag{3.51}$$

其中,w_a 代表部件进口实际流量;T_t 代表部件进口总温;p_t 代表部件进口总压。

相对换算转速 N_{cr} 的含义是将相对转速换算到设计点工况部件的进口条件,其表达式为

$$N_{cr} = \frac{N_r}{\sqrt{T_t/T_{t,des}}} \tag{3.52}$$

其中,$T_{t,des}$ 代表部件在设计点的进口总温;N_r 代表相对物理转速。

相对转速的含义是部件实际转速与设计转速之比,其表达式为

$$N_r = N/N_d \tag{3.53}$$

其中,N 代表部件实际转速;N_d 代表部件设计转速。

(2) 根据部件工作点的位置耦合缩放特性图

耦合缩放特性图的原则是:使部件工作点在特性图上的取值与部件特性设计值相等。利用这一原则,可以确定部件压比、换算流量、绝热效率的耦合系数。

部件换算流量的耦合系数 C_w 可由下式计算得到:

$$C_w = w_{ac,dp}/w_{ac,dp\text{-}map} \tag{3.54}$$

其中,$w_{ac,dp}$ 代表部件设计点换算流量;$w_{ac,dp\text{-}map}$ 代表部件工作点在通用特性图上对应的换算流量。

部件绝热效率的耦合系数 C_η 可由下式计算得到:

$$C_\eta = \eta_{dp}/\eta_{dp\text{-}map} \tag{3.55}$$

其中,η_{dp} 代表部件设计点绝热效率;$\eta_{dp\text{-}map}$ 代表部件工作点在通用特性图上对应的绝热效率。

部件压比的耦合系数 C_π 可由下式计算得到:

$$C_\pi = \frac{\pi_{dp} - 1}{\pi_{dp\text{-}map} - 1} \tag{3.56}$$

其中，π_{dp} 代表部件设计点压比；$\pi_{dp\text{-}map}$ 代表部件工作点在通用特性图上对应的压比。压比的耦合系数定义与换算流量及效率有所不同，这是为了保证缩放特性图后，不会出现部件压比低于 1 的情况。

设计点性能仿真计算后，可以根据式(3.54)～式(3.56)得到部件特性缩放的耦合系数。利用下面 3 个公式对整个部件特性图进行缩放后，即可得到部件特性图的预估值，以用于非设计点性能仿真。

$$w_{ac,remap} = w_{ac,map} \times C_w \tag{3.57}$$

$$\eta_{remap} = \eta_{map} \times C_\eta \tag{3.58}$$

$$\pi_{remap} = (\pi_{map} - 1) \times C_\pi + 1 \tag{3.59}$$

其中，下标 map 代表通用特性图中的部件特性；下标 remap 代表耦合缩放后特性图中的部件特性。

综上所述，设计点性能仿真确定了发动机的关键截面面积，通过耦合缩放得到了部件特性图的估计值，在此基础上可以开展非设计点性能仿真计算。

3.2.2　整机非设计点稳态性能仿真计算流程

非设计点性能仿真的目的是计算任意给定工况下发动机的整机性能。进行非设计点性能仿真时，输入参数包括飞行高度、马赫数、发动机的控制规律及设计点仿真获得的发动机关键截面尺寸、部件特性图。与设计点性能仿真不同的是，非设计点性能仿真无法直接确定部件工作点在特性图上的位置。确定部件工作点的位置是非设计点性能仿真的核心环节。当部件工作点的位置确定后，可以获得各个部件性能，再采用与设计点仿真类似的方法按气流流向逐个调用各个部件模块计算，即可获得发动机的性能及各个部件进出口截面的气动参数。

部件工作点的位置是通过求解发动机平衡方程确定的。平衡方程反映了发动机各部件共同工作的匹配关系，包括流量平衡、功率平衡、静压平衡。平衡方程中的自变量称作匹配猜值。一组匹配猜值可以对应一组部件工作点位置，进而计算得到平衡方程的残差。当匹配猜值使平衡方程残差足够小时，发动机各部件满足了共同工作的匹配关系，可利用当前的部件工作点求解发动机的整机性能和截面气动参数。下面分别介绍匹配猜值、平衡方程及平衡方程的求解过程。

1. 匹配猜值

匹配猜值的选择不止一种，只须保证一组匹配猜值即可映射得到唯一一组部件工作点。对于混排涡扇发动机来说，匹配猜值共 7 个，如表 3.1 所列。

表 3.1　混排涡扇发动机的匹配猜值列表

符　号	定　义	符　号	定　义
$N_{r,H}$	高压轴相对转速	$N_{r,L}$	低压轴相对转速
T_{t4}	高压涡轮进口总温	R_{FAN}	风扇辅助线取值
R_{HPC}	高压压气机辅助线取值	R_{HPT}	高压涡轮辅助线取值
R_{LPT}	低压涡轮辅助线取值	—	—

下面简要解释为什么表 3.1 中的匹配猜值可映射得到唯一一组部件工作点:由式(3.52)可知,当给定部件进口总温及其所在轴的相对转速后,可以确定该部件的相对换算转速;由图 3.4 可知,当给定相对换算转速和辅助线值后,可以确定该部件的工作点。表 3.1 已给出了辅助线值及相对转速,所欠缺的是各个部件的进口总温。风扇的进口总温由飞行高度及马赫数决定,因此其工作点可以确定。当风扇的工作点确定后,其出口的气动参数可以通过风扇部件模块求解得到,风扇下游部件(高压压气机)的进口总温与风扇出口总温相等。因此,按照气流流向计算可依次得到各个部件的进口总温,进而确定各个部件的工作点。表 3.1 中的 T_{t4} 是为了完成燃烧室模块计算而给定的,高压压气机的出口总温确定后,即可得到燃烧室的进口总温。由 3.1.2 小节的燃烧室算法可知,还需要给出燃烧室出口总温(高压涡轮进口总温)才能进行计算。

综上所述,给定表 3.1 中的匹配猜值后,可以映射得到唯一一组部件工作点,按照气流流向完成发动机性能计算。之后需要检验平衡方程的残差是否达到收敛精度。

2. 平衡方程

平衡方程包括三类:流量平衡方程、功率平衡方程、静压平衡方程。流量平衡体现在两个相邻且无涵道分流的部件之间;功率平衡体现在同轴的涡轮部件和压缩部件之间;静压平衡则体现在混合器内外涵气流掺混处。下面分别介绍各个平衡方程的建立。

混排涡扇发动机的部件共同工作需要满足的平衡方程共 6 个,下面具体介绍。

(1) 高压涡轮流量平衡方程

高压涡轮流量平衡方程的含义是:由主燃烧室出口所确定的高压涡轮进口流量 $w_{a,HPT}$ 应等于由高压涡轮工作点位置确定的高压涡轮进口流量 $w'_{a,HPT}$,即

$$w_{a,HPT} - w'_{a,HPT} = 0 \qquad (3.60)$$

(2) 低压涡轮流量平衡方程

低压涡轮流量平衡方程的含义是:由高压涡轮出口所确定的低压涡轮进口流量

$w_{a,LPT}$ 应等于由低压涡轮工作点位置确定的低压涡轮进口流量 $w'_{a,LPT}$，即

$$w_{a,LPT} - w'_{a,LPT} = 0 \tag{3.61}$$

(3) 主喷管流量平衡方程

主喷管流量平衡方程的含义是：由加力燃烧室出口所确定的主喷管流量 $w_{a,MN}$ 应等于由主喷管喉道面积所确定的主喷管流量 $w'_{a,MN}$，即

$$w_{a,MN} - w'_{a,MN} = 0 \tag{3.62}$$

(4) 高压涡轮功率平衡方程

高压涡轮功率平衡方程的含义是：高压涡轮的膨胀功 P_{HPT} 应等于高压压气机压缩功 P_{HPC}，即

$$P_{HPT}\eta_{mH} - P_{HPC} = 0 \tag{3.63}$$

其中，η_{mH} 表示高压轴的机械效率。

(5) 低压涡轮功率平衡方程

低压涡轮功率平衡方程的含义是：低压涡轮的膨胀功 P_{LPT} 应等于风扇压缩功 P_{FAN}，即

$$P_{LPT}\eta_{mL} - P_{FAN} = 0 \tag{3.64}$$

其中，η_{mL} 表示低压轴的机械效率。

(6) 混合器静压平衡方程

混合器静压平衡方程的含义是：混合器的内外涵道气流掺混处，外涵道进口气流静压 $p_{s,BO}$ 应等于内涵进口静压 $p_{s,IB}$，即

$$p_{s,BO} - p_{s,IB} = 0 \tag{3.65}$$

由上述介绍可以看出，匹配猜值的个数均比平衡方程多 1 个。而匹配猜值中有 1 项是由发动机的主控制规律所确定的。发动机的主控制规律包括控制低压轴相对转速、控制高压轴相对转速、控制高压涡轮进口总温等。因此，未知的匹配猜值个数等于平衡方程个数。可以通过求解平衡方程来确定满足各部件共同工作关系的匹配猜值，进而确定部件性能，计算求得发动机性能。

3. 求解平衡方程

下面介绍解释平衡方程的求解流程。

给定一组匹配猜值后，可以计算得到各平衡方程的残差。6 个平衡方程的残差可由以下向量形式表示。

$$\boldsymbol{Z} = (z_1, z_2, \cdots, z_6)^T \tag{3.66}$$

其中，z_i 代表第 i 个平衡方程的残差，其定义为

$$w_{a,HPT} - w'_{a,HPT} = z_1 \tag{3.67}$$

$$w_{a,LPT} - w'_{a,LPT} = z_2 \tag{3.68}$$

$$w_{a,MN} - w'_{a,MN} = z_3 \tag{3.69}$$

$$P_{HPT}\eta_{mH} - P_{HPC} = z_4 \tag{3.70}$$

$$P_{LPT}\eta_{mL} - P_{FAN} = z_5 \tag{3.71}$$

$$p_{s,BO} - p_{s,IB} = z_6 \tag{3.72}$$

除去由控制规律确定的匹配猜值外,其余 6 项未知的匹配猜值也可由向量表示,即

$$\boldsymbol{Y} = (y_1, y_2, \cdots, y_6)^{\mathrm{T}} \tag{3.73}$$

其中,y_i 代表第 i 个未知的匹配猜值。

平衡方程残差可以视作匹配猜值的函数,即

$$\boldsymbol{Z} = f(\boldsymbol{Y}) \tag{3.74}$$

而平衡方程残差收敛可以表示为

$$f(\boldsymbol{Y}) = 0 \tag{3.75}$$

求解匹配猜值的过程本质上就是求解方程(3.75)的根。本小节采用高维 Newton-Raphson 算法进行求解,其迭代公式如下:

$$\boldsymbol{Y}^{(k+1)} = \boldsymbol{Y}^{(k)} - (\boldsymbol{A}^{(k)})^{-1}\boldsymbol{Z}^{(k)} \tag{3.76}$$

其中,k 代表迭代次数;$\boldsymbol{A}$ 代表偏导数矩阵,其定义为

$$\boldsymbol{A} = \begin{bmatrix} \dfrac{\partial z_1}{\partial y_1} & \dfrac{\partial z_1}{\partial y_2} & \cdots & \dfrac{\partial z_1}{\partial y_6} \\ \dfrac{\partial z_2}{\partial y_1} & \dfrac{\partial z_2}{\partial y_2} & \cdots & \dfrac{\partial z_2}{\partial y_6} \\ \cdots & \cdots & \cdots & \cdots \\ \dfrac{\partial z_6}{\partial y_1} & \dfrac{\partial z_6}{\partial y_2} & \cdots & \dfrac{\partial z_6}{\partial y_6} \end{bmatrix} \tag{3.77}$$

当平衡方程残差收敛时,即可得到满足部件共同工作的匹配猜值。

综上所述,非设计点性能仿真的流程可总结如下:首先给定输入参数,包括设计点计算结果、非设计点工况及控制规律;之后,根据发动机的主控制规律确定匹配猜值的选择;最后,通过求解平衡方程得到满足发动机各部件共同工作的匹配猜值,进而确定部件性能,按流路依次计算最终得到发动机性能。ACE 非设计点性能仿真流程如图 3.5 所示。

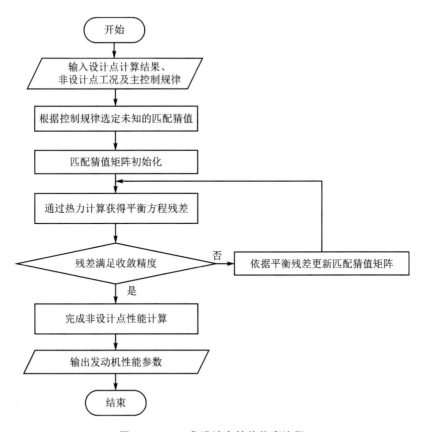

图 3.5　ACE 非设计点性能仿真流程

│3.3　整机稳态性能零维模型的功能拓展│

3.1 节与 3.2 节重点介绍的整机稳态性能零维模型的最核心建模原理与方法，可满足总体性能计算的基本需求。在实际应用中，需要根据具体的任务需求对模型的功能进行拓展。本节对几种简单的功能拓展进行介绍，包括可调部件调节功能、部件性能偏差量化功能、引气与功率提取功能。

3.3.1　可调部件调节功能的实现

随着航空发动机技术的不断发展，发动机中引入了越来越多的可调部件，这些部件使发动机对复杂飞行任务的适应性逐步增强。为了适应这一发展需要，整机稳态性能零维模型需要增添可调部件调节功能，以量化可调部件调节对发动机性能的影响。

按照调节影响的反应方式不同,可调部件可以分为三类:第一类是通过改变特性图反映其调节的影响,此类主要是带可调导叶的压缩部件,例如可调高压压气机;第二类是通过改变截面面积反映其调节的影响,此类主要是非旋转部件,例如尾喷管喉道面积;第三类是通过截面面积和特性图共同反映其调节影响,此类主要是带可调导叶的涡轮部件,例如可调低压涡轮。下面分别介绍其调节影响的量化方法。

1. 改变特性图

压缩部件在不同的进口导叶下对应不同的特性图。以高压压气机为例,其导叶调节范围为$[-20°,0°]$(负数代表导叶关小),特性图包含导叶在$-20°$、$-10°$及$0°$的特性。图3.6给出了高压压气机在不同角度下100%换算转速的特性线。当给定高压压气机导叶角度、相对换算转速、辅助线值后,确定高压压气机特性的步骤为先利用插值得到当前相对换算转速及辅助线值下,高压压气机在导叶$-20°$、$-10°$及$0°$时对应的特性;然后利用三点拉格朗日插值即可得到在给定角度下的部件特性。除此之外,也可只选择距导叶实际角度最近的两组角度下的特性(例如,求解$-5°$对应的特性时,应当选择$0°$和$-10°$这两组特性值),利用三点拉格朗日插值得到这两组角度下、对应当前换算转速及辅助线值的部件特性;最后利用线性插值求解实际角度对应的部件特性。

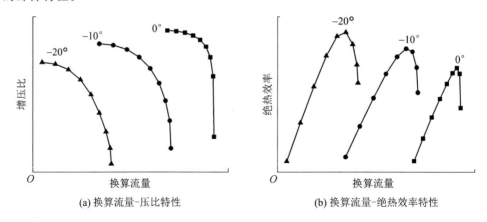

(a) 换算流量-压比特性　　　　　　　(b) 换算流量-绝热效率特性

图 3.6　高压压气机多角度特性图

因此,对于高压压气机部件,当其导叶角度调整时,部件特性也会随之改变,原辅助线值及相对换算转速所对应的部件工作点特性将发生改变,进而改变发动机平衡方程式(3.63)的残差,部件共同工作关系发生变化,最终调节了发动机的性能。

2. 改变面积

混合器是通过调节内外涵进口面积来调节发动机性能的。当内外涵进口面积改变时,根据流量公式:

$$w_{\mathrm{a}} = \frac{p_{\mathrm{t}} \cdot q(\lambda) \cdot A}{\sqrt{T_{\mathrm{t}}}} \times \sqrt{\frac{k}{R_{\mathrm{g}}} \left(\frac{2}{k+1} \right)^{\frac{k+1}{k-1}}} \qquad (3.78)$$

可知,在进口气流流量、总温、总压不变的条件下,面积的改变将使内外涵进口气流流速发生变化,进而影响内外涵进口气流静压。原有的静压平衡关系式(3.65)被打破,通过式(3.76)迭代改变了各个匹配猜值,进而改变了发动机部件匹配工作关系,最终部件工作点发生改变,调节了发动机的性能。

主喷管通过调节喉道面积来调节发动机性能,外涵喷管通过调节出口面积来调节发动机性能,但二者的原理是相同的,即发动机主要工作状态都处于大工况范围,主喷管和外涵喷管都处于超临界状态,因此外涵喷管出口及主喷管喉道的马赫数均为 1。由流量公式(3.78)可知,在气流总温、总压、速度系数不变的条件下,改变截面面积会影响截面的气流流量,进而影响喷管的流量平衡方程,通过式(3.76)迭代改变了各个匹配猜值,进而改变了发动机部件匹配工作关系,最终部件工作点发生改变,调节了发动机的性能。

3. 改变面积且改变特性图

涡轮进口导叶的调节影响分两方面:一方面会影响导叶的喉道面积,进而影响部件的流通能力,影响涡轮处的流量平衡方程(3.60)和方程(3.61),改变各部件匹配工作关系,最终调节发动机性能。另一方面会影响涡轮的特性图,部件特性也会随之改变,进而改变发动机部件匹配工作关系,最终调节了发动机的性能。

可调部件影响的量化是通过改变部件特性图及改变截面面积实现的,其量化模块需要插入设计点仿真计算和非设计点仿真计算之间,在设计计算得到耦合后的部件特性图及关键截面面积后,根据可调部件取值修正部件特性图和关键截面面积,可开展非设计点性能仿真计算,其流程如图 3.7 所示。图中虚线方框即为插入仿真模型的可调部件调节影响模块。

3.3.2　部件性能偏差影响的量化功能实现

部件性能偏差影响的量化需求贯穿于设计、制造、使用阶段。① 在发动机设计阶段,总体对于部件性能的需求与部件设计实际可达的性能之间往往会存在偏差,如果对这种偏差估计不足,可能导致设计高风险,进而造成总体-部件之间的多轮次迭代。为提高设计效率,需要在总体性能设计阶段就考虑部件性能偏差的影响,开展稳健性设计[16]。② 在制造阶段,生产装配过程的噪声因素可能给发动机性能带来分散性,影响装配后的整机性能达标概率。为了保障整机性能达标,需要对部件性能分散性的影响进行量化[17]。③ 在使用过程中,部件性能会出现退化,甚至产生气路故障。为了保障发动机安全稳定工作,需要监视和评估发动机性能水平,其基础就在于根据测量参数准确辨识出部件性能偏差[18]。上述使用需求都建立在对发动机部件

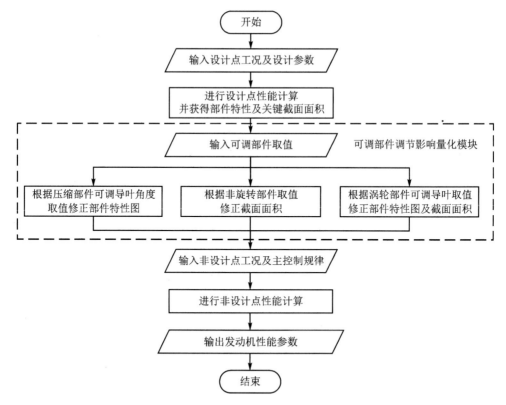

图 3.7 含可调部件调节影响量化模块的总体性能仿真计算流程

性能影响的量化上。

　　部件性能偏差研究主要针对叶轮机部件,包括风扇、高压压气机、高压涡轮、低压涡轮等。对于压缩部件来说,研究的性能参数包括压比、换算流量、绝热效率。对于涡轮部件来说,研究的性能参数包括功函数、换算流量、绝热效率。对部件性能参数进行编号,见表 3.2。其中,w_{ac} 代表换算流量,η 代表绝热效率,π 代表压比,φ 代表功函数。

表 3.2 涡轮风扇发动机的部件性能参数及编号

编　号	参　　数	编　号	参　　数
1	π_{FAN}	7	φ_{HPT}
2	$w_{ac,FAN}$	8	$w_{ac,HPT}$
3	η_{FAN}	9	η_{HPT}
4	π_{HPC}	10	φ_{LPT}
5	$w_{ac,HPC}$	11	$w_{ac,LPT}$
6	η_{HPC}	12	η_{LPT}

部件性能参数偏差是通过引入偏差指数修正特性图实现的,其定义参考了发动机模型修正及故障诊断中采用的方法[19]。下面以风扇为例,介绍部件性能偏差因子的定义。风扇压比的偏差因子定义如下：

$$D_{\pi,\text{FAN}} = (\pi_{\text{FAN,act}} - \pi_{\text{FAN,des}})/\pi_{\text{FAN,des}} \times 100\% \quad (3.79)$$

其中,脚标 des 代表部件性能的设计值,而 act 代表部件性能偏离设计值后的实际值。

部件特性图由设计点性能仿真计算后得到,在此基础上通过偏差指数修正得到实际的部件特性图。对式(3.79)做简单变换可得 FAN 压比的修正公式：

$$\pi_{\text{FAN,act}} = \pi_{\text{FAN,des}} \times (1 + D_{\pi,\text{FAN}}) \quad (3.80)$$

同理,可得 FAN 换算流量和效率的修正公式：

$$w_{\text{ac,FAN,act}} = w_{\text{ac,FAN,des}} \times (1 + D_{\text{wac,FAN}}) \quad (3.81)$$

$$\eta_{\text{FAN,act}} = \eta_{\text{FAN,des}} \times (1 + D_{\eta,\text{FAN}}) \quad (3.82)$$

以 FAN 的特性为例,取 $D_{\pi,\text{FAN}} = D_{\text{wac,FAN}} = D_{\eta,\text{FAN}} = -2\%$,展示修正后的部件特性变化,如图 3.8 所示。

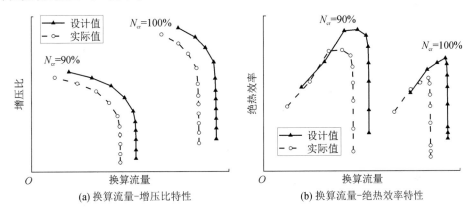

(a) 换算流量-增压比特性　　　　　(b) 换算流量-绝热效率特性

图 3.8　FAN 部件特性偏差效果图

图中,实线代表部件设计特性,虚线代表修正后的部件实际特性。部件性能偏差的影响途径与调节可调导叶角度类似,当部件性能偏离设计值后,相同部件工作点的位置(由辅助线值和换算转速确定)对应的部件性能也会偏离设计值,进而改变发动机平衡方程(3.64)的残差,使部件共同工作关系发生变化,最终调节了发动机的性能。

部件性能偏差影响的量化是通过改变部件特性图实现的。由于部件性能偏差是对各个角度下的特性图均进行修正,因此其量化模块需要插在设计点仿真计算和可调部件调节影响量化模块之间,在设计计算得到了耦合后的部件特性图后,先根据部件性能偏差指数修正各角度下的部件特性图,再根据可调部件取值修正部件特性图和关键截面面积,然后开展非设计点性能仿真计算,其流程如图 3.9 所示。图中,可调部件调节影响量化模块已进行了简化,虚线方框部分即为插入仿真模型的部件性

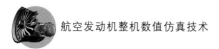

能偏差影响量化模块。

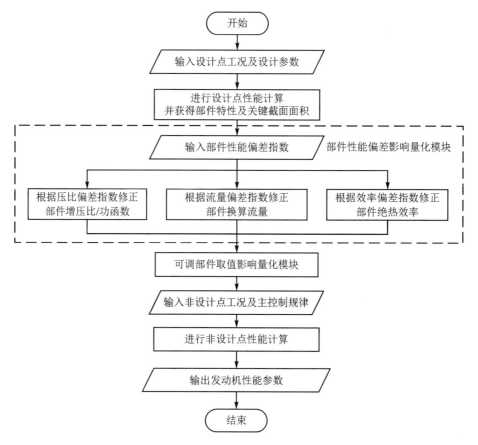

图 3.9　含部件性能偏差影响量化模块的总体性能仿真计算流程

3.3.3　引气及功率提取功能的实现

引气和功率提取是发动机实际使用过程中经常遇到的需求。发动机引气的目的包括冷却高压涡轮、冷却燃烧室、机舱引气等;发动机功率提取的目的包括驱动燃油泵、驱动飞机液压泵、机舱供电等。下面介绍如何在仿真模型中量化评估"引气"及"功率提取"对整机性能的影响。

1. 引气功能的实现

引气功能包含气体的引出和气体的汇入两部分,下面分别进行介绍。

(1) 引出气体参数计算

引气一般发生在压缩部件处,根据引出的位置可分为部件进口引气、部件级间引气、部件出口引气,其仿真方法有所不同。

1）部件进口引气

部件进口引气不改变进入部件气流的总温、总压，仅改变进入部件的气体流量，其表达式为

$$w'_{a,in} = w_{a,in} - w_{a,ex} \tag{3.83}$$

其中，$w'_{a,in}$ 代表引气后进入部件的流量；$w_{a,ex}$ 代表引气流量。

需要注意的是，若引气发生在部件进口，则引出的气体不参与该部件压缩过程，在计算压缩部件功率时需要把这部分气体流量扣除。

2）部件出口引气

部件出口引气不改变部件出口气流的总温、总压，仅改变进入下游部件的气体流量，其表达式为

$$w'_{a,out} = w_{a,out} - w_{a,ex} \tag{3.84}$$

其中，$w'_{a,out}$ 代表引气后进入下游部件的流量。

需要注意的是，若引气发生在部件出口，则引出的气体已参与该部件压缩过程，在计算压缩部件功率时需要把这部分气体流量考虑在内。

3）部件级间引气

部件级间引气的计算比部件出口和进口引气更复杂，这是由于引出的气体仅参与了部件的部分压缩过程。进行部件级间引气计算的关键是求解引出气体的总温和总压，准确的方法建立在部件分级特性上，即当部件分级特性已知时，根据引气位置将部件分成前后两部分，分别调用压缩部件模块的计算，即可得到引气处气流的总温和总压。然而在方案设计阶段往往难以获得部件的分级特性，此时计算引气处气流参数需要采用经验公式。

文献[12]给出了一种计算级间引气参数的近似方法，引气的总温和总压可以按照下面两式计算：

$$T_{t,ex} = T_{t,in} + \frac{z_{ex}}{z}(T_{t,out} - T_{t,in}) \tag{3.85}$$

$$p_{t,ex} = p_{t,in} + \frac{z_{ex}}{z}(p_{t,out} - p_{t,in}) \tag{3.86}$$

其中，z 代表部件总级数；z_{ex} 代表引气处之前的部件总级数。

需要注意的是，引气仅参与了部件部分压缩做功。计算部件压缩功率时，也需要根据引气位置将部件分成前后两部分，引气前的部件功率需要将引气考虑在内，而引气后的部件功率则需要将引气扣除。在获得引气处的气流总温后，可根据总焓变计算引气位置之前和之后两部分部件的压缩耗功。

（2）气体汇入参数计算

本小节仅考虑汇入发动机主流的气体参数计算，以用于涡轮冷却的引气为例进行介绍。混合时假设主气流总压不变而总温改变。这里以高压涡轮为例进行说明。令混合后的截面为 M，见图 3.10。混合后的总温用 T_{t45M} 表示，油气比用 f_{45M} 表示。

已知混合前主流的流量 w_{g45}、总温 T_{t45}、油气比 f_{45}、冷却气流的流量 $w_{a,cool}$ 和温度 $T_{t,cool}$。根据能量守恒,混合后的气体总焓等于混合前高压涡轮出口气流总焓与冷却器总焓之和,即

$$(w_{g45} + w_{a,cool}) \cdot h(T_{t45M}, f_{45M}) = w_{g45} \cdot h(T_{t45}, f_{45}) + w_{a,cool} \cdot h(T_{t,cool}, 0) \tag{3.87}$$

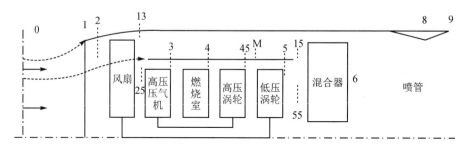

图 3.10 ACE 非设计点性能仿真流程图

根据油气比的定义知,式(3.87)中混合后的气流油气比 f_{45M} 可由以下公式推导求出:

$$w_{a45} = w_{g45} \frac{1}{1 + f_{45}} \tag{3.88}$$

$$w_{f45} = w_{g45} \frac{f_{45}}{1 + f_{45}} \tag{3.89}$$

$$f_{45M} = \frac{w_{f45}}{w_{a45} + w_{a,cool}} \tag{3.90}$$

在求得混合后的气体油气比与总焓后,可以根据比焓的公式得到混合后气体的总温 T_{t45M}。

2. 功率提取的实现

功率提取轴一般安装在高压转子上,计算功率提取时只需要修改高压转子的功率平衡方程即可。考虑功率提取后,高压轴的功率平衡方程由式(3.63)修改为

$$P_{HPT} \eta_{mH} - P_{HPC} - P_{H,ex} = 0 \tag{3.91}$$

其中,$P_{H,ex}$ 代表从高压轴提取的功率。根据实际需求,也可以从低压轴提取功率,对应只需要修改低压转子的功率平衡方程即可,在此不再赘述。

3.4 自适应循环发动机整机稳态性能仿真案例分析

自适应循环发动机是目前世界航空强国竞相追逐的技术高地,有望成为第六代战机的动力装置,可以在大范围内调节自身的循环参数,适应复杂飞行任务的性能需

求。因此,以自适应循环发动机为仿真算例,可以给想要从事相关研究的读者提供参考。除此之外,自适应循环发动机的结构复杂,建模难度较高,以此为例介绍的仿真流程可以更方便地推广到其他构型相对简单的航空发动机。以下将首先对自适应循环发动机的结构特征进行介绍,为后续建模中部件模块的划分奠定基础;之后分别介绍设计点计算和非设计点计算的仿真流程,获得可计算给定工况下整机性能的模型;最后介绍模型的应用实例,包括发动机速度高度特性、节流特性计算、可调部件调节作用分析、部件性能偏差量化。

3.4.1　自适应循环发动机结构简介

自适应循环发动机的构型目前尚未确定,具有多种潜在的构型。为了使算例具有更强的推广作用,此处选择一种较复杂的构型进行建模——带后可变风扇的自适应循环发动机构型。此构型发动机具备三个外涵道、双转子、六组叶轮机部件、两种工作模式。发动机的涵道示意图见图3.11。其中,外涵道从内向外依次记为第一外涵、第二外涵、第三外涵。图中实线连接部分代表高压转子,虚线连接部分代表低压转子。

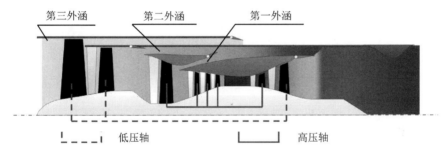

图 3.11　带后可变风扇的自适应循环发动机涵道示意图

带后可变风扇自适应发动机的主要部件示意图见图3.12,图中部件的缩写含义见表3.3。可以看出,前风扇和后可变风扇安装在低压轴上,由低压涡轮驱动;核心机驱动风扇和高压压气机安装在高压轴上,由高压涡轮驱动。前涵道引射器控制着第一外涵和第二外涵道的气流掺混,后涵道引射器控制着外涵气流和低压涡轮出口

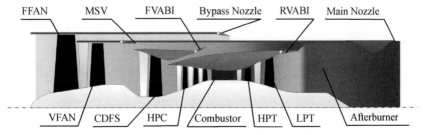

图 3.12　带后可变风扇的自适应循环发动机主要部件示意图

气流的掺混，模式选择阀控制着第二外涵的开关。

表 3.3　自适应发动机的主要部件定义

符　号	定　义	符　号	定　义
FFAN	前风扇	VFAN	后可变风扇
CDFS	核心机驱动风扇	HPC	高压压气机
HPT	高压涡轮	LPT	低压涡轮
FVABI	前可变面积涵道引射器	RVABI	后可变面积涵道引射器
Combustor	主燃烧室	Afterburner	加力燃烧室
Main Nozzle	主喷管	Bypass Nozzle	外涵喷管
MSV	模式选择阀门	—	—

　　自适应循环发动机通过可调部件的协同调节可以控制涵道的开关，进而获得多种不同的工作模式，以适应复杂飞行任务对发动机的性能需求。对于带后可变风扇的自适应循环发动机来说，通过第二外涵的开闭可以获得两种不同的工作模式，流道示意图见图 3.13。

(a) 三外涵模式

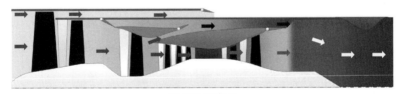

(b) 双外涵模式

图 3.13　带后可变风扇的自适应循环发动机不同工作模式的流道示意图

　　当模式选择阀打开时，发动机的三个外涵道都处于打开的模式，流经前风扇的气流分为两股，一股进入第三外涵，一股进入后可变风扇；经过后可变风扇的气流也分为两股，一股进入第二外涵，一股进入核心机驱动风扇；流经核心机驱动风扇的气流同样分为两股，一股进入第一外涵，一股进入高压压气机；流经高压压气机的气流经过燃烧室加热、涡轮膨胀做功后排出；第一外涵气流和第二外涵气流在前涵道引射器处掺混，之后在后涵道引射器处与低压涡轮出口气流掺混；后涵道引射器出口气流进入加力燃烧室加热，最后经过尾喷管排出。当模式选择阀关闭时，第二外涵关闭，流经后可变风扇的气流全部进入核心机驱动风扇，此时发动机涵道比较低，单位推力较大。

下面将对此构型自适应循环发动机的建模方法展开介绍。为了描述方便,对自适应循环发动机重要截面进行了编号,如图 3.14 所示。编号对应的截面定义见表 3.4。

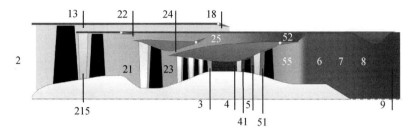

图 3.14　带后可变风扇的自适应循环发动机截面编号示意图

表 3.4　带后可变风扇的自适应循环发动机截面编号定义

编　号	定　义	编　号	定　义
2	进气道出口/前风扇进口	13	前风扇外涵出口
215	前风扇内涵出口/后可变风扇进口	18	外涵喷管出口
21	后可变风扇内涵出口/CDFS 进口	22	后可变风扇外涵出口/FVABI 外涵进口
23	CDFS 内涵出口/高压压气机进口	24	CDFS 外涵出口/FVABI 内涵进口
25	FVABI 出口	3	高压压气机出口
4	主燃烧室出口/高压涡轮进口	41	高压涡轮导向器叶片出口
5	高压涡轮出口/低压涡轮进口	51	低压涡轮导向器叶片出口
55	低压涡轮出口/RVABI 内涵进口	52	RVABI 外涵进口
6	RVABI 出口/加力燃烧室进口	7	加力燃烧室出口
8	主喷管喉道	9	主喷管出口

3.4.2　自适应循环发动机设计点性能仿真建模

在设计点性能仿真时需要给定的发动机设计参数包括设计点工况、循环参数、部件设计点性能、部件耦合点位置、关键截面速度系数、涵道总压恢复系数、引气参数、功率提取参数。其中,重要的参数包括前风扇增压比 π_{FFAN}、可变风扇增压比 π_{VFAN}、核心机驱动风扇增压比 π_{CDFS}、压气机增压比 π_{HPC}、三个外涵道分流比(B_1、B_2、B_3)、和节流比 τ_{t4},各参数取值见表 3.5。

表 3.5　带后可变风扇的自适应循环发动机部分设计参数取值

参　数	π_{FFAN}	π_{VFAN}	π_{CDFS}	π_{HPC}	B_1	B_2	B_3	τ_{t4}
取　值	2.00	1.838 5	1.45	6.00	0.15	0.25	0.40	1.158

表 3.5 中除了部件性能参数外,还给出了部分循环参数,包括总压比、分流比、总

涵道比、节流比。循环参数的定义如下：

$$B_1 = w_{a24} / w_{a23} \tag{3.92}$$

$$B_2 = w_{a22} / w_{a21} \tag{3.93}$$

$$B_3 = w_{a13} / w_{a215} \tag{3.94}$$

$$\tau_{t4} = T_{t4,\max} / T_{t4,\mathrm{des}} \tag{3.95}$$

其中，w_a 代表对应截面的流量，$T_{t4,\max}$ 代表 HPT 进口最高总温；$T_{t4,\mathrm{des}}$ 代表设计点 HPT 进口总温。

在给定表 3.5 中 4 项压缩部件增压比取值时，除了需要考虑压缩部件自身的压比外，还要考虑 RVABI 处的掺混损失。若压比选择不当，会导致 RVABI 处内外涵气流总压相差较大，掺混时将引起较大的机械能损失。一种常用的处理方法是，压比的选择应保证 RVABI 处内外涵气流在设计点处得到总压相等。因此，表 3.5 中 4 项压缩部件增压比最多只有 3 项可以给定，剩余 1 个部件的增压比是通过 RVABI 处内外涵气流总压相等迭代求解得到的。在本算例中，后可变风扇的增压比是根据迭代求解得到的，其余 3 个部件的增压比直接给定。

下面介绍设计点计算的流程。

(1) 进气道性能仿真模块

进气道模块的已知参数有飞行条件，包括速度和高度，以及发动机设计点的进口流量 w_{a1}。首先根据设计点飞行高度获得大气静温 T_{s0} 和静压 p_{s0}，再根据设计点飞行马赫数 M_{a0} 求解进气道进口的气流总温 T_{t1}、总压 p_{t1}：

$$T_{t1} = T_{s0} \times \left(1 + \frac{k-1}{2} Ma_0^2\right) \tag{3.96}$$

$$p_{t1} = p_{s0} \times \left(1 + \frac{k-1}{2} Ma_0^2\right)^{\frac{k}{k-1}} \tag{3.97}$$

根据式(3.35)，再结合飞行马赫数 M_{a0} 可以求得进气道的总压恢复系数，进而得到进气道出口的总压 p_{t2}，其表达式为

$$p_{t2} = p_{t1} \times \sigma_i \tag{3.98}$$

进气道内气流不做功，因此进气道出口气流总温 T_{t2} 与进口相同，即

$$T_{t2} = T_{t1} \tag{3.99}$$

在没有引气的情况下，进气道出口流量与进口相同，即

$$w_{a2} = w_{a1} \tag{3.100}$$

(2) 前风扇性能仿真模块

前风扇模块的已知参数有部件增压比 π_{FFAN}、绝热效率 η_{FFAN}、工作点的辅助线值 R_{FFAN} 及进口气流的总温 T_{t2}、总压 p_{t2}、进口流量 w_{a2}、低压轴相对物理转速 N_{rL}。前风扇模块的计算分两部分，一部分是计算前风扇热力过程的参数，包括前风扇出口气流参数及前风扇压缩功；另一部分是计算前风扇的部件特性耦合系数，并耦合缩放特性图。下面分别进行介绍。

1) 前风扇热力过程计算

在没有引气的前提下,前风扇出口气流流量等于进口气流流量。根据分流比,可以计算得到前风扇外涵出口和内涵出口的流量,其表达式分别为

$$w_{a13} = w_{a2} \times \frac{B_3}{1+B_3} \tag{3.101}$$

$$w_{a215} = w_{a2}/(1+B_3) \tag{3.102}$$

根据前风扇增压比可以计算得到前风扇出口气流总压,且外涵和内涵压比相同,即

$$p_{t13} = p_{t215} = p_{t2} \cdot \pi_{FFAN} \tag{3.103}$$

根据前风扇进口总温、增压比、绝热效率求解前风扇出口总温的方法已在 3.1.2 小节压缩部件的算法模块中给出,在此不再赘述,将其概括为一个压缩过程函数 $Comp(T_t, \pi, \eta)$,具体如下:

$$T_{t13} = T_{t215} = Comp(T_{t2}, \pi_{FFAN}, \eta_{FFAN}) \tag{3.104}$$

获得前风扇出口气流总温后,可以利用总焓变求解前风扇耗功,其计算式为

$$P_{FFAN} = w_{a2} \times (h_{t215} - h_{t2}) \tag{3.105}$$

2) 前风扇特性耦合计算

根据低压轴相对物理转速及前风扇进口总温,可以计算得到前风扇的相对换算转速 $N_{cr,FFAN}$,即

$$N_{cr,FFAN} = \frac{N_{rL}}{\sqrt{T_{t2}/T_{t2,des}}} \tag{3.106}$$

其中,$T_{t2,des}$ 代表设计点处前风扇进口总温。

根据前风扇进口流量、总温、总压可以计算得到前风扇的换算流量,即

$$w_{ac,FFAN} = \frac{w_{a2} \cdot \sqrt{T_{t2}/288.15}}{p_{t2}/101\,325} \tag{3.107}$$

根据前风扇的相对换算转速和辅助线值可以确定部件通用特性图上的对应点位置,利用插值可以得到该点对应的压比 $\pi_{FFAN\text{-}map}$、绝热效率 $\eta_{FFAN\text{-}map}$ 和换算流量 $w_{ac,FFAN\text{-}map}$,结合设计点确定部件性能即可求解得到部件特性的耦合系数,具体计算式为

$$C_{w,FFAN} = w_{ac,FFAN}/w_{ac,FFAN\text{-}map} \tag{3.108}$$

$$C_{\eta,FFAN} = \eta_{FFAN}/\eta_{FFAN\text{-}map} \tag{3.109}$$

$$C_{\pi,FFAN} = \frac{\pi_{FFAN}-1}{\pi_{FFAN\text{-}map}-1} \tag{3.110}$$

部件特性耦合系数是非设计点计算中的输入参数,是完成非设计点计算的基础。

(3) 后可变风扇性能仿真模块

后可变风扇模块的已知参数有部件增压比 π_{VFAN}、绝热效率 η_{VFAN}、工作点的辅助线值 R_{VFAN} 及进口气流的总温 T_{t215}、总压 p_{t215}、进口流量 w_{a215}、低压轴相对物理转速

N_{rL}。后可变风扇模块的计算同样分两部分,一部分是计算后可变风扇热力过程的参数,包括后可变风扇外涵出口气流参数(总温 T_{t22}、总压 p_{t22}、流量 w_{a22})、后可变风扇内涵出口气流参数(总温 T_{t21}、总压 p_{t21}、流量 w_{a21})及后可变风扇压缩功 P_{VFAN};另一部分是计算后可变风扇的部件特性耦合系数(压比耦合系数 $C_{\pi,VFAN}$、绝热效率耦合系数 $C_{\eta,VFAN}$、换算流量耦合系数 $C_{w,VFAN}$)。具体计算过程与前风扇类似,在此不再赘述。

(4)核心机驱动风扇性能仿真模块

核心机驱动风扇模块的已知参数有部件增压比 π_{CDFS}、绝热效率 η_{CDFS}、工作点的辅助线值 R_{CDFS} 及进口气流的总温 T_{t21}、总压 p_{t21}、进口流量 w_{a21}、高压轴相对物理转速 N_{rH}。核心机驱动风扇模块的计算同样分两部分,一部分是计算核心机驱动风扇热力过程的参数,包括核心机驱动风扇外涵出口气流参数(总温 T_{t24}、总压 p_{t24}、流量 w_{a24})、核心机驱动风扇内涵出口气流参数(总温 T_{t23}、总压 p_{t23}、流量 w_{a23})及核心机驱动风扇压缩功 P_{CDFS};另一部分是计算核心机驱动风扇的部件特性耦合系数(压比耦合系数 $C_{\pi,CDFS}$、绝热效率耦合系数 $C_{\eta,CDFS}$、换算流量耦合系数 $C_{w,CDFS}$)。具体计算过程与前风扇类似,在此不再赘述。

(5)高压压气机性能仿真模块

高压压气机模块的已知参数有部件增压比 π_{HPC}、绝热效率 η_{HPC}、工作点的辅助线值 R_{HPC} 及进口气流的总温 T_{t21}、总压 p_{t21}、进口流量 w_{a21}、高压轴相对物理转速 N_{rH}。除此之外,高压压气机级间需要进行引气,因此已知参数还包括高压压气机级数、引气位置、引气系数。

高压压气机模块的计算同样分两部分,一部分是计算高压压气机热力过程的参数,包括高压压高压压气机出口气流参数(总温 T_{t3}、总压 p_{t3}、流量 w_{a3})、引气截面气流参数(流量、总温、总压),高压压气机压缩功 P_{HPC};另一部分是计算高压压气机的部件特性耦合系数(压比耦合系数 $C_{\pi,HPC}$、绝热效率耦合系数 $C_{\eta,HPC}$、换算流量耦合系数 $C_{w,HPC}$)。下面介绍具体计算过程。

由于有引气存在,高压压气机的模块计算需要根据引气位置分割成多个子模块进行计算。图 3.15 为高压压气机的引气示意图。图中各引气系数的含义见表 3.6。

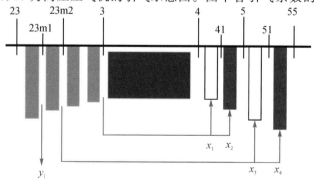

图 3.15   高压压气机处引气示意图

其中,压气机总级数为 z,用于飞机的引气在第 z_{ex1} 级之后,截面编号为"23m1";用于低压涡轮的引气在第 z_{ex2} 级之后,截面编号为"23m2";其余截面编号含义见表 3.4。

表 3.6　高压压气机处引气系数定义

引气系数	含　义	引气系数	含　义
x_1	高压涡轮进口导叶冷却气	x_2	高压涡轮动叶冷却气
x_3	低压涡轮进口导叶冷却气	x_4	低压涡轮动叶冷却气
y_1	飞机引气	—	—

采用 3.3.3 小节介绍的方法,高压压气机内部的分级计算流程如下:

1) 引气流量计算

根据压气机进口流量 w_{a23} 和引气系数可以计算各股引气流量,包括用于飞机的引气 $w_{a,ex1}$,用于高压涡轮进口导叶冷却的引气 $w_{a,cool1}$,用于高压涡轮动叶冷却的引气 $w_{a,cool2}$,用于低压涡轮进口导叶冷却的引气 $w_{a,cool3}$,用于低压涡轮动叶冷却的引气 $w_{a,cool4}$,各表达式如下:

$$w_{a,ex1} = w_{a23} \times y_1 \tag{3.111}$$

$$w_{a,cool1} = w_{a23} \times x_1 \tag{3.112}$$

$$w_{a,cool2} = w_{a23} \times x_2 \tag{3.113}$$

$$w_{a,cool3} = w_{a23} \times x_3 \tag{3.114}$$

$$w_{a,cool4} = w_{a23} \times x_4 \tag{3.115}$$

压气机出口的流量由下式计算:

$$w_{a3} = w_{a23} \times (1 - y_1 - x_1 - x_2 - x_3 - x_4) \tag{3.116}$$

2) 引气总温、总压计算

给定压气机进口气流总温、总压及压气机压比、绝热效率后,根据压缩部件模块算法,可以得到压气机出口的总温、总压,即

$$p_{t,cool1} = p_{t,cool2} = p_{t3} = p_{t23} \cdot \pi_{HPC} \tag{3.117}$$

$$T_{t,cool1} = T_{t,cool2} = T_{t3} = \text{Comp}(T_{t23}, \pi_{HPC}, \eta_{HPC}) \tag{3.118}$$

则可以根据 3.3.3 小节介绍的方法,计算求得引气截面的气流总温、总压,即

$$T_{t,ex1} = T_{t23m1} = T_{t23} + \frac{z_{ex1}}{z}(T_{t3} - T_{t23}) \tag{3.119}$$

$$p_{t,ex1} = p_{t23m1} = p_{t23} + \frac{z_{ex1}}{z}(p_{t3} - p_{t23}) \tag{3.120}$$

$$T_{t,cool3} = T_{t,cool4} = T_{t23m2} = T_{t23} + \frac{z_{ex2}}{z}(T_{t3} - T_{t23}) \tag{3.121}$$

$$p_{t,cool3} = p_{t,cool4} = p_{t23m2} = p_{t23} + \frac{z_{ex2}}{z}(p_{t3} - p_{t23}) \tag{3.122}$$

3）压气机耗功计算

根据压气机引气截面可将压气机分割为若干子部件，子部件的压缩功之和即为压气机总耗功。该总耗功可由各子部件内气流总焓变之和计算得到，即

$$P_{HPC} = w_{a23}(h_{t23m1} - h_{t23}) + w_{a23m1}(h_{t23m2} - h_{t23m1}) + w_{a23m2}(h_{t3} - h_{t23m2})$$

$$(3.123)$$

其中，各引气截面处气体流量为

$$w_{a23m1} = w_{a23} - w_{a,ex1} \tag{3.124}$$

$$w_{a23m2} = w_{a23m1} - w_{a,cool3} - w_{a,cool4} \tag{3.125}$$

4）高压压气机特性耦合计算

高压压气机的特性耦合计算与前风扇完全类似，此处不再赘述。

（6）主燃烧室性能仿真模块

主燃烧室模块的已知参数有燃烧室热阻损失 σ_b、燃烧效率 η_b 以及进口气流的总温 T_{t3}、总压 p_{t3}、进口流量 w_{a3}、出口气流的总温 T_{t4}。主燃烧室模块的计算分两部分，一部分是计算燃烧室热力过程的参数，包括燃烧室出口气流参数（总压 p_{t4}、油气比 f_4、流量 w_{g4}）；另一部分是计算主燃烧室的部件特性耦合系数（燃烧效率耦合系数 $C_{\eta,b}$，热阻损失耦合系数 $C_{\sigma,b}$）。下面介绍具体计算过程。

1）主燃烧室热力过程计算

燃烧室出口总压由下式计算：

$$p_{t4} = p_{t3} \times \sigma_b \tag{3.126}$$

燃烧室出口油气比可由下式计算：

$$f_4 = \frac{h_{t4} - h_{t3}}{\eta_b H_u - H_{t4} + h_{t3}} \tag{3.127}$$

其中，H_u 代表燃料的低热值；h_{t3} 代表主燃烧室进口空气的总焓；h_{t4} 代表主燃烧室出口空气的总焓；H_{t4} 代表温度为主燃烧室出口总温 T_{t4} 时的等温焓差。

在求得主燃烧室油气比后，可以由下面两式分别计算主燃烧室燃油流量和主燃烧室出口流量。

$$w_{f,b} = w_{a3} \times f_4 \tag{3.128}$$

$$w_{g4} = w_{a3} + w_{f,b} \tag{3.129}$$

2）主燃烧室特性耦合计算

根据主燃烧室的进口总压和燃烧室温升可以确定部件通用特性图上的对应点位置，利用插值可以得到该点对应的燃烧效率 η_{b-map} 和热阻损失 σ_b，再结合设计点确定的燃烧效率即可求解得到部件特性的耦合系数 $C_{\eta,b}$ 和 $C_{\sigma,b}$，即

$$C_{\eta,b} = \eta_b / \eta_{b-map} \tag{3.130}$$

$$C_{\sigma,b} = \sigma_b / \sigma_{b-map} \tag{3.131}$$

（7）高压涡轮性能仿真模块

高压涡轮模块的已知参数有绝热效率 η_{HPT}、工作点的辅助线值 R_{HPT}、喉道处速

度系数 λ_{4th} 及进口气流的总温 T_{t4}、总压 p_{t4}、进口流量 w_{g4}、高压轴相对物理转速 N_{rH}。高压涡轮模块的计算分两部分，一部分是计算高压涡轮热力过程的参数，包括高压涡轮各截面气流参数及高压涡轮进口导叶喉道面积；另一部分是计算高压涡轮的部件特性耦合系数。下面分别介绍。

1）高压涡轮热力过程计算

高压涡轮处有冷却气汇入，在计算时将进口导叶冷却气的汇入位置视作进口导叶之前，动叶的冷却气认为不参与涡轮膨胀做功。根据 3.3.3 小节冷却气汇入的计算方法，冷却气汇入不影响主流的总压（$p_{t4th} = p_{t4}$），仅影响总温。汇入冷气后的进口导叶处气流流量计算式为

$$w_{g4th} = w_{g4} + w_{a,cool1} \tag{3.132}$$

总焓可由下式计算：

$$w_{g4th} \cdot h(T_{t4th}, f_{4th}) = w_{g4} \cdot h(T_{t4}, f_4) + w_{a,cool1} \cdot h(T_{t,cool1}, 0) \tag{3.133}$$

其中，冷却气参数已由式（3.112）和式（3.118）求得。

根据式（3.133）可以得到导叶进口处的气流比焓，油气比可由下式求得：

$$f_{4th} = w_{f,b} / (w_{g4th} - w_{f,b}) \tag{3.134}$$

进而可以根据比焓求出导叶进口总温 T_{t4th}。

根据导叶进口的气流流量、总温、总压，以及导叶喉道处的速度系数 λ_{4th}（设计点一般取 $\lambda_{4th} = 1.0$），可以计算得到喉道处面积，即

$$A_{4th} = \frac{w_{g4th} \cdot \sqrt{T_{t4th}}}{p_{t4th} \cdot q(\lambda_{4th})} \times \sqrt{\frac{R_g}{k} \left(\frac{k+1}{2}\right)^{\frac{k+1}{k-1}}} \tag{3.135}$$

涡轮动叶进口气流参数（流量 w_{g41}、总温 T_{t41}、总压 p_{t41}）均与涡轮进口导叶喉道处相同，据此可以进行动叶部分的计算。高压涡轮的输出功除去功率提取及机械损失后，应与高压转子压缩功相同，即

$$P_{HPT} \times \eta_{mH} = P_{H,ex} + P_{HPC} + P_{CDFS} \tag{3.136}$$

高压涡轮输出功等于高压涡轮动叶处的总焓变，根据高压涡轮动叶进口总温、油气比、流量，可以计算得到高压涡轮动叶进口总焓，进而得到高压涡轮动叶出口总焓，即

$$w_{g41} h(T_{t415}, f_{41}) = w_{g41} h(T_{t41}, f_{41}) - P_{HPT} \tag{3.137}$$

获得动叶出口总焓后，再结合动叶出口油气比（与进口相同）、出口流量（与进口相同），即可计算动叶出口总温 T_{t415}。

结合动叶进口气流流量及总温，可以得到高压涡轮的功函数，即

$$\varphi_{HPT} = P_{HPT} / w_{g41} / T_{t41} \tag{3.138}$$

根据涡轮功函数、绝热效率及涡轮进口气流总压，可以计算得到涡轮出口的总压。具体算法已在涡轮部件模块中进行介绍，此处利用函数 Turb 代替，即

$$P_{t415} = \mathrm{Turb}(P_{t415}, \varphi_{HPT}, \eta_{HPT}) \tag{3.139}$$

获得动叶出口处的气流参数后，可以计算动叶冷气汇入后的影响，计算方式与导

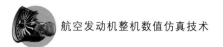

叶进口处的冷气汇入类似,即

$$w_{g5} = w_{g41} + w_{a,cool2} \tag{3.140}$$

$$p_{t5} = p_{t415} \tag{3.141}$$

$$f_5 = w_{f,b}/(w_{g5} - w_{f,b}) \tag{3.142}$$

$$w_{g5} \cdot h(T_{t5}, f_5) = w_{g41} \cdot h(T_{t415}, f_{41}) + w_{a,cool2} \cdot h(T_{t,cool2}, 0) \tag{3.143}$$

获得高压涡轮出口比焓后,根据高压涡轮出口油气比即可计算得到高压涡轮出口总温 T_{t5}。

2) 高压涡轮部件特性耦合计算

高压涡轮部件特性耦合计算方式本质与压缩部件没有区别。首先根据高压涡轮进口参数计算换算转速及换算流量,根据换算转速及辅助线值在通用特性数表插值得到涡轮换算流量、功函数、绝热效率,与设计点得到的换算流量、功函数、绝热效率相对比,即可求出部件特性的耦合系数。这里仅给出功函数耦合系数的计算方法,即

$$C_{\varphi,HPT} = \varphi_{HPT}/\varphi_{HPT\text{-}map} \tag{3.144}$$

换算流量及绝热效率耦合的计算方法与前风扇相同。

(8) 低压涡轮性能仿真模块

低压涡轮模块的计算流程与高压涡轮类似,已知参数是绝热效率 η_{LPT}、工作点的辅助线值 R_{LPT}、喉道处速度系数 λ_{5th} 及进口气流的总温 T_{t5}、总压 p_{t5}、进口流量 w_{g5}、低压轴相对物理转速 N_{rL}。低压涡轮模块的计算分两部分,一部分是计算低压涡轮热力过程的参数,包括低压涡轮各截面气流参数及低压涡轮进口导叶喉道面积;另一部分是计算低压涡轮的部件特性耦合系数。计算过程参考高压涡轮模块,此处不再赘述。

(9) 前可变面积涵道引射器性能仿真模块

前可变面积涵道引射器模块的已知参数有外涵进口气流的参数(总温 T_{t22}、总压 p_{t22}、进口流量 w_{a22})、内涵进口气流的参数(总温 T_{t24}、总压 p_{t24}、进口流量 w_{a24})及外涵进口气流的速度系数 λ_{22}(或者给定内涵进口气流的速度系数 λ_{24})。前涵道引射器模块的计算分两部分,一部分是计算引射器处热力过程的参数,包括掺混后气流的总温、总压、流量、速度系数;另一部分是计算引射器的几何尺寸,包括内涵进口面积、外涵进口面积、出口面积。下面分别进行介绍:

1) 前可变面积涵道引射器几何参数计算

在给定引射器外涵速度系数 λ_{22} 和气流的参数(总温 T_{t22}、总压 p_{t22}、进口流量 w_{a22})后,可以根据流量公式求解得到引射器外涵进口面积 A_{22}。

$$A_{22} = \frac{w_{a22} \cdot \sqrt{T_{t22}}}{p_{t22} \cdot q(\lambda_{22})} \times \sqrt{\frac{R_g}{k}\left(\frac{k+1}{2}\right)^{\frac{k+1}{k-1}}} \tag{3.145}$$

在给定引射器外涵速度系数 λ_{22} 和总压 p_{t22} 后,可以计算得到引射器外涵进口处的气流静压 p_{s22}

$$p_{s22} = p_{t22} \times \left(1 - \frac{k-1}{k+1}\lambda_{22}^2\right)^{\frac{k}{k-1}} \tag{3.146}$$

气流在掺混处静压相等,因此可以得到内涵进口气流静压,即

$$p_{s24} = p_{s22} \tag{3.147}$$

再根据总压与静压的关系式可以求解得到内涵进口气流速度系数 λ_{24}。

$$\frac{p_{s24}}{p_{t24}} = \left(1 - \frac{k-1}{k+1}\lambda_{24}^2\right)^{\frac{k}{k-1}} \tag{3.148}$$

获得内涵进口气流速度系数 λ_{24} 后,可以根据流量公式求解得到内涵进口面积 A_{24},即

$$A_{24} = \frac{w_{a24} \cdot \sqrt{T_{t24}}}{p_{t24} \cdot q(\lambda_{24})} \times \sqrt{\frac{R_g}{k}\left(\frac{k+1}{2}\right)^{\frac{k+1}{k-1}}} \tag{3.149}$$

在得到引射器内涵和外涵进口面积后,可以求解得到引射器出口面积。这里采用的是出口面积与进口面积相同的设计,即

$$A_{25} = A_{22} + A_{24} \tag{3.150}$$

2)前可变面积涵道引射器热力过程计算

引射器处的热力过程是两股气流掺混,其本质上属于混合器模型,计算流程如下。

首先依据流量守恒计算得到出口流量,引射器出口的流量等于和引射器相连的内侧涵道和外侧涵道的出口流量之和,即

$$w_{a25} = w_{a22} + w_{a24} \tag{3.151}$$

然后根据能量守恒计算得到出口总温,引射器出口的气流总焓等于和引射器相连的内侧涵道和外侧涵道的出口气流总焓之和,即

$$w_{a25} h(T_{t25}, f_{25}) = w_{a22} h(T_{t22}, f_{22}) + w_{a24} h(T_{t24}, f_{24}) \tag{3.152}$$

其中,$f_{22} = f_{24} = f_{25} = 0$;$h(T_{t24}, f_{24})$ 代表内侧涵道气流比焓;$h(T_{t22}, f_{22})$ 代表外侧涵道气流比焓。当引射器出口的气流比焓 $h(T_{t25}, f_{25})$ 计算得到后,利用总焓与总温的关系可以得到混合器出口总温 T_{t25}。

最后利用冲量守恒计算得到出口总压,引射器出口的气流冲量等于与引射器相连的内侧涵道和外侧涵道的出口气流冲量之和,即

$$I_{25} = I_{22} + I_{24} \tag{3.153}$$

其中,I_{24} 代表内侧涵道气流冲量;I_{22} 代表外侧涵道气流冲量,冲量的定义见下式:

$$I = w_a \times \sqrt{\frac{k+1}{2k}R_g \cdot T_t} \times \left(\lambda + \frac{1}{\lambda}\right) \tag{3.154}$$

获得引射器出口气流冲量后,可以求解得到气流的速度系数 λ_{25}。

获得气流的速度系数 λ_{25} 和流量 w_{a25} 后,可以根据流量公式求解得到出口气流总压 p_{t25}。

$$p_{t25} = \frac{w_{a25} \cdot \sqrt{T_{t25}}}{A_{25} \cdot q(\lambda_{25})} \times \sqrt{\frac{R_g}{k}\left(\frac{k+1}{2}\right)^{\frac{k+1}{k-1}}} \qquad (3.155)$$

（10）后可变面积涵道引射器模块计算

后可变面积涵道引射器模块的已知参数有外涵进口气流的参数（总温 T_{t52}、总压 p_{t52}、进口流量 w_{a52}）、内涵进口气流的参数（总温 T_{t55}、总压 p_{t55}、进口流量 w_{a55}、油气比 f_{55}）及外涵进口气流的速度系数 λ_{52}（或者给定内涵进口气流的速度系数 λ_{55}）。后涵道引射器模块的计算也分两部分，一部分是计算引射器处热力过程的参数，包括掺混后气流的总温、总压、流量、速度系数；另一部分是计算引射器的几何尺寸，包括内涵进口面积、外涵进口面积、出口面积。其计算方式与前涵道引射器相同，此处不再赘述，仅给出外涵进口参数的获得方式。

后涵道引射器外涵进口的气流参数承接前涵道引射器出口的参数。气体流在前涵道引射器出口至后涵道引射器外涵进口仅经过一段外涵道，因此气流不做功，总温不变，即

$$T_{t52} = T_{t25} \qquad (3.156)$$

气流在外涵道流动会带来机械能损失，通过涵道的总压恢复系数 σ_{duc} 来表示。

$$p_{t52} = p_{t25} \times \sigma_{duc} \qquad (3.157)$$

外涵道没有引气发生，因此后涵道引射器外涵进口的流量等于前涵道引射器出口的流量，即

$$w_{a52} = w_{a25} \qquad (3.158)$$

在计算气流掺混之前，需要判断内外涵进口处总压是否近似相等，以降低掺混的机械能损失。若总压相差较多，需要修正后可变风扇的压比，然后返回至后可变风扇模块开始新一轮的迭代计算。直至后涵道内外涵进口总压近似相等，再通过引射器模块计算得到出口气流参数（总温 T_{t6}、总压 p_{t6}、进口流量 w_{a6}、油气比 f_6）及引射器几何参数（外涵进口面积 A_{52}、内涵进口面积 A_{55}、出口面积 A_6）。

（11）加力燃烧室性能仿真模块

加力燃烧室模块的已知参数有燃烧室总压恢复系数 σ_{ab}、燃烧效率 η_{ab}，以及进口气流的总温 T_{t6}、总压 p_{t6}、进口流量 w_{a6}、出口气流的总温 T_{t7}。主燃烧室模块的计算分两部分，一部分是计算燃烧室热力过程的参数，包括燃烧室出口气流参数（总压 p_{t7}、油气比 f_7、流量 w_{g7}）；另一部分是计算主燃烧室的部件特性耦合系数（燃烧效率耦合系数 $C_{\eta,ab}$、热阻损失耦合系数 $C_{\sigma,ab}$）。其计算流程与主燃烧室相同，唯一区别在于加力燃烧室出口的油气比计算，即

$$f_7 = \frac{h_{t7} - h_{t6} + f_6(H_{t7} - H_{t6})}{\eta_{ab} H_u - H_{t7} + h_{t6}} \qquad (3.159)$$

其中，H_{t6} 代表温度为加力燃烧室进口总温 T_{t6} 时的等温焓差；H_{t7} 代表温度为加力燃烧室出口总温 T_{t7} 时的等温焓差。

在求得加力燃烧室油气比后,可以由下面两式分别计算加力燃烧室加入的燃油流量 $w_{f,ab}$ 和加力燃烧室出口流量 w_{g7}。

$$w_{f,ab} = \frac{w_{g6}}{1+f_6} \times f_7 \tag{3.160}$$

$$w_{g7} = w_{g6} + w_{f,ab} \tag{3.161}$$

(12) 外涵喷管性能仿真模块

外涵喷管采用收缩喷管的形式计算,已知参数有喷管进口气流的总温 T_{t13}、总压 p_{t13}、进口流量 w_{a13}、外界环境大气压 p_{s0}。外涵喷管模块的计算分两部分,一部分是计算喷管内气体膨胀热力过程的参数,包括喷管出口气流参数(静压 p_{s18}、速度系数 λ_{18}、速度 V_{18});另一部分是计算喷管的出口面积 A_{18}。计算流程如下。

判断喷管膨胀状态

对于收敛喷管来说,存在亚临界和超临界两种状态。这是通过对比喷管总压比和临界压比的相对大小来确定的。

临界压比是指马赫数为 1 时的气流总压比为

$$\pi_{18cr} = \left(1 + \frac{k-1}{2}Ma^2\right)^{\frac{k}{k-1}} = \left(\frac{k+1}{2}\right)^{\frac{k}{k-1}} \tag{3.162}$$

喷管出口的总温、总压、气体流量和成分均与喷管进口相同,据此可计算得到绝热指数 k。

喷管的总压比由喷管出口气流总压和外界大气静压决定,即

$$\pi_{18} = p_{t18} / p_{s0} \tag{3.163}$$

若喷管总压比大于等于临界压比($\pi_{18} \geq \pi_{18cr}$),则喷管处于超临界状态;若喷管总压比小于临界压比($\pi_{18} < \pi_{18cr}$),则喷管处于亚临界状态。不同状态下的喷管热力计算和面积计算有所不同,下面分别进行介绍。

1) 超临界状态下计算

当收缩喷管处于超临界状态时,喷管出口气流马赫数 Ma_{18} 和速度系数 λ_{18} 均为 1,据此可计算得到喷管出口面积及静压。

$$A_{18} = \frac{w_{a18} \cdot \sqrt{T_{t18}}}{p_{t18} \cdot q(\lambda_{18})} \times \sqrt{\frac{R_g}{k}\left(\frac{k+1}{2}\right)^{\frac{k+1}{k-1}}} \tag{3.164}$$

$$p_{s18} = p_{t18} \times \left(1 + \frac{k-1}{2}\right)^{-\frac{k}{k-1}} \tag{3.165}$$

根据速度系数的定义可以求出喷管出口气流速度 V_{18}。

$$V_{18} = \lambda_{18} \cdot \sqrt{\frac{2k \cdot R_g \cdot T_{t18}}{k+1}} \tag{3.166}$$

2) 亚临界状态下计算

当收缩喷管处于亚临界状态时,喷管出口气流静压与外界大气压相等,即根据喷管的膨胀比表达式

$$p_{s18} = p_{s0} \tag{3.167}$$

$$p_{s18} = p_{t18} \times \left(1 - \frac{k-1}{k+1}\lambda_{18}^2\right)^{\frac{k}{k-1}} \tag{3.168}$$

可以求解得到喷管的出口气流速度系数 λ_{18}。

获得喷管出口气流的速度系数后,可以根据流量公式计算喷管的出口面积,见式(3.164);可根据速度系数的定义求解喷管出口气流速度,见式(3.166)。

(13) 主喷管性能仿真模块

主喷管采用收扩喷管的形式计算,已知参数有喷管进口气流的总温 T_{t7}、总压 p_{t7}、进口流量 w_{g7}、外界环境大气压 p_{s0}。主喷管模块的计算分两部分,一部分是计算喷管内气体膨胀热力过程的参数,包括喷管出口气流参数(静压 p_{s9}、速度系数 λ_9、速度 V_9);另一部分是计算喷管的喉道面积 A_8 和出口面积 A_{19}。计算流程如下:

判断喷管膨胀状态

对于收扩喷管来说,存在不完全膨胀、完全膨胀、过度膨胀、亚临界4种状态。但是在设计点计算过程中,喷管尺寸是求解出来的,一般不会使喷管处于过度膨胀状态,因此只需要考虑其他3种情况。喷管是否处于亚临界状态是通过对比喷管总压比和临界压比的相对大小来确定的。

临界压比 π_{8cr} 的求解与外涵喷管相同,即

$$\pi_{8cr} = \left(\frac{k+1}{2}\right)^{\frac{k}{k-1}} \tag{3.169}$$

喷管喉道的总温、总压、气体流量和成分均与喷管进口相同,据此可计算得到绝热指数 k。

喷管的总压比由喷管出口气流总压和外界大气静压决定,即

$$\pi_8 = p_{t8}/p_{s0} \tag{3.170}$$

若喷管总压比大于等于临界压比($\pi_8 \geqslant \pi_{8cr}$),则喷管处于超临界状态;若喷管总压比小于临界压比($\pi_8 < \pi_{8cr}$),则喷管处于亚临界状态。

超临界的状态下,首先计算完全膨胀时的喷管出口面积,再通过检验是否超过机械限位来判断喷管所处状态。不同状态下的喷管热力计算和面积计算有所不同,下面分别进行介绍。

1) 亚临界状态下计算

当收扩喷管处于亚临界状态时,收扩喷管出口面积与喉道面积相同,喷管从收扩退化至收缩喷管。喷管出口气流静压与外界大气压相等,即根据喷管的膨胀比表达式

$$p_{s9} = p_{s8} = p_{s0} \tag{3.171}$$

$$p_{s9} = p_{s8} = p_{t8} \times \left(1 - \frac{k-1}{k+1}\lambda_8^2\right)^{\frac{k}{k-1}} \tag{3.172}$$

可以求解得到喷管的出口气流速度系数 λ_8。

获得喷管出口气流的速度系数后，可以根据流量公式计算喷管的喉道面积，即

$$A_9 = A_8 = \frac{w_{g8} \cdot \sqrt{T_{t8}}}{p_{t8} \cdot q(\lambda_8)} \times \sqrt{\frac{R_g}{k}\left(\frac{k+1}{2}\right)^{\frac{k+1}{k-1}}} \tag{3.173}$$

可根据速度系数的定义求解喷管出口气流速度，即

$$V_9 = V_8 = \lambda_8 \cdot \sqrt{\frac{2k \cdot R_g \cdot T_{t8}}{k+1}} \tag{3.174}$$

2）超临界状态下计算

当收扩喷管处于超临界状态时，喷管喉道气流马赫数 Ma_8 和速度系数 λ_8 均为 1。据此可计算得到喷管喉道面积 A_8。

$$A_8 = \frac{w_{g8} \cdot \sqrt{T_{t8}}}{p_{t8} \cdot q(\lambda_8)} \times \sqrt{\frac{R_g}{k}\left(\frac{k+1}{2}\right)^{\frac{k+1}{k-1}}} \tag{3.175}$$

计算喷管出口面积时，首先计算完全膨胀所需面积，再检验是否超出喷管的机械限位，具体流程如下。

首先计算完全膨胀所需面积。完全膨胀时，喷管出口静压与外界大气压相等，即

$$p_{s9} = p_{s0} \tag{3.176}$$

喷管出口的气流总温、总压、流量与喉道处相同，根据喷管出口处总静压之比的关系式

$$p_{s9} = p_{t9} \times \left(1 - \frac{k-1}{k+1}\lambda_9^2\right)^{\frac{k}{k-1}} \tag{3.177}$$

可以求出喷管出口速度系数 λ_9。

根据喷管出口速度系数可以计算得到完全膨胀时的喷管出口面积，即

$$A_9 = \frac{w_{g9} \cdot \sqrt{T_{t9}}}{p_{t9} \cdot q(\lambda_9)} \times \sqrt{\frac{R_g}{k}\left(\frac{k+1}{2}\right)^{\frac{k+1}{k-1}}} \tag{3.178}$$

根据速度系数的定义可以求解完全膨胀时喷管出口气流速度，即

$$V_9 = \lambda_9 \cdot \sqrt{\frac{2k \cdot R_g \cdot T_{t9}}{k+1}} \tag{3.179}$$

根据完全膨胀时的喷管出口面积，计算得到喷管扩张比 θ_{noz}，即

$$\theta_{noz} = A_9 / A_8 \tag{3.180}$$

当扩张比不超过机械限位时（$\theta_{noz} \leqslant \theta_{noz,max}$），则设计点喷管处于完全膨胀状态，出口面积及排气速度已由式（3.178）和式（3.179）确定。当扩张比超过机械限位时（$\theta_{noz} > \theta_{noz,max}$），则设计点喷管出口面积处于机械限位允许的最大值，喷管此时处于不完全膨胀状态，其表达式为。

$$A_9 = A_8 \times \theta_{noz,max} \tag{3.181}$$

喷管处于不完全膨胀时，根据式（3.181）求得喷管出口面积后，可以根据以下流量公式求解得到喷管出口的速度系数 λ_9。

$$q(\lambda_9) = \frac{w_{g9} \cdot \sqrt{T_{t9}}}{p_{t9} \cdot A_9} \times \sqrt{\frac{R_g}{k}\left(\frac{k+1}{2}\right)^{\frac{k+1}{k-1}}} \tag{3.182}$$

根据速度系数的定义可求解不完全膨胀时喷管出口气流速度 V_9,见式(3.179),根据总静压关系可求解得到喷管出口处静压 p_{s9},见式(3.177)。

(14) 整机性能仿真模块

在获得外涵喷管和主喷管的出口参数及几何面积后,可以计算发动机的整机性能参数。主要包括推力 F、燃油流量 w_f 和单位耗油率 sfc。

发动机的推力由外涵喷管和内涵喷管共同组成,即

$$F = w_{g9}V_9\psi_9 + (p_{s9} - p_{s0})A_9 + w_{g18}V_{18}\psi_{18} + (p_{s18} - p_{s0})A_{18} - w_{a0}V_0 \tag{3.183}$$

其中,ψ_9 和 ψ_{18} 是考虑喷管损失而引入的速度损失系数。

燃油流量由主燃烧室和加力燃烧室共同确定,其表达式为

$$w_f = w_{f,b} + w_{f,ab} \tag{3.184}$$

耗油率为燃油流量与推力之比,即

$$sfc = w_f / F \tag{3.185}$$

(15) 部件特性缩放仿真模块

设计点性能仿真计算后,可以利用部件耦合系数缩放特性图。对于压缩部件来说,利用以下 3 个公式对整个部件特性图进行缩放,得到部件特性图的预估值,用于非设计点性能仿真。

$$w_{ac,remap} = w_{ac,map} \times C_w \tag{3.186}$$

$$\eta_{remap} = \eta_{map} \times C_\eta \tag{3.187}$$

$$\pi_{remap} = (\pi_{map} - 1) \times C_\pi + 1 \tag{3.188}$$

其中,下标 map 代表通用特性图中的部件特性;脚标 remap 代表耦合缩放后特性图中的部件特性。

对于燃烧室部件来说,可以利用下面两个公式对整个部件特性图进行缩放,得到部件特性图的预估值。

$$\eta_{remap} = \eta_{map} \times C_\eta \tag{3.189}$$

$$\sigma_{remap} = \sigma_{map} \times C_\sigma \tag{3.190}$$

对于涡轮部件来说,可以利用下面 3 个公式对整个部件特性图进行缩放,得到部件特性图的预估值。

$$w_{ac,remap} = w_{ac,map} \times C_w \tag{3.191}$$

$$\eta_{remap} = \eta_{map} \times C_\eta \tag{3.192}$$

$$\varphi_{remap} = \varphi_{map} \times C_\varphi \tag{3.193}$$

上述内容即为设计点性能仿真计算的完整流程,其流程图见图 3.16。设计点计算不但可以评估设计点性能,也可以确定关键截面参数和部件特性预估值,以此为基础可以开展非设计点性能的仿真计算。

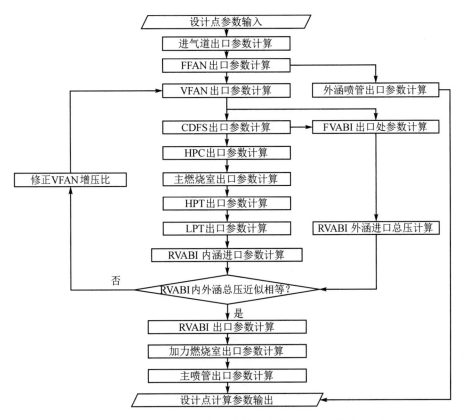

图 3.16　带后可变风扇的自适应循环发动机设计点计算流程图

3.4.3　自适应循环发动机非设计点性能仿真

非设计点仿真建模的核心在于确定各个部件的匹配工作点,这是通过迭代求解平衡方程完成的。下面介绍具体流程。

1. 根据控制规律确定匹配猜值

匹配猜值是描述部件匹配工作点位置的参数,对于带后可变风扇的自适应循环发动机来说,匹配猜值共有 9 个,如表 3.7 所列。

简要解释为什么表 3.7 中的匹配猜值可映射得到唯一一组部件工作点:由式(3.52)可知,当给定部件进口总温及其所在轴的相对转速后,可以确定该部件的相对换算转速;由图 3.4 可知,当给定相对换算转速和辅助线值后,可以确定该部件的工作点。表 3.7 已给出了辅助线值及相对转速,所欠缺的是各个部件的进口总温。FFAN 的进口总温由飞行高度及马赫数决定,因此其工作点已可以确定。当 FFAN 的工作点确定后,其出口的气动参数可以求解得到,与其相邻的部件的进口总温即可确定。因此,按照气流流向计算可依次得到各个部件的进口总温,进而确定各个部件的工作点。表 3.7 中的 T_{t4} 是为了完成燃烧室模块计算而给定的。

表 3.7   带后可变风扇的自适应循环发动机匹配猜值列表

符　号	定　义	符　号	定　义
$N_{r,H}$	高压轴相对转速	$N_{r,L}$	低压轴相对转速
T_{t4}	HPT 进口总温	R_{FFAN}	FFAN 辅助线取值
R_{VFAN}	VFAN 辅助线取值	R_{CDFS}	CDFS 辅助线取值
R_{HPC}	HPC 辅助线取值	R_{HPT}	HPT 辅助线取值
R_{LPT}	LPT 辅助线取值	—	—

综上所述,给定表 3.7 中的匹配猜值后,可以映射得到唯一一组部件工作点,按照气流流向完成发动机性能计算。之后需要检验平衡方程的残差是否达到收敛精度。

2. 平衡方程的建立

平衡方程包括流量平衡方程、功率平衡方程、静压平衡方程三类。流量平衡体现在两个相邻且无涵道分流的部件之间;功率平衡体现在同轴的涡轮部件和压缩部件之间;静压平衡则体现在涵道引射器的内外涵气流掺混处。不同工作模式下的平衡方程也有所不同,下面分别介绍。

(1) 三外涵模式下的平衡方程

三外涵模式下的平衡方程共有 8 个,下面具体展开介绍。

1) 高压涡轮流量平衡方程

高压涡轮流量平衡方程的含义是:由主燃烧室出口及冷却气所确定的高压涡轮进口流量 w_{g41} 应等于由高压涡轮工作点位置确定的高压涡轮进口流量 w'_{g41},即

$$w_{g41} - w'_{g41} = 0 \tag{3.194}$$

2) 低压涡轮流量平衡方程

低压涡轮流量平衡方程的含义是:由高压涡轮出口及冷却气所确定的低压涡轮进口流量 w_{g51} 应等于由低压涡轮工作点位置确定的低压涡轮进口流量 w'_{g51},即

$$w_{g51} - w'_{g51} = 0 \tag{3.195}$$

3) 主喷管流量平衡方程

主喷管流量平衡方程的含义是:由加力燃烧室出口所确定的主喷管流量 w_{g8} 应等于由主喷管喉道面积所确定的主喷管流量 w'_{g8},即

$$w_{g8} - w'_{g8} = 0 \tag{3.196}$$

4) 外涵喷管流量平衡方程

外涵喷管流量平衡方程的含义是:由前风扇外涵出口所确定的外涵喷管流量

w_{a18} 应等于由外涵喷管出口面积所确定的外涵喷管流量 w'_{a18}，即

$$w_{a18} - w'_{a18} = 0 \tag{3.197}$$

5）高压涡轮功率平衡方程

高压涡轮功率平衡方程的含义是：高压涡轮的膨胀功 P_{HPT} 应等于高压压气机压缩功 P_{HPC}、核心机驱动风扇的压缩功 P_{CDFS}、高压轴提取功率 $P_{H,ex}$ 之和，即

$$P_{HPT}\eta_{mH} - P_{HPC} - P_{CDFS} - P_{H,ex} = 0 \tag{3.198}$$

其中，η_{mH} 表示高压轴的机械效率。

6）低压涡轮功率平衡方程

低压涡轮功率平衡方程的含义是：低压涡轮的膨胀功 P_{LPT} 应等于前风扇的压缩功 P_{FFAN} 及后可变风扇压缩功 P_{VFAN} 之和，即

$$P_{LPT}\eta_{mL} - P_{FFAN} - P_{VFAN} = 0 \tag{3.199}$$

其中，η_{mL} 表示低压轴的机械效率。

7）前涵道引射器静压平衡方程

前涵道引射器静压平衡方程的含义是：前涵道引射器的内外涵道气流掺混处，第一外涵气流静压 p_{s24} 应等于第二外涵气流静压 p_{s22}，即

$$p_{s24} - p_{s22} = 0 \tag{3.200}$$

8）后涵道引射器静压平衡方程

后涵道引射器静压平衡方程的含义是：后涵道引射器的内外涵道气流掺混处，外涵道气流静压 p_{s52} 应等于低压涡轮出口静压 p_{s55}，即

$$p_{s52} - p_{s55} = 0 \tag{3.201}$$

(2) 双外涵模式下的平衡方程

双外涵模式下的平衡方程共有 8 个。由于第二外涵关闭，前涵道引射器处无内外涵气流掺混，因此前涵道引射器静压平衡方程失效。取而代之的是后可变风扇和核心机驱动风扇间的流量平衡方程，即后可变风扇出口所确定的核心机驱动风扇进口流量 w_{a21} 应等于核心机驱动风扇工作点位置确定的核心机驱动风扇进口流量 w'_{a21}，表达式如下：

$$w_{a21} - w'_{a21} = 0 \tag{3.202}$$

其余 7 个平衡方程均与三外涵模式下的相同，此处不再赘述。

综上所述，不同工作模式下的匹配猜值个数不同，平衡方程个数也不同，但每个工作模式下，匹配猜值的个数均比平衡方程多 1 个。而匹配猜值中有 1 项是由发动机的主控制规律所确定的。发动机的主控制规律包括控制低压轴相对转速、控制高压轴相对转速、控制高压涡轮进口总温等。因此，未知的匹配猜值个数等于平衡方程个数。可以通过求解平衡方程来确定满足各部件共同工作的匹配猜值，进而确定部件性能，计算得到发动机性能。

3. 平衡方程的求解

给定一组匹配猜值后，可以计算求得各平衡方程的残差。以三涵模式为例进行

介绍平衡方程的求解流程。

8 项平衡方程的残差可由如下向量形式表示：

$$\boldsymbol{Z} = (z_1, z_2, \cdots, z_8)^{\mathrm{T}} \tag{3.203}$$

其中，z_i 代表第 i 个平衡方程的残差。

$$w_{\mathrm{g41}} - w'_{\mathrm{g41}} = 0 \tag{3.204}$$

对于三涵模式的平衡方程来说，z_i 的定义如下：

$$w_{\mathrm{g51}} - w'_{\mathrm{g51}} = 0 \tag{3.205}$$

$$w_{\mathrm{g8}} - w'_{\mathrm{g8}} = 0 \tag{3.206}$$

$$w_{\mathrm{a18}} - w'_{\mathrm{a18}} = 0 \tag{3.207}$$

$$P_{\mathrm{HPT}} \eta_{\mathrm{mH}} - P_{\mathrm{HPC}} - P_{\mathrm{CDFS}} - P_{\mathrm{H,ex}} = 0 \tag{3.208}$$

$$P_{\mathrm{LPT}} \eta_{\mathrm{mL}} - P_{\mathrm{FFAN}} - P_{\mathrm{VFAN}} = 0 \tag{3.209}$$

$$p_{\mathrm{s24}} - p_{\mathrm{s22}} = 0 \tag{3.210}$$

$$p_{\mathrm{s52}} - p_{\mathrm{s55}} = 0 \tag{3.211}$$

8 项未知的匹配猜值也可由下列向量表示：

$$\boldsymbol{Y} = (y_1, y_2, \cdots, y_8)^{\mathrm{T}} \tag{3.212}$$

其中，y_i 代表第 i 个未知的匹配猜值。

平衡方程残差可以视作匹配猜值的函数，具体如下：

$$\boldsymbol{Z} = f(\boldsymbol{Y}) \tag{3.213}$$

而平衡方程残差收敛可以表示为

$$f(\boldsymbol{Y}) = \boldsymbol{0} \tag{3.214}$$

求解匹配猜值的过程本质上就是求解方程（3.214）的根。本小节采用高维 Newton - Raphson 算法进行求解，其迭代公式为

$$\boldsymbol{Y}^{(k+1)} = \boldsymbol{Y}^{(k)} - (\boldsymbol{A}^{(k)})^{-1} \boldsymbol{Z}^{(k)} \tag{3.215}$$

其中，k 代表迭代次数；$\boldsymbol{A}$ 代表偏导数矩阵，其定义见下式：

$$\boldsymbol{A} = \begin{bmatrix} \dfrac{\partial z_1}{\partial y_1} & \dfrac{\partial z_1}{\partial y_2} & \cdots & \dfrac{\partial z_1}{\partial y_8} \\ \dfrac{\partial z_2}{\partial y_1} & \dfrac{\partial z_2}{\partial y_2} & \cdots & \dfrac{\partial z_2}{\partial y_8} \\ \vdots & \vdots & \cdots & \vdots \\ \dfrac{\partial z_8}{\partial y_1} & \dfrac{\partial z_8}{\partial y_2} & \cdots & \dfrac{\partial z_8}{\partial y_8} \end{bmatrix} \tag{3.216}$$

当平衡方程残差收敛时，即可得到满足部件共同工作的匹配猜值。

综上所述，非设计点性能仿真的流程可总结如下：

① 给定输入参数，包括设计点计算结果、非设计点工况及控制规律；

② 根据发动机工作模式选择平衡方程，根据发动机的主控制规律选择匹配猜值；

③ 通过求解平衡方程得到满足发动机各部件共同工作的匹配猜值，进而确定部件性能，按流路依次计算最终得到发动机性能。

非设计点性能的仿真流程如图 3.17 所示。

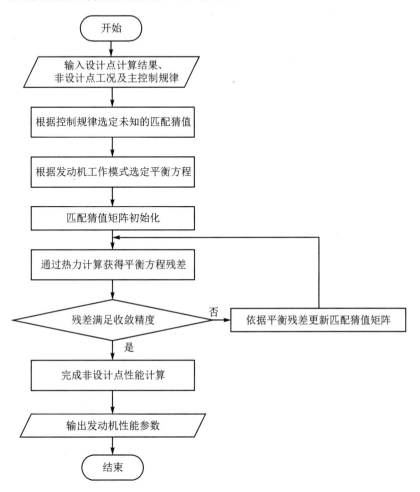

图 3.17　带后可变风扇的自适应循环发动机非设计点性能仿真流程图

3.4.4　自适应循环发动机整机性能仿真分析

1. 设计点-非设计点性能仿真对比校核

对于自适应循环发动机这种新构型发动机，目前尚没有可以直接仿真计算的商用软件可供校核。在设计之初，也缺少部件试验数据进行验证。常用的一种校核方法是，利用非设计点功能计算设计点性能，再与设计点仿真计算的结果进行对比。这是因为非设计点性能仿真计算逻辑及流程是与设计点性能仿真不同的。当误差达到较低水平时,可以验证模型仿真算法的正确性。

自适应循环发动机的设计点为 $(0\ km, 0\ Ma)$,通过对比设计点与非设计点计算得到的推力、单位推力、耗油率进行验证,验证结果如表 3.8 和表 3.9 所列。表中性能参数的取值均以相对值形式给出,相对基准选择设计点性能计算结果。其中,单位推力的计算公式为

$$F_s = F / w_{a0} \tag{3.217}$$

表 3.8 设计点-非设计点性能仿真对比校核(不开加力)

计算结果	不加力推力	不加力单位推力	不加力耗油率
设计点	100%	100%	100%
非设计点	99.983 9%	99.983 5%	99.993 5%
相对误差	0.016 1%	0.016 5%	0.006 5%

表 3.9 设计点-非设计点性能仿真对比校核(开加力)

计算结果	加力推力/(kg)	加力单位推力/(kg)	加力耗油率/ $[kg(kg \cdot h^{-1})]$
设计点	100%	100%	100%
非设计点	99.985 1%	99.984 4%	100.017 3%
相对误差	0.014 91%	0.015 6%	0.017 3%

以推力为例,相对误差的计算公式为

$$e_F = \frac{|F_{des} - F_{off}|}{F_{des}} \times 100\% \tag{3.218}$$

由表 3.8 和表 3.9 中的数据可以看出,设计点与非设计点的计算结果相对误差较小,已经可以满足计算要求。因此,通过设计点与非设计点计算结果的比较可以看出,设计点与非设计点计算出的结果是可靠的。

2. 速度高度特性仿真

速度高度特性计算是评价发动机在宽广飞行包线内性能的必备环节。在本算例中,速度高度工况的选择如表 3.10 所列,分别计算加力与不加力状态下的发动机推力及耗油率。计算速度高度特性时,采用的主机控制规律为:当发动机进口气流总温小于 288.15 K 时,前风扇的换算转速维持在 100%;当发动机进口气流总温大于 288.15 K 时,低压转子物理转速维持在 100%,直到限温或限转。发动机在开加力时的主机控制规律与中间状态一样。在此基础上,通过加力燃烧室燃油流量控制加力燃烧室的余气系数,通过主喷管喉道面积控制保持低压涡轮膨胀比与不开加力时一致。

表 3.10 速度高度特性计算工况设定

编 号	高度/km	飞行马赫数范围	速度步长	编 号	高 度/km	飞行马赫数范围	速度步长
1	0	0 Ma~1.2 Ma	0.2 Ma	3	11 km	0.6 Ma~1.8 Ma	0.2 Ma
2	5	0.4 Ma~1.4 Ma	0.2 Ma	4	19 km	0.7 Ma~2.1 Ma	0.2 Ma

按照表 3.10 所示参数设定,并代入整机性能仿真模型计算,即可得到不同工作状态下自适应循环发动机的性能,在此展示推力及耗油率的性能特性,均以相对值的形式给出,基准值选择(0 km,0Ma)下的性能。速度高度特性如图 3.18 和图 3.19 所示。

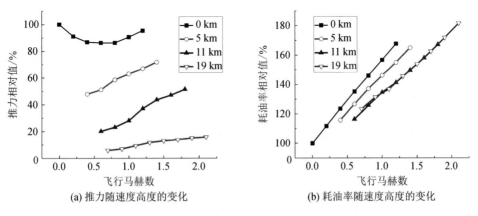

(a) 推力随速度高度的变化   (b) 耗油率随速度高度的变化

图 3.18 自适应循环发动机速度高度特性(不开加力)

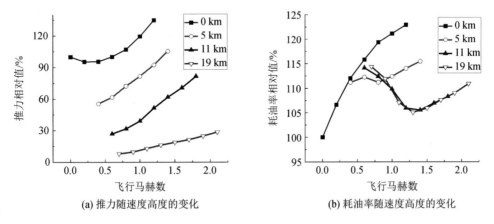

(a) 推力随速度高度的变化   (b) 耗油率随速度高度的变化

图 3.19 自适应循环发动机速度高度特性(开加力)

3. 节流特性仿真

节流特性计算是评价发动机在不同转速下性能变化的必备功能。在本算例中,控制规律为控制低压轴物理转速不变,取值范围 $70\%\sim100\%$,以 2% 为步长逐渐降低。工况选择在亚声巡航工况:$(11\ \mathrm{km},1.5Ma)$。利用整机性能仿真模型可以计算得到节流过程发动机的推力及耗油率变化,并以相对值的形式给出(基准值选择 100% 转速下的性能),如图 3.20 所示。

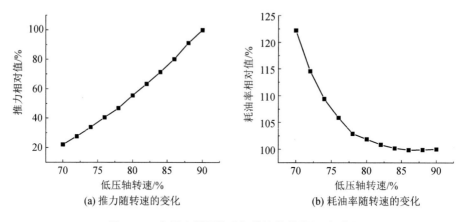

(a) 推力随转速的变化   (b) 耗油率随转速的变化

图 3.20　自适应循环发动机节流特性(不开加力)

4. 可调部件调节效果仿真

可调几何部件的增多使得相对于外界工况的变化、控制规律的确定更加困难。由于各可调几何部件间存在很强的耦合关系,调节不当将会使得共同工作难以实现。因此,首先分析各可调几何部件单独调节时对共同工作点及性能参数的影响。本小节所研究的自适应循环发动机包括 8 个可调几何部件,包括前涵道引射器面积、后涵道引射器面积、高压涡轮导向器喉道面积($\mathrm{VAN_{HPT}}$),低压涡轮导向器喉道面积($\mathrm{VAN_{LPT}}$),后可变风扇可调导叶叶片角度($\mathrm{VSV_{VFAN}}$),CDFS 可调导叶叶片角度($\mathrm{VSV_{CDFS}}$),高压压气机可调导叶叶片角度($\mathrm{VSV_{HPC}}$),主喷管喉道面积(A_8)。对于可调节的机构还有一个模式选择阀门(MSV),一般情况下,模式选择阀门只能开闭,在双外涵模式下关闭,避免气流进入第二外涵道;在三外涵模式下打开,使气流进入第二外涵道。因此在进行可调几何机构的匹配机理分析时不考虑。

敏感性分析的原理是单一改变其中一个可调几何参数的数值,分析其对发动机性能参数的影响。由于自适应循环发动机的部件多、耦合复杂,因此敏感性分析在发动机可调部件分析上比较直观。对于敏感性分析的应用已在许多论文上得到结论,其实用性较好。

本小节敏感性分析以超声速巡航$(11\ \mathrm{km},1.5Ma)$为例,分析可调几何部件在独立调节时对每个部件的共同工作点的影响,以及整机性能的变化规律。

三外涵模式可调几何原始数据如表 3.11 所列。

表 3.11　可调部件敏感性分析调节方案设定(三涵模式)

VFAN	CDFS	HPC	A_{22}	A_{52}	HPT	LPT	A_8
−10	−20	−10	0.9	0.9	1.0	1.0	1.0

敏感性分析如图 3.21 和图 3.22 所示,其中每个压缩部件的角度相较于原始数据均减小 10°,而所有的面积系数均为增大 5%,控制低压转速不变,不加力。

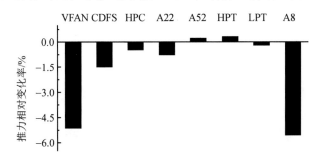

图 3.21　自适应循环发动机可调部件敏感性分析(三涵模式-推力)

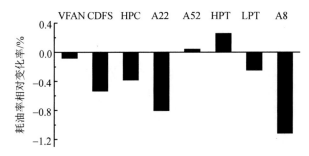

图 3.22　自适应循环发动机可调部件敏感性分析(三涵模式-耗油率)

下面做简要说明:

后可变风扇关小 10°,推力减小,耗油率略微减小。在控制低压转速不变的情况下,后可变风扇关小,其流通能力受到影响,通过的流量变小,消耗的压缩功就会变小,因此为了维持低压转速的稳定,加入的燃油量减少,总的加热量减少,这使得涡轮前温度降低,推力减小。由于主燃烧室的温度降低,在当前总增压比的条件下热效率会降低,由于减少了总加热量,高压转子转速降低,抽吸能力变差,总涵道比略有上升,出口排气速度降低,推进效率增加,综合作用下耗油率略有下降。

当 CDFS 角度减小,流通能力略降时,消耗的压缩功就减少了,涡轮处的高压膨胀功大于压缩功,高压转子转速就会上升,抽吸能力会增加,这使得内涵气流增多。如果依旧保持涡轮前温度不变,参与低压涡轮做功的气流就会变多,膨胀功将大于压缩功,低压转速会上升,为保持低压转子转速不变,涡轮前温度就需要降下来,总加热量少了,推力自然下降。由于总涵道比下降,推进效率略低,涡轮前温度低,在当前总增压比条件下热效率低,加热量少,损失所占的比重变大,综合因素来看耗油率下降,且下降的幅度要大于后可变风扇的幅度。

对于 HPC 的导叶角度来说,由于高压压气机和 CDFS 同属于一根高压轴,其变化的规律也类似,由图 3.21 和图 3.22 可知结论相同。由于第一外涵的存在,高压压气机总体的流量是小于 CDFS 的,高压压气机的影响也会小于 CDFS,这从图上也能证明,这里不再赘述。

前涵道引射器面积增加,改善了第一、第二外涵的流通能力,影响了第一外涵和第二外涵气流的引射掺混,第二分流比增大,第一分流比减小,总的涵道比增大。由于前涵道引射器面积打开,使后可变风扇的流通更加顺畅,后可变风扇的背压降低、压缩功有所下降。后可变风扇压缩功降低,使低压转子转 速有上升趋势;控制规律为保持低压转子转速不变,此时涡轮前温度会降低,加热量下降,因此总推力下降。涵道 比的增加降低了余速损失,使得耗油率降低。

后涵道引射器面积的改变,影响了外涵气流和低压涡轮后的气流的匹配。后涵道引射器面积增加,低压涡轮的膨胀比将减小,同时低压涡轮的输出功降低。为了保持低压转子的转速,提高了涡轮前温度,增加了加热量,由于增加了涡轮前温度,高压转子转速增加,抽吸能力增强,涵道比减小,但是后涵道引射器面积增加又增大了涵道比,综合影响下涵道比变化不大,涡轮前温度的上升增加了排气速度和排热损失,耗油率增加。

对于高压涡轮导向器喉道面积,其影响的是高压涡轮的膨胀比。增加高压涡轮导向器喉道面积,将减小高压涡轮膨胀比,使得高压转子的转速下降,抽吸能力降低。由于增加高压涡轮导向器面积增加了内涵流通能力,综合影响下,总涵道比略微增加。通过核心机的气流流量减少又影响了低压涡轮的膨胀功,导致低压转子的转速减小,为了维持转速,增加了涡轮前温度,提升了推力,由于核心机的流量减小,涡轮前温度又高,损失所占的比重将上升。综合影响下,耗油率有所提高。

对于低压涡轮导向器喉道面积,其影响的是高低压涡轮的膨胀功。增加低压涡轮导向器喉道面积增加了高压涡轮膨胀功,降低了低压涡轮膨胀功,由于高压部件的抽吸能力增强,且增大低压涡轮导向器面积增加了内涵流通能力,因此总涵道比减小,内涵流量增加。综合影响下,低压膨胀功大于压缩功,为维持转速,降低了涡轮前温度,可以看出其变化趋势应与高压涡轮导向器喉道面积变化相反,正如图 3.21 和图 3.22 所示。

由图 3.21 和图 3.22 可以看出,尾喷管面积是对整机性能影响最大的变量之一。尾喷管喉道面积增加,低压涡轮的膨胀比将增加,为了控制低压转速不变,涡轮前温度降低,代表燃烧室温度降低,总热量减少。由于涡轮前温度的降低,高压转子转速下降,抽吸能力降低,涵道比增加,并且尾喷管喉道面积增加,提高了整个内涵发动机的流通能力,损失变小,排气速度降低,推进效率增加,耗油率降低。需要说明的是,在上述高低压涡轮导向器喉道面积和尾喷管喉道面积的敏感性分析中,需要满足一定的前提条件:涡轮喉道和尾喷管喉道处于临界或超临界状态,即喉道界面处气流的马赫数为 1。

双外涵模式下,各可调几何结构的初始值如表 3.12 所列。

表 3.12　可调部件敏感性分析调节方案设定(双涵模式)

VFAN	CDFS	HPC	A_{22}	A_{52}	HPT	LPT	A_8
0	0	0	0	0.4	1.0	1.05	1.0

敏感性分析结果如图 3.23 和图 3.24 所示,其中每个压缩部件的角度相较于原始数据均减小 10°,而所有的面积系数均为增大 5%,控制低压转速不变,不加力。

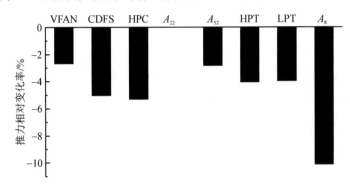

图 3.23　自适应循环发动机可调部件敏感性分析(双涵模式-推力)

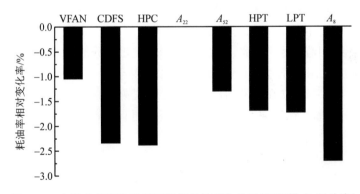

图 3.24　自适应循环发动机可调部件敏感性分析(双涵模式-耗油率)

对于双外涵模式的敏感性而言,其主要的变化规律和三外涵类似。后可变风扇导叶角度、CDFS 导叶角度、高压压气机导叶角度和尾喷管喉道面积变化趋势相同,这里不再赘述。

对于前涵道引射器,在双外涵模式下,由于模式选择阀门关闭,没有第二外涵气流,因此前涵道引射器面积无法影响发动机总体性能,这点在图 3.23 和图 3.24 得到证明。

增大后涵道引射器面积,降低了低压涡轮膨胀比,也增强了外涵的流通能力。外涵流通更通畅后,降低了风扇部件的背压,低压的压缩功减少,低压膨胀功也减少,两相比较,转子转速上升,控制规律为控制低压转速不变,因此需要降低涡轮前温度,使循环加热量降低,导致发动机推力降低。CDFS的背压也降低了,高压转子转速能够较好地维持,有一定的抽吸能力。外涵道流通能力增强,使发动机外涵气流增加,涵道比增大,余速损失降低,耗油率降低。

对于高压涡轮导向器喉道面积,增大喉道面积减小了高压涡轮膨胀比,增强了内涵流通能力,总的涵道比减小,低压涡轮膨胀比不变,内涵空气流量增加,低压涡轮膨胀功增加,大于低压压缩功,低压转子转速有上升的趋势,为控制低压转速不变,因此降低涡轮前温度,减小推力。涡轮前温度降低减小了排气损失,增加了热效率,涵道比减小使得推进效率降低。综合影响下,耗油率降低。

增加低压涡轮导向器面积,内涵流通更顺畅,内涵气流增加,发动机总涵道比减小;当低压涡轮和高压涡轮喉道都处于临界状态时,调大低压涡轮喉道面积将导致低压涡轮膨胀比减小,高压涡轮膨胀比增加;高压涡轮膨胀比增大使其膨胀功增加,高压转子转速增加,提升了高压的抽吸能力,并使得发动机总涵道比进一步减小。对于双外涵模式,内涵流量增加和低压膨胀比减小的综合影响下低压膨胀功较多,为了维持低压转速,降低涡轮前温度,减小推力。

5. 不确定性影响量化仿真

部件性能偏差影响的量化需求贯穿于设计、制造、使用阶段。①在发动机设计阶段,总体对于部件性能的需求与部件设计实际可达性能之间往往会存在偏差;②在制造阶段,生产装配过程的噪声因素可能给发动机性能带来分散性,影响装配后的整机性能达标概率;③在使用过程中,部件性能会出现退化,甚至产生气路故障,影响整机性能。

上述使用需求都建立在对发动机部件性能偏差影响的量化上。采用 3.3.2 小节介绍的方法,引入部件性能偏差指数修正特性图,进而将部件性能偏差的影响传递至整机性能。

部件性能偏差的研究主要针对的是叶轮机部件,主要包括前风扇、可变风扇、核心机驱动风扇、高压压气机、高压涡轮、低压涡轮。对于压缩部件来说,研究的性能参数包括压比、换算流量、绝热效率;对于涡轮部件来说,研究的性能参数包括功函数、换算流量、绝热效率。对部件性能进行编号,见表 3.13。其中,w_{ac} 代表换算流量,η 代表绝热效率,π 代表压比,φ 代表功函数。表 3.13 中的部件缩写含义见表 3.3。

分别量化计算各项部件性能偏差对发动机整机性能的影响,取部件性能偏差指数为 -2%(部件性能偏差指数的定义见式(3.79)),即部件性能实际值为设计值的 98%,将其代入发动机整机性能模型后,可计算得到发动机整机性能的变化率。工况选择超声巡航点(11 km, 1.5Ma),采用的主机控制规律为:当发动机进口气流总温小于 288.15 K 时,前风扇的换算转速维持在 100%;当发动机进口气流总温大于 288.15 K 时,

表 3.13　带后可变风扇的 ACE 的部件性能参数及编号

编　号	参　数	编　号	参　数
1	π_{FFAN}	10	π_{HPC}
2	$w_{ac,FFAN}$	11	$w_{ac,HPC}$
3	η_{FFAN}	12	η_{HPC}
4	π_{VFAN}	13	φ_{HPT}
5	$w_{ac,VFAN}$	14	$w_{ac,HPT}$
6	η_{VFAN}	15	η_{HPT}
7	π_{CDFS}	16	φ_{LPT}
8	$w_{ac,CDFS}$	17	$w_{ac,LPT}$
9	η_{CDFS}	18	η_{LPT}

低压转子物理转速维持在 100%,直到限温或限转。当自适应循环发动机工作在三外涵模式下时,部件性能偏差对发动机推力及耗油率的影响如图 3.25~图 3.27 所示。

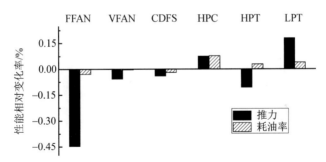

图 3.25　自适应循环发动机部件压比/功函数偏差对发动机性能的影响

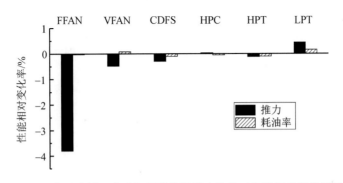

图 3.26　自适应循环发动机部件流通能力偏差对发动机性能的影响

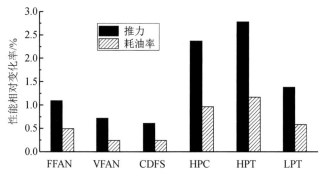

图 3.27　自适应循环发动机部件绝热效率偏差对发动机性能的影响

可以看出,不同部件性能偏差对于发动机性能影响相差较大。其中,部件绝热效率和前风扇的流通能力偏差对发动机的性能影响较大。以部件绝热效率为例,介绍部件性能偏差对发动机性能的影响。当低压转子上的叶轮机部件(FFAN、VFAN、LPT)绝热效率降低时,会导致 LPT 的输出功低于压缩部件所消耗的功,低压转子转速有降低趋势。而控制规律为保障低压转子转速不变,因此主燃烧室燃油增加,使得HPT 和 LPT 进口总温都有所上升。由于主燃烧室燃油增加,导致发动机循环功增大,进而引起推力的上升。耗油率受燃油流量和推力上升的综合影响,最终也有所上升。当高压转子上的叶轮机部件(CDFS、HPC、HPT)绝热效率降低时,会导致 HPT的输出功低于压缩部件所消耗的功,高压转子转速降低。高压转子转速降低导致核心机气流降低,LPT 中参与膨胀做功的气流减少,导致 LPT 输出功降低,低于低压转子压缩部件耗功,因此产生了与低压转子上的叶轮机部件绝热效率降低类似的影响(发动机推力和耗油率均上升)。更多关于部件性能偏差对整机性能影响的分析可以参阅文献[16,17]。

▏参考文献▕

[1] 朱之丽,陈敏,唐海龙,等. 航空燃气涡轮发动机工作原理及性能[M]. 2 版. 上海:上海交通大学出版社,2018.

[2] ZHANG X B, WANG Z X, ZHOU L, et al. Multidisciplinary Design Optimization on Conceptual Design of Aero-engine[J]. International Journal of Turbo and Jet-Engines, 2016, 33(2): 1-12.

[3] 苟学中,周文祥,黄金泉,等. 变循环发动机部件级建模技术[J]. 航空动力学报,2013,28(1):104-111.

[4] 陈敏,唐海龙,张津. 某型双轴加力涡扇发动机实时性能仿真模型[J]. 航空动力学报,2005,20(1):13-17.

[5] TANG H L, CHEN M, JIN D H. High Altitude Low Reynolds Number

Effect on The Matching Performance of a Turbofan Engine[J]. Proceedings of the Institution of Mechanical Engineers Part G Journal of Aerospace Engineering，2013，227(3)：455-466.

[6] TURNER M，REED G J，RYDER A R，et al. Multi-Fidelity Simulation of a Turbofan Engine with Results Zoomed into Mini-Maps for a Zero-D Cycle Simulation[R]. New York：ASME，2004：1-11.

[7] TANG H L，CHEN M，JIN D H. High Altitude Low Reynolds Number Effect on The Matching Performance of a Turbofan Engine[J]. Proceedings of the Institution of Mechanical Engineers Part G Journal of Aerospace Engineering，2013，227(3)：455-466.

[8] KURZKE J，RIEGLER C. A New Compressor Map Scaling Procedure for Preliminary Conceptional Design of Gas Turbines[A]//Proceedings of the ASME Turbo Expo 2000：Power for Land，Sea，and Air[C]. New York：ASME，2000：1-8.

[9] 童凯生. 航空涡轮发动机性能变比热容计算方法[M]. 北京：航空工业出版社，1991.

[10] SELLERS J F，DANIELE C J. DYNGEN：A Program for Calculating Steady-state and Transient Performance of Turbojet and Turbofan Engines[R]. Cleveland：NASA，1975.

[11] 潘锦珊，单鹏. 气体动力学基础[M]. 北京：国防工业出版社，2012.

[12] 骆广琦，桑增产，王如根，等. 航空燃气涡轮发动机数值仿真[M]. 北京：国防工业出版社，2007.

[13] 廉筱纯，吴虎. 航空发动机原理[M]. 西安：西北工业大学出版社，2005.

[14] 朱行健，王雪瑜. 燃气涡轮发动机工作原理及性能[M]. 北京：科学出版社，1992.

[15] 陈大光，张津. 飞机发动机性能匹配与优化[M]. 北京：北京航空航天大学出版社，1990.

[16] CHEN M. ZHANG J Y. TANG H L. Interval Analysis of the Standard of Adaptive Cycle Engine Component Performance Deviation[J]. Aerospace Science and Technology，2018，81：179-191.

[17] ZHANG J Y，TANG H L，CHEN M. Robust design of an adaptive cycle engine performance under component performance uncertainty[J]. Aerospace Science and Technology，2021，113：1-21.

[18] LI S C，TANG H L，CHEN M. A new component maps correction method using variable geometric parameters[J]. Chinese Journal of Aeronautics，2021，34(4)：360-374.

[19] LI Y G. Aero Gas Turbine Flight Performance Estimation Using Engine Gas Path Measurements[J]. Journal of Propulsion and Power，2015，31(3)：851-860.

第 4 章
整机稳态三维数值仿真

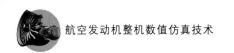

在现有设计体系中,仿真技术研究与应用的广度和深度不够,物理试验仍是重要的验证手段,导致高性能发动机研制周期较长、成本较高。在航空发动机总体性能仿真方面,目前仍然停留在零维和一维仿真阶段,与美国差距在 20 年以上。在航空发动机总体性能仿真精度低,需要后期开展大量的部件和整机试验,并进行综合调试和改进,极大地制约了航空发动机的研制。零维模型和一维模型仅仅是各部件规律的匹配,无法反映部件内部的真实流动和流动细节对上下游的影响,对专家经验的依赖性较强。伴随着航空发动机设计精细化发展过程,航空发动机总体的零维和一维仿真手段已逐渐不能满足设计精度的需求。首先,航空发动机总体零维和一维仿真受专家经验的制约,其设计精度严重影响发动机的研制进程。其次,航空发动机总体零维和一维仿真没有气流的三维流动特征,无法评估部件之间交界面存在的周向和径向气流分布及其规律,这就造成了部件之间的匹配问题。最后,传统的航空发动机研制通常依靠实物试验暴露设计问题,采用"设计-试验验证-修改设计-再试验"反复迭代的串行研制模式,造成研制周期长、耗资大、风险高。如果在设计完成后开展整机数值模拟分析,提前发现潜在的风险,必将节约大量的时间以及加工、试验费用。

随着计算机硬件和数值模拟技术的快速发展,基于多部件匹配的发动机整机全三维仿真已经成为可能。目前航空发动机设计已经向全三维发展,各个部件均建立起了三维设计体系,并通过部件试验得到了充分的验证。在部件三维仿真的基础上,基于多部件匹配的发动机整机全三维仿真具备了开展的硬件和软件基础。整机全三维流场仿真是指在整机环境下,模拟发动机的盘腔流动、二股气流流动等细节设计对发动机整机性能的影响,获取发动机内部的流场细节、流动迁移及对上下游的影响,评估各部件的性能匹配工作情况,解决现阶段中总体零维和一维仿真精度不够的问题,提升发动机总体设计技术,最终发展成为发动机整机性能数字样机和数值试车台,甚至直接开展飞机和发动机一体化仿真。

开展航空发动机的多部件、多学科整机全三维仿真,首先可以解决目前航空发动机零维和一维仿真精度不高的现实问题,提升航空发动机的设计精度,提升航空发动机的设计质量。其次,开展航空发动机整机全三维流场仿真也是航空发动机数字化设计工程,未来可以衍生出航空发动机整机性能数字样机和整机性能数值试车台,对整机试验环境下各部件的性能进行准确评判,部分替代整机物理试验,大幅度缩短航空发动机设计周期,降低研制风险,必将提高我国的航空发动机设计能力和技术水平。航空发动机数字化设计的平台做得越好、越能仿得真,发动机的设计周期就越快,后期的验证就越短,就越快、能高效的完成。再次,基于航空发动机整机全三维流场仿真方法今后可以发展成为飞机和发动机一体化的三维 CFD 直接仿真,支撑航空发动机装备设计研制能力和飞发协调能力,解决目前飞机和发动机的匹配障碍。最后,随着航空发动机全三维流场仿真技术的突破,燃气轮机全三维流场仿真也将获得快速的发展,对提升舰船动力的国产化、保障国家能源安全、降低能源成本、提升国家装备制造能力和水平具有十分重要的意义。

| 4.1　整机全三维仿真的目的 |

航空发动机整机全三维仿真,模型复杂、建模困难、网格生成工作量大、数值迭代收敛时间长,需要耗费较多的计算资源。但是,相较于航空发动机整机零维模型、一维模型和准三维模型,整机全三维仿真可以获得大量的内部流动信息及部件之间的交互信息。发展航空发动机整机流场全三维流场仿真技术,主要有下列几个目的。

◆ 部分替代试验。基于整机全三维仿真,可以在发动机设计完成后硬件加工前开展早期风险评估,预先评估部件之间的匹配状态,发现潜在的匹配风险。基于仿真结果,指导部件一体化优化设计。预先评估整机试验,评价整机性能,减少整机试验风险,缩短整机试验周期。

基于发动机工作的技术状态,可以评估发动机性能衰减。

基于整机全三维仿真,可以快速评估新技术和新概念对推进系统的影响变化,初步考察新技术和新概念的可行性。

◆ 辅助试验设计。整机全三维仿真可以提供更多的流场信息,具有三维流动细节。可以基于整机全三维仿真结果,依据具体的流动特点,指导发动机整机试验探针布局,并可以开展带探针的整机全三维仿真,评估探针与流场的干涉情况,从而优化试验方案。

同时,还可以根据整机全三维仿真结果,对试验结果的试验数据开展进一步的分析,辅助试验数据处理,提高试验数据的可靠性。

◆ 模拟复杂环境。了解整机匹配下发动机的流场细节,尤其是气流的分离、激波、二次流等流动情况;分析发动机的空气系统流路及其对整机性能的影响;提供翔实的发动机轴向力。

◆ 验证极端条件。通过整机全三维仿真,可以了解发动机在某个部件部分缺失或者短暂严重超温情况下的整机全三维性能。

◆ 预示试验结果。在部件设计完成后,预测发动机稳态条件下的整机性能,提前发现潜在技术风险;分析整机试验结果,对整机试验环境下各部件的性能进行准确评判。

◆ 开展虚拟试验。未来可以衍生出航空发动机整机性能数字样机和整机性能数值试车台,对整机试验环境下各部件的性能进行准确评判,部分替代整机物理试验,大幅度缩短航空发动机设计周期,降低研制风险,必将提高我国的航空发动机设计能力和技术水平。

4.2 整机全三维仿真的难点

开展航空发动机整机全三维流场仿真,面临的关键难点和挑战主要有大规模多尺度复杂模型建模及网格生成技术、多学科融合的流动燃烧耦合仿真技术、高精度数值求解方法、交界面数据传递方法、超大问题高效并行计算技术、高性能计算资源、多流体域下仿真收敛准则判断、后处理及可视化输出等。

4.2.1 大规模多尺度复杂模型修模及网格生成技术

网格生成在整个数值计算过程中的地位是极其重要的。一方面,只有通过网格生成方法,才能将无限自由度的连续物理场问题转化为有限自由度的离散系统。另一方面,后续求解过程的效率及精度主要取决于网格生成方法生成的网格单元。网格生成最初是数值计算方法的一个研究分支,但是鉴于网格生成方法的重要性,它逐渐发展为一个独立的研究领域,并逐渐应用于计算机视觉、可视化等诸多领域。

网格的形式有许多种,可以从不同的角度去归类。总体上来说,网格按照单元之间拓扑关系可以分为结构化方法与非结构化方法;按网格是否以适应计算间歇的特点,可分为自适应网格和非自适应网格;按计算区域中所包含网格的种类,可分为多块网格和单块网格;此外,还可以从单元形状是否规则的角度将网格分为各向同性网格和各向异性网格等。

航空发动机模型复杂、规模大,见图4.1。如外部管路、压气机可调机构、燃烧室、加力燃烧室、和喷管等部件模型异常复杂,细长小面特别多,单个部件的建模也是一件非常烦琐的工作,三维模型处理起来难度非常大。

模型的尺度变化大,如燃烧室、加力燃烧室、涡轮叶片、喷管及射流区等,每个模型既包含了米级、分米级、厘米级的模型,也包含了毫米级的冷却孔、冷却缝等细小模型。因此,整机建模的模型尺度变化非常大。

开展航空发动机整机仿真,首先面临的问题是复杂模型的处理。只有通过模型的修模,才能为整机仿真的网格生成奠定模型基础。

基于复杂模型,另外的难点是复杂模型网格生成技术。在整机全三维环境下,由于模型复杂,细节较多,模型尺度变化大,网格量特别大,单个部件网格量达到几千万甚至上亿是非常常见的。如何合理划分网格并生成高质量的网格是一项重要的工作。

4.2.2 多学科融合的流体燃烧耦合仿真技术

燃烧学仿真是将燃烧的基本现象和实际过程进行计算机模拟。发动机燃烧室的工作条件极其复杂,涉及热力学、气体动力学、化学反应、两相流燃

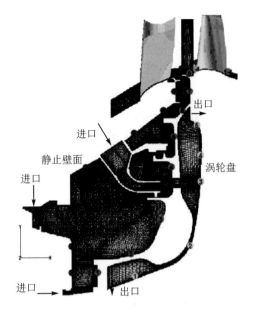

图 4.1　PW6000 涡轮主流及盘腔流路网格

烧、结构、材料和工艺等多学科。发动机燃烧室具有燃烧强度高、湍流脉动强的特点,包含强烈耦合的湍流流动、燃烧、声学和热辐射等复杂物理过程。随着计算机辅助制造等技术的发展,数值模拟逐渐成为燃烧室设计过程中必不可少的环节之一。高精度两相湍流燃烧模型组成是航空发动机燃烧室设计时必要的工具。

二十世纪七十年代初期,由于大型高速计算机及计算流体力学、计算传热学和计算燃烧学的发展,促使人们对燃烧室内的复杂物理化学过程及相互作用有了较深的理解。二十世纪八十年代,燃烧室内过程的模化方面已经取得重要进展。复杂的三维紊流两相流动和燃烧的计算机仿真已经在不同程度上在燃烧室设计中得到应用。到 2000 年,能够进行带化学反应和紊流模型的稳态计算。目前,已经能够用数值计算预估二维和三维定常有黏的燃烧室内流复杂流动,并正在用数值计算方法预估三维非定常两相有化学反应的流动。一些主要航空发动机制造商已经用燃烧室数值计算方法进行燃烧室设计,并可以一次取得成功。最初,这些软件均采用计算量小、适合工程需要的雷诺平均方法,但该方法普适性差,数值误差大,模拟非定常的功能不可靠。随着计算机硬件的发展,模拟精度和可靠性更高的大涡模拟方法(LES)的工程应用成为可能,尤其适合于非定常流动的模拟,但计算量成倍增加。

在燃烧室方面,利用商用或自主研发 CFD 软件,国外目前能够:

① 实现各种形状的燃烧室全三维多相流有黏定常燃烧的高保真数值模拟,高保真体现在数值模拟的燃烧室的几何边界,进出口边界条件,掺混、旋流等剪切流等流动现象模拟结果,气动燃烧总体性能等估算结果与真实流动的高度一致;

② 基于 LES 非定常流场模型求解,实现燃烧室全三维有黏非定常燃烧数值模

拟,流场求解结果能较好且可靠地刻画燃烧温度和流动特征;

③ 基于 Euler – Lagrange 模型求解,实现油滴与油滴运动轨迹、蒸发、破碎等多相流数值模拟,数值模拟结果能较好地表达主流流场的结构与特征,同时也能有效刻画其颗粒相的运动轨迹。

燃烧室中两相湍流燃烧现象的数值模拟关键因素之一是两相蒸发模型,也是提高模拟精度的关键因素之一。液滴蒸发规律关系到燃烧室内液雾的空间分布,对于预报燃烧室性能非常重要。对比国内外煤油实验结果,现有的两相蒸发模型和在燃烧室温度范围内的实验数据差距较大。航空煤油是多种烷烃、烯烃等单质的混合物,其蒸发燃烧规律尚不完全清楚,需要进一步研究。另外,燃烧室的大涡模拟方法(LES)研究也是未来发展的方向之一。

整机全三维仿真,从学科层面主要面临主流道(压缩系统、膨胀系统)的气体动力学和燃烧/加力燃烧室的燃烧化学反应。在燃气涡轮发动机内的物理过程本来就是多学科的。因而,对这些过程的精确仿真必须正确地考虑学科间的相互干扰。例如,在高压压气机中,气动、结构和热负荷全都会改变结构的几何形状,(如机匣、叶片形状和叶尖间隙等),这又会影响压气机的效率和稳定性。精确地预估失速裕度需要模拟所有这些负荷。航空航天推进系统是各种动态相互干扰的学科的复杂组合体。

传统的多学科耦合是采用一种基于过程的、松散的、多流程的分析方法。这种方法在工程应用中需要用外部数据连接的方法将数个模块集中在一起,来解决复杂的工程问题,与实际的物理过程相差较大,精度较差。

燃烧化学反应和气体动力学为强耦合,边界条件实时耦合。目前,计算流体力学已经比较成熟,已经大量应用于航空发动机的设计分析。燃烧化学反应机理复杂,目前仍然采用大量简化的计算模型,仿真精度还依赖于大量的计算经验。

4.2.3　高精度数值求解方法

在流场仿真中,不同的求解算法适用于不同的流动问题,求解算法的选取直接影响 CFD 仿真的精度。航空发动机内部流动十分复杂,不仅是全三维、非定常的,还伴随有热交换和化学反应。若要准确深入地研究发动机内部复杂的流动现象、探索这些流动现象所隐含的流动机理、揭示其流动规律,则需要研究、选取或发展高精度求解算法。

随着计算机科学和计算流体力学技术的发展,求解算法的发展也越来越丰富。目前,发动机整机和部件 CFD 仿真中,涉及的求解算法主要有 RANS 湍流模型算法和大涡模拟(LES)算法两大类。其中,RANS 湍流模型包括标准 $k-\varepsilon$ 流模型、标准 $k-\omega$ 湍流模型和 SST 湍流模型。

作为一种半经验的模型,标准 $k-\varepsilon$ 模型是从实验现象中总结出来的。它假设流动为已经充分发展的完全湍流,分子黏性可以忽略,因此对于雷诺数较低的流动以及近壁区域的计算有着一定的误差。而 $k-\omega$ 模型则是为了考虑低雷诺数、可压缩及剪切流的传播而建立的,它在求解内部流动、分离流动时具有更高的精度。但是 $k-\omega$ 模型相较于 $k-\varepsilon$ 模型的非线性程度更大,因此也更加难以收敛,且其对于解的初始值十分敏感。

$k-\omega$ SST 模型结合了 $k-\varepsilon$ 模型在处理自由流中的优势与 $k-\omega$ 模型在求解近壁区域的高精度特点。在经过不断的发展与改进后,$k-\omega$SST 模型在鲁棒性优化方面已经达到与具有壁函数的标准 $k-\varepsilon$ 模型相同的收敛水平,同时考虑到湍流剪切力的影响修改了湍流的黏性系数表达式。此外,$k-\omega$ SST 模型进一步提高了壁面传热的预测精度。

预测湍流的常用方法是使用雷诺平均 Navier-Stokes 方程(RANS)来求解时间平均量。然而,对于诸如激波现象,涡脱落等流场信息,由于 RANS 模型的数值耗散较大,其计算结果容易出现偏差。此外,用 RANS 方法得到的是流场为时间平均下的结果,因此无法给出不同时刻的流场变化情况。而采用大涡模拟(LES)方法,通过求解湍流运动的时间相关方程,可以弥补这些不足。

由于湍流流动中包含了许多不同的流动长度和流动时间尺度,而大尺度流动通常比小尺度更加容易观察与捕捉。因此大涡模拟(LES)的主要思想就是通过一种"滤波"手段,对流动中的大尺度涡进行解析计算,而对小尺度涡则采用子网格模型进行建模。在滤波过程中有效地滤除了比例小于计算中使用的滤波器宽度或网格间距的涡。在保证计算精度的基础上,降低了计算所需的时间,对工业上重要的波动流动问题进行预测。

4.2.4　超大问题高效并行计算技术

当前国际在高计算能力、高速通信能力、充分挖掘并行计算系统能力、低功耗、高可靠性等方面取得较大进展,目前在积极研制万万亿次超级计算机。美国国防部在二十世纪八十年代中期提出了先进分布式仿真技术,分布式仿真是研究分布式系统或者通过分布式计算对大规模复杂系统进行仿真的一项非常重要的技术。数据通信的性能对整个仿真的运行速度和性能将产生重要影响。先进分布式仿真在真实仿真、虚拟仿真和构造仿真的实施中不断发展,逐步解决了仿真系统互操作性和重用性差等问题,但仍然存在诸如 HLA 在实现数据表示、资源分配、生命周期支持、安全性和容错性等问题。图 4.2 为美国 NPSS 分布式仿真结构图。在高性能计算方面,NPSS 已经完成的工作如下:

① 500 个节点的分布式计算集群并行效率大于 90%;
② 20 个节点/5 次调整/14 小时完成高低压轴功率平衡;
③ 在远程网络上同时启动 100 个作业进程;
④ 24 小时内完成 E3 发动机的设计点重新匹配计算;
⑤ 高低压涡轮耦合仿真节点数达到 340 万个。

与常规的全三维仿真相比,整机全三维仿真模型复杂,网格量达到亿级甚至几十

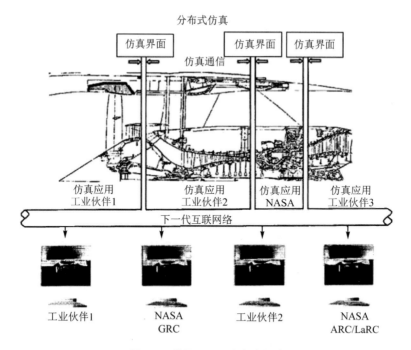

图 4.2　美国 NPSS 分布式仿真

亿量级。面对超大模型,高效并行计算技术是影响仿真的关键问题。不同的并行计算方法,将导致计算的迭代时间偏差较大。美国在 NASA 的高性能计算和通信计划(HPCCP)的 SGI Origin2000 试验平台的 121 台处理器上,程序的并行效率为 87.3%。高的并行效率,可以大幅度提高计算效率。同时,由于并行效率的大幅度提升,可以在"overnight (approximately 15 hours)"[2]中完成整机全三维仿真计算,第二天就可以查看仿真结果,从而实现整机全三维仿真在工程中的全面应用。

4.2.5　高性能计算资源

高效的并行计算,必须依托于高性能的计算服务器。从国外的经验来看,要实现整机全三维仿真计算,至少需要几千个 CPU 甚至几十网格 CPU,以便实现快速的整机仿真,满足工程迭代的需要。

GE 公司宣布已经获得了美国橡树岭国家实验室(ORNL, OAK RIDGE NATIONAL LABORATORY)的世界顶级超级计算机的访问权,共计获得了 59 万个节点/小时来使用 ORNL 的 SUMMIT 超级计算机。GE 公司工程师计划利用大涡模拟(LES, LARGE EDDY SIMULATIONS)分析完整的 3D 发动机部件,以便更好地理解影响航空发动机性能的复杂流动物理原理。该团队将分析多种因素,包括流混合、边界层过渡、分离流、多尺度流结构及高压涡轮部件之间的耦合。

法国图卢兹 CERFACS 实验室使用来自欧洲高级计算合作组织(PRACE)超级

计算机,完成了整个飞机发动机的完整的、高保真仿真。与常规的仿真经常需要复制逐渐以减少成本相反,新的仿真方法需要进行 360°全环仿真。整个仿真最终以 20 亿个单元完成了对整台发动机的仿真。为了完成仿真计算,该项目(正在进行中)通过 PRACE 获得了法国国家高性能计算组织 GENCI 托管的 Joliot - Curie 超级计算机系统总计 3160 万个核心小时。

4.2.6　多流体域下仿真收敛准则判断

整机全三维仿真部件众多,包含压缩部件、燃烧室、涡轮、加力燃烧室、外涵道、喷管等众多流体域,每个部件的仿真收敛情况都是不一样的。不同流体域下的网格疏密程度不一样,流场梯度变化不一样;在燃烧室和加力燃烧室化学反应仿真中,温度梯度变化显著;并且在发动机内部存在较多的低速流动区域、回流区甚至分离区,仿真迭代收敛困难。在整机环境下,如何评价仿真收敛的准则,也是一项非常关键的技术。

4.2.7　快速前后处理及可视化输出

整机全三维仿真计算结果包含的信息量非常庞大,一般能够达到几十个 G 甚至几百 G 的储存资源。在这么庞大的计算结果中,需要完成海量数据整理,按照每个部件的性能参数,生成各种性能数据,作为部件性能的评价依据。同时,还需要对重要的位置生成各种流场图片,以便于分析流动机理,为优化设计提供技术支撑。最后,为了展示的效果,甚至需要生成各种仿真的三维视景动画,庞大的视景处理也是一项重大的技术挑战。

整机全三维仿真前处理包含了高保真仿真模型建模、网格划分、计算模型搭建、边界条件的处理等。整个前处理耗时长,可能占据了整机全三维仿真的 50% 时间。

2003 年,John A R 等开展了 GE90 整机全三维流场仿真。Reed 等声明,"为了成为有效的设计工具,必须把整机仿真的次数减少至某一点,在这一点可影响设计过程"。其仿真计算时间大概需要 15 小时,所以仿真可通宵进行。但是,值得一提的是,数值仿真只是设计的一部分。为了使整机仿真成为实际工具,需要进行大量的工作,以使几何处理、网格生成和网格设置、后处理和分析的过程更为高效。GE90 整机仿真过程中需要几周的时间来开展计算前处理工作。

2013 年,Kulkarni 和 di Mare 在虚拟发动机(VE)框架下开发了一种几何系统,名为通用装配(GA),来再现复杂机械的几何结构,如燃气涡轮发动机。该系统使新颖结构从草图到制造的过程更为便利,同时还可自动分析。当前的分析建立在 GA 的基础上,网格生成器将以编码的形式与 GA 整合,以完全开发 GA 的潜能,继而缩短整机仿真准备所耗的工时。

VE 是一款以对象为导向的燃气涡轮设计和分析系统,用以进行低保真度和大型高保真仿真。VE 设计基于提取,其几何结构和功能模型类似于树,再现了复杂机械的几何结构,便于新颖、非常规结构从草图到制造的设计过程,同时实现自动分析。几何结构以参数的形式表现,允许一个部件中的变化在整个组件中扩散,同时保持机械和动能一致性。为了支持高保真分析,该系统可以把组件的参数化描述通过布尔数学体系运算转变为一套二维和三维的原始几何结构。

图 4.3 为整机全三维仿真前处理人力成本时间统计表。从图中可以看出,罗·罗公司开展的整机仿真由于采用了设备树,前处理时间仅仅需要 8 h,并且很多工作是自动开展的,不需要人工的干预。

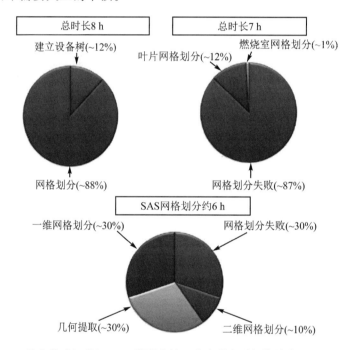

图 4.3 航空发动机整机 CFD 模型前处理人力成本时间统计表(罗·罗公司)

目前,国内的整机仿真还是基于部件级的组装,模型建立、网格划分、计算模型拼装完全是人工干预,人的影响因素很大。整个前处理和后处理时间可能比计算工作还长,制约了整机全三维仿真的工程应用。

| 4.3 整机全三维仿真的流程 |

基于整机全三维仿真工作,梳理仿真中的各项步骤,形成全三维仿真的流程。与常规三维仿真类似,整机全三维仿真主要包含以下仿真流程:

① 建立统一的坐标系;

② 整机全三维仿真模型处理；

③ 整机全三维仿真网格生成；

④ 整机全三维仿真计算方法；

⑤ 整机全三维仿真边界条件设置；

⑥ 整机全三维仿真初场设置；

⑦ 整机全三维仿真并行求解；

⑧ 整机全三维仿真收敛准则；

⑨ 整机全三维仿真后处理。

每个上游步骤是下游步骤的基础，具体仿真流程图见图 4.4。

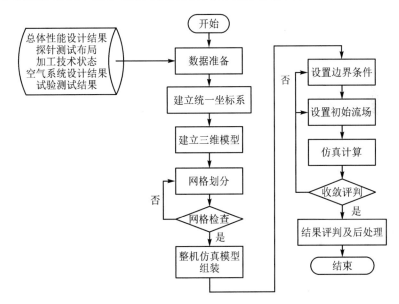

图 4.4　整机全三维仿真流程图

4.3.1　建立统一坐标系

一般来说，每个部件在设计过程中，均建立有各自相对独立的模型坐标系。部件仿真在各自独立坐标系下开展。

对于整机全三维仿真来说，必须明确部件之间的相对位置关系和上下游之间的交界面位置，从而实现整机仿真中数据的上下游传递。因此，整机全三维仿真必须建立统一的坐标系。坐标系的绝对原点可以选在发动机轴线上的任一位置，但必须放置在发动机的轴线上。图 4.5 为整机全三维仿真建立的坐标系示意图。

基于该统一坐标系，各个部件的相对位置关系得到了确认。在该坐标系下，划分每个流体域的交界面位置。同时，各截面探针的测试位置及其相对关系也需要依据该坐标系确定。

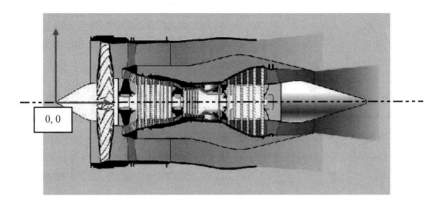

图 4.5　整机全三维仿真坐标系示意图

4.3.2　整机全三维仿真模型处理

模型处理是整机全三维仿真的第一步。航空发动机整机全三维仿真模型复杂、建模困难。同时,由于航空发动机整机全三维仿真部件众多,每个部件的仿真结果都会向上下游传递,因此模型的精细化程度对仿真结果有重要的影响。

针对叶轮机,一般采取数据几何模型。如风扇、压气机和涡轮部件,一般采取商业软件如 ANSYSTurboGrid 或者 Numeca 的通用几何模型。这些模型的生成简单、规范,可以快速获得代表几何模型的网格,同时网格的质量较好。通用叶轮机模型还反映叶轮机的端壁倒圆、叶尖间隙、可调导叶端部间隙、带冠转子等细节结构。

针对外涵道、燃烧室、加力燃烧室、喷管等几何模型,一般采用实体建模的三维模型。这些模型复杂,包含众多几何信息,几何数据庞大,直接处理起来非常困难。针对复杂几何模型,一般需要进行适当的简化,去除对流动影响较小的细节结构,保留对流动影响较大的主要几何信息。

仿真模型处理还有一项重要的工作,即确定模型的周向分布通道个数。对于周向周期性分布的部件,整机全三维定常分析中可以直接采用单个通道模型;对于周向非对称部件,如外涵道、加力燃烧室等,可以采用简化的周向对称模型或者直接采用整环模型。

4.3.3　整机全三维仿真网格划分

控制方程组完成离散化后,要在离散网格点上进行求解,就需要在求解域内构建计算网格。网格生成是计算流体力学发展的一个重要组成部分,目前在 CFD 技术高度发展的美国,网格生成所需的人力时间占一个计算任务全部人力时间的 60% 左右,可见"网格生成是 CFD 作为空气动力学工程应用的有效工具所面临的关键技术之一"。以发动机的压气机部件为例,在对压气机进行数值模拟研究时,计算网格质量的好坏直接影响求解的精度,甚至影响数值计算的收敛性。

由于压气机向小轴向叶排间隙、大气流折转角和非常规叶型发展,叶片的安装角、折转角及其径向变化率都显著提高;同时叶顶间隙、分流环、处理机匣等特有结构的存在,都对网格生成提出了更高的要求。要获得高质量的收敛解,首先要求网格疏密合理,在给定的网格数目下,在参数变化剧烈的区域,网格分布应该密一些;其次要求网格线要尽量光滑,坐标连续、可微,网格线走向也应尽量顺应梯度方向;再者,网格线的正交性应尽可能好,避免网格线过度扭曲和网格畸形,防止由于截断误差的增大破坏计算的收敛性;此外,对于湍流计算,近壁网格的间距必须满足一定要求,如采用壁面函数则要求第一个网格点处于边界层对数区以内,而如果不采用壁面函数则要求第一个网格点最好处于边界层黏性底层内。为满足上述要求,叶轮机械 CFD 中普遍采用贴体网格,按照网格基本单元的形状,贴体网格分为结构化网格,非结构化网格、混合型网格。如果每个网格单元为四边形(二维)或六面体(三维),则称为结构化网格;如果每个网格单元为三角形(二维)或四面体(三维),则称为非结构化网格;混合型网格为混合结构-非结构化网格,一般是指根据网格的质量需求在部分区域采用结构化网格,部分区域采用非结构化网格。

为了方便边界条件的准确给出,传统的方法是形成贴体的结构化网格,结构化网格的生成,是通过一定的数值变换将物理空间上的任意区域变换成计算空间上的规则区域。数值变换方式主要有三种,代数网格生成法、求解微分方程组(椭圆型、双曲型和抛物型)生成法及将二者结合的混合方法。对于压气机流场的模拟,网格生成的难点主要是在叶片安装角很大的情况下,既要保证周期性边界上网格的一一对应(以便于周期性边界条件的处理),又要使细小的前、后缘附近具有高质量的网格。根据网格线的形式,结构化网格一般常用的是 H 型网格(包括多个 H 型网格的对接网格,I 型)、O 型网格或者 H 型和 O 型网格的对接网格。也有研究者采用了重叠网格方法,在叶片周围用 O 型网格,而在整个计算域再覆盖一层 H 型网格,这两层网格之间存在重叠区域,利用插值方法进行数据交换。另外,对于叶尖间隙,轮毂轴向间隙、处理机匣及涡轮冷却气与主流干涉等,则需要根据具体的问题灵活运用网格分区和网格重叠方法。

结构化网格生成比较简单,计算量小。但使用结构化网格容易产生局部扭曲,导致收敛速度下降,甚至会造成计算发散;在网格加密时,由于大多数加密的网络点不在流动参数梯度较大区域,局部网格加密比较困难。随着计算问题外形复杂程度的不断提高,形成单通域贴体的网格变得越来越困难,近十多年来发展了非结构网格和分区网格的生成方法。非结构网格抛开网格单元结点经纬分明、有序排列的限制,结点的分布是任意的。它的生成是一个在已有网格体系上不断添加新点的过程,主要通过 Delaunay 三角化方法来构造,此外还有前沿推进法、B-W 方法等。非结构化网格的优点是在复杂区域的网格部分上容易控制网格质量,包括网格的大小和密度;能够较好地贴合、覆盖复杂的边界,很容易处理复杂的计算域,并且在流场参数变化剧烈的区域,容易实现局部加密。但是非结构化网格生成过程比结构化网格要复杂得多,其数值计算方法的实现较复杂,而且由于在非结构化网格中单元与节点的编号无固定规则可遵循,因而除了每一单元及其节点的几何信息必须存储外,与该单元相邻的那些单元的编号也必须作为联接关系的信息存储起来,使非结构化网格的存储量明显增大,间接寻址需要较大的内存,对计算资源的占有量也明显增大,进而导致加速收敛措施难以实现等使得计算效率较低,精度也较低。虽然非结构网格方法在近年来发展很快,但是随着结构化网格方法的进一步完善和新技术——分区结构网格(例如对接网格方法、重叠网格方法)的应用,分区计算方法和并行计算方法的发展,同时与 CAD 系统良好的接口,大大拓宽了 CFD 的工程应用范围,因而结构化网格仍然保持着主导的地位。

此外,网格还有向自适应方向发展的趋势,自适应网格能够根据计算结果自动向参数变化剧烈的区域加密,这无疑是一大进步。总的来说,对于一个流场计算问题要生成何种计算网格,主要是根据计算域的几何特征,使得网格质量(如正交性、光滑性等)尽可能的好。同时要注意在流场中参数变化梯度较大的区域网格需要加密、计算域边界处的网格要便于边界条件的给定,对求解三维雷诺平均 Navier-Stokes 方程注意要满足湍流模型对边界网格的要求,另外还需要考虑过多的网格点是否必要,对于设计初期计算和详细流场分析计算网格选取是不尽相同的。

流场的网格对仿真精度有重要的影响。网格的疏密、网格的正交性、网格模型均会对流场精度有影响。理想情况是,希望整机全三维的网格均为结构化网格。这是一项重大的挑战,也是一项难度较大的工作。针对叶轮机械,一般采用结构化网格。对于如外涵道、燃烧室、加力燃烧室、喷管等几何模型,为了减少网格生成工作量和降低工作强度,一般采取非结构化网格。一般来说,所有的模型网格需要开展网格无关性研究及验证。只有在网格无关性下,才能获得精确的仿真结果。评价网格的质量有正交性、分布规律、Y+等。

4.3.4　整机全三维仿真计算方法选择

计算流体力学在实际中的大量应用是对 Euler 方程组或者 Navier-Stokes 方程组进行离散化求解以模拟流场,所以数值方法是其最主要的研究课题,而改进和设计新的计算方法成为研究工作者的追求目标,总的说来,主要包括控制方程组空间离散格式、时间离散格式这两方面的内容,以往对于控制方程组进行空间离散的方法主要有有限元法(Finite Element Method,FEM)、有限差分法(Finite Difference Method,FDM)、有限体积法(Finite Volume Method,FVM)和谱方法(Spectral Method)。在叶轮机械 CFD 中主要使用的是有限差分和有限体积两种方法,有限元法也有一定应用,谱方法处在研究阶段。

(1) 有限元方法

有限元方法和后面将讨论的有限差分法是将所论问题的区域分为许多单元(子

区域）。在子区域上将控制微分方程用全部或部分满足边界条件的函数来近似。由于这些方法是在全区域上应用，与应用于区域上的其他方法一起统称为区域方法，其特点是在边界上满足边界条件，域内只是近似满足微分方程。

有限元法对计算域的形状没要求，边界条件也比较容易处理，特别适用于几何、物理条件比较复杂的问题，而且便于程序标准化，是椭圆方程问题的主要数值解法。但是因为以下几点原因，使得它在流体力学的应用中受阻，不像在固体力学中应用那么广泛。一是在黏性流场计算中黏性算子是非对称的，而且要求解的控制方程具有很强的非线性，控制方程离散后不能形成类似固体力学中的对称正定刚性阵，求解比较困难。二是有限元方程建立需要选择试函数（插值函数）和试验函数（权函数），每一时间步都要建立一次，计算比较烦琐，计算量很大。三是有限元法不容易保证连续函数的严格成立，造成方程的收敛困难。长期以来有限元法在流体力学中的应用并不广泛，但是近年来这种状况已发生变化，有限元和有限差分方法正在相互交叉和渗透，使得有限元法在流体力学中的应用日趋广泛。

（2）有限差分法

有限差分法是数值解法中最经典且常用的方法。简单地说是将求解区域划分为差分网格（最简单的是矩形网格），用有限个网格结点（即离散点）来代替连续的求解域，然后将偏微分方程的导数用差商代替，推导出含有离散点上有限个未知数的差分方程组。求差分方程组（即代数方程组）的解，作为微分方程定解问题的数值近似解。它是一种直接将微分问题变为代数问题的近似数值解法。发展比较成熟，较多地用于求解双曲型和抛物型方程。用它求解边界条件复杂问题，尤其是求解椭圆型方程不如有限元法方便。同时这种方法从微分形式的流动控制方程出发，用差商近似代替微分型控制方程中的导数和偏导数项（方程中无限小的微分如空间微分 dx 和参数微分 du 等均化为有限小的差分 Δx 和 Δu 等来求解）来构造离散方程，虽然简便易行、计算格式和离散方法丰富，但是它对复杂几何边界区域的适用性有限。这是因为计算中为了避免在曲线坐标系下构造差分算子的不便，通常需要将物理空间转换到计算空间，使得物理空间下的曲线网格转换成计算空间下的正交直线网格，这个坐标的转换就是雅克比（Jacobin）矩阵变换。为了保证差分格式的精度，坐标变换函数的各因子至少要有同样的精度，这需要物理空间下网格具有一定的均匀度。在计算域不规则的情况下网格扭曲比较严重，很难保证网格的均匀度，特别是当几何体含有奇点，可能会造成 Jacobin 矩阵出现奇异值，这时有限差分很难获得应用的计算精度。

（3）有限体积法

有限体积法又称为控制体积法，最早由 Jameson 等人提出，并在此后得到很大发展。其基本思想是：将计算区域划分为一系列不重复的控制体积，并使每个网格点周围有一个控制体积；再将积分形式的待解的微分方程（如 Euler 方程）在这些离散单元上进行展开求和，即以通量的形式表示出来，便得出一组离散方程，通过用

Runge—Kutta 方法或其他的时间推进格式进行时间离散,如 TVD 格式,NND 格式等,就可以得到一个能较好体现流动特性的稳定解。从积分区域的选取方法来看,有限体积法属于加权余量法中的子区域法;从未知解的近似方法看,有限体积法属于采用局部近似的离散方法。简而言之,子区域法加离散,就是有限体积法的基本方法。

就离散方法而言,有限体积法可视作有限单元法和有限差分法的中间物。有限单元法必须假定因变量 Φ 值在网格点之间的变化规律(即插值函数),并将其作为近似解;有限差分法只考虑网格结点上 Φ 的结点值而不考虑在 Φ 值在网格点之间的变化规律。有限体积法只寻求 Φ 的结点值,这与有限差分法相类似;但有限差分法在寻求控制体积的积分时,必须假定 Φ 值在网格点之间的分布,这又与有限单元法相类似。在有限体积法中,插值函数只用于计算控制体积的积分,得出离散方程后,便可忽略插值函数,如果需要的话,可以对微分方程中不同的项采用不同的插值函数。

与有限元方法比较起来,有限体积法的物理概念十分明确,方法比较简便,容易被接受和掌握,而且有限体积法的数学概念较清晰,对网格形状的适应性较好,许多研究工作已经证明了分片线性插值近似情况下的有限元方法和有限体积法是等价的。

而相对于有限差分法,有限体积法可以看作积分形式的有限差分法。前者直接对偏微分方程进行离散,而后者是对积分形式的方程进行离散。有限体积法比起有限差分方法有许多优点,主要体现于不需要将物理网格坐标向计算网格坐标转换,对网格各方面要求相对较低,在积分形式的控制方程组的基础上进行离散,可较好地保证方程组的守恒性,同时控制方程组的空间离散和时间离散可以分开处理。就目前来看,有限体积方法在叶轮机械 CFD 中已替代了有限差分方法而占有主导地位。

在有限体积方法的框架下,从空间离散的形式上的不同又可以分为节点法和中心法。节点法在网格交点处存储流场变量,微元控制体取为网格线/面所围成的单元,在对控制单元进行数值积分后,将流场残差依据一定的规则分配到网格节点,然后更新节点处的流场变量,节点法在各类边界条件的定义上比较简单。中心法直接将流场变量存储在控制体的中心,根据控制体选取的不同又分为网格中心法和节点中心法。网格中心法选取网格单元作为积分单元;而节点中心法在网格节点周围构筑辅助积分单元,节点即为积分单元的中心。网格中心法不用构筑辅助单元,在处理周期性边界和对接边界时操作较为简单,而节点中心法易于给定物面边界条件。

无论哪种空间离散形式,对单元体数值通量的不同求解方法就形成了各种不同的离散格式。控制体单元的数值通量包括对流通量和扩散通量,Navier‐Stokes 方程组中的扩散/黏性通量的求解难度相对较小,而对强非线性的对流/无黏通量的求解(Euler 方程组的求解)相对要难一些。因此,叶轮机械数值方法的研究工作者围绕对流通量的计算格式展开了大量的工作。目前对流通量计算比较流行的格式可分为中心型格式和迎风型格式两大类。

中心型格式本身具有二阶精度,因此对间断解的捕捉精度有所提高,但格式并不单调,在间断附近会出现振荡解,所以需要添加人工黏性来抑制,这类格式中最具代表性且被广泛使用的是 Jameson 等在 1981 年提出的 Jameson 格式及 Swanson、Vatsa 提出的改进型,此类人工黏性被称为二阶/四阶标量人工黏性,该格式具有突出的优点:一是方法实现简单,计算量相对较小;二是鲁棒性较好;三是具有相当的精度,可满足工程应用的需要。但同时标量人工黏性引入的数值黏性较大,会对边界层的数值解造成较大的污染。当然,中心型还包含其他的格式类型。1968 年,Lax 在对非线性双曲方程仔细分析的基础上指出了保单调格式的概念并形成了一阶保单调格式。1983 年,Harten 证明了计算格式具有总变差减小 TVD(Total Variation Diminishing)性质的充分条件并构造了修正通量的二阶 TVD 格式。二十世纪八十年代发展了一系列的 TVD 格式,如 Roe - Sweby、Chakravarthy - Osher 格式、基本无振荡(Essentially Non - Oscillatory,ENO)格式及无波动、无自由参数的耗散性(Non - osciliatory and Non - free - parameter Dissipation difference scheme,NND)格式等。

迎风型格式是基于特征理论构造的一类格式,可以保证解在间断附近的单调性,主要可以分为矢通量分裂 FVS(Flux Vector Splitting)格式、通量差分分裂 FDS(Flux Difference Splitting)格式,以及二者的结合 FV/DS 格式。矢通量分裂格式中有 Steger - Warming 格式和应用范围较广的 Van Leer 格式等,其中 Van Leer 格式计算量小,激波捕获精度较高,但是在接触间断处会引入较大的数值黏性,对剪切层的污染较为严重。属于通量差分分裂格式的有 Roe 格式、Osher 格式等。其中最为著名、应用最广泛的是 Roe 格式,Roe 格式以 Godunov 格式中将对流通量的计算视为求解 Riemann 问题的思想为基础,利用求解线化 Riemann 问题的精确解而改善了Godunov 格式计算量过大的缺点,激波捕获精度很高,可以在 0~1 个网格间距内捕获激波和接触间断,但是也存在缺点,比如计算量较大,声速膨胀激波处不满足熵条件,以及不能处理缓慢移动的激波等。FV/DS 类迎风格式中最为成功的是 Van Leer 格式和对流迎风分裂 AUSM(Advection Upstream Splitting Method)类格式,这些格式的优点是对于定常流的焓守恒及剪切层中的数值耗散小,AUSM 类格式认为对流和声波是两个不同的物理传播过程,因而可以将对流通量中的对流项和压力项分开进行处理。自 1993 年 Liou 和 Steffen 提出 AUSM 格式以来,先后出现了几种其他改进型格式,如 AUSMD/V 格式、AUSM+格式及 AUSMPW 格式,它们有各自的优缺点,总的来说,AUSM 格式在不少方面都显示出优越性,尤其是对于跨声黏性流动,其激波捕获精度可与 Roe 格式相媲美,同时对剪切层的污染很小,但在激波附近会出现数值过冲问题。低耗散通量分裂格式(Low - Diffusion Flux - Splitting Scheme,LDFSS)亦属于这一类,该格式数值耗散小,具有激波与接触间断的高分辨率,无需熵修正,计算量比 Roe 格式小,还具有标量的正值保持性,其极为优异的性能得到了一致好评。

流场的控制方程组在完成空间离散后,接下来的是时间的离散和求解。为了方便地求解叶轮机械内部流场,特别是超声速流场,人们先后发展了跨声速松弛迭代法和时间相关法。跨声速松弛迭代法一度在内流和外流计算中占据主导地位。采用跨声速松弛迭代法基本思路是在格式中引入方向特性,以保证流场超声速区差分方程的信息依赖域包含微分方程的依赖域。跨声速松弛迭代法具有简单和快速的优点,但也有流场的细节(如分离区,尾迹区等)不能准确地模拟的缺点,并且很难进行三维黏性计算。

为了进一步提高对叶轮机械内部三维流场某些细微流动结构的认识,如跨声速风扇中的三维激波结构、压气机和涡轮中的二次流等,各国学者纷纷开发采用时间推进方法直接求解全三维 Euler 方程、Navier - Stokes 方程的计算程序。时间推进法凭借其能够详细描述叶轮机内部流场细节的优势逐渐上升为 CFD 领域的主流,成为求解二、三维 Euler 方程、Navier - Stokes 方程的上佳选择。

时间推进方法最早是由 Neurnann 提出的,这种方法是把定常问题的解看成相应的某种非定常问题在时间很长时的渐进解。虽然这一问题没有经过严格的数学证明,但是许许多多计算实践已经证明了时间推进方法的合理性。时间推进方法对低亚声速、亚声速、跨声速、超声速流动都可用相同算法和程序进行求解,除了程序的适用性较强这个优点以外,它还包括下述优点:求解 Euler 方程的程序稍加改动(增加黏性项和修改相应的边界条件)即可计算 Navier - Stokes 方程;用时间推进方法编制的程序可同时用于内流和外流、定常和非定常流场的计算;容易实现并行运算;由于方程类型不随流场速度的变化而变化,时间相关的 Euler 方程和 Navier - Stokes 方程在各种速度流场中对流项可以采用同一种方法计算,这使程序结构简单化;能够保证方程类型在超声速和亚声速流动情况下均是双曲型方程,同时通过计算中引入人工黏性的方法,能成功捕获激波;在不可压流动和极低马赫数流动条件下,通过采用伪可压方法把不可压方程由椭圆型转换为双曲型,仍可成功求解;容易与当地时间步长、多重网格、残差光滑等数值技术相结合,从而提高计算速度。其主要缺点是对于三维流动、非定常欧拉方程和 Navier - Stokes 方程需在 $x - y - z - t$ 四维时空求解,计算量很大;同时显式方法的时间步长由于受 CFL 条件的限制,需要较多的迭代次数,因此对计算机计算速度和内存都有较高的要求。

时间推进方法可分为显式方法和隐式方法。显式方法的算法和程序都比较简单,不需要求解矩阵,但受时间步长 CFL 的限制,隐式方法需要求解五对角矩阵(二维)或七对角矩阵(二维),计算过程复杂,在进行因子分解时会引入一定的误差,可能会对数值计算的稳定性产生不良的影响。在叶轮机械内部三维流场计算中,显式方法和隐式方法均被广泛使用。二十世纪五十年代以前,主要采用显式时间推进方法,适用于早期的经典差分格式阶段显式方法以具有比较高精度的 Runge - Kutta 法为主,如标准四步 Runge - Kutta 法在时间上对线性方程组是四阶精度,对于非线性方程组则是二阶精度;同时使用 Runge - Kutta 法具有可以有效地扩大计算的稳定范围,使用较大的 CFL 数,提高稳定性等优点,应用最为广泛。但是,由于显式方法受稳定性条件的限制,时间步长只能取得非常小,并且不能使用定常计算的一些加速收敛措施,因此采用显式方法求解非定常问题,计算时间长的令人难以接受;这之后逐步发展了显、隐混合时间推进方法,隐式时间推进方法,隐式因式分解时间推进方法等,隐式方法多以采用 Peaceman、Rachford 和 Douglas、Rachford 提出的交替方向隐式(Alternating Direction Implicit Method,ADI)方法,Yanenkeo 等提出的时间分裂方法及 Beam‐Warming 格式所采用的隐式近似因式分解方法为代表,俄罗斯的 M. Ja. Ivanov 和 R. Z. Nigmatullin 就曾经采用隐式近似因子分解法结合带有 TVD 性质的高阶精度 Godunov 差分格式完成了对一个小涡扇发动机流场 S2 流面 Euler 方程的求解。隐式方法的时间步长不再受稳定性条件限制,时间步长可以取得较大,但求解庞大的矩阵方程对计算机的速度和内存等方面提出了严峻的考验,特别是求解三维问题;在时间推进的过程中,为节省计算时间,常采取当地时间步长,残差光顺及多重网格法等技术,这些技术都使时间推进收敛速度得到一定程度的提高。

综上所述,在过去二十多年里,叶轮机械特别是压气机的数值模拟研究领域使用的计算方法得到了飞速发展,经历了由求解定常二维无黏方程到求解非定常三维雷诺平均 Navier‐Stokes 方程的过程。根据已经发表的文章可以看出,采用时间推进方法,配合有限体积方法,在时间方向上的显式多步的 Runge‐Kutta 方法和一些加速收敛技术,如当地时间步长方法、多重网格方法、隐式残差光滑方法是目前计算叶轮机械内部复杂三维流场最广泛采用的方法。

4.3.5　整机全三维仿真边界条件设置

整机全三维仿真结果计算精度不仅依赖于高保真的建模、适量的反应几何模型的网格、高保真数值格式,还依赖于仿真边界条件的正确设置。同时,仿真收敛情况也依赖于边界条件的设置。边界条件设置不好,还将直接导致无法开展仿真迭代。

整机仿真边界条件设置较多。一般来说,整机全三维仿真边界条件设计繁多,边界条件设置可能包含成百上千条。

整机仿真主要的边界条件设置包含:

① 发动机进口边界条件:发动机进口边界条件主要有进口总温、总压、气流角及其径向分布。同时,进口边界条件还包括湍流度。如果是基于整机试验结果的仿真,需要根据整机试验测试结果给定进口边界条件的测试数据。在没有整机试验数据情况下,可以直接给定大气的总温、总压。

② 发动机出口边界条件:发动机出口边界条件主要是给定合理的静压。一般来说,出口边界条件不能直接设置在喷管出口位置。需要考虑发动机引射情况下,在喷管出口无限远处设置环境压力。

③ 叶轮机械旋转转速:针对每个旋转部件,设置其物理转速。

④ 燃油流量:整机全三维仿真中需要给定燃烧室的燃油流量及其分布规律。针对带加力燃烧室工作发动机,还需要设置加力燃烧室燃油流量及其分布规律。

⑤ 主流道空气流路引气边界：主要包含压缩系统的空气引气流路、涡轮叶片的冷却喷射和主流道各处的封严流路。对于引气流路，一般采用出口边界条件，给定出口的位置、流量、方向等。对于涡轮叶片的冷却喷射，在采用源项模拟方法时，一般采用进口边界条件，给定进口的总温、总压、方向及其分布规律。对于封严流路，一般采用进口边界条件，给定进口的总温、总压、方向及其分布规律。

⑥ 周期性边界条件：航空发动机绝大部分为旋转部件。对于定常流动的叶轮机来说，仅需要单个通道就可以开展三维仿真。因此，对于单个通道的模型，需要设置周期性边界条件。

⑦ 壁面边界条件：对于固体壁面，需要设置壁面边界条件。壁面边界条件包含两类，一种是固定壁面，另一种是旋转壁面。

⑧ 对称边界：对于某些部件，相对于某个平面对称的，可以设置对称边界条件。

⑨ 部件间交界面边界条件：部件之间交接面采用"stage"交界面，确保上游部件出口轴向及径向分布参数能精准传递到下游部件进口，实现跨部件参数传递。

4.3.6　初始流场设置

整机全三维仿真由于部件众多，流体域更多，流场在流体域中变化显著。如果没有好的初始流场，直接进行迭代将可能导致仿真计算无法开展。与此同时，众多流体域直接给定初始流场也是非常困难的。

4.3.7　整机全三维仿真收敛准则

单个部件的仿真收敛均有一定的难度，针对整机稳态全三维仿真，要达到结果收敛是非常困难的。整机稳态全三维仿真涉及的模型众多，模型尺寸差异大。同时，整个发动机内的流动分布变化显著，外涵道的低速流动、叶栅内的跨声速、超声速流动和喷管的超声速流动，流场变化明显。同时，燃烧室和加力燃烧室中燃油喷射、雾化、燃烧、化学反应过程交替进行，流场变化频繁且复杂。

结果收敛除与仿真几何模型相关，还与网格质量、湍流模型、数值格式等众多因素相关。

┃4.4　整机稳态三维数值仿真案例分析┃

本节根据整机全三仿真流程及方法，分别对某涡喷、涡扇发动机进行仿真案例应用，从研究对象、网格模型划分、边界条件设置及最终的仿真结果进行了较为详细介绍。

4.4.1 某涡喷发动机整机仿真

1. 研究对象

本小节研究对象为某高通流发动机,该发动机包含进气道、压气机、主燃烧室、涡轮、整流支板、加力燃烧室及可调喷管。由于发动机零部件多、细节结构多,仅仅单头部燃烧室和单个涡轮叶片就布置几百个细小冷却孔,其模型处理是一项重大挑战。若所有模型均按真实几何建模,几何模型将非常庞大,基于现有计算资源,仿真工作几乎无法进行。因此,需要开展发动机复杂模型简化方法研究,使之既能保留关键几何的重要特征,又能保证简化后的模型反应发动机真实物理流动,以便提升仿真精度。为此,这对发动机整机模型处理方法提出了很高要求,并需要通过试验数据验证模型处理方法的可行性。整机模型处理需要全方位梳理发动机真实技术状态,包含压气机及涡轮旋转部件叶尖间隙、可调导叶真实几何角度、封严篦齿间隙、关键位置限流截面面积等效修正、周期性边界合理选取、各部件交界面位置划分及热端部件冷热态变形等。通过系列研究确保获取的发动机整机模型为真实工作状态下的几何模型,以此满足整机环境下部件的匹配性能。

2. 模型网格

考虑到整机几何模型的复杂性,为降低网格划分难度,提高网格划分效率,需要将发动机按部件切分为不同模型流域块。针对特别复杂的流域块,其内部需要根据网格划分需要进一步切分成多个网格块,最终将多个流域网格块进行组装,形成一个完整的整机流域模型。将整机流域模型按部件依次划分为进气道、压气机、主燃烧室、涡轮、加力燃烧室、可调喷管、排气段及外场大气几何流域模型,然后分别对其进行网格划分,其中,压气机和涡转部件采用 NUMECA 软件的 IGG - AutoGrid 模块划分全六面体网格,同时确保主流区域 $y^+ < 5$。主燃烧室、加力燃烧室及喷管复杂几何模型采用 ANSYS Meshing 生成四面体非结构化网格以降低模型的网格划分难度。针对某些部件内部流场比较复杂且对发动机性能起到重要影响因素的区域需要进行局部加密,以提高该区域计算精度,同时充分兼顾结构细节对仿真精度的影响。最后将各部件划分完成的网格进行组装形成整机全三维流域网格,如图 4.6 所示。该模型网格量约为 1.1 亿,各部件具体网格分配如表 4.1 所列。

3. 计算边界条件及数值方法

整机仿真需要耦合压气机涡轮高速流与主燃烧室及加力燃烧室低速流,同时还涉及燃烧复杂反应流,使得整个求解过程变得异常困难。边界条件设置过程中的湍流模型选取、不同部件时间步长的合理设置、部件之间交界面设置、周期性交接面数据传递等都直接关系到整个仿真结果收敛性及计算精度。基于前期积累的整机仿真经验及相关技术研究,研究采用商业软件进行求解,该软件可以较好兼顾整机内流过程中存在的高速可压缩流与低速不可压流的耦合求解,同时自带了较为丰富的燃烧模型,足以满足工程研制需要,并且已在文献中[8]通过了试验数据的初步校核验证,具有较高的计算精度。

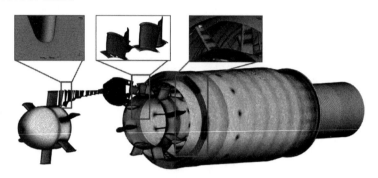

图 4.6　整机网格示意图

表 4.1　发动机各部件网格类型及网格量

部　件	网格数/万	占　比	网格类型
进气道	427	3.87%	非结构化四面体
压气机	930	8.43%	结构化六面体
主燃烧室	3 675	33.33%	非结构化四面体
涡轮	796	7.22%	结构化六面体
加力燃烧室	4 878	44.24%	非结构化四面体
喷管及远场	320	2.90%	非结构化四面体+结构化六面体
合　计	11 026	100.00%	—

仿真状态点选定为发动机地面1.0稳态工况。发动机进口边界给定试验条件下的来流总压、总温、气流方向角及湍流强度;压气机、涡轮转速选定为试验物理转速;压气机各级引气量及涡轮冷气喷射用气量根据该试验工况下空气系统评估结果给定;主燃烧室按照燃烧喷雾模型给定燃油物理流量;发动机出口排气给定为试验环境静压;周期性边界上强迫所有物理参数相等;部件与部件之间交界面数据传递采用"Stage"边界,确保上游部件出口轴向及径向分布参数能精准传递到下游部件进口,实现跨部件参数传递。

CFX求解器求解三维黏性雷诺平均的Navier-Stokes方程,湍流模型采用SST模型,燃烧采用两步化学反应。计算中采用全二阶精度有限体积差分格式,求解器均采用高分辨率差分格式,在高性能平台上的512核进行并行求解,计算10 000时间步长,总耗时约14天。图4.7和图4.8所示分别为整机全三维仿真流量和动量方程收敛曲线及压气机涡轮功率收敛曲线,可以看出本次算例得到良好的收敛。

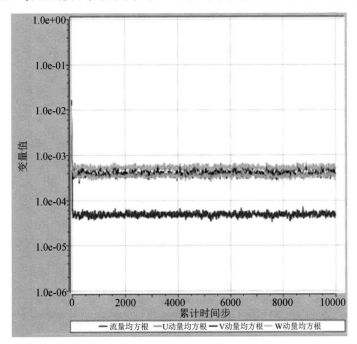

图 4.7　流量和动量方程收敛曲线

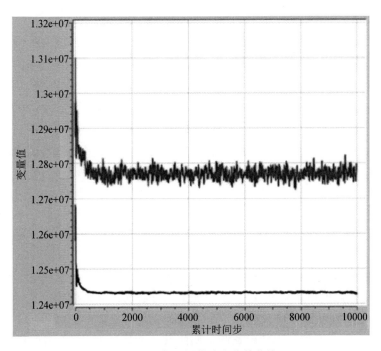

图 4.8　压气机涡轮功率收敛曲线

4. 仿真结果分析

（1）总体参数

相比整机试验有限的测试数据，全三维仿真结果蕴含更为丰富的流场信息，不仅可获取发动机总体性能参数，同时可以深入各部件内部查看更为精细的流场细节，更能轻易提取发动机试验过程中难以测量的关键性能参数，例如涡轮进口总温、总压、流量分配等。为了与整机试验数据进行对比，本文严格按照该发动机测试布局要求，选取相应的测试点位置，从相应的测量截面获取发动机性能参数，比如发动机进口流量、发动机推力、压气机出口总压、涡轮出口温度、压力分布等参数，以此验证整机仿真方法的精度。表 4.2 所列为发动机部分总体性能参数对比；图 4.9 所示为发动机子午面不同测量截面参数对比，图中 P 代表当地总压，T 代表当地总温，W 代表当地流量、π 代表部件膨胀比，F 代表发动机推力。

表 4.2　发动机部分总体性能参数对比

性能参数	仿真与试验结果偏差
发动机进口物理流量	-0.57%
压气机出口总压	0.64%
压气机出口总温	-0.25%
压气机压比（一）	0.60%
主燃出口总压	1.51%
主燃出口总温	-0.33%
涡轮出口总压	0.31%
涡轮口总温	-0.55%
高压涡轮膨胀比	1.20%
推力	1.67%

通过数据分析发现，相较于试验结果，发动机各截面主要参数与试验结果非常接近，其中发动机进口流量偏低 0.57%，压气机出口总压偏高 0.64%，燃烧室出口温度偏低 0.33%。压气机膨胀比基本与试验一致，反观涡轮膨胀比偏大 1.2%，这可能是喷管几何模型相比发动机实际工作状态下喷管喉部面积偏大造成的。各截面最大偏差存在于压气机出口流量、涡轮进口流量偏差，相对于试验推算值分别偏低 1.4% 及 1.46%，偏差来源可能是理论空气系统流量分配与发动机真实工作状态下的流量分配不一致造成的。值得关注的是，此次获取的发动机推力较实测值偏差仅为 1.67%，具有较高的仿真精度，进一步验证了该方法的计算精度。

（2）测量截面参数径向分布

本小节进一步对比了发动机各测量截面气动参数径向分布，重点选取了压气机及涡轮出口截面参数进行对比。整机试验测试布局在该区域分别重点布置了 4 支压

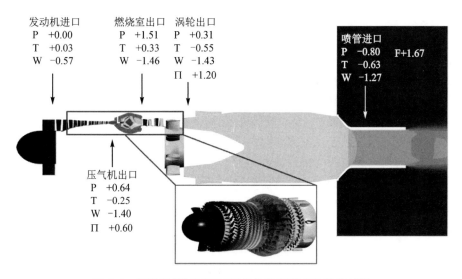

图 4.9 发动机子午面不同测量位置气流参数偏差(%)

气机出口总温总压复合探针与 3 支涡轮出口总温总压复合探针,具有较为丰富的试验测试数据用于校核验证整机全三维仿真方法对径向参数的不均匀性的评估精度。

图 4.10 和图 4.11 所示分别为压气机出口总温、总压径向分布规律,可以发现整机全三维仿真结果可以较为精准地捕获发动机真实工况下的测量参数,具有较高的预测精度,并且还能够解决测量探针在流道端区附面层流场信息缺失问题,为进一步分析发动机内部流场提供了数据支撑。除了第 1 支总压探针中截面测点外,压气机周向分布的 4 支总温总压探针径向分布规律几乎一致,通过与 CFD 仿真结果对比进一步验证了压气机出口径向及轴向出口参数的均匀性,为燃烧室提供了较为理想的进口条件。

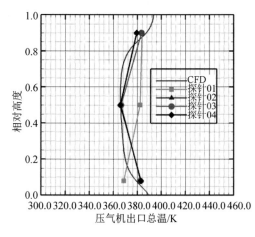

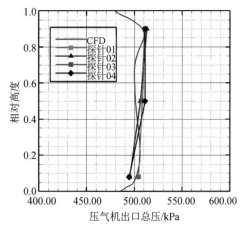

图 4.10 压气机出口总温相对值径向分布   图 4.11 压气机出口总压相对值径向分布

图 4.12 和图 4.13 所示分别为涡轮出口总温和总压径向分布规律,涡轮出口截面测量采用的是 3 支总温总压复合探针,每支探针 6 个测点用于捕获涡轮出口从根到尖的气流参数变化规律。通过与试验数据对比发现,涡轮出口气流参数从根到尖的径向参数分布规律基本一致,并且在叶高 50% 以上区域,仿真与试验结果吻合非常好,具有较高的仿真精度。但是,在 40% 相对叶高以下区域,仿真结果较试验测量值具有较大的偏差,CFD 仿真结果普遍偏低 6%~9%。为找准偏差原因,需要深入分析涡轮出口测量截面的详细流场信息。图 4.14 为涡轮出口总压及气流角分布云图,据分析发现,涡轮出口气流均匀性较差,并且在根截面局部区域存在一定范围的流动分离,进而导致了该区域流动损失增加。CFD 仿真方法很精准识别了这一特征,呈现出涡轮出口根截面总压损失较尖截面偏高的趋势,但测试探针却未能较好捕获这一流动特征。分析其原因可能是由于该区域流动存在一定程度的分离,气流方向较紊乱,超出了测量探针适用范围,从而降低了该区域温度压力测量精度。并且,测试探针周向布局并未参考仿真结果进行精细化布局,可能在周向上错开了根截面高损失区,导致探针测量位置并未能代表该测量截面真实气流参数分布规律。

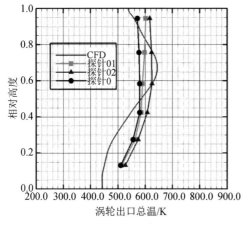

图 4.12　涡轮出口总温相对值径向分布

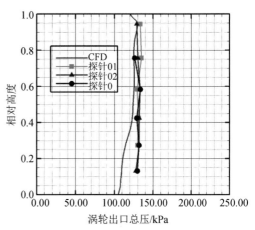

图 4.13　涡轮出口总压相对值径向分布

图 4.15 所示为涡轮及加力过渡段子午面流线,可以发现,从涡轮出口到加力燃烧室进口轮毂附近区域存在一定流动分离现象,该分离泡初始从涡轮后支板衍生,但强度不大,随后在加力燃烧室进口过渡段分离泡没得到很好的抑制反而得到进一步加强,最终形成一个大的分离泡,严重堵塞了气流流通面积。分离泡呈现出周向局部分布特点,其他部分周向位置未见明显流动分离现象。该区域周向局部区域的流动分离现象有可能会影响加力燃烧室燃烧的稳定性及安全可靠工作,甚至会导致加力燃烧室局部区域超温及烧蚀问题。为此,需要进一步优化涡轮出口及加力进口过渡段设计,以此降低该区域流动分离对下游部件的不利影响。

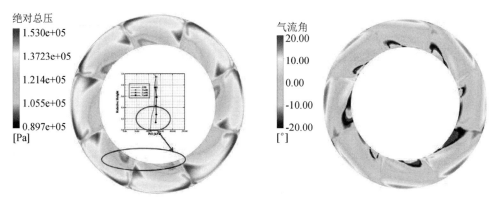

图 4.14　涡轮出口总压相对值及气流角分布云图

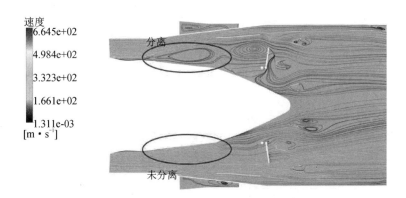

图 4.15　涡轮出口子午面流线

4.4.2　某涡扇发动机整机仿真

1. 研究对象

本小节采用某涡扇发动机[13]作为研究对象(见图 4.16),该发动机由进气机匣、三级风扇、七级压气机、环形燃烧室、单级高压涡轮、单级低压涡轮、涡轮后整流支板、加力燃烧室及喷管组成。在风扇二级转子后、压气机一级转子前、四级转子后和六级转子后引气,从燃烧室两股气流及五机引气用于高低压涡轮冷却。叶片数据来源于各部件的热态设计结果,转子叶片叶尖间隙和涡轮导向器喉道面积由加工状态确定。由于发动机零部件多、细节结构多,仅仅单头部燃烧室和单个涡轮叶片就布置几百个细小冷却孔,其模型处理是一项重大挑战。若所有模型将均按真实几何建模,几何模型将非常庞大,基于现有计算资源,仿真工作几乎无法进行。因此,需要开展发动机复杂模型简化方法研究,既能保留关键几何的重要特征,又能保证简化后的模型反应发动机真实物理流动,以便提升仿真精度。这对发动机整机模型处理方法提出了很高要求,并需要通过试验数据验证模型处理方法的可行性。整机模型处理需要全方位梳理发动机真实技术状态,结构细节的捕获、周期性边界合理选取、各部件交界面位置划分及热端部件冷热态变形等。通过系列研究确保获取的发动机整机模型为真实工作状态下的几何模型,以满足整机环境下部件的匹配性能。

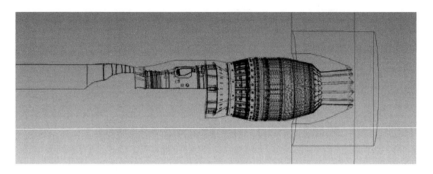

图4.16　某涡扇发动机整机模型

2. 模型网格

考虑到整机几何模型的复杂性,为降低网格划分难度,提高网格划分效率,需要将发动机按部件切分为不同模型流域块。针对特别复杂的流域块,其内部需要根据网格划分需要进一步切分成多个网格块,最终将多个流域网格块进行组装,形成一个完整的整机流域模型。将整机流域模型按部件依次划分为进气机匣、风扇、压气机、主燃烧室、涡轮、加力燃烧室、可调喷管、排气段及外场大气几何流域模型,然后分别对其进行网格划分,其中,风扇、压气机及涡轮旋转部件采用 NUMECA 软件的 IGG-AutoGrid 模块划分全六面体网格,以提高仿真精度。外涵道、主燃烧室、加力燃烧室及喷管复杂几何模型采用 ANSYS Meshing 生成四面体非结构化网格以降低模型的网格划分难度。同时,风扇和压气机还考虑了可调导叶的角度及上下端壁间隙。涡轮考虑了带冠的影响,燃烧室、加力、隔热屏及喷管均模拟了所有冷却孔。针对某些部件内部流场比较复杂且对发动机性能起到重要影响因素的区域需要进行局部加密,以提高该区域计算精度,同时充分兼顾结构细节(可调导叶间隙等)对仿真精度的影响。最后将各部件划分成的网格进行组装形成整机全三维流域网格,如图4.17所示,该模型网格量约为1.9亿。

3. 计算边界条件及数值方法

(1) 计算边界条件

选定该涡扇发动机地面台中间状态试验数据作为整机 CFD 仿真的计算状态,其边界条件给定如下:

◆ 进气道进口给定测量的总温、总压。

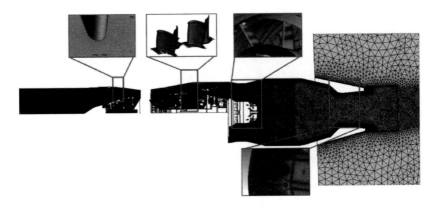

图 4.17　某涡扇发动机整机网格

◆ 风扇、压气机和涡轮转子给定试验转速。

◆ 燃烧室按照燃油喷雾模型给定燃油的物理流量。

◆ 以设计空气系统分配给定各项冷却引气及燃烧室二股气流流量。

◆ 以源项方式[12]按照涡轮冷却设计结果给定冷却喷射的流量、总温和方向。

◆ 喷管出口给定远场大气压。

◆ 部件之间的交界面及通道的周期性面参考文献[3]与文献[4]的方式给定。

图 4.18 所示为某涡扇发动机整机边界条件设置。

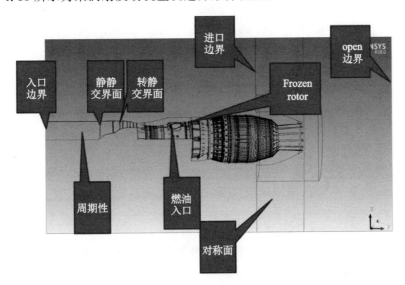

图 4.18　某涡扇发动机整机边界条件设置

(2) 数值计算方法及收敛准则

整机仿真需要耦合风扇、压气机及涡轮高速可压缩流动与主燃烧室及加力燃烧室低速不可压流动，同时还涉及主燃烧复杂反应流，使得整个求解过程变得异常困难。边界条件设置过程中的湍流模型选取、不同部件时间步长的合理设置、部件之间交界面设置、周期性交接面数据传递等都直接关系到整个仿真结果收敛性及计算精度。基于前期积累的整机仿真经验及相关技术研究,采用商业软件 ANSYS - CFX 18.0 进行求解,该软件可以较好兼顾整机内流过程中存在的高速可压缩流与低速不可压流的耦合求解,同时自带了较为丰富的燃烧模型,足以满足工程研制需要,并且已在文献中[8]通过了试验数据的初步校核验证,具有较高的计算精度。CFX 求解器求解三维黏性雷诺平均的 Navier - Stokes 方程,湍流模型采用 SST 模型,转捩模型采用 Gama - Theta 模型,燃烧采用两步化学反应,选取"Finite Rate Chemistry and Eddy Dissipation"化学反应模型。

由于整机仿真计算部件多,每个部件的网格划分疏密程度不一致,流场沿程变化也非常大,再加上考虑燃烧化学反应,整个计算残差较大。因此,对于超大规模模型的计算收敛准则需要进行适当调整。目前,对于残差收敛难的问题,一般认为各项方程,如流量、湍流、传热等方程呈现周期性震荡,同时监控的各项参数如流量、压力等基本保持不变,则认为计算收敛。计算中采用全二阶精度有限体积差分格式,求解器均采用高分辨率差分格式,在高性能平台上的 140 核进行并行求解,计算 2 450 时间步长,总耗时 4 天 16 小时 46 分钟。图 4.19～图 4.22 所示分别为整机全三维仿真流量、湍动能方程收敛曲线、监控的压气机涡轮流量收敛曲线及监控的总温收敛曲线,可以看到本次算例得到良好的收敛。

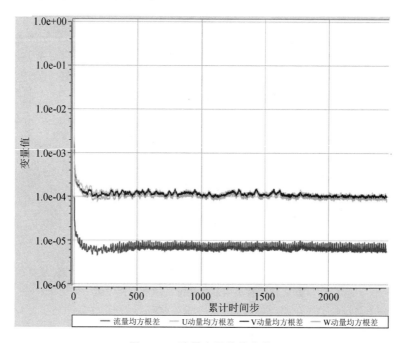

图 4.19　流量方程收敛曲线

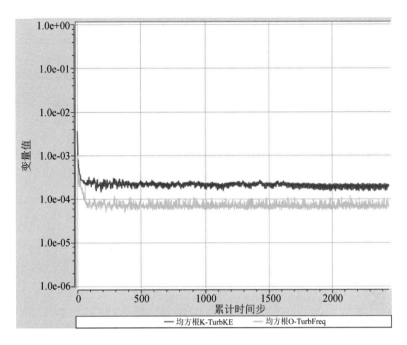

图 4.20　湍流方程收敛曲线

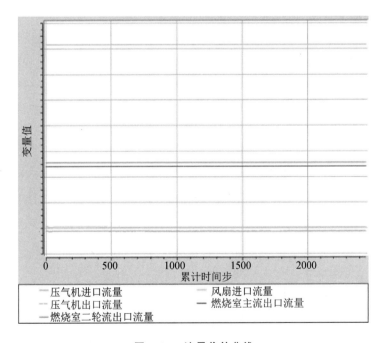

图 4.21　流量收敛曲线

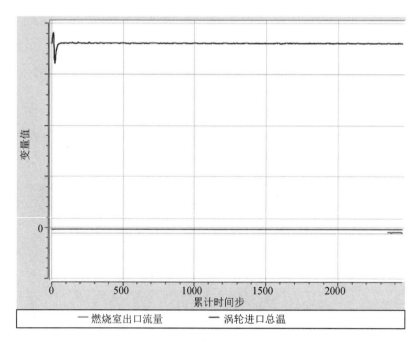

图 4.22　涡轮进口总温收敛曲线

4. 仿真结果分析

(1) 总参数

相比整机试验有限的测试数据，全三维仿真结果蕴含更为丰富的流场信息，不仅可获取发动机总体性能参数，同时可以深入各部件内部查看更为精细的流场细节，更能轻易提取发动机试验过程中难以测量的关键性能参数，例如涡轮进口总温、总压、流量分配等。为了与整机试验数据进行对比，本小节严格按照该发动机测试布局要求，选取相应的测试点位置，从相应的测量截面获取发动机性能参数，比如发动机进口流量、发动机推力、压气机出口总压、涡轮出口温度压力分布等参数，以此验证整机仿真方法的精度。图 4.23 所示为发动机子午面不同测量截面参数对比，图中 P 代表当地总压、T 代表当地总温、W 代表当地流量、π 代表部件膨胀比、F 代表发动机推力。

通过与试验测量结果对比发现：整机仿真的发动机进口流量与试验结果的误差为 −0.95%。风扇外涵出口总压误差为 +1.13%，总温误差为 −1.8%，膨胀比误差为 −0.72%。风扇内涵出口总压误差为 −1.18%，总温误差为 −0.28%，膨胀比误差为 −1.22%。压气机出口总压误差为 +0.81%，总温误差为 −0.92%，膨胀比误差为 +1.19%。低压涡轮出口总压误差为 +1.16%，总温误差为 −1.19%。外涵出口总压误差为 −0.85%，总温误差为 −7.40%。加力燃烧室出口总压误差为 +4.55%，总温误差为 −0.68%。发动机推力误差为 +2.22%。

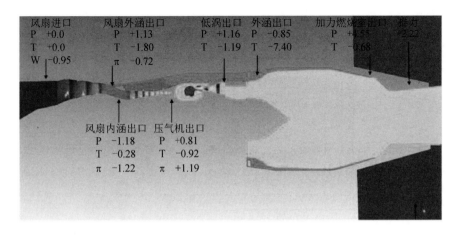

风扇进口　　　风扇外涵出口　　　低涡出口　外涵出口　　　加力燃烧室出口　　推力
P +0.0　　　 P +1.13　　　　 P +1.16　 P -0.85　　　 P +1.55　　　 -2.22
T +0.0　　　 T -1.80　　　　 T -1.19　 T -7.40　　　 T -0.68
W -0.95　　　 π -0.72

风扇内涵出口　压气机出口
P -1.18　　 P +0.81
T -0.28　　 T -0.92
π -1.22　　 π +1.19

图 4.23　三维仿真与试验结果对比

因此,整机全三维仿真除外涵出口总温和加力燃烧室出口总压误差较大以外,其余误差均在 2.22% 以内。

(2)测量截面参数径向分布

本小节进一步对比了发动机各测量截面气动参数径向分布,重点选取了压气机及涡轮出口截面参数进行对比。在整机试验测试布局在该区域分别重点布置了 4 根压气机出口总温总压复合探针与 3 根涡轮出口总温总压复合探针,可用于校核验证整机全三维仿真方法在径向参数的不均匀性上的评估精度。

图 4.24 和图 4.25 所示分别为全三维计算的压气机进口总压和总温与试验结果的对比。由于核心机联算进口边界设置在进气道位置,总压、总温

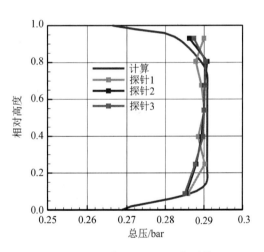

图 4.24　压气机进口总压相对值

在进口位置已经出现了周向的不均匀,但平均值一致。图 4.26 和图 4.27 所示分别为全三维计算的压气机出口总压、总温与试验结果的对比。由于全三维计算的压气机增压比偏高,压气机出口总压、总温高于试验测量结果。

图 4.28 所示为涡轮出口总温分布。由于全三维计算的 RTDF 偏高,因此其分布与计算值存在一定差异,但整体看,全三维分析得出的涡轮出口总温分布规律与试验测量结果还是基本一致。涡轮出口总温径向 6 个测量点的算术平均值比拟合曲线约高 8 K。

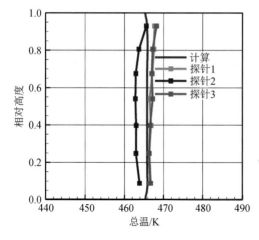

图 4.25　压气机进口总温相对值

图 4.26　压气机出口总压相对值

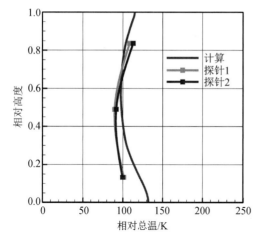

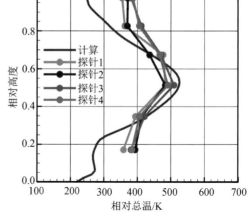

图 4.27　压气机出口总温相对值

图 4.28　涡轮出口总温

(3) 整机局部流场分析

图 4.29 所示为燃烧室流线及壁面静温。在整机环境下,燃烧室给定燃油流量及分配规律,燃烧室能够正常工作。图 4.30 所示为涡轮导向器冷气喷射及壁面温度分布情况。由于采用了考虑源项计算方法,造成叶片表面温度分布不理想。

图 4.31 为风扇外涵进口总温与试验结果相对误差分布云图。从中可以看出,风扇外涵出口总温不均匀,其沿径向由内至外总温逐渐增加。如果总温测量位置在外涵道靠近外机匣,则测量的总温较该截面的质量平均值偏高约 2%。这与三维仿真该截面质量平均值偏低 1.80% 吻合。

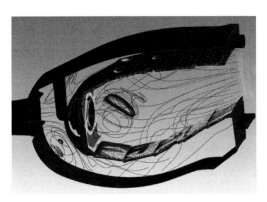

图 4.29　燃烧室流线及壁面静温

图 4.30　涡轮冷却喷射及壁面静温分布

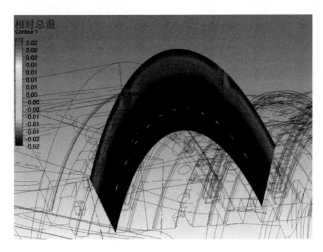

图 4.31　外涵出口总温分布云图

　　图 4.32 为外涵道某子午面出口总温与试验结果相对偏差分布云图。由于卸荷腔的放气,外涵道局部总温偏高,如果测试探针正好位于卸荷腔放气后的尾迹区域,则会造成测量的总温偏高。在忽略燃烧的热辐射情况下,根据卸荷腔放气和外涵进口的流量、温度分析,理论计算外涵出口温度应该比测量结果偏低 7.7%。该结果与三维仿真结果基本一致。

　　图 4.33 为加力燃烧室子午面总压与测量结果相对误差云图。可以看出,加力燃烧室出口总压在子午面上分布极不均匀,其总压分布由外向内逐渐增加,在中心锥附近又逐渐减小。总压探针位于外端壁处,其测量的总压明显偏低,而三维仿真结果为该截面的质量平均总压,高于试验测量结果。

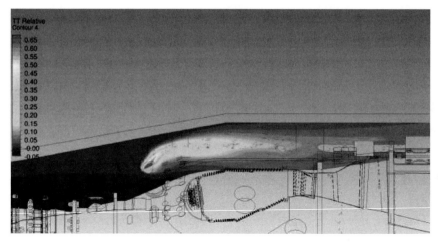

图4.32 外涵道出口总温沿程分布

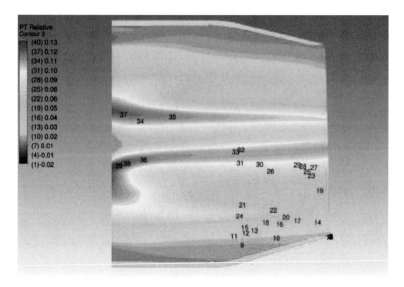

图4.33 加力燃烧室总压云图

综合分析图4.31～图4.33可以得出,由于总压、总温在测量截面的分布极为不均匀,试验测量结果不能代表该截面的质量平均结果,试验测试必须开展测试探针的精心布局。

| 参考文献 |

[1] Legrenzi P, Kannany K V, Paggz G J. Simple and robust framework for coupled aerothermal gas turbine simulation using low-mach and compressi-

ble industrial CFD solvers[C]//54th AIAA Aerospace Sciences Meeting. Virginia：AIAA，2016.

[2] Wang F. Whole Aero-engine meshing and CFD simulation[D]. London：Imperial College，2013.

[3] 张剑. 某小发涡轮及涡轮后排气装置匹配分析[C]//中国航空学会动力专业分会第十五届叶轮机专业委员会学术交流会论文集.[出版地不详]：[出版者不详],2009.

[4] 张剑,卫刚,黄维娜. 航空发动机核心机全三维数值仿真方法研究[J].燃气涡轮试验与研究,2020,33(1):1-5.

[5] 张剑,曾军. 涡扇发动机整机全三维 CFD 仿真[C]//中国航空学会动力分会第十七届推进系统气动热力专业学术交流会论文集.厦门:[出版者不详],2019.

第 5 章
整机稳态变维度数值仿真

变维度仿真技术可以将基于高精度模型求解的部件特性用于整机性能分析,在有限的计算资源下提高航空发动机整机仿真精度,是实现航空发动机整机和部件高精度仿真的关键技术之一[1]。同时变维度仿真技术可以使部件设计在航空发动机整机环境中得到快速、全面的评估与分析,提高航空发动机设计的可信度,降低开发成本与周期[2]。本章对整机稳态变维度数值仿真涉及的维度缩放方法、交界面数据处理方法与建模、数据通信方法和加速迭代与收敛策略等关键技术途径进行了介绍,并在此基础上对整机零维-涡轮三维-空气系统一维、整机准三维-涡轮三维和整机零维-压气机三维三种典型变维度仿真案例进行了分析。

5.1 维度缩放/数据缩放方法

在数值缩放实现过程中,数值缩放接口是实现不同维度数据之间交换的数据缩放接口。该接口包括将高维度的数据降低维度和将低维度的数据扩大维度两大类。目前在 NPSS[3~5]中已确定的缩放类型有几何缩放、分析缩放、经验缩放、参数化缩放四种情况。几何缩放是利用模板文件,完成 1D 整机流道/2D 轴对称发动机/3D 部件实体模型的缩放;分析缩放是利用专用的分析缩放工具,完成 0D 经验/1D 欧拉/2D 及 3D 气动热力性能分析缩放;经验缩放是利用经验数据处理及降阶模型方法,完成发动机缩放分析工作;参数化缩放是利用参数化设计模板,完成流-固-热综合分析缩放。

5.1.1 降维方法

常见的几何缩放方法有算数加权平均、面积加权平均、质量加权平均和流量加权平均四种。以燃烧室为例,对其出口截面的温度数据进行数值缩放,主要有以下几种计算方法。

(1) 算术加权平均

$$T_{t4} = \frac{1}{n} \sum_{1}^{N} T_{t4i} \tag{5.1}$$

其中，T_{t4i} 是第 i 点网格点的数据；n 是总网格点数。

(2) 面积加权平均

$$T_{t4} = \frac{1}{n} \sum_{1}^{N} A_i T_{t4i} \Big/ \sum A_i \tag{5.2}$$

其中，A_i 是网格点所在面积元的中心；$\sum A_i$ 是温度场总面积。

(3) 质量加权平均

$$T_{t4} = \frac{1}{n} \sum_{1}^{N} w_i T_{t4i} \Big/ \sum w_i \tag{5.3}$$

式中，w_i 是流过网格点面积元的质量流量；$\sum w_i$ 是流过总面积的质量流量。

(4) 法向流量加权平均

$$T_{t4} = \frac{1}{n} \sum_{1}^{N} w_i T_{t4i} \Big/ \sum w_i \tag{5.4}$$

此时，只考虑出口截面网格面单元的法向流量。

5.1.2 升维方法

扩大数据维度经常采用经验缩放和分析缩放方法。经验缩放是根据实验或已有的经验分布给出，分析缩放是根据部件性能计算得到的出口参数分布系数模拟出。

例如，燃烧室出口温度分布系数 OTDF 用来衡量燃烧室出口截面温度分布的均匀度，其定义为燃烧室出口截面内最高燃气总温 $T_{t4\max}$ 与燃气平均温度 T_{t4} 之差与燃烧室温升的比值，即

$$\mathrm{OTDF} = \frac{T_{t4\max} - T_{t4}}{T_{t4} - T_{t3}} \tag{5.5}$$

燃烧室出口径向温度分布系数 RTDF 定义为燃烧室出口截面按周向取算术平均后求得的径向平均最高燃气总温 $T_{t4r\max}$ 与燃气平均温度 T_{t4} 之差与燃烧室温升的比值：

$$\mathrm{RTDF} = \frac{T_{t4r\max} - T_{t4}}{T_{t4} - T_{t3}} \tag{5.6}$$

如图 5.1 所示，涡轮进口网格点上的无量纲温度分布经验公式为

$$\mathrm{TDISTR} = (T - T_{\mathrm{av}}) / (T_{\mathrm{av}} - T_{\mathrm{air}}) \tag{5.7}$$

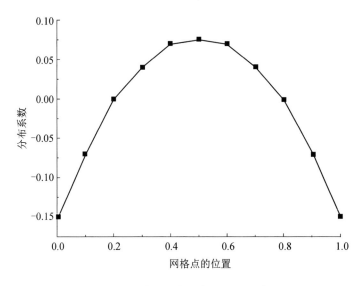

图 5.1　无量纲温度分布经验公式曲线

| 5.2　交界面数据处理方法与建模 |

本节介绍交界面数据的基本情况、数据字段需求、交界面数据建模方法、初步数据分析和归一化处理思路。

5.2.1　交界面数据概述

在变维度仿真过程中,交界面数据质量对变维度仿真的精度、置信度有关键影响。在技术开发早期,先利用 CFD 仿真结果提供基本数据源,在此基础上研究数据均值、方差、范围等描述性分布特征和数据表的字段需求,在保证精度和功能实现可行性的前提下,尽可能减少字段数。之后通过精细化的试验测试,实现高精度的交界面数据。

以涡轮为例介绍数据交界面的含义,如图 5.2 所示。交界面位于涡轮级间,与空气系统封严流路交联的位置为环形面的一个扇段。交界面数据包含坐标位置、交界面上温度、压力和各个矢量分量值。

建立的数据处理与建模技术流程框架如图 5.3 所示,流程包括开展变维度工作的输入条件,交界面数据处理与建模过程,交界面的检验和修正,最终通过试验对模型进行验证。通过几个部分的组合,形成了完整的模型迭代升级流程。

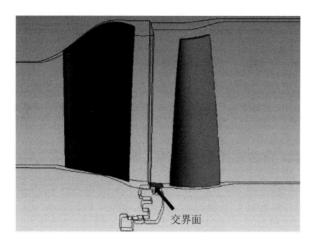

图 5.2　涡轮级间封严交界面示意图

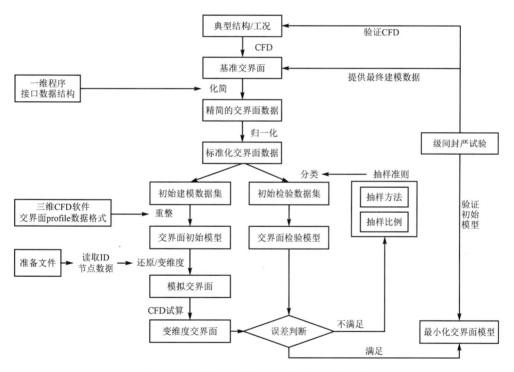

图 5.3　交界面数据处理与建模技术流程框架

5.2.2　任务输入条件

任务输入条件包括一维程序接口数据结构、三维 CFD 软件交界面 profile 数据格式及用于数据交换的准备文件。

一维程序接口数据结构是维度扩张的数据源头,对于本小节中用来计算空气系统流路的程序来说,在接口处输出温度、压力和流量数据,以数组的形式读写。

三维 CFD 软件交界面 profile 文件是三维软件中接收交界面信息的入口,格式由各个软件规定。profile 本质上是指定面上的流场数据,三维软件接收到该文件后,将其作为边界条件启动三维计算。

准备文件是变维度数据交换的读写对象,在文件中明确迭代次数、残差信息,记录当前变维度流程和各个维度程序的计算信息。

在变维度计算中,交界面以下部分采用一维程序计算,交界面以上部分采用三维软件 CFX。此时,交界面读取一维数据点的信息,结合交界面模型扩大成二维曲面,换句话说,此时交界面实质上是涡轮流道计算的边界条件之一。

5.2.3 交界面数据建模

交界面处数据质量对计算精度有至关重要的作用,是反映交界面应有特征信息的主要来源,因此针对交界面开发了一种交互式数据模型,该模型可以连接三维软件 CFX、一维软件和试验数据,连接方法分为从低维到高维的数据分布模型,以及从高维到低维的数据平均模型。该模型在交界面处对不同维度的计算软件进行耦合,生成结构化数据,并且可以实时传递数据。

数据模型的数据结构属于"键-值"字典型,具体模型基于 Python 编程语言中的 Pandas.DataFrame 实现,并且可以便捷地导出 csv 格式并与外部接口交互。外部接口包括三维软件、一维软件和试验数据,对于从低维到高维的数据分布模型,该模型需要从一维软件和试验数据输入数据,再输出数据,提供给三维软件作为边界条件。

通过面向对象思想对数据模型进行封装,数据模型封装流程如图 5.4 所示,顶层是基类 InterpforCFX,包括:初始化模型(__init__)、汇总计算(SumCal)、插值计算(CalInterpolate)、平均计算(CalAverage)、归一化(Normal)、读取数据(Readdata)、

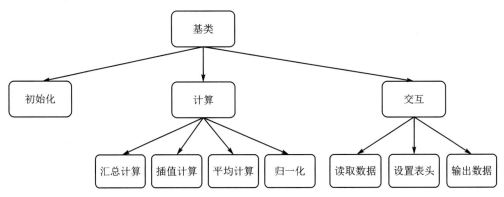

图 5.4　数据模型封装流程图

设置表头（WriteTabelHeader）和输出数据（Mergecsv）。

　　交界面处不只需要进行数据交互,更需要数据分析,已有的交界面数据分析并不充分,导致用户在手动处理时缺乏足够的数据进行观察和分析,并且交界面两侧一维软件和三维软件的数据格式和数据量差异较大,需要合适的分析方法。

　　为了适用不同大小及不同维度的数据量,通过编程批量化生成二维图、散点图和点线图三种数据展现图,其开发流程如图 5.5 所示。

　　具体步骤如下：

　　① 打开 csv：在后处理中选择 export 功能,选中交界面和需要处理的物理量,导出 csv；在 Python 程序中通过 pandas. read_csv 打开 csv。

　　② 归一化：归一化是一种无量纲处理手段,使物理系统数值的绝对值变成某种相对值,目的是减小由于数据量级、量纲等不一致造成数据集中和数据相对大小悬殊导致的误差,本小节仅对坐标进行了归一化处理,以便分析和后续数据平均。归一化方法为 Min-Max 归一化,即将所有数据处理成 $[0,1]$ 区间内的值。

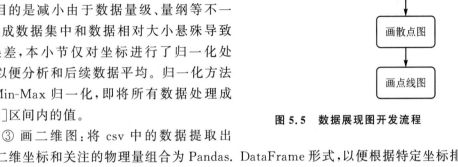

图 5.5　数据展现图开发流程

　　③ 画二维图：将 csv 中的数据提取出来,二维坐标和关注的物理量组合为 Pandas. DataFrame 形式,以便根据特定坐标排序。采用 data. sort_values 排序,采用 plt. scatter 对主坐标维度和物理量画散点图,并且根据副坐标维度配置颜色条。

　　④ 平均数据：csv 中的数据通常数量很多,直接展示出来太过杂乱。为了便于后续分析数据,需要对数据进行平均处理以减小数据量。通过之前的坐标归一化,坐标范围已经在 $[0,1]$,所以可以较为方便地对数据平均,比如控制数据点不超过 100 个时,可以设置坐标为 $[0,0.01,0.02,\cdots,0.99]$。实际操作时,采用 for 循环对所有数据点进行遍历,对特定区间内的数据点进行平均。

　　⑤ 画散点图：采用 plt. scatter 画散点图。

　　⑥ 画点线图：采用 plt. plot 画点线图。

5.2.4　交界面数据模型的一致性检验与修正

　　按照三维 CFD 软件 proflie 文件数据格式建立交界面初始模型。在进行维度扩大时,结合准备文件提供的信息,将一维数据还原成交界面。利用扩大维度得到的模拟交界面进行 CFD 试算得到变维度交界面,利用交界面检验模型插值,对比 CFD 计算得到的变维度交界面。开展 CFD 数据模型和一维数据在交界面处的一致性检验,若精度满足预设,则确认模型满足要求,若不满足,则调整抽样方法或抽样比例,重新分割建模数据集和检验数据集,之后重复建模过程。

采用以下两种方法验证交界面数据模型:通过数据分析图观察细节和抽样验证。传统方法一般只根据云图或者矢量图分析交界面,但交界面是空间中的三维曲面,有时需要对特定维度进行分析。在前文已经实现了三种数据分析图,优点是有助于分析维度与物理量的对应关系,并且通过二维图可以在观察物理量随一个维度变化的同时便于观察物理量随两个维度变化的相互关系。

如图5.6所示,选取规律明显的典型结果作为示例进行分析,可以看出对于规律明显的二维图,平均后的散点图和点线图能有效反映二维图中的规律和特征。

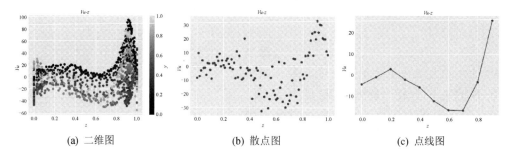

(a) 二维图   (b) 散点图   (c) 点线图

图 5.6　规律明显时三种图的对比

对三种图的优缺点进行深入分析。

二维图:优点是数据直接来源于数值模拟后处理,数据可靠,并且图片中信息较全面,可以在观察物理量随一个维度变化的同时便于观察物理量随两个维度变化的相互关系;缺点是数据规律不够直观,数据点过于散乱,需要仔细观察。

压缩后散点图:优点是数据规律相对直观,并且可以与二维图相对比,以验证平均效果;缺点是数据点仍然较多,数据规律不够清晰,并且无法对比物理量随两个维度变化的相互关系。

压缩后点线图:优点是数据规律清晰直观,并且可以同时多条线相互对比;缺点是对于缺乏规律的二维图可能进行了过度解释,导致本来缺乏规律的数据出现了规律,并且无法对比物理量随两个维度变化的相互关系。

配套的数据分析方法:在批量化处理数据时,应当研究效率最高的点线图以把握交界面上不同物理量的分布规律。深入分析时,应当先研究二维图以观察两个维度的相互关系。而对于其中一个维度感兴趣时,或者不同维度相互联系很弱时,可以研究点线图。对于数据存疑时,可以对比压缩后的散点图和原图,避免平均算法出错或者对本来缺乏规律的数据过度解释。该分析方法可以从本质上看到低维数据(点线图)和高维数据(二维图)的差异性和一致性,从而检验数据模型的一致性。

5.2.5　交界面模型的验证

交界面模型的验证与最终模型的建模可以同步开展,通过在改造的涡轮性能试验台上开展级间封严特性测量实验,参考建模过程中得到的可行数据点位置信息,通过常规测试手段和光学方法得到这些点处的温度、压力、速度信息。利用这些数据验证原有 CFD 方法的精度和交界面数据的精度,并可以利用这些数据,按照建模方法建立可信的数据模型,并用于变维度计算。

5.3　变维度接口数据通信方法

不同维度的数据通过交界面双向传递,高低维度软件的求解机制不同,需要协调交界面两侧的软件求解时序和数据交换过程,图 5.7 为交界面变维度仿真时数据通信方式。采用基于文件的变维度接口数据通信方式。确定满足空气系统与主流道仿真所需的数据结构,通过软件开放接口或二次开发实现不同维度软件对数据文件的读写功能,并按交界面要求处理数据,从而实现数据交换。在软件调度方面,首先采用定步长算法,保持通信步长与积分步长一致,或通信步长是积分步长的倍数;根据实际情况采用变步长算法,应控制积分步长不大于通信步长,有利于消除偏差。

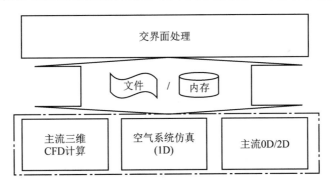

图 5.7　交界面变维度数据通信方式

变维度接口数据通信允许在运行时耦合多个黑箱单物理求解器。在不影响这种灵活性的前提下,在变维度接口数据通信引入了两个级别的并行化。首先,在求解器内部并行化:一中央耦合实例变得不必要,在分布式数据上执行所有变维度接口数据通信特性。其次,在求解器间并行化:并行准牛顿耦合方案,该方案与顺序迭代方案具有相同的收敛速度。求解器间的并行化问题为变维度仿真的主要关注点。这些并行化概念使得完整的变维度设置具有很高的可扩展性。耦合不再显著降低求解器的可扩展性。

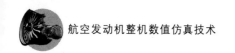

5.3.1 变维度接口数据通信体系结构概述

与基于数值的方程耦合和数据映射相反,进程间的通信主要由计算机科学方面的技术主导,主要包括数据传输速度、计算资源使用率、求解器内置通信库的兼容性、对不同计算系统(如超级计算机)的可移植性,以及并行耦合的适用性等方面。

通信方法的数据传输速度或吞吐量,即在给定时间内可以传输多少数据。一方面,该属性受到所使用特定硬件的限制,例如,所提供的网络互连的带宽和等待时间。另一方面,通信方法中使用的通信协议、通信模式和硬件的特定部分会影响数据传输速度。

通信方法的计算资源使用率,是指在计算线程需要与通信伙伴同步以接收或发送数据时发生的空闲时间。一方面,某些通信方法仅支持繁忙等待机制,该机制具有非常短的线程激活时间,并且完全阻塞了执行线程的核心。另一方面,繁忙等待的同步会将同步线程设置为睡眠状态。这需要更长的唤醒时间,但会释放与线程关联的计算资源。当使用场间序列方程耦合方案时,求解器以交替方式进行计算,因此仅需要一组计算资源。在这里,非繁忙等待允许为两个求解器使用相同的计算资源。

通信方法与给定求解器的兼容性也是一个重要问题。特别是对于商业求解器,其中规定使用内部通信库的特定版本和类型,使用具有不同版本的通信库可能会导致源代码链接或运行错误。这种情况下,必须选择一种替代的通信方法。

通信方法在不同计算系统的可移植性,是指通信方法能够在不同的计算系统或硬件中使用,正常运行且达到相同效果,其中通信端口或专用网络地址的可用性至关重要。

5.3.2 变维度接口数据通信主要类别

在变维度接口数据通信中,所有通信方法都收集在变维度接口数据通信组件中。图 5.8 为变维度接口数据通信的主要类别及其关系。为了在变维度接口数据通信的其他组件中隐藏具体的通信机制,使用了通信接口类,包括文件通信类、MPI 通信类和 Socket 通信类。类图仅显示了通用的发送和接收方法,实际实现中每种所需的数据类型都有一对。MPI 通信类继承的方法省略,为其子类实现发送和接收操作。

(1) 文件通信

文件通信机制基于对计算机硬盘上文件的读写实现,是变维度接口数据通信中最基本的通信形式。算法 1 显示了实现文件通信的特征方法:

```
1    startSendPackage();
2    create hidden send file
3
4    send(data);
```

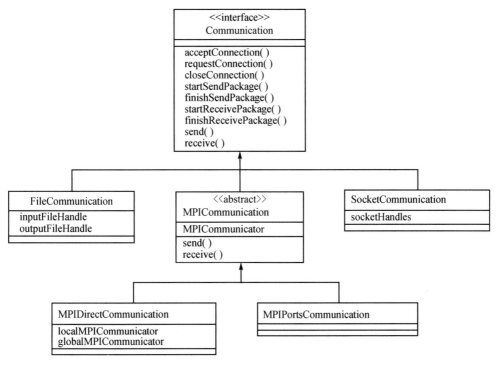

图 5.8　变维度接口数据通信的主要类别及其关系

5　　write data to hidden send file

6　　advance write position in file

7

8　　finishSendPackage()：

9　　make hidden send file available

10

11　　startReceivePackage()：

12　　while send file not available

13　　rename send file to receive file name

14

15　　receive(data)：

16　　read data from receive file

17　　advance read position in file

18

19　　finishReceivePackage()：

20　　delete receive file

文件通信利用了由开始/结束/发送/接收包方法(第 1、8、11 和 19 行)提供的显式缓冲机制,这样可以消除在硬盘上创建和删除文件时发生的等待时间,否则每次发送和接收调用将导致这些等待时间。缓冲的读写操作需要一种同步机制,以确保发送文件在可供读取之前完成。这是通过引入一个隐藏的发送文件来完成的(第2行),即简单地为其使用另一个文件名,并在发送包完成后对其进行重命名(第9行)。阅读器通过执行繁忙等待的 while 循环来查询发送文件(第12行)。当发送文件可用时,接收方将其重命名并从中读取数据。为了能够区分同时发生的文件消息,每个文件都被唯一命名,包括发送者和接收者的名称及消息计数器。已实现的文件通信仅支持一对一的通信布局,即在每个通信端点上,文件中只能包含一个线程通信。

文件通信方案的主要缺点是其数据传输速度相对较慢,这归因于硬盘作为通信介质。其最大的优点是与其他通信库的独立性,也避免了与求解器通信库的冲突。文件通信的实现对消息的接收者使用了繁忙等待机制,因此计算资源在场间顺序分区模拟中被求解器阻塞。但是,当其他通信方法通信失败时,文件通信提供了一种后备解决方案。只要消息粒度不是太小,在变维度模拟求解器之间通信中,文件通信的性能仍然是可行的。

(2) MPI 通信

消息传递接口(MPI)用于在变维度接口数据通信中实现通信。MPI 的典型用法是用于并行化分布式存储系统的软件。这种情况下,使用的是单程序多数据(SPMD)范例,即每个(并行)进程运行相同的代码,通过其进程索引进行不同的参数化。在框架中使用的是多程序多数据(MPMD)范例,其中两个不同的代码正在与它们自己的数据进行通信。已经实现了两个版本的基于 MPI 的通信方法,它们在如何建立通信连接(或 MPI 术语中的通信空间)方面有所不同。第一个版本在 MPIDirect 通信中实现,该方法基于同一 MPI 通信空间中所有可执行文件的共同启动,后将每个通信端点(例如,耦合求解器)的过程分组为单独的通信器,并且使用内部通信器来定义用于交换数据的实际通信信道。如图5.9说明了这一概念。第二个版本在

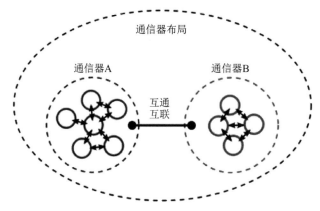

图5.9 MPI 通信器布局

MPIPorts 通信中实现,定义的 API 函数允许在单独启动的过程之间及在不同的通信空间中建立连接。为了交换连接信息,将端口名写入一个通常可访问的文件中。对于实现的第一个 MPI 通信版本,连接的结果还是一个内部通信器。由于在两种通信版本中,仅连接的实现有所不同,因此通过超类 MPI 通信共享用于发送和接收方法的通用代码库。两种基于 MPI 的通信都支持一对多的通信布局,支持变维度接口数据通信中用于耦合并行求解器的客户端-服务器部署方案。

MPI 是事实上的分布式内存并行化标准,因此具有很高的数据吞吐率。由于 MPI 的流行,几乎所有科学计算集群或超级计算机都支持 MPI。MPI 在求解器中的广泛使用使得有必要在变维度接口数据通信中使用相应的版本,以避免运行冲突。MPI 使用繁忙等待机制进行进程同步。因此,使用场间序列方程耦合方案无法在两个求解器之间共享计算资源。

(3) Socket 通信

在变维度接口数据通信中已经实现了基于套字节(Scoket)的通信方案。为了发送和接收数据,使用传输控制协议(TCP)。该协议是为故障安全数据传输而设计的,并且涉及握手机制,即发送方和接收方的同步。Asio 库提供了基于 TCP 协议的基本同步及异步发送和接收操作。图 5.10 概述了 Boost.Asio 提供的编程功能。

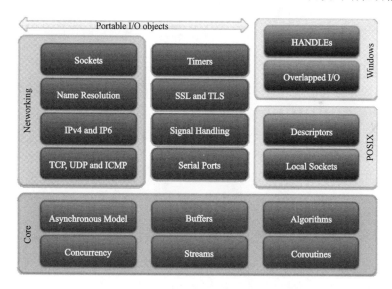

图 5.10 Boost.Asio 提供的编程功能概述

为了支持具有许多客户端线程的客户端-服务器通信方案,需要一种从任何(未指定)客户端线程接收消息的机制。已使用服务器端的另一个执行线程来实现此机制,该线程异步接收来自所有客户端的发送请求,并将其放入主服务器线程的队列中。当在主服务器线程中发出接收时,可以选择特定的客户端,或者可以从任何客户端(与服务器相关联)期望接收。在后一种情况下,从队列中选择一个任意客户端。

如果没有客户端发送请求,则主服务器线程需要等待,直到其他线程接收到新请求。通过使用操作系统信号来实现对正常接收的等待和对新请求的等待,这导致不繁忙的等待。

算法 2 显示了 Scoket 通信实现中接收服务器线程的逻辑:

```
1    client←not found
2    while client＝not found
3        if receive from any client and queries not empty
4            client←first client in queries
5          delete first client in queries
6        else if queries contain specific client
7            client←specific client
8          delete specific client from queries
9        if client＝not found
10           wait for incoming client request
11   receive data from client
12   async receive next request from client
```

其中,第 1~10 行确定要接收的客户。服务器主线程在第 10 行设置为睡眠状态,直到其他查询线程接收到新的客户端请求为止。从选定的客户端(第 11 行)接收数据后,将为选定的客户端启动新的异步接收操作。

对于超级计算机软件而言,使用的 TCP 通信协议并不常见,因为它涉及发送方和接收方的同步及其他不必要的开销。与 MPI 相比,此处不涉及对求解器通信库的干扰。在超级计算机上,默认情况下可能会阻止 Scoket 通信使用的端口。超级计算机上的另一个困难是计算中涉及的每个节点可能具有不同的网络地址,这使得需要对涉及低级 ScoketAPI 功能的网络地址进行自动检查,在变维度接口数据通信中仅使用 Pthreads API 来实现,这在超级计算机上通常可用。在使用场间序列方程耦合方案的情况下,非繁忙等待机制允许多个求解器重用计算资源。

5.3.3 通信方法改进

在变维度软件开发过程中,为提高求解效率,在通信方法上有以下改进方法:

技术改进一:通用的接口与统一的数据通信。

国内机构在处理多源异构模型集成仿真时普遍采用的方法有两种:一种为针对集成仿真所涉及的特定版本的仿真软件(商业或开源)进行二次开发,编制出与其定义的数据服务所匹配的控件,进而完成多源异构模型的集成仿真;另一种为将商业工具中的仿真模型导出为 fmu 文件,然后将所有 fmu 文件加载在仿真平台上进行集成仿真。然而,这两种方法的缺点是显而易见的。对于第一种方法,当仿真软件版本升级,已有的集成仿真客户端控件可能失效,需要重新开发,工作量很大;对于第二种方法,最大的限制是仿真工具必须支持 Co-Simulation 格式 fmu 导出才能将其中所搭建的模型进行集成,而通过 FMI 官网查询可知能够支持 Co-Simulation 格式 fmu 导出的仿真工具非常少,很多主流仿真工具出于商业利益和知识产权考虑,都更愿意导入其他工具的 fmu 模型,而不是将自己的模型导出给其他工具。

针对当前集成仿真的不足,提出一种新的集成仿真方法。具体技术路径如下:

利用 C++ 为底层开发语言,结合 TCP/IP 通信、多线程和时钟同步算法等技术,搭建一个基于通用 FMU 接口文件的多源异构模型集成仿真架构(见图 5.11),通过"同步时钟算法"实现仿真模型的数据同步交互。该集成仿真架构由服务器和客户端两部分组成,服务器负责整个仿真过程的全部客户端的同步、仿真计算推进、数据交互,客户端则负责将每个模型内部需要交互的数据提取出来并传输到服务器端。

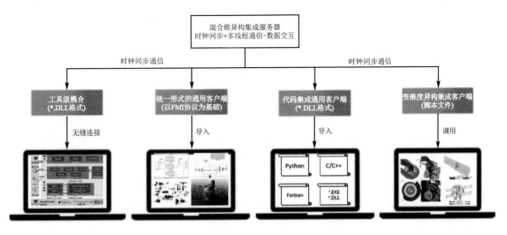

图 5.11　多源异构模型集成仿真架构

通过对 FMI 接口协议的研究,开发了一种兼容性非常高的 FMU 通信插件。通信 FMU 在本技术架构中作为一种通用的客户端,在导入仿真软件过程中不包含任何仿真模型,不参与任何计算,只作为仿真软件之间数据分发的通信模型。通过调用"数据通信算法"保证数据快速交互。

在多源异构模型的集成过程中涉及多种多样的仿真软件和模型,因此数据交互接口就会变得非常多(20 个接口以上),而且由于复杂系统模型计算过程中,有的模型计算快,有的模型计算慢,在数据交互过程中如何保证每一步数据交互同步并且不丢包,避免仿真结果失真就变得非常重要。本技术通过"时钟同步算法"的研究和使用,使得交互的数据在每一次通信节点保持同步,保证数据真实有效。

技术改进二:基于并行通信与分布式的效率提升方法。

系统仿真本质上是常微分方程组的求解,即刚性常微分方程的初值问题,刚性越大则模型收敛性越差,计算速度越慢。其刚性主要表现为高频特性与低频特性之比,高频特性为快行为,低频特性为慢行为。在高频特性时表现为时间的小尺度,也就是在求解高频特性模型时求解步长要特别小($10^{-3} \sim 10^{-6}$ s);在低频特性时表现为时间的大尺度,也就是在求解高频特性模型时求解步长比较大(0.1～1 s),典型的大刚性问题有高频(雷达系统)和低频(动力系统)系统模型的耦合分析。

不论是传统软件联合仿真接口集成还是现有的基于某一平台 FMU 模型集都面临复杂系统跨学科、跨领域求解,这些方法求解都很缓慢。因此本技术提出两种仿真求解效率提升的方法,第一种是并行通信,第二种是分布式求解。

并行通信:本技术使用数据并行通信,即通过多线程交互处理大量数据。在多源异构模型联合仿真过程中操作系统通过快速地在不同线程之间进行切换,由于时间间隔很小,使多个线程同时运行。如果一个线程有很多缓存丢失,其他线程可以继续利用未使用的计算资源,这可使整体进程更快的执行。

分布式求解:分布式求解的关键在于模型拆分,主要在于降低模型刚性,即降低常微分方程组的刚性,在专业的软件中建立专业的模型、使用专业的仿真求解器快速求解来提高仿真效率。模型拆分可以是按学科,也可以是按系统。

技术改进三:代码形式模型的集成与扩展方法。

国内许多公司或机构出于采购成本的考虑,并不愿意用商业工具,更偏向于使用开源环境自己编写仿真计算程序,以达到便于修改且容易控制的目的。有的仿真计算方法成型于很多年以前,受限于当时的仿真条件,许多计算程序都是自研程序,后来经过多年修改与迭代,模型的准确度已经达到了非常准确的程度,但是代码的可移植性却已经非常差了,所以最现实的办法就是直接调用而不是重构。目前各种商业仿真工具大多数仅提供了调用 *.dll 文件的接口或方法,且普遍操作复杂不易使用,而能够便捷支持调用 C/C++ 源代码或 Python 代码的商业工具更是寥寥无几,这就给异构模型集成仿真带来了困扰。

随着软件科学的不断进步,许多编程语言提供了非常丰富的库函数和工程包,许多以往需要大量时间开发的功能,现在都有了可以直接调用的函数接口,比如神经网络算法,复杂的数据处理方法等,这些库函数和工程包显著地弥补了传统仿真软件中计算方法的不足,将这些强大的代码包引入集成仿真中能够最大限度地发挥数值算法的优势。

为了将不同种类的程序代码(或函数)接入本技术架构体系,同时尽可能兼顾不同种类源代码,本技术提出了一种集成架构下的异构代码集成方法,即构建一个 *.dll 格式的代码集成中间件,一方面该 *.dll 中间件自身就是一个通信客户端(Client),能够开展联合仿真;另一方面,该 *.dll 中间件提供了固定格式的可调用接口,确保了所有能够支持 dll 文件调用的编程语言(C/C++、Python、Java、C#、R、Fortran 等)都可以调用此文件并开展集成仿真。

代码集成实现原理如图 5.12 所示。

上述方案的最大优势在于,能够最大限度地保证系统健壮性,所有的代码程序都调用同一个中间件,系统更加稳定可靠,避免了重复开发中出问题的概率。

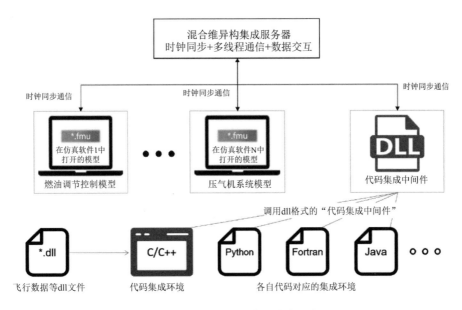

图 5.12　统一形式的异构代码集成工作原理

| 5.4　变维度仿真加速迭代算法与收敛策略 |

空气系统采用一维仿真方法，主流采用三维仿真方法，通过交界面数据模型处理空气系统与主流计算的交换数据。从低维扩展到高维，在交界面数据传递，给交界面边界条件时并行化处理，以便不影响三维并行计算的迭代。另外通过对空气系统与主流仿真联合计算迭代策略研究加速收敛。三维仿真和一维仿真的收敛判据不同，需要选择合适的判据，判定变维度仿真过程是否收敛。图 5.13 为交界面变维度收敛策略。

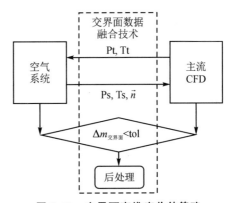

图 5.13　交界面变维度收敛策略

5.4.1　加速迭代算法

在变维度耦合仿真中，各个维度的计算是分离的独立求解，求解涡轮流体方程的为叶轮机械气动求解器，求解发动机总体的为总体程序，求解空气系统的为空气系统求解程序。分离法可分为显式耦合和隐式耦合。

　　显式耦合为松耦合或弱耦合,在每个时间步内仅分别对各方程求解一次,因而整个求解区域内各界面数值没有强制平衡,导致显式耦合稳定性受到时间步长的限制。

　　显式耦合计算格式如式(5.8)和式(5.9),其中,n 表示时间步。第一种为一阶时间精度,所允许的最大时间步长一般应小于各系统要求的时间步长。第二种是在不同的时间步 $t(n+1/2)$、$t(n+1)$ 交错求解,$x(n+1/2)$、$y(n+1)$ 通过前几步外插预测得到,$t(n+1/2)$、$t(n+1)$ 这种格式在时间上可以达到二阶精度。

$$\begin{cases} y_1^{n+1} = Z(x_1^n) \\ y_2^{n+1} = FN(x_2^n) \\ x_1^{n+1}, x_2^{n+1} = F(y_1^{n+1}, y_2^{n+1}) \end{cases} \tag{5.8}$$

$$\begin{cases} y_1^{n+1/2} = Z(x_1^{n+1/2}) \\ y_2^{n+1/2} = FN(x_2^{n+1/2}) \\ x_1^{n+1}, x_2^{n+1} = F(y_1^{n+1/2}, y_2^{n+1/2}) \end{cases} \tag{5.9}$$

　　所以,显式耦合求解相对需要更小的时间步长,但是每个时间步没有求解器之间的迭代过程,计算量也会减小。

　　隐式耦合在每个时间步通过求解器间的迭代来实现交界面上的数据平衡。不动点迭代是最基本的隐式耦合方法。

$$\begin{cases} x_{1,k+1}^n = x_{1,k}^n + \omega(\widetilde{x}_{1,k+1}^{n+1} - x_{1,k}^n) \\ x_{2,k+1}^n = x_{2,k}^n + \omega(\widetilde{x}_{2,k+1}^{n+1} - x_{2,k}^n) \end{cases} \tag{5.10}$$

　　式(5.10)是引入松弛因子 ω 后的不动点迭代计算格式,下标 k 表示每个时间步内的子迭代步数,为不同求解器间的一步高斯-赛德尔迭代。其中,

$$(\widetilde{x}_{1,k+1}^n, \widetilde{x}_{2,k+1}^n) = F[Z(x_{1,k}^n), FN(x_{2,k}^n)] \tag{5.11}$$

　　松弛因子 ω 的引入很重要,因为 Dirichlet-Neumann 分解高估或低估界面相关量,为防止发散 ω 取得很小。

$$\left\| \begin{matrix} \widetilde{x}_{1,k+1}^{n+1} - x_{1,k}^n \\ \widetilde{x}_{2,k+1}^{n+1} - x_{2,k}^n \end{matrix} \right\| \Big/ \left\| \begin{matrix} \widetilde{x}_{1,k+1}^{n+1} - x_{1,k}^n \\ \widetilde{x}_{2,k+1}^{n+1} - x_{2,k}^n \end{matrix} \right\|_0 < \epsilon \tag{5.12}$$

　　式(5.12)可作为收敛标准,其中

$$\| r_0^n \| = \left\| \begin{matrix} \widetilde{x}_{1,k+1}^{n+1} - x_{1,k}^n \\ \widetilde{x}_{2,k+1}^{n+1} - x_{2,k}^n \end{matrix} \right\|_0$$

表示子迭代初始残差,ϵ 须人为设定。

　　求解器间固定松弛因子的高斯-赛德尔迭代可以使子迭代的残差曲线光滑变化。

5.4.2　变维度仿真收敛策略研究

　　变维度仿真的收敛策略将变维度仿真分为内外两个层级。基于各交界面数据建立了分层收敛的方法流程,每层收敛后,向对方传递所需数据。对于加速算法,分别

对内外两层迭代研究加速算法。对外层用 Newton-Rhapson 迭代法,对内层采用隐式的不动点迭代法。在每个虚拟时间步通过求解器间的迭代实现交界面上的数据平衡。由于 Dirichlet-Neumann 分解对界面相关量存在高估或低估的可能,为防止发散引入松弛因子。

对于收敛判断,变维度仿真分两个层级进行,外层为总体性能 0D 与 3D 涡轮主流道 CFD,内层为 1D 空气系统与 3D 涡轮主流道 CFD 过程。计算时,首先控制内层收敛,将所需数据返回外层;外层继续迭代,若外层收敛,则整个变维度过程结束,若不收敛,则修正参数,进入内层继续迭代。图 5.14 为 1D 空气系统与 3D 涡轮主流道 CFD 计算流程图,交换数据类型涉及压力和温度。

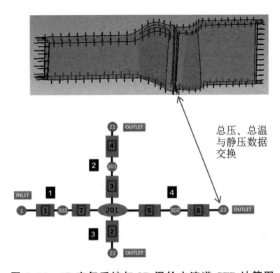

图 5.14　1D 空气系统与 3D 涡轮主流道 CFD 计算图

图 5.15 为计算过程的相对残差收敛曲线,计算 20 步相对残差 0.000798。

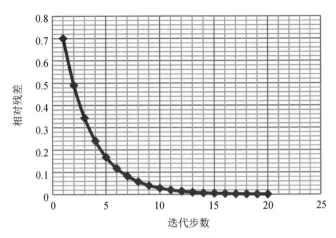

图 5.15　相对残差

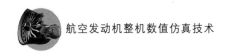

| 5.5   整机零维–涡轮三维–空气系统一维变维度仿真案例分析 |

5.5.1   总体性能零维模型

采用部件法建立双轴混排加力涡扇发动机总体性能模型,主要计算模块包括大气模块、进气道、风扇、分流器、高压压气机、燃烧室、高压涡轮、涡轮通道、低压涡轮、混合器、尾喷管、低压轴、高压轴、功率提取、FMU 及求解器等。每个模块都包含图形用户交互界面和内部求解函数体,通过用户界面获取外部参数,然后由内部函数体建立参数间的数学关系,最后统一由求解器进行求解计算。

1. 总体性能零维模型组成

(1)模块主界面

以大气模块为例进行主界面说明。图 5.16 所示为大气模块封装后的主界面,由图可知,大气模块有 4 个外部输入接口和 3 个输出接口,输入参数包括流量、高度、标准温差、马赫数,输出参数包括主流参数、背压及输出关键数据。此外,可以通过参数输入面板输入重要外部参数。

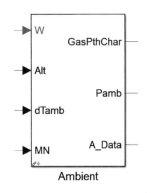

图 5.16   大气模块主界面

此外,模块自身的属性参数通过 mask parameter 参数输入面板的形式为用户提供数据输入接口,图 5.17 给出了大气模块 mask parameter 参数输入面板。以大气模块为例,该模块主要用于计算给定飞行高度和速度下的大气环境静温和静压,不同高度时对应的大气环境静温和静压数据可以通过 mask parameter 面板进行输入,其他类似通用气体常数随油气比变化规律,绝热指数随油气比变化规律均可以通过 mask parameter 面板进行输入。

(2)模块子界面

图 5.18 所示为大气模块子界面,模块子界面以 S 函数体为中心,左边为输入参数,右边为输出参数。图中的 4 个输入参数中,第一个流量参数为程序迭代计算参数,不经过 S 函数体直接输出,其他 3 个参数为用户输入参数,需要进入 S 函数体参与计算,经过 S 函数计算后,直接由 S 函数输出的参数有 8 个。由此可知,大气模块中 S 函数体有 3 个输入端口和 8 个输出端口,该端口数量需要在 simulink 代码中进行定义。

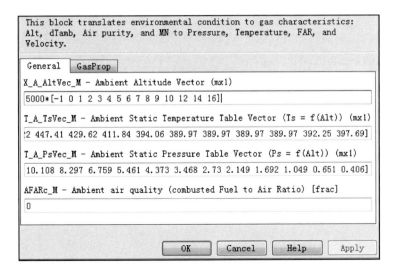

图 5.17　大气模块参数界面

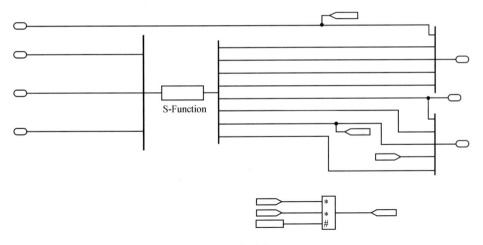

图 5.18　大气模块子界面

(3) S 函数体

在 simulink 中,S 函数体本身就是一个子模块,其作用是将用户输入参数和外部子程序与 S 函数进行关联,这样通过 S 函数这一桥梁就在用户数据和 simulink 程序内核之间建立了联系。图 5.19 给出了 S 函数的子界面,其中,S-function name 中需要给出 S 函数的名称,S-function parameters 中需要给出大气模块中的 mask parameter 名称,由此可以传入 S 函数体内部,S-function modules 中可以写入外部子程序函数名,用于 S 函数体内部计算。

(4) 总体性能模型

最终建立的双轴混排加力涡扇发动机总体性能模型如图 5.20 所示。

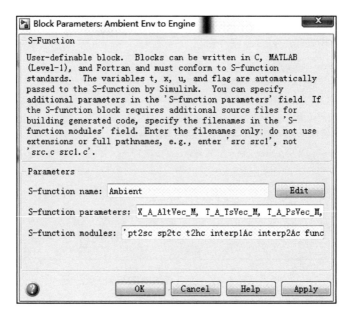

图 5.19　S 函数子界面

2. 总体性能零维计算数据交互

图 5.21 所示为变维度仿真软件中数据交换模块,该模块可以理解为数据总线,所有维度的计算传递参数均会汇集到该模型总线上,然后各个维度从总线读取或上传相关的数据。对于总体性能模型,需要从总线上读取两个参数,分别是低压涡轮出口总温和总压,经过参数换算模块,换算为低压涡轮效率和压比,参与低压涡轮的计算;通过计算上传给总线 4 个参数,分别是低压涡轮进口总温、总压、流量和转速。

5.5.2　空气系统一维模型

针对某型低压涡轮空气系统流道结构和流路参数,基于一维流体网络法,利用Flownet 软件建立空气系统一维模型。

1. 空气系统一维模型组成

管网结构主要包括节点、分支、腔体及元件等部件,每一个部件含有自身的属性信息,这些属性信息将通过管网计算获得并输出到指定格式的文件中。针对复杂管网结构,往往涉及多个管网进行拼接,在拼接处交换数据用于拼接后管网的计算,这就需要获得拼接节点的属性信息。本小节旨在通过分析管网计算后的输出文件属性信息存储格式,采用程序设计方法从中获取需要的节点属性信息,来解决管网拼接节

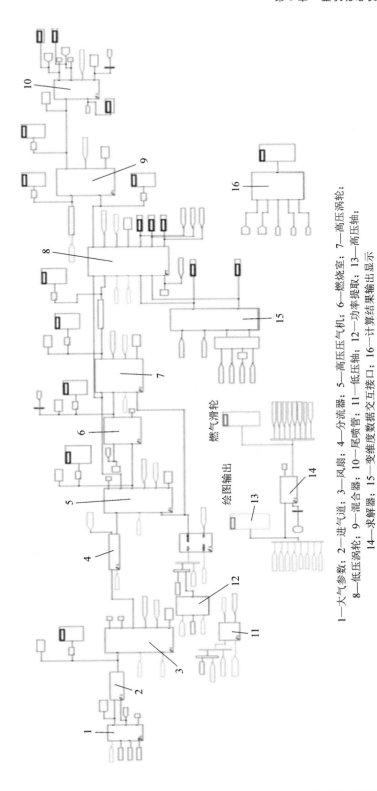

燃气涡轮

绘图输出

图5.20　发动机总体性能模型 (基于T-MATS二次开发)

1—大气参数；2—进气道；3—风扇；4—分流器；5—高压压气机；6—燃烧室；7—高压涡轮；8—低压涡轮；9—混合器；10—尾喷管；11—低压轴；12—功率提取；13—高压轴；14—求解器；15—变维度数据交互接口；16—计算结果输出显示

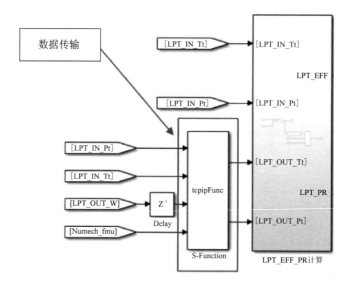

图 5.21　数据交换模块

点数据问题。

（1）管网结构

图 5.22 为管网结构示意图。由图可知,圆圈表示节点,其中 1 个进口(INLET)编号为 1,3 个出口(OUTLET)编号分别为 21、22、23;网路中节点有 3 个,分别为 301、302、303。实心矩形表示 4 条分支(BRANCH),编号为 1、2、3、4;椭圆为腔体(CHAMBER,即分支交点),编号为 201。空心矩形表示元件(ELEMENT),编号为 1、2、3、4、5、6、7。

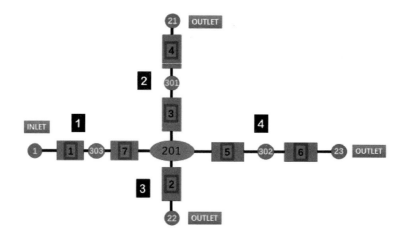

图 5.22　管网结构

（2）输出件

图 5.23 为管网计算输出信息的存储结构形式，图中从第 29 行开始下方信息为各个节点的属性信息，其中，NOI 对应的数据表示该节点为元件进口，NOE 对应的数据表示该节点为元件出口，在进行程序设计时，需要通过输入节点编号，获取该节点对应的其他信息。

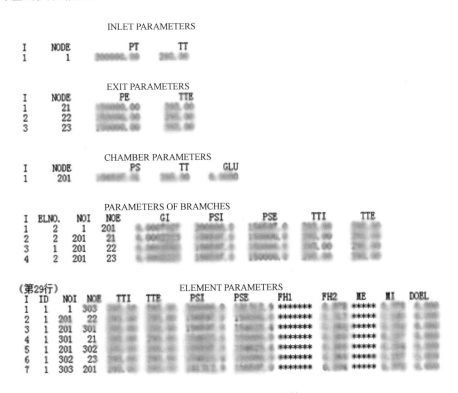

图 5.23　输出信息存储结构

（3）程序计算流程

通过程序调用管网计算输出文件，然后打开文件，逐行读取文件信息，通过逐一匹配 NOI 列数据和 NOE 列数据，查找出对应的行信息，然后输入该行信息，同时生成包含输出信息的可读文件。

2. 空气系统一维计算数据交互

空气系统一维计算与涡轮三维模型计算进行数据交换，空气系统一维计算向数据总线模型读取空气系统与涡轮交界面静压数据，传回经过计算的空气系统泄漏流量数据。

5.5.3 低压涡轮三维模型

1. 涡轮三维模型组成

本小节研究对象为低压涡轮三维模型,包括静叶模型、动叶模型和流道模型,计算模型具体结构如图 5.24 所示。静叶全环为 40 个叶片,动叶全环为 80 个叶片,最终确定静叶采用 1/40 圆周建立流道,动叶采用 1/80 圆周建立流道。同时,对静叶进口和动叶出口流动进行一部分延长,以提高计算收敛性。

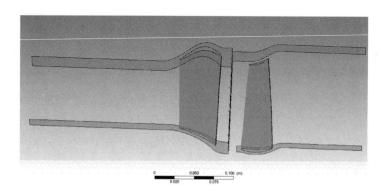

图 5.24 计算模型

利用 ICEM 软件,采用四面体网格,针对级间封严模型,采取分块划分的方法进行网格划分,分为静叶部分、动叶部分,如图 5.25 和图 5.26 所示。整体模型组合网格如图 5.27 所示。在壁面边界附近布置边界层,叶片边界区域进行网格加密。数值计算中近壁面区域的网格划分非常重要,关系到计算精度,耦合壁面处的前三层网格布置在黏性层流层内。其中,静叶部分约 140 万网格,动叶部分约 73 万网格。将两部分网格同时导入 CFX 前处理软件,可以看到组合后的网格划分情况。通过综合考

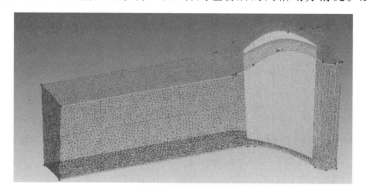

图 5.25 静叶部分网格

虑网格无关性和计算量大小,最终确定整体的网格节点数量为 210 万左右。

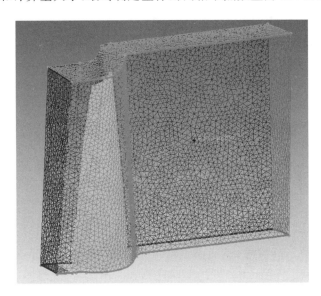

图 5.26　动叶部分网格

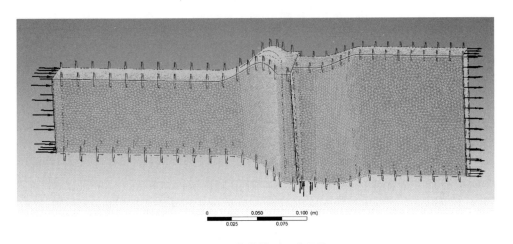

图 5.27　整体模型组合网格

　　利用商用软件 CFX 进行数值模拟计算,近壁区采用 Scalable 壁面函数。求解离散三维的 Navier - Stokes 方程,对流项采用 High Resolution 格式,湍流项采用一阶差分格式。具体边界条件设置如图 5.28 所示,主流进口采用总压进口,出口采用静压出口,空气系统与主流道交界面采用流量进口,流道侧面采用周期性边界。

　　Laminar 层流模型适用于考虑黏性且流动类型为层流的情况;k - epsilon 模型为最常见的两方程模型,有较高的稳定性、经济性和计算精度,应用广泛;k - omega模型包含了可压缩性影响和剪切流扩散,适用于尾迹流动、混合层、射流及受壁面限

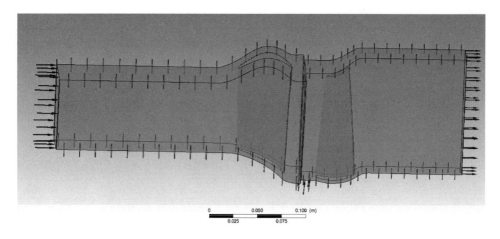

图 5.28　边界条件设置

制的流动附着边界层湍流等；SST 模型增加了横向耗散倒数项，考虑了湍流剪切应力的输运过程，可用于逆压力梯度的流动计算和跨声速带激波计算等。根据文献经验并综合考虑本文计算过程中的收敛性、计算资源和计算效率等，本小节使用 k-epsilon 湍流模型进行仿真分析。

2. 涡轮三维计算数据交互

对于涡轮三维计算模型，需要从总线上读取总线 5 个参数，即低压涡轮进口总温、总压、流量、转速和空气系统交界面流量，经过计算传回的三个参数分别是低压涡轮出口总温、总压和空气系统与主流道交界面静压。

5.5.4　变维度稳态仿真计算流程

1. 变维度仿真软件介绍

图 5.29 所示为变维度仿真软件主界面，由图可知，该软件主要由菜单栏、工程栏、名称栏、数量栏、文本输出栏、图形输出窗口及命令窗口组成。

菜单栏主要包括"新建文件""打开""保存""另存为""仿真开始""停止按钮"，此外还添加了联合仿真软件"快捷方式"，可以自定义该快捷方式，单击"快捷方式"可以快速启动相关软件。菜单栏见图 5.30。

名称数量栏可以设置参与联合仿真的软件，设定每个软件向总线发送的数据及从总线接收的数据，通过调节传输数据的数量可以设置传输数据的个数，传输数据的名称可以自定义，便于识别。名称数量栏目见图 5.31。

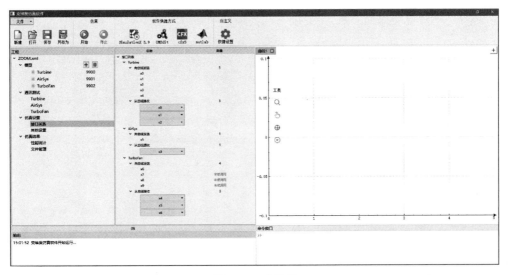

图 5.29　主界面

图 5.30　菜单栏

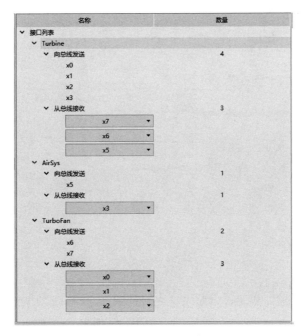

图 5.31　名称数量栏

仿真设置界面可以设置仿真开始时间、仿真结束时间及通讯步长,见图 5.32。

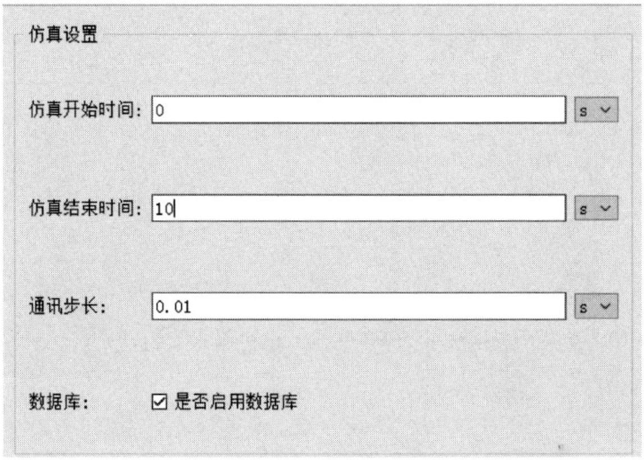

图 5.32 仿真设置

可以根据需求设定不同的接口类型(见图 5.33),包括名称、端口号、生成目录位置等信息。

图 5.33 接口类型

在联合仿真之前需要测试电脑主机之间是否连通,见图 5.34。

仿真结束后会在输出界面弹出仿真完成提示,如图 5.35 所示。

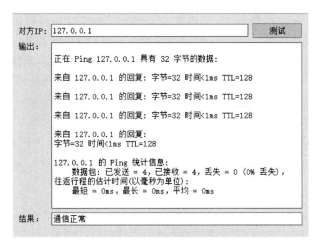

图 5.34　连通测试窗口

输出

15:01:52 变维度仿真软件开始运行…

15:10:33 开始仿真

15:10:34 127.0.0.1 [9900]等待客户端连接…

15:10:34 127.0.0.1 [9901]等待客户端连接…

15:10:34 127.0.0.1 [9902]等待客户端连接…

15:11:07 仿真完成

图 5.35　输出窗口

2. 变维度耦合仿真配置

利用 3 个模型开展变维度仿真的变维度软件运行界面如图 5.36 所示。

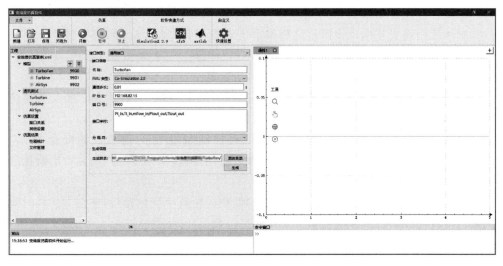

图 5.36　变维度仿真软件设置界面图

其中,参与交互的数据如下:总体性能零维模型将计算后获得的低压涡轮进口总温、总压和出口流量传输给涡轮三维模型进行求解计算,涡轮三维模型将计算后获得的涡轮效率和落压比传递给总体性能零维模型进行求解计算。在涡轮三维模型与空气一维模型进行变维度仿真时,空气系统一维计算向数据总线模型读取三维涡轮计算的空气系统与涡轮交界面静压数据,然后传回经过一维空气系统计算的空气系统泄漏流量数据。如此形成迭代循环求解,最终达到收敛状态。

　　图 5.37 所示为总体性能零维模型中的低压涡轮模块,通过对该模块开发,可以接收外部涡轮传入的效率和落压比,并参与零维总体性能计算。通过开发的模块进行数据传递。

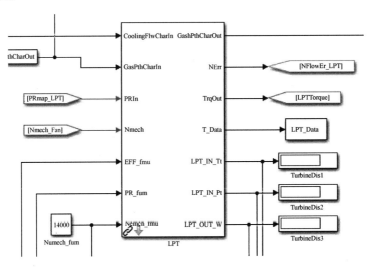

图 5.37　低压涡轮模块传递数据

　　数据传递路径如图 5.38 所示。

　　变维度仿真交互接口设置通过变维度仿真控制台(见图 5.39)进行操作。通过该控制台,可以配置零维总体性能(TurboFan)、一维空气系统和三维涡轮(Turbine)软件交互的变量个数、名称、仿真时间、监测数据等。

　　通过该控制台进行变维度仿真的总体运行与结束控制,查看仿真时间及关键仿真结果。变维度仿真控制台数据监控界面如图 5.40 所示。

　　进行仿真计算时,可以通过变维度仿真控制台监控关键参数的变化规律,图 5.41 所示为变维度仿真结束后的关键参数变化过程,从图中可以明显看出监控参数存在一个逐渐收敛的过程。

　　图 5.42 所示为零维计算过程中监控的低压涡轮效率变化趋势,在整个仿真时间间隔内变化规律与仿真控制台监控规律保持一致。

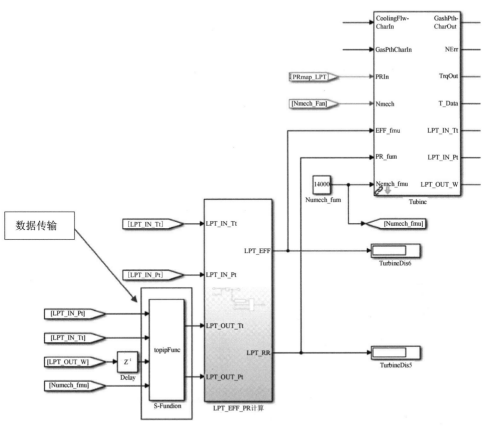

图 5.38　数据传递路径

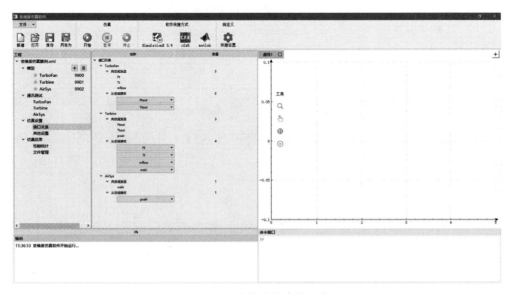

图 5.39　变维度仿真控制台

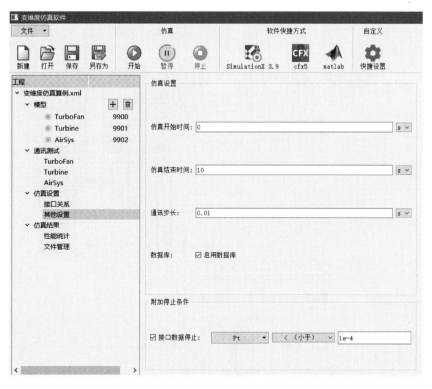

图 5.40　变维度仿真控制台数据监控界面

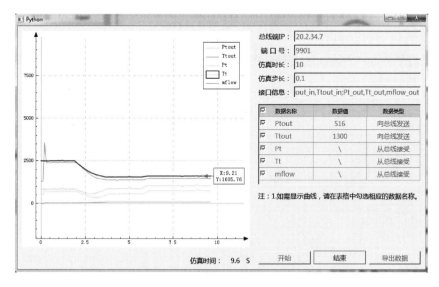

图 5.41　变维度仿真监控参数

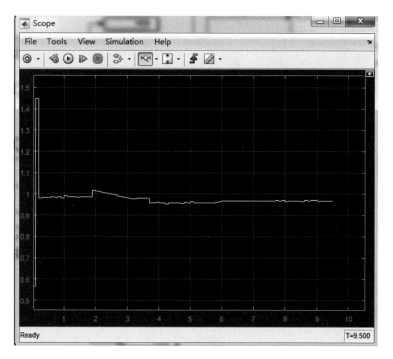

图 5.42　零维计算监控参数

3. 变维度耦合仿真工况

(1) 总体性能模型

参考某型发动机公开资料的设计点性能数据,反算出部件和发动机数据,作为本次变维度仿真的总体性能模型。

耦合过程中,变维度仿真软件从涡轮三维仿真结果中分析出落压比、效率等数据,直接传递给涡轮计算模块,不再使用部件特性计算模型。

(2) 空气系统模型

设置空气系统流路进出口边界条件,调整节流单元几何参数,使与涡轮通道对接腔的流量与某发动机封严流量相当。此时流路参数和各进出口压力不变,作为本次变维度仿真的空气系统模型。

(3) 涡轮模型

耦合仿真中,涡轮三维模型的主流进出口边界条件、级间封严通道的边界条件类型和基本设置在 CFX 软件中完成,边界条件中的数值均通过变维度仿真软件获取。

涡轮三维模型边界设置如图 5.43 所示,选取一个流道进行计算,流道左右两侧为旋转周期性对称面,静叶流道和动叶流道交界面为 Stage(Mixing-Plane),具体边界条件通过表达式形式进行定义,如图 5.44 所示,定义 mAirout 为封严路流量,将其在 CFX 软件中设置为封严流量的表达式。涡轮进口和出口边界条件设置类似,也通过表达式进行设置。

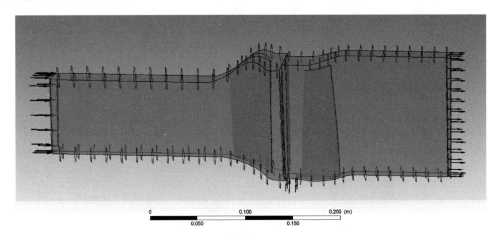

图 5.43　CFX 软件中涡轮边界设置图

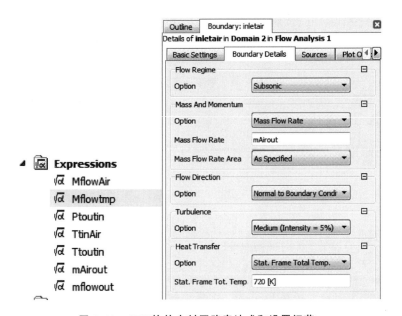

图 5.44　CFX 软件中封严路表达式和设置细节

5.5.5　变维度仿真计算交换数据监控

利用总体性能零维模型、空气系统一维模型和涡轮三维模型开展变维度仿真,共需要交换低压涡轮出口总温、封严空气流量,空气系统与涡轮封严交界面进口静压、流道主流流量、低压涡轮静叶进口总压、低压涡轮动叶出口总压和低压涡轮静叶进口总温等多个数据。在变维度仿真计算过程中,随着数据交换次数的变化,交互数据会逐渐发生变化和波动。随着仿真的进行,数据交换次数逐渐增加,变维度仿真不同软件间交换的数据逐渐由波动变为稳定数值,仿真结果逐渐趋于收敛。由图 5.45～图 5.49 均可发现相似的规律。

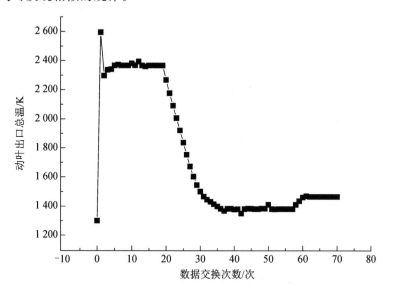

图 5.45　低压涡轮出口总温随数据交换次数的变化情况

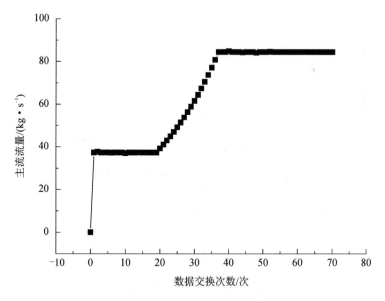

图 5.46　流道主流流量随数据交换次数的变化情况

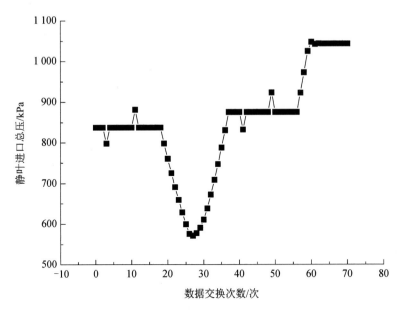

图 5.47　低压涡轮静叶进口总压随数据交换次数的变化情况

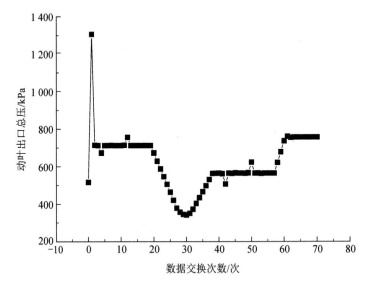

图 5.48　低压涡轮动叶出口总压随数据交换次数的变化情况

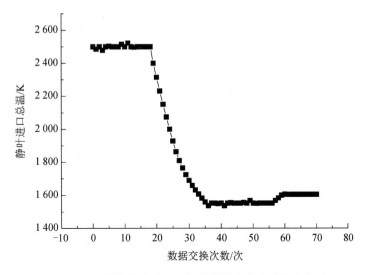

图 5.49　低压涡轮静叶进口总温随数据交换次数的变化情况

5.5.6　变维度仿真计算分析

通过发动机主流道与空气系统变维度稳态仿真技术研究,建立变维度仿真计算工具,再利用变维度仿真工具,完成了 TurboFan 0D 总体性能程序、Flownet1D 空气系统程序和 CFX3D 涡轮仿真软件的变维度耦合仿真计算。

1. 总体性能零维仿真结果分析

在变维度计算中,总体性能零维模型中的低压涡轮落压比和效率通过外部低压涡轮三维模型计算获得,并传输至零维模型进行总体性能计算,计算获得了排气流量、推力、耗油率、排气温度和涡轮前温度等参数,由于变维度计算采用的低压涡轮模型落压比偏低、燃气膨胀不充分,从而导致排气温度升高、流量减小,进而使得推力降低和耗油率升高,结果变化符合预期。

通过该算例的成功求解,验证了总体性能零维模型与低压涡轮三维模型联合仿真的可行性,为未来采用真实叶轮机三维模型特性参与零维总体性能仿真提供技术支持。

2. 空气系统一维仿真结果分析

本算例中,利用一个 4 分支流路模拟涡轮级间封严通道,定义 23 腔为空气系统封严流路与涡轮主流道交汇处,耦合仿真时,封严流路向涡轮传递封严流量数据,涡轮向 23 腔反馈转静级间的静压,作为空气系统网络计算的背压。

3 个模型变维度耦合迭代过程中,空气系统封严通道参数的变化会随着迭代过程的变化发生变化。图 5.50 所示为封严空气流量随数据交换次数的变化,图 5.51 所示为空气系统与涡轮封严交界面进口静压随数据交换次数变化情况,可以看出,随着数据交换次数的增加,一维空气系统和三维涡轮模型的交界面数据逐渐稳定,在数据交换次数达到 70 次以后,数据达到稳定状态。

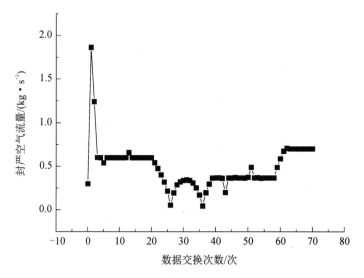

图 5.50　封严空气流量随数据交换次数的变化情况

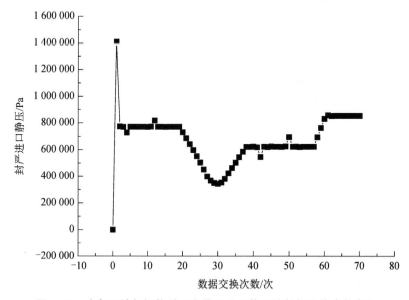

图 5.51　空气系统与涡轮封严交界面进口静压随数据交换次数变化

3. 涡轮三维模型结果分析

涡轮三维计算可以获得整个涡轮流道计算结果,下面针对涡轮计算典型结果进行分析介绍。

图 5.52 为涡轮流道中截面压力分布云图,由图可以看出,流道中截面静叶部分压力分布趋势,静叶叶盆位置压力较高,叶背位置压力较低。图 5.53 为盘腔封严空气在主流道中的流线图,由图可以看出,从盘腔封严结构流出的气体进入主流道后,先沿动叶根部位置移动,而后随着流动距离的增加,高度逐渐提升。图 5.54 为级间封严交界面压力分布云图,由图可以看出,级间封严交界面的压力分布并不均匀,呈

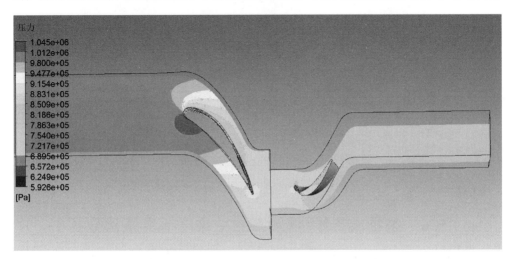

图 5.52 涡轮流道中截面压力分布云图

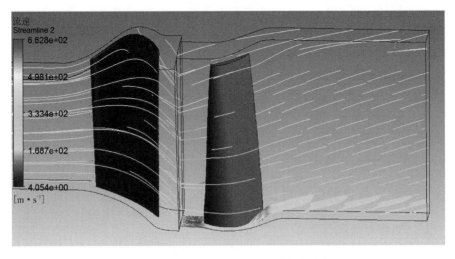

图 5.53 盘腔封严空气在主流道中的流线图

现出交替压力分布波动趋势。交界面的压力分布大小对主流燃气入侵有十分重要的影响,当主流道压力高于盘腔封严结构内部压力时,主流燃气入侵到盘腔封严结构内部,当主流道压力小于盘腔封严结构内部压力时,主流燃气不容易进入盘腔封严结构内部。

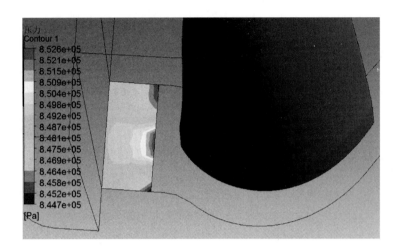

图 5.54   级间封严交界面压力分布云图

5.6   整机准三维-涡轮三维变维度仿真案例分析

随着当代计算机计算能力的提升,三维 CFD 计算可以依靠湍流模型获得更加准确的参数,如损失、流量等。但发动机整机的三维计算对计算机计算能力的要求仍然较高,因此准三维设计作为航空发动机前期设计重要的一环,在未来一段时间内仍将被广泛使用。

但是从前面的分析可以看到,单纯的依靠 S2 流面程序进行准三维设计具有一定的不准确性。因此,利用一些方法将三维和准三维融合以使发动机设计体系更加完善变得尤为重要。本节将结合三维计算的高准确性和准三维计算快速、高效的特点,通过三维-准三维变维度耦合的方法,再利用三维计算结果对准三维结果进行修正从而对准三维程序进行优化以提高准三维程序评估的准确性。

5.6.1   冷气排放位置变维度耦合

(1) S2 程序冷却模块介绍

本小节所用的 S2 流面程序为一开源计算程序,由于该程序在运行过程中需要从同一目录下的各个输入文件中读取包括边界信息在内的所有信息,因此有必要介绍包含边界信息的输入文件的内容及给定方式。

该 S2 程序在进行发动机整机和涡轮单部件计算时的设置稍有区别,由于本小节研究对象为气冷涡轮,因此以单独计算涡轮所设置的冷却模块为例进行介绍。冷却模块的格式与内容如表 5.1 所列。

表 5.1　S2 流面程序冷却模块输入信息

行　号	冷却边界				
1	冷气源数				
2	冷却位置数				
3	子域编号	叶排编号	冷却模型	径向节点数	冷燃流量比　　气源编号
4	气源总压　气源总温				

需要注意的是,第 1 行的气源数与第 4 行的冷气边界是相关联的,有多少冷气源就有对应行数的气源总压、总温。第 2 行与第 3 行互相关联,程序在读入冷却位置数后便会循环读入第 3 行的内容。

表 5.1 中的冷气源数按照实际情况给定,冷却位置则根据实际叶栅上冷气排放的位置近似给定。冷却模型为上文介绍的冷却分布模型,在叶栅表面共有 4 种模型。径向节点数与冷却分布模型相结合设定,用以控制冷气源在当前冷却分布模型的径向分布,为近似给定;冷燃流量比为在该冷却位置的冷气流量,为近似给定参数;气源编号用以选择该冷气源的进口边界。

由此可以看出,进行气冷涡轮的准三维计算时,冷却位置、冷却模型及冷气流量均为近似给定,因此在进行涡轮的冷却计算的过程中具有一定的不准确性。

(2)冷气排放位置变维度耦合方法

由前面的介绍可以看到,原准三维计算程序中对于冷气的排放位置与实际情况有较大的差距。除此之外,从第 4 章改动后的冷气排放模型虽然一定程度上降低了冷气的集中排放导致的损失聚集,但是对于如高压涡轮一级导叶冷气量大、气膜孔数量较多的情况适用性可能仍然不理想。

因此,为使准三维计算中冷气的排放位置与实际尽可能相符,本小节将利用三维-准三维降维度的方法将真实叶型上气膜孔的实际位置与 S2 流面网格节点完成几何对应。由于原准三维计算程序中冷却排放位置为径向排布,程序结构较为复杂,因此本部分的气膜孔与 S2 流面网格的几何对应同样按照列的方式设置,具体实施过程如下:

步骤一:首先通过下式获得叶型范围内的每列 S2 流面网格节点的平均弦向无量纲位置,其中叶片前缘 $C(N)=0$,尾缘 $C(N)=1$。

$$C(N)=\frac{1}{MU}\sum_{M=1}^{MU}\frac{XD(N,M)-XD(NQF,M)}{XD(NQB,N)-XD(NQF,M)} \qquad (5.13)$$

式中,$C(N)$ 为每列网格节点的平均弦向无量纲位置;MU 为 S2 流面每列网格在叶

高方向的节点数;N 为每列网格在 S2 流面网格上所对应的轴向位置网格节点编号;
NQF 为叶片前缘在 S2 流面网格上所对应的轴向位置网格节点编号;NQB 为叶片
尾缘在 S2 流面网格上所对应的轴向位置网格节点编号;$XD(N,M)$ 为轴向网格编
号为 N,径向网格编号为 M 的网格节点的轴向坐标。

步骤二:程序读取叶片气膜孔打孔信息包括每列气膜孔的弦向无量纲位置、每列
气膜孔的个数及每列气膜孔在叶高方向上的无量纲分布,其中叶片根部无量纲为 0,
叶片顶部无量纲值为 1。此处使用每列气膜孔的弦向无量纲位置与步骤一中获得的
每列叶栅的弦向无量纲位置进行求差;比较每次两者差值的绝对值大小,取差值最小
的一列网格用来定位每列气膜孔在 S2 流面网格上轴向的位置,从而完成每列气膜孔
与 S2 流面网格在轴向位置的对应。

步骤三:与步骤一中获取每列网格的弦向无量纲位置相似,首先根据下式对每列
有气膜孔对应的列网格进行计算,得到该网格上每个节点的径向无量纲位置,并取
真实叶型上对应列第一个和最后一个气膜孔的径向位置与对应列 S2 网格每个节点
径向无量纲位置进行对比,保留真实叶型上气膜孔径向无量纲分布范围内的网格节
点用作冷气排放,范围外的网格节点剔除。

$$R(N,M)=\frac{YD(N,M)-YD(N,1)}{YD(N,MU)-YD(N,1)} \tag{5.14}$$

式中,$YD(N,M)$ 表示轴向网格编号为 N,径向网格编号为 M 的网格节点的径向
坐标。

维冷却气膜孔位置与准三维 S2 流面网格节点对应关系如图 5.55 所示。

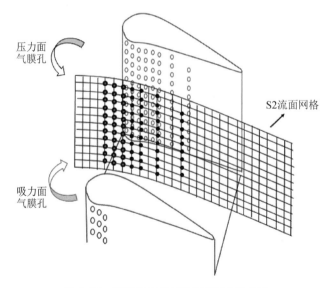

图 5.55　气膜孔与 S2 流面网格对应示意

（3）冷气排放位置变维度耦合应用

前面所介绍的冷气排放位置变维度耦合方法主要针对冷气量大、气膜孔数量多的叶型,因此为验证上文中冷气排放位置变维度耦合方法的使用效果,本小节将使用 GE-E3 高压涡轮一级导叶作为耦合对象。不考虑尾缘劈缝,该一级导叶上气膜孔共有 13 列,具体的气膜孔打孔信息见表 5.2 和图 5.56。

表 5.2　GE-E3 高压涡轮一级导叶打孔信息

列序号	打孔数	弦向无量纲位置	径向无量纲分布
1	22	0.17	0.07~0.96
2	23	0.12	0.07~0.96
3	12	0.05	0.07~0.96
4	11	0.01	0.07~0.96
5	12	0.04	0.07~0.96
6	11	0.088	0.07~0.96
7	12	0.128	0.07~0.96
8	11	0.173	0.07~0.96
9	12	0.218	0.07~0.96
10	20	0.262	0.07~0.96
11	19	0.31	0.07~0.96
12	16	0.5	0.07~0.96
13	16	0.66	0.07~0.96

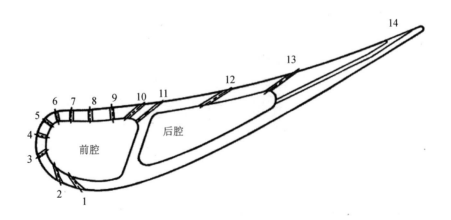

图 5.56　GE-E3 高压涡轮一级导叶示意图

冷气排放位置变维度耦合方法被嵌入该 S2 流面程序冷却模块的主程序内,无法直接展示气膜孔在 S2 流面网格上的实际对应位置。因此,此处使用程序计算的中间结果展示气膜孔经过变维度耦合后在 S2 流面网格上的位置对应关系,具体的对应关系见表 5.3 和图 5.57。

表 5.3　GE-E3 一级导叶气膜孔与 S2 流面网格对应关系

S2 流面网格信息	气膜孔列序号	所对应的 S2 网格列序号	径向保留的 S2 网格节点范围
	4	1	2～18
	3,5	2	2～18
	2,6	3	2～18
	1,7,8	4	2～18
网格节点列数:20 网格节点行数:19	9	5	2～18
	10	6	2～18
	11	7	2～18
	12	10	2～18
	13	11	2～18

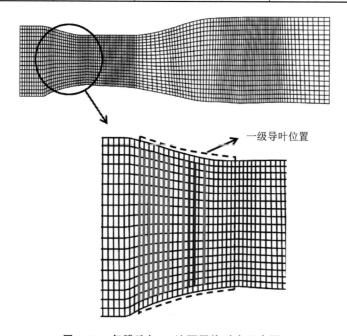

图 5.57　气膜孔与 S2 流面网格对应示意图

5.6.2　冷气流量变维度耦合修正

原准三维计算程序无论在进行整机计算或单独对涡轮部件进行计算时,都需要获取冷气引气位置的总温和总压。其中,对整机进行计算时需要提前设定好冷气在压气机的引气位置,程序自动读取压气机引气位置的总温和总压;而在对涡轮进行单部件计算时,则需要在输入文件中给定好涡轮冷却空气引气位置的总温和总压。

上述得到的总参数边界在准三维计算程序中只作为一个参考数值。当计算进行到设置冷气源项的计算站时,程序自动对比引气位置和冷气排放位置的总压,若引气位置的总压小于冷气排放位置的总压,程序会在计算过程中打印警告"Cooling is problematic!"以提示在该位置已设定或引气位置的总压排放冷气会出现冷气排放受阻的情况。

一方面,在进行发动机整机或核心机初期设计时可以用该功能来辅助确认在压气机内冷却空气抽吸时引气位置是否合适。若出现上述警告,则说明在设定压气机位置进行引气是不合理的,在实际发动机设计过程中则需要重新选定冷气抽吸位置。

另一方面,由于准三维计算中冷气是作为质量源项给定到网格节点上的,其流量为预先给定。因此该 S2 流面程序在计算过程中,涡轮冷却空气的流量与引气点的压力没有建立关联。若采用该准三维程序进行给定冷却边界涡轮的冷却效果评估时,冷气流量与冷却边界不存在关联,这会导致 S2 程序评估效果与实际情况出现一定的偏差,这是不合理的。

因此,本小节将针对前面提到的程序内的不合理部分通过三维-准三维变维度耦合的方法将引气位置的总压与实际的冷气流量建立一定的关联。S2 主计算程序内逻辑介绍如下:

步骤一:在 S2 程序输入文件内预设冷气流量的初值,并进行计算。程序自动输出参与变维度耦合叶排的进口总温、总压及出口静压。

步骤二:进行三维计算。叶型的进出口边界通过步骤一获取;气膜孔进口边界则按照准三维计算中获得或给定的引气位置总温和总压,通过三维计算获得每个气膜孔的流量及叶栅进出口流量。

步骤三:通过气膜孔和 S2 流面网格节点的对应关系,按照列的顺序重新在 S2 流面网格上给定冷气源项的质量流量。

变维度方法冷气流量修正流程如图 5.58 所示。

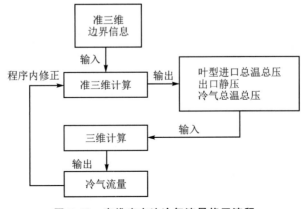

图 5.58　变维度方法冷气流量修正流程

5.6.3 三维-准三维变维度耦合方法程序自动化

由第 5.6.1 小节和 5.6.2 小节可知,通过一次准三维计算和三维计算,可以完成准三维计算对气冷涡轮冷气排放位置和冷气质量流量的修正。但是出现了另一个问题,第一次进行准三维计算时,冷气流量为手动给定,具有不准确性,因此准三维第一次计算出的叶片出口静叶并不准确。

故,在此处提出了通过迭代的方法对三维计算的冷气流量进行进一步校准,即对第 5.6.2 节的内容进行循环,通过循环计算出的冷气流量不断对准三维输出的三维计算边界信息进行修正,从而获得更加准确的冷气流量,进而获得更加准确的准三维计算结果。具体流程如图 5.59 所示。

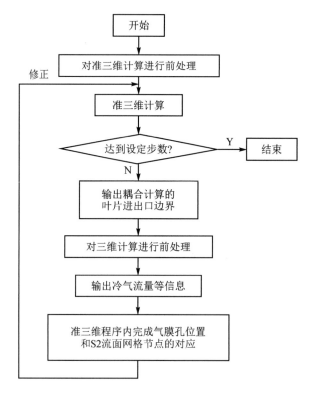

图 5.59 变维度耦合迭代流程示意图

以上的内容为变维度耦合方法的相关内容。实际操作上需要多次对准三维计算和三维计算进行前处理和后处理,为解决该问题,此处使用 Fortran77 语言和 CVF6.6 编译器编写了一套实现三维-准三维变维度耦合的自动化程序,可以实现如下功能:

① 准三维程序和三维程序之间的数据传递。

② 三维、准三维计算的前处理、计算及后处理。

③ 可实现自动化操作。在设定好输入文件后,运行该控制程序即可完成图 5.59

中提到的所有操作。

　　需要注意的是,为完成上述耦合过程,本小节分别编写了气膜孔与 S2 网格的几何对应模块、冷气流量在 S2 流面的再分配模块及待耦合叶片进出口边界计算与输出模块。这三个功能模块被嵌在准三维计算的主计算程序 mn68 内部,只有在进行三维-准三维变维度耦合迭代时,这些程序段才会被调用。若不进行变维度耦合计算,只进行准三维计算,则在相关输入文件内设定即可,无须对准三维主计算程序进行修改,不会对准三维程序的使用造成任何影响。

　　本小节选用的三维计算程序为 Ansys 公司的 cfx,后处理软件使用的是其下的cfd – post。

　　图 5.60 为该自动控制程序的功能流程示意图。下面结合图 5.59 及图 5.60 介绍该控制程序的基本流程及所涉及的相关文件。

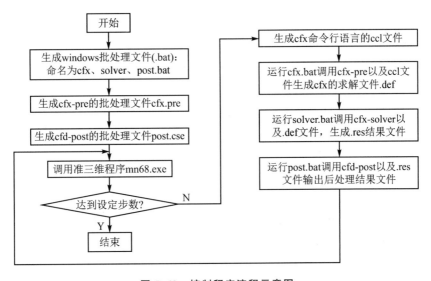

图 5.60　控制程序流程示意图

　　步骤一:首先该程序会根据 cfx 的本地多核批处理文件格式生成 3 个 windows批处理文件,格式为 bat,分别命名为 cfx. bat,solver. bat 和 post. bat。通过运行这些文件可以实现不启用 cfx 的 GUI 而实现对 cfx 前处理、求解及后处理功能的调用。

　　步骤二:控制程序读取预先给定的冷气边界、气膜孔打孔等信息的输入文件,在当前目录生成 pre 格式的 cfx-pre 的批处理文件和 cse 格式的 cfd-post 的批处理文件。

　　步骤三:在完成前两个步骤后,控制程序调用 S2 主计算程序 mn68. exe,然后mn68. exe 会生成需要进行耦合叶栅的进出口边界信息文件。控制程序根据计算前手动给定的文件内容,生成使用 cfx 命令行语言格式的 ccl 文件。ccl 文件中包含进行计算所需的对象、参数、操作等命令语句。

　　程序内对一些参数设定为默认。如气膜冷却常用的湍流模型默认为 SST $k\text{-}\omega$模型,叶栅进出口边界默认为压力进口、压力出口。由于准三维计算冷气边界为压力入口,因此在气膜孔的进口边界的选择上本程序同样默认为压力进口。

步骤四:随后控制程序运行 cfx.bat 文件来启动 cfx-pre 程序,程序读取 pre 格式的批处理文件并按要求读取 ccl 文件以完成三维计算的前处理同时生成 .def 格式的 cfx-solver 的输入文件。

步骤五:步骤四结束后,控制程序继续运行 solver.bat 文件,启动 cfx 求解器 solver 并读取 def 文件和 ccl 文件进行三维计算,计算输出 res 格式的结果文件。

步骤六:运行 post.bat 文件,启动 cfd-post 程序,程序读取 cse 格式的批处理文件对结果文件进行后处理,输出冷气流量信息并写入 S2 主计算程序 mn68.exe 的格式文件。

步骤七:控制程序再次调用 S2 主计算程序 mn68.exe,mn68.exe 读取步骤六生成的冷气流量文件,将冷气流量按照气膜孔在 S2 流面网格上的几何对应位置进行重新分配,其他设置按照初始完成准三维计算。

重复进行步骤三到步骤七,直至迭代步数达到设定值,控制程序自动停止三维与准三维程序之间的数据传递,同时停止准三维程序的计算。

5.6.4　气冷涡轮变维度仿真计算分析

本小节对 GE-E3 高压涡轮一级导叶进行变维度方法的应用。此处只保留叶型上的冷却,剔除位于轮毂和机匣位置的冷却。

(1)　三维几何模型及前处理

几何建模和网格划分:本小节采用的原型叶栅为 GE-E3 涡轮一级导叶。叶栅上气膜孔打孔及网格划分采用的是哈尔滨工业大学气动中心气膜冷却叶栅网格自动生成程序。该程序在输入气膜孔打孔信息后,可以自动完成在原型叶型上的几何打孔及结构化网格划分。本小节三维算例的网格数大约设置为 130 万。气膜冷却模型示意图见图 5.61。

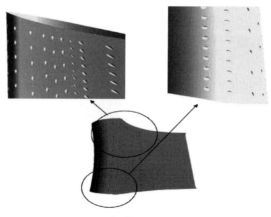

图 5.61　气膜冷却模型示意图

(2) 涡轮子午流面参数云图

图 5.62 中的 3 个图分别为进行耦合后的准三维计算温度云图、未进行耦合的准三维计算温度云图和 CFD 三维计算的子午流道温度云图。

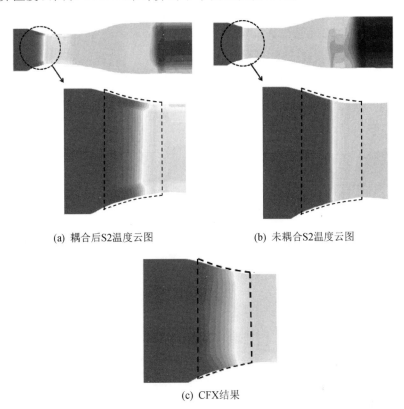

(a) 耦合后 S2 温度云图　　　　　　　(b) 未耦合 S2 温度云图

(c) CFX 结果

图 5.62　子午流面温度云图

结果与预想的一致,使用原准三维程序进行计算时,由于冷却空气排放位置较为集中,因此在叶栅通道内由于冷气的集中排放导致冷气排放位置的上下游产生一个较大的温度突变。由三维计算结果可以看出,由于叶型的表面存在多列气膜孔排放冷气,温度云图在叶栅通道内呈现阶梯状分布,温度过渡平缓,而进行变维度耦合的准三维计算结果在温度云图上所展现的特征与三维计算的结果类似,叶栅通道内温度平缓过渡。对比耦合后准三维计算结果和 CFX 结果可以看到两个区别,第一个区别是准三维计算的结果上下端壁位置冷却效果并不明显,第二个区别是三维计算结果的等温线相较于准三维结果体现的等温线更曲折。

可以认为产生第一个区别的原因是 S2 流面网格相对于实际的气膜孔分布来说仍然较为稀疏,而冷气的给定无法覆盖全部网格节点。产生第二个区别的原因是叶型几何上的气膜孔存在各种角度,冷气从气膜孔出流后首先会沿着气膜孔出口法向方向流动并与主流燃气逐渐掺混直至速度与主流速度一致,而后随着主流向下游流去。而准三维计算中并没有考虑冷气排放的角度,程序会直接在设置冷气源项的计算站完成主流与冷气的掺混计算,因此三维计算的结果显示出温度阶梯并非像准三维计算那样整齐。

同样可以看到的是,单独进行准三维计算的冷气排放位置相对于实际冷气排放位置略靠后一些,进一步说明原准三维计算程序的冷却方式与实际情况不符,对其冷气排放位置进行变维度耦合修正是有一定必要的。

通过对比该涡轮一级导叶下游的温度云图还可得知,进行耦合后的涡轮内温度整体高于未进行耦合的准三维计算的涡轮内温度。因此可以得出,在本算例中,对准三维计算的前处理中,给定的冷气流量实际大于冷气源实际能排出的冷气量,通过该变维度耦合方法实现了在该冷却边界下的对准三维程序中冷气流量的修正。

图 5.63 中的 3 个图分别为未进行耦合的准三维计算速度云图、进行耦合的准三维计算速度云图和三维计算速度云图。其中,三维计算结果为耦合最后一步的子午流面速度云图。

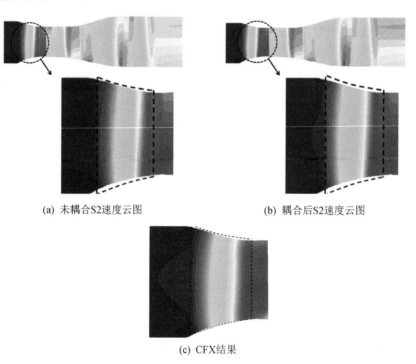

(a) 未耦合S2速度云图　　　　　　　(b) 耦合后S2速度云图

(c) CFX结果

图 5.63　子午流面速度云图

由图可以看出,冷气的排放方式对一级导叶叶栅通道内的速度影响不大,准三维计算结果与三维计算结果差异较小。但是由进行耦合后的准三维计算结果可以看出,一级导叶前的速度云图与三维计算结果有较为接近的趋势,可能是由于一级导叶内冷气流量降低、损失减小,导致涡轮入口处流速增加。

此外,观察涡轮一级导叶后云图,可以看到在未进行耦合,即在较大冷气量的情况下,涡轮内部的速度整体低于小冷气量的情况,本小节认为出现该结果的原因是未进行耦合的准三维计算由于冷气量大、掺混损失大、损失较为集中导致的一级导叶出口速度减小,而后使该高压涡轮内部速度相较于进行过耦合计算、修正了冷气流量及冷气排放位置的准三维计算结果较小。

涡轮子午流道速度云图也可以一定程度上反应出,经过变维度耦合的准三维计算结果相较于单独进行的准三维计算结果仍然是有一定改善效果的。

(3) 总压损失系数

一级导叶总压损失系数沿叶高分布如图 5.64 所示。由图中可以看出,在进行耦合修正后的一级导叶内总压损失整体减小,并且损失沿叶高分布的规律未发生明显变化。本小节认为出现上述现象的原因可以从以下几方面进行解释。

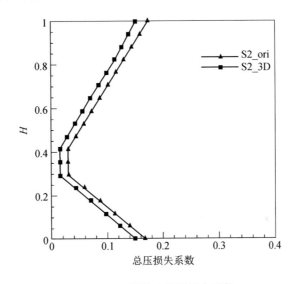

图 5.64　一级导叶总压损失系数

一、首先通过 5.2 小节可以看到,在对涡轮一级导叶冷气流量及冷气排放位置进行三维耦合修正后,冷气的总流量减少,这本身会在一定程度上减小冷气与主流掺混带来的总压损失;同时冷气的分散式排放进一步减少了冷气集中排放所带来的损失集中现象。

二、通过 5.6.1 小节可以看到,该涡轮一级导叶上的气膜孔沿叶栅展向分布规律一致,导致冷气源项在径向计算站上的设置均为从叶根到叶高分布,因此冷气掺混损失沿叶高的变化量并不明显。

三、总压损失沿叶高分布的变化规律并未发生明显变化,主要是因为叶栅内总损失由损失模型计算,冷却掺混损失沿叶高变化不大。因此损失沿叶高分布的规律并不会受冷气排放的变化而发生明显变化。

5.6.5 小 结

首先本节针对该 S2 流面程序的冷却模块,提出了该模块中存在的两个问题,一是冷气流量与冷气源边界无关联,二是在气膜孔较多的情况下冷气的排放位置与实际不符。然后本节结合航空发动机的全三维和准三维设计体系的特点,使用三维-准三维变维度耦合的方法,利用三维计算获得准确的冷气流量与冷气排放位置对准三维计算结果进行修正。最后利用 GE-E3 高压涡轮一级导叶进行变维度耦合计算,通过分析涡轮参数云图与损失云图得出该变维度耦合方法能较好地纠正原 S2 流面程序冷却位置与实际不对应及冷气流量给定不准确的问题。

| 5.7 整机零维-压气机三维变维度缩放仿真案例分析 |

5.7.1 整机零维性能仿真模型

发动机整机主流道建模采用基于工质的焓熵气动热力关系式,主要关键部件以特性图的方式进行描述,通过求解发动机各部件的共同工作方程来获取发动机的整机性能及各个截面的气动热力参数,以实现发动机主流道零维性能仿真等功能。

发动机总体性能仿真模型核心分为两个计算模块:设计点计算和非设计点计算。在设计点计算时,部件性能、发动机工况及控制规律都是给定的。通过设计点计算可以得到发动机设计点的性能、特征截面面积、部件性能耦合系数。这些参数也是非设计点计算的必备条件。发动机主流道零维性能仿真模型如图 5.65 所示,发动机结构如图 5.66 所示。

发动机设计参数如表 5.4 所列,其设计点计算流程如下:

① 给定发动机设计参数,包括部件压比、发动机涵道比、高压涡轮前温度、部件效率、转子转速等;

② 由发动机进口开始计算,依次计算风扇、外涵道、外涵喷管、压气机、燃烧室、涡轮、主喷管;

③ 输出发动机的设计点性能参数、特征截面面积、部件性能耦合系数。

表 5.4 发动机设计参数

高度/km	马赫数	流量/(kg·s⁻¹)	涡轮前温度/K	主喷管出口面积/m²	外涵喷管出口面积/m²
0	0	22	1247	0.065	0.028

在发动机非设计点性能计算时,部件性能是通过特性图的形式给出的。非设计点计算的核心是要从特性图中找到部件在给定工况和控制规律下的性能,也就是寻

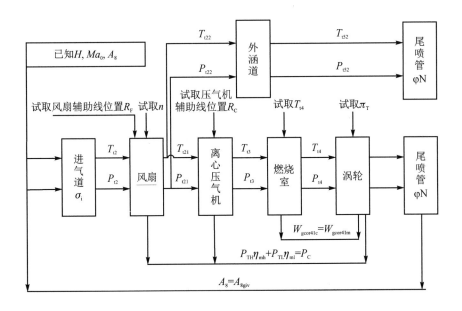

图 5.65　单轴分排涡扇发动机主流道零维性能仿真模型

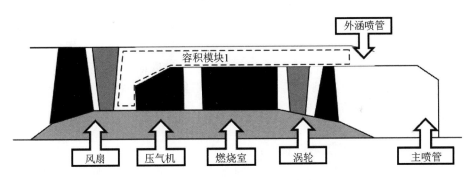

图 5.66　单轴分排涡扇发动机结构图

找部件在特性图中的匹配工作点。求解部件的匹配工作点需要通过求解反映部件匹配工作关系的匹配方程来实现,这是一个需要循环迭代的过程。需要给出发动机匹配工作点的猜值,通过发动机热力循环计算,得到匹配方程的残差。通过迭代直至残差达到收敛精度,才能得到部件的匹配工作点。当部件匹配工作点得到后,部件性能已知,可以通过热力计算得到发动机的总体性能,其流程类似于设计点的计算。

①　给定非设计点的工况(速度、高度)及控制规律;

②　依据发动机的控制规律选择匹配猜值向量:发动机热力计算过程需要预先给定的猜值共有 5 个,包括转子相对物理转速、涡轮前温度、风扇的匹配工作线值、压气机的匹配工作线值、涡轮的换算流量值。其中,有一个猜值是通过控制规律给定的,其余 4 个猜值组成了给定控制规律下的匹配猜值向量 **Y**:

$$\boldsymbol{Y} = (y_1, y_2, y_3, y_4)^{\mathrm{T}} \tag{5.9}$$

③ 依据发动机的工况选择匹配方程:发动机的匹配方程共有 4 个,具体如下:

(i) 涡轮流量守恒方程

$$w_{\mathrm{gc, Turbine}} - w'_{\mathrm{gc, Turbine}} = z_1 \tag{5.10}$$

其中,$w_{\mathrm{gc, Turbine}}$ 是由涡轮前方部件计算得到的涡轮进口流量;$w'_{\mathrm{gc, Turbine}}$ 是由涡轮特性图插值得到的涡轮进口流量;z_1 是第一个匹配方程的残差。

(ii) 转子功率平衡方程

$$P_{\mathrm{Turbine}} \eta_{\mathrm{mH}} - P_{\mathrm{Compressor}} - P_{\mathrm{Fan}} = z_2 \tag{5.11}$$

其中,P_{Turbine} 是涡轮的输出功率;η_{mH} 是转子的功率传输效率;$P_{\mathrm{Compressor}}$ 是压气机的压缩所耗功率;P_{Fan} 是风扇的压缩所耗功率;z_2 是第二个匹配方程的残差。

(iii) 主喷管流量连续方程

$$A_{\mathrm{MN, noz}} - A'_{\mathrm{MN, noz}} = z_3 \tag{5.12}$$

其中,$A_{\mathrm{MN, noz}}$ 是由非设计点热力学计算得到的主喷管喉道面积;$A'_{\mathrm{MN, noz}}$ 是由设计点计算得到的主喷管喉道面积;z_3 是第三个匹配方程的残差。

(iv) 外涵喷管流量连续方程

$$A_{\mathrm{BN, noz}} - A'_{\mathrm{BN, noz}} = z_4 \tag{5.13}$$

其中,$A_{\mathrm{BN, noz}}$ 是由非设计点热力学计算得到的外涵喷管喉道面积;$A'_{\mathrm{BN, noz}}$ 是由设计点计算得到的外涵喷管喉道面积;z_4 是第四个匹配方程的残差。

④ 初始化匹配猜值向量:进行匹配方程迭代求解时,需要给定一组匹配猜值的初始值,一般初始值选择设计点计算时得到的对应参数取值。

⑤ 通过热力学计算得到匹配方程残差:利用发动机总体性能仿真模型开展计算,得到 4 组匹配方程的残差向量 $\boldsymbol{Z}$:

$$\boldsymbol{Z} = (z_1, z_2, z_3, z_4)^{\mathrm{T}} \tag{5.14}$$

检验匹配残差是否满足收敛精度:

若满足收敛精度,则当前匹配猜值即可视为真实的匹配值,由此可计算得到部件性能及发动机总体性能;

若不满足收敛精度,需要更新匹配猜值向量 $\boldsymbol{Y}$,开展新一轮迭代计算。

5.7.2 风扇三维性能仿真模型

风扇的气动特性数据主要包含总特性和级间周向平均的特性参数展向分布等,这些参数的计算都涉及从三维到一/二维的降维操作,必须采用某种平均方法。由于三维仿真能够提供足够的流场信息,因此平均方法可以依据需要确定。总特性数据包括流量、压比、效率,计算它们需要在风扇进出口截面上对所需参数进行平均。流量的平均是在风扇进口或出口截面离散并计算。对于压比和绝热效率,首先,若取某截面做平均,则平均前后的总焓通量不变(因为总焓是被输运量,对所有被输运量通量应守恒);其次,若取进口/出口截面做平均,则平均前后风扇加功量不变。对于第一个条件,若进口或出口截面被分别认定为定比热,则总温不变,用流量加权平均方法获得进口及出口的平均总温;对于第二个条件,可以推导得到基于能量加权平均的总压计算式,进而获得压比和绝热效率。

而对于级间参数的展向分布,需要对部分参数做周向平均,其他参数可进一步计算得到。对于三个方向的速度,平均方法应当满足动量通量守恒,所以采用流量加权平均。采用所发展的仿真结果数据降维计算程序,利用自主发展的 CFD 模拟软件 MAP,完成 WS11 发动机风扇部件三维定常仿真研究。风扇三维模型的进出口边界如表 5.5 所列,包括转速、进口总温、进口总压和出口静压。通过分析压缩部件在不同转速和涵道比条件下的等转速特性,获得风扇的性能,风扇部件的子午几何图见图 5.67。进而实现压缩部件三维仿真方法与整机零维仿真方法及软件之间的数据对接/传递。

表 5.5　风扇三维模型边界条件

部　件	转速/(r·min⁻¹)	进口总温/K	进口总压/Pa	出口静压/Pa
风扇	22 000	288	101 325	130 000

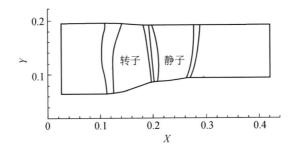

图 5.67　风扇部件子午几何图

5.7.3　变维度仿真计算流程

整机变维度仿真性能仿真流程框架和控制方法如图 5.68 所示,具体步骤如下:

① 给定零维发动机模型的设计点部件性能、发动机工况及控制规律,计算得到发动机设计点性能、特征截面面积、部件性能耦合系数。再给定非设计点的发动机工况和控制规律,通过零维发动机主流道模型计算得到风扇边界条件,包括转速、进口总温总压。

② 给出风扇出口静压初猜值,以 txt 文件的形式自动读取整机零维模型计算的风扇边界条件,然后自动调用三维风扇模型,计算得到风扇流量、增压比和效率,再以 txt 文件的形式自动读取风扇性能参数到发动机零维模型中。在单轴分排涡扇发动机的非设计点计算中,风扇性能通过三维模型确定,压气机和涡轮性能通过特性图的

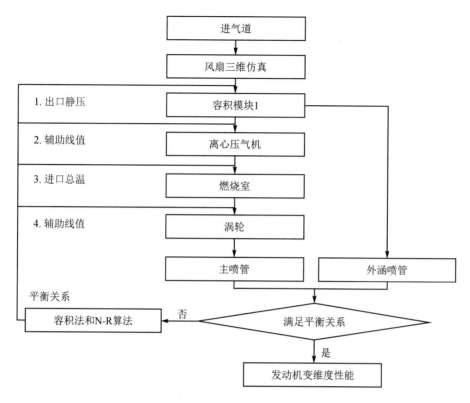

图 5.68　整机变维度仿真性能仿真流程图

形式给出。先给出压气机和涡轮匹配工作点及涡轮前温度的猜值,通过热力循环计算,得到匹配方程的残差,再通过迭代直至残差达到收敛精度,才能得到部件的匹配工作点,最后计算得到发动机的总体性能。单轴分排涡扇发动机共存在 4 个平衡方程,见 5.7.1 小节。

求解过程中,涡轮流量平衡、主喷管流量平衡和转子功率平衡方程采用了 Newton-Raphson(N-R)算法来求解。迭代过程中,算法的表达式为

$$\boldsymbol{Y}^{(a+1)} = \boldsymbol{Y}^{(a)} - \left[\boldsymbol{A}^{(a)}\right]^{-1} \boldsymbol{Z}^{(a)} \tag{5.15}$$

其中,a 表示迭代次数;$\boldsymbol{A}$ 表示偏导数矩阵:

$$\boldsymbol{A} = \begin{bmatrix} \dfrac{\partial z_1}{\partial y_1} & \dfrac{\partial z_1}{\partial y_2} & \dfrac{\partial z_1}{\partial y_3} \\[2mm] \dfrac{\partial z_2}{\partial y_1} & \dfrac{\partial z_2}{\partial y_2} & \dfrac{\partial z_2}{\partial y_3} \\[2mm] \dfrac{\partial z_3}{\partial y_1} & \dfrac{\partial z_3}{\partial y_2} & \dfrac{\partial z_3}{\partial y_3} \end{bmatrix} \tag{5.16}$$

当残差向量 $\boldsymbol{Z}^{(a)}$ 满足给定的收敛精度时,N-R 算法迭代结束。

③ 利用下面的公式判断风扇出口、压气机入口和外涵喷管出口的流量是否满足平衡关系，即 $|\Delta W_{rV1}|<0.05\%$，如果满足，则计算结束，输出发动机变维度仿真性能；如果不满足，则转入步骤④。

$$P_{s23}^{(a+1)} = P_{s23}^{(a)} + \Delta t k R T_{s23}^{(a)} \frac{\left[Wa_2^{(a)} - Wa_{71}^{(a)} - Wa_{23}^{(a)}\right]}{V_1} \tag{5.17}$$

$$\Delta W_{rV1} = \frac{Wa_2^{(a)} - Wa_{71}^{(a)} - Wa_{23}^{(a)}}{Wa_2^{(a)}} \tag{5.18}$$

④ 利用步骤③中的公式计算风扇出口静压，其中，Ps_{23} 和 Ts_{23} 是风扇出口静压和静温，Wa_2、Wa_{71} 和 Wa_{23} 是风扇出口、外涵喷管出口和压气机进口流量；$V1$ 是容积模块 1 的体积；a 是迭代次数；Δt 是时间步长；k 是气体绝热指数；R 是气体常数。利用公式计算得到风扇出口静压和零维模型计算得到的风扇转速、进口总温总压，转入步骤②，再次自动调用三维风扇模型，自动计算风扇性能参数，输入零维模型中，完成 N-R 算法迭代，直至满足约束条件，即可得到发动机变维度仿真性能。

5.7.4　变维度仿真计算分析

通过发动机整机主流道零维-风扇三维变维度仿真技术的研究，开展 matlab 发动机整机零维性能仿真和 MAP 风扇三维性能仿真计算，并可以关注风扇内部流场细节，完成发动机主流道零维-风扇三维变维度性能仿真。

以 11D 涡扇发动机地面零马赫数 100% 转速工作点作为算例，图 5.69 所示为发动机变维度仿真收敛过程，该变维度仿真过程利用容积法调节风扇三维模型出口静压实现流量平衡，进而实现发动机变维度仿真收敛。由图可知，在 100% 转速条件下，风扇出口静压仅需要 4 次调节就可以实现发动机主流道零维-风扇三维的变维度仿真。

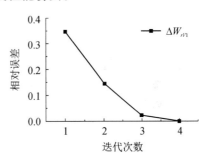

图 5.69　发动机变维度仿真收敛过程

实现发动机变维度仿真后，11D 涡扇发动机在地面零马赫数 100% 转速条件下，发动机主流道零维-风扇三维的变维度仿真性能如表 5.6 所列，并且开展地面试车数据验证，其流量相对误差不大于 3%，推力相对误差不大于 4%，耗油率相对误差不大于 5%，热效率相对误差不大于 7%，满足精度要求，而对应的风扇 100% 转速工作点 50% 叶高相对马赫数分布如图 5.70 所示。

表 5.6　发动机变维度仿真性能参数

空气流量(kg/s)	风扇增压比	推力/daN	涡轮前温度/K	耗油率/[kg/(daN·h)]
22.16	1.65	968	1 285	1.07

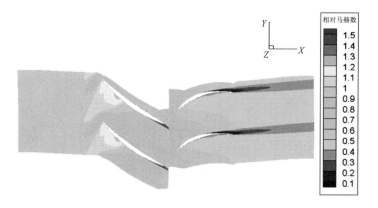

图 5.70　风扇 100%转速工作点 50%叶高相对马赫数分布

5.7.5　小　结

本节开展了发动机主流道零维-风扇三维变维度稳态仿真性能研究,突破发动机整机主流道与压缩部件的耦合仿真技术。利用基于 txt 文件的变维度参数传递方式,实现了发动机整机主流道零维-风扇三维变维度仿真流程的自动控制,实现了变维度仿真工作点快速收敛,具有仿真精度高、计算效率高等特点,实现了发动机整机与风扇的变维度仿真。

利用变维度仿真流程自动控制方法,完成 matlab 整机零维性能仿真、MAP 风扇三维性能仿真计算,分别对不同精度的整机和部件仿真模型、耦合过程及工作点收敛方式展开介绍,并对变维度仿真结果进行分析,计算结果利用试验数据验证,满足精度要求。研究结果为未来发动机变维度仿真和数值试车台提供技术支持和理论基础。

│5.8　本章总结│

变维度仿真技术可以将基于高精度模型求解的部件特性用于整机性能分析,节省计算资源,提高计算精度,有助于缩短发动机研发周期和降低成本。本章对整机稳态变维度数值仿真涉及的关键技术途径进行了介绍,并在此基础上对变维度仿真在航空发动机上的三种典型案例进行了分析,可为未来发动机变维度仿真和数值试车台提供技术支持和理论基础。

| 参考文献 |

［1］ 王占学，宋甫，周莉，等. 航空发动机数值缩放技术的研究进展［J］. 推进技术，2018，39(7):1441-1454.

［2］ 宋 甫，周 莉，王占学，等. 不同维度缩放方法在航空发动机总体仿真中的应用［J］. 推进技术，2020,41(5):974-983.

［3］ Nichols L D,Chamis C C. Numerical Propulsion System Simulation：An Interdisciplinary Approach［R］. Reston：AIAA，1991：91-554.

［4］ Claus R W,Evans A L,Lylte J K,et al. Numerical Propulsion System Simulation［J］. Computing Systems in En-gineering,1991,2(4):357-364.

［5］ Lytel J,Follen G,Naiman C,et al. 2001 Numerical Propulsion System Simulation Review［R］. Washington：NASA/TM，2002，211197.